高等院校通识课系列教材
GAODENGYUANXIAO TONGSHIKE XILIEJIAOCAI

科学简史

KEXUE JIANSHI

石云里◎编著

首都经济贸易大学出版社
·北京·

图书在版编目(CIP)数据

科学简史/石云里编著. --北京:首都经济贸易大学出版社,2010.1

(高等院校通识课系列教材)

ISBN 978-7-5638-1766-5

Ⅰ.①科… Ⅱ.①石… Ⅲ.①自然科学史—世界—通俗读物 Ⅳ.①N091-49

中国版本图书馆 CIP 数据核字(2009)第 217779 号

科学简史

石云里 编著

出版发行	首都经济贸易大学出版社
地　　址	北京市朝阳区红庙(邮编 100026)
电　　话	(010)65976483　65065761　65071505(传真)
网　　址	http://www.sjmcb.com
E-mail	publish@cueb.edu.cn
经　　销	全国新华书店
照　　排	北京砚祥志远激光照排技术有限公司
印　　刷	北京九州迅驰传媒文化有限公司
开　　本	880 毫米×1230 毫米　1/32
字　　数	296 千字
印　　张	11.375
版　　次	2010 年 1 月第 1 版　2022 年 12 月第 1 版第 5 次印刷
书　　号	ISBN 978-7-5638-1766-5
定　　价	20.00 元

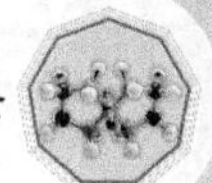

目 录

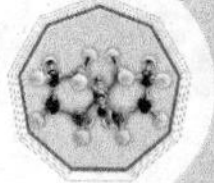

导言:科学及其在西方的历史

汉语中的"科学"一词起源于20世纪初,来自日语,是英语science一词的对译,在五四运动中又被称为"赛先生"。这一英文单词的词源是拉丁文的*scientia*,原意是"知识"(knowledge),是从拉丁语动词*scire*(to know)的动名词*sciens*(knowing)变化而来的。19世纪70年代,英国学者惠威尔(William Whewell,1794~1866)创造了"科学家"(scientist)一词,用来指对自然进行系统研究工作的学者。从此,science一词具有了两种含义。从广义上来说,它表示的是任何经过系统研究而得到的确定而可靠的知识,如自然科学(natural science)、社会科学(social science)、计算机科学(computer science)等;而从狭义上来说,它表示的则是关于自然的确定而可靠的知识,或者说就是自然科学。不过,当人们单独使用*science*和*scientist*这两个名词时,默认的意思主要还是指自然科学和自然科学家。当"科学"一词最早从日语进入汉语词汇中时,主要是指狭义的*science*。但在当代汉语中,这个词也具备了广义与狭义的两重含义,与英语science的用法基本上相同。

对于生活在21世纪的人来说,狭义的科学或者说自然科学并不陌生,任何受到过基础教育的人都不同程度地学习过它。谈到科学,你马上会联想到物理、化学、生物学、天文学和地质学等具体学科,联想到一系列的科学定律与原理,并把它们同"真理"这个词联系起来,因为这些定律与原理都被认为是对自然的本质及运动、变化规律的客观描述,是经过实验、观察、测量和计算等而从自然界总结出来,并且可以反过头去对自然现象进行解释、预测甚至操控的。说科学知识是对自然的系统描述应该没有问题,但如果认为其具有"客观性",则值得进一步思考。

事实上,科学知识是人类意识的产物,是人类利用自己的语言对自然进行的理解和描述。人们相信它们是真的,是因为人们认为自然的确存在某种秩序或者规律,而且这种秩序或者规律能够为人们所认识、理解,并且是能够加以表达的。这些信念或者信仰说到底都是主观的,都是人的意识投射到自然上的,是一种世界观。这种世界观不仅决定着科学知识的形式和内容,也决定着人们获取自然知识的方式方法(也就是方法论),甚至还决定着人们对于科学知识的价值判断:究竟什么样的自然知识才是好的知识,才是确定的和可靠的知识?从很大的意义上来说,有什么样的世界观,就会产生什么样的科学,并且,随着世界观的重大转变,科学也会发生重要的变化。由于不同的文明具有不同的世界观,同一文明中的世界观也会随着时间而改变。所以科学既具有历史性,又具有文化性。可以说,不同的文明和不同的历史时期都可以有不同的科学。

以欧洲为例,尽管科学作为一个独立和整体性的范畴直到惠威尔时代才出现,但这并不意味着此前的欧洲没有科学。相反,催生它的正是此前两个多世纪欧洲科学的革命性发展。只不过在那时,人们是用自然哲学(natural philosophy)之类的名词来称呼它,并将天文学、力学、化学、光学、磁学、自然史(natural history)和医学等领域的探究都囊括在其中。再往前看,自然哲学、天文学、力学、光学和医学等领域又可以通过中世纪一直上溯到罗马、希腊化以及古希腊时期。而在不同的历史时期,西方科学又因当时基本世界观的不同而表现出不同的特色。

同样,尽管汉语中“科学”一词直到20世纪初才从国外引入,但这并不意味着中国此前就没有科学。不说从17世纪初欧洲的天文学、力学、医学和生物学知识已经陆续开始传入中国,也不说1840年之后欧洲的各种科学知识以更加系统的方式和更加庞大的规模进入了国门,单说中国的农、医、天、算,就早已是自成体系的自然知识系统,并且为国人所信赖、所传承、所应用、所发展。另外,至少在宋明理学中,便存在着与西方古代和中世界自然哲学相当的一部分知识,涉及对宇宙学等问题的哲学性研究。

除了中国,巴比伦、古埃及、印度和玛雅等文明也曾创造过自己

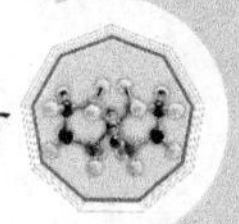

独特的科学知识体系,它们与西方科学存在着明显的差异。不同的是,西方科学在近代早期开始加快了发展步伐,形成了一套独特的研究纲领,并且逐渐成长为现代科学,西方社会也随之实现了近代化,实现了崛起。欧洲政治、经济、军事与文化的扩张引发了知识的全球化过程,使西方科学发展成为一种普适性的科学,进而导致了世界范围内的社会变革,塑造了一个以科学和技术为支撑的新世界。

与西方近代科学迅猛发展相对应的是西方科学家对科学这一社会力量的空前觉悟,他们力图使科学成为引导社会发展的知识系统,并极力推动全社会对科学的认同。为了达到这样的目的,他们一方面不断向社会展示科学知识的可靠性与有效性,另一方面则通过对科学与社会关系的历史考察来为科学辩护。从此,科学史开始诞生,并随着科学本身的巨大发展逐渐形成一个独立的知识领域。起初的科学史作者大多把近代西方科学描述为人类智力上的一次巨大的革命,并强调这场革命将把人类社会引向更加合理、更加符合公众利益和福祉的阶段。接着,人们开始揭示近代科学有别于以往科学的特征,并探讨其源头和产生的原因。在这个时期,科学史与新的科学知识一起构成了新的社会哲学和认识论哲学的基础,而这些新的社会哲学和认识论哲学又反过来形成了西方近代社会意识形态的内核。

到了20世纪初,科学史的这种独特作用进而导致了科学史工作者的自觉意识。科学史家萨顿(George Sarton,1884~1956)宣布,科学是人类唯一累积性进步的知识活动,而科学史则是唯一能真正反映人类进步的历史学科。同时,像当时西方的许多知识分子一样,萨顿也从当时资本主义经济的非人道倾向和毁灭性空前的世界大战中意识到,近代科学的迅猛发展在很大程度上导致了与人文关怀相背离的倾向,因此,他主张把科学史作为沟通科学与人文的桥梁,力图通过科学史建立起一种“新人文主义”,以此塑造一个科学与人文协调发展的社会。为此,他以宗教般的虔诚与毅力,把毕生精力投入了科学史事业,不仅自己笔耕不辍,写下了《科学史导论》(An Introduction to the History of Science)这样的鸿篇巨制,而且参与创立了科学史的国际性学会及相应的会刊《爱西斯》(Isis)。

萨顿自称,自己在科学史的研究和教学中"只问耕耘,不问收获"。但是,以他为代表的一代科学史学者的努力终于开花结果,使人们认清了科学史巨大的教化功能。于是,在20世纪中期,以美国为中心,科学史实现了职业化。科学史课程开始在大学里普及,不少学校还建立了科学史专业系科,用以培养专业人才,逐步形成了一个稳定的科学史专业群体。与此同时,科学史在哲学和社会学等领域中的理论潜力得到了充分体现,吸引了众多的参与者。科学史由此成为一大显学,并涌现出众多的研究领域和研究纲领,可谓百花齐放,百家争鸣。

不过,简而言之,科学史所要研究和揭示的,主要还是科学在不同的历史时期和不同的文化环境中的发展历程,其目的是要使我们了解,不同历史时期和文化环境中的科学具有何种特点,其发展的内在动因与外在动力何在,与社会文化诸要素之间存在怎样的互动关系。这样的知识将帮助我们理解,今天的科学是从何而来,是如何塑造了我们所生活的这个世界,又可能将我们引向何方。对于生活在21世纪、生活在一个被科学主宰着的世界中的人来说,这样的认识是不可缺少的,就像科学对于这个世界来说已经变得不可缺少一样。

但是,要写一部涵盖所有文明和所有历史时期的科学通史是一件不可能企及的事情。因此,科学史家只能以学科、时代、国别等众多参量来限制自己的研究范围,而本书作为一部简明的科学史教材,则是对西方科学发展的一个极为简短的回顾。我们并不否认其他文明中也都存在各自的科学传统,但在本书简短的篇幅内,我们只能作出这样的选择。毕竟,今天通行的科学主要还是西方科学传统发展的结果。像大部分科学史家所做的那样,我们把科学在西方的发展历史划分为古代、中世纪、近代早期、近代和现代几个时期。在回顾中,我们将不求写成开中药铺式的面面俱到的史实长编,而是力求重点抓住每一历史时期科学发展的主要内容和特征,从大处着眼,向深处发掘,进行专题式的讨论。而在讨论中,我们将突出世界观的转变对科学发展的影响,同时还会涉及科学发展与社会文化

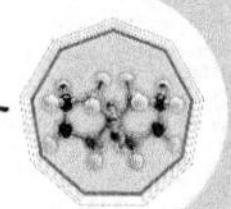

因素之间的互动关系。

西方古代科学的中心是在爱琴海沿岸的古希腊，但其源头却可以追溯到古埃及和巴比伦。对此，古希腊的历史学家和哲学家们自己也都承认。从现有史料来看，这两个地区的居民掌握了较高水平的计算技术，在天文学和医学等方面也都形成了独特的知识系统。但是，这些知识显然都被统御在神话的世界观之下。这种神话试图说明的实际上是人、神与天地之间的关系，是当时自然知识的核心。

古希腊的自然知识也经历了同样的阶段，但从公元前6世纪开始，古希腊的自然知识出现了一次世界观上的变革，出现了自然、超自然以及人的主观世界之间的划分，神开始被排除在对自然的解释之外，人作为认识的主体也被分离出来。哲学家作为一个新的知识群体出现，他们试图从自然现象中抽象出一些要素，用以对自然本原进行解释。同时，他们对人类认识自然的能力以及自然知识的可靠性问题也产生了关注，从而形成了集宇宙论和认识论于一体的自然哲学，并形成了众多的流派。

希腊自然哲学的发展在公元前5世纪的雅典达到高峰，并突出体现在柏拉图和亚里士多德两大体系之中。柏拉图认为，存在着两个世界，一个是具体物质构成的不完美的现实世界，一个是抽象概念（柏拉图称之为理念）构成的完美的理想世界。现实世界是对理想世界的不完美模仿，因此并不真实，也就难以从中获得真知。因此，真正可靠的知识只能来自对理想世界的认识。人的认识能力受到了物质性肉体的限制，因而不能直接认识理念世界。但是，通过几何学研究，却可以让人们窥见理念世界的一角。柏拉图同时强调世界蓝图的几何性，因此，他强调以几何学方法来研究自然，并由此达成对完美理念的体察。

与柏拉图不同，亚里士多德认为，概念并不是先验地独立存在，而是来自人们对现实世界的抽象。现实世界是真实的，真正的知识也只能来自对现实世界的认识。知识的可靠性决定于可靠的求知方法，而可靠的求知方法必须符合逻辑。为此，亚里士多德创立了形式逻辑学系统，提出了一个以清晰的概念定义为基础，以来自经验直觉的正确前提为起点，通过三段论的推理而达成正确认识的研究纲领。他同时强调,研究自然的目标在于揭示事物的原因,并对这些原因提出了具体分类,从而指示了自然研究的具体方向。依照这样的原则,亚里士多德建立了一个庞大的自然哲学体系,涵盖了当时人们所知的自然知识的几乎各个方面。

公元前4世纪,亚里士多德的学生亚历山大建立了一个横跨欧亚大陆的庞大帝国,同时也试图将希腊文化推广到这个帝国的每一个角落。在这个"希腊化"的过程中,北非尼罗河三角洲上的亚历山大城逐渐成为新的学术中心。这一时期,柏拉图提倡的关于自然的几何学研究纲领似乎占据了统治地位。几何学本身不仅得到了巨大的发展,而且还被作为一种方法,被应用到光学、地理学、天文学以及力学的研究之中。但是,亚里士多德的影响仍然显而易见。因为欧几里得《几何原本》中的几何学体系实质上是亚里士多德逻辑学在几何学上的具体应用,而被光学家、地理学家、天文学家和力学家所采用的几何方法实际上均源出于此。另外,亚里士多德的宇宙学也成为天文学家构建几何天文学体系的理论基础。

古希腊自然哲学的发展还直接影响到人们对人体的认识,并通过与医学实践的结合,形成了一套哲学性的医学和生理学知识系统。不过,希腊人研究自然哲学和数理科学的最高目标在于道德的提升和精神的净化。苏格拉底把知识称为最高的善,正是对这种追求的最好表达。但是,当崇尚实用的罗马人把希腊本土和东方一些希腊化的国度划入自己的版图之后,这种知识精神并没有被他们所真正接受并加以发扬光大。相反,罗马人只满足于将希腊科学的一些成果拿来为实用目的服务,满足于快餐式地将希腊的自然知识作为供消遣的文雅点缀。再加上基督教兴起之初对一切有竞争力的世俗知识的戒备、压制甚至破坏,希腊自然哲学、数理科学和医学的传统在欧洲失去了发展空间。

公元5世纪中叶,未开化的北方蛮族攻入罗马,最终导致了西罗马帝国的灭亡,这标志着欧洲中世纪的开始。而在东罗马帝国,基督教加紧了对异教和世俗知识的迫害,结果导致熟悉希腊哲学和科学的景教徒向东方迁徙。从此,欧洲陷入了知识黑暗。所幸的是,东迁的景教徒们在波斯帝国的土地上找到了暂时的避难所。当阿

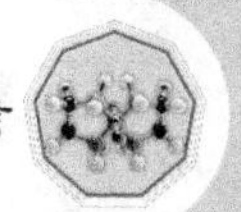

拉伯人在公元7世纪征服这些地区时,对他们的知识表现出空前的热情,并鼓励他们从事翻译,这样不仅使希腊的自然哲学和科学传统得到了传承,并且使之与来自东方的相关知识相融合,在数学、天文学、力学、炼金术和医学等领域中取得了显著的发展,在一望无际的沙漠里形成了一小片知识的绿洲。

与此同时,在教会组织的帮助下,知识之光也在蛮族人统治的欧洲开始缓慢地恢复,欧洲人对世俗知识的兴趣也在日渐增长。这种兴趣最终导致了欧洲人对阿拉伯知识的发现,并在11和12世纪展开了大规模的翻译运动。与此同时,大学也应社会和宗教生活的需要而诞生,知识的光芒终于重新照亮了欧洲。教会博士们对体系最为庞大和完备的亚里士多德自然哲学表现出极大的热情,并把它与基督教神学相结合,形成了以神学为主导的经院哲学,成为教会承认的正统哲学体系。尽管有教会博士对光学这样的数学—实验学科表现出极大的兴趣,尽管也有学者对亚里士多德的一些观点提出过质疑,并"想象"出一些创新性的观点和方法,但亚里士多德还是被奉为最高的哲学权威,对他的学说进行注解和考辨成为占主导地位的学术活动。

到了14世纪,经院哲学一统天下的局面开始受到挑战。这主要得力于一场被称为"文艺复兴"的文化运动,它起源于意大利北部一些商业经济发达、教会控制薄弱的城市共和国中。在这些地方,新兴的市民阶层和商业贵族开始反对宗教玄想式的生活,而热衷于现世生活的改善。"人文主义者"对古代文化的推崇和向往导致了大量古希腊著作的发现和翻译,其中包括自然哲学和科学著作,这使人们在经院哲学之外找到了一片更大的知识的天空。艺术家对新的艺术形式的追求导致了对几何学方法的应用以及对事物的经验性观察与研究,数学方法与经验研究的地位由此得到提升。随着这场运动的发展和扩散,新的世界观和方法论开始出现,新形式的科学也应运而生,从而产生了西方知识史和科学史上的一场深刻的革命,欧洲科学的发展随之进入近代早期。

第一个突破口出现在天文学领域,哥白尼提出了一个以太阳为中心的宇宙模型,并以此建立了一套新的天文学体系。一开始,许多人只把这套新体系看成是更加有效的数学假说。但由于其在宇宙学和物理学上的意义逐渐显露出来,日心地动体系与坚持地心地静说的正统经院哲学之间的冲突变得日益明显。为此,第谷提出了一种调和的宇宙模型,而开普勒则在日心说的基础上提出了后来被称为行星运动三定律的天文学理论。

与此同时,伽利略则试图利用望远镜作出的天文新发现以及他对物理学研究的新成果来证明地心说的错误以及日心说的合理性,并以此对正统的亚里士多德自然哲学提出了全面挑战。他的言论立即触动了正统经院哲学家和神学家们的神经,他们引用《圣经》中关于地球静止的条文来向伽利略发难,争论被正式提到了神学和宗教信仰的高度。伽利略因此而遭到教会的监禁,但欧洲科学家却为自己争取到了一片相对独立的领地。

另一个突破口出现在方法论上。医药化学家与重视解剖的医学家开始倡导经验知识的重要性,并取得了重要成果;越来越多的学者开始将工匠的经验知识总结为书本知识,一些人还试图通过系统的实验方法将工匠知识提升到哲学的高度。英国哲学家培根则从理论上对旧有的方法论提出了全面的批判,其中尤其包括亚里士多德哲学。培根提出了一种全新的知识价值观:知识的目标不是通过理解自然的本质而获取精神上的满足和灵魂上的得救,而是为了能指导人们获得新的经验和发明,并在博爱精神的指引下为"生活的益处和用途"服务。可靠的自然知识不仅要帮助人们正确地理解自然,更重要的是能指导人们模仿和操控自然。培根认为,只有以实验为基础,在与自然持续的对话中,借用自己所倡导的归纳法,才能获得这样的知识。

在经验主义兴起的同时,数学方法也开始被系统地应用到自然哲学的研究中,出现了像伽利略和笛卡尔这样的代表人物,形成了所谓的"数学—物理学"或者"物理—数学",从新的角度对经院哲学提出了新的挑战。与这种方法论相应的是一种数学化的世界观:自然被认为是用数字和几何形体写成的一部大书,因此,只有借用数学的语言才能读懂。值得注意的是,这种"自然数学化"思潮并不排斥实验知识。相反,在伽利略和笛卡尔等人的工作中,实验都占据

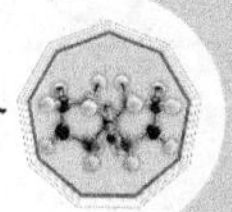

了非常重要的地位。

除了“自然数学化”思潮外，机械论是欧洲近代早期科学的另一个重要特征。机械论者把自然看做一架机器，相信在微观的机械部件和宏观的机械现象之间存在一种因果联系，微观决定着宏观，因此，通过理解微观就可以把握宏观。笛卡尔和波义尔是这种哲学的最佳代表。笛卡尔的数学化宇宙同时具有明显的机械化特征，连人和动物也都被他视为机器。波义尔把机械论与实验哲学结合起来，不仅对空气的力学行为提出了解释，总结出了空气压强与体积之间的定量关系，并且用同样的手段来改造炼金术，使之成为自然哲学的组成部分，从而导致了近代化学的诞生。从物质组成的机械论观点出发，波义尔还否定了亚里士多德和炼金术士所坚持的化学元素概念，而代之以机械微粒论观点。

新的知识活动和观念在正统哲学占统治地位的大学里难以发展，只能在大学以外寻找新的生存空间。于是，新式的科学社团开始从民间走向官办，最终形成了一种全新的社会建制。科学家开始形成一个独立的社会群体，其队伍也以空前的速度增长。

欧洲近代早期科学的发展最终在牛顿这里得到综合。牛顿不仅发明了微积分，提出了支配物体运动的三条基本定律，揭示了支配着行星系统的万有引力，而且通过《自然哲学的数学原理》和《光学》这两部巨著，演示了一套研究自然的方法，即把力的作用作为自然现象的支配性原因，把基于经验而进行的力的数学规律的探询作为自然研究的中心。牛顿通过自己的综合，为自然研究确立了一种新的范式，从而决定性地将欧洲科学的发展带入了近代的大门。

18 世纪科学发展的一条主线是欧洲大陆科学界对牛顿式科学从怀疑、接受到普及与发展的转变。牛顿的力学被真正地转化为微积分的语言，形成了所谓的分析力学；牛顿的范式被进一步推广到电学和热学等领域，同时成为启蒙运动的思想源泉，推动着欧洲社会思潮的变革，并导致了法国大革命的爆发。

而在社会革命到来的前夜，拉瓦锡借助于定量受控的实验方法，在化学上发动了一场有计划的革命，建立了新的元素概念和新的化学术语系统，从而将这一学科真正引上了近代发展的轨道。到

了19世纪初,道尔顿再次将机械论理念引入化学,提出了化学原子论,分子的概念也随之得以确立。新的元素观和原子论的结合,导致了元素周期律的发现;对有机物的研究扫平了有机化学和无机化学之间的概念屏障,近代化学的大厦终于拔地而起。

启蒙运动导致了历史进步观的出现,这种观念又反过来影响了人类对整个自然的看法,导致了人们对宇宙来源、地球成因和生物起源问题的历史性思考。在强调自然界中普遍存在秩序的同时,自然和生物可变的观念逐渐占据了主导性地位,尽管在对变化方式的解释上仍存在渐变与突变的分歧与争论。在这种背景下,达尔文把注意力集中到物种起源规律的探讨上,试图揭示支配物种形成的自然法则,提出了以生存竞争和自然选择理论为基础的生物进化论,开创了生物学研究的新纪元。

对自然的另一种新看法是关于自然力的统一性。哲学家康德对以力为中心的自然观作了进一步发展,指出自然中的"基本力"可以转化成不同形式的具体的力,物理学家的注意力也转向对不同形式的力的联系与转化的研究上,试图揭示不同物理现象之间的内在统一性。这种努力首先在电磁现象的研究中结出了果实,在持续电流发现后,又进一步导致了电流磁效应以及电磁感应现象的发现,使电磁学和电动力学得以建立,电磁相互作用的规律被总结为麦克斯韦电动力学方程组,电磁场与电磁波的概念随之诞生。同时,光的波动理论也得到复兴与深化,光波被证明是一种电磁波,从而揭示了光现象与电磁现象的统一性。同时,人们还找到了贯穿于这些相互联系的物理现象之间的那个"基本力",也就是能量,总结出了能量守恒与转化定律。对热与能量问题的进一步研究导致了热力学的建立,使得试图从微观上解释宏观热力学规律的分子运动论和统计物理学应运而生。

自然规律统一性的观念还被人们应用到对复杂的生命现象的研究中,导致了细胞学说的建立和细胞生物学研究的发展,并对生命起源和个体发育的研究产生了深刻影响。本着自然统一性的思想,人们还试图把物理、化学定律以及相应的研究方法应用于人的生理过程的研究,使生理学的发展进入了一个新时代。

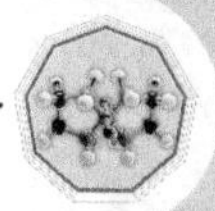

19 世纪,工业革命席卷了整个欧洲,使其社会实现了近代化的转变。而在欧洲人看来,这场革命的原动力来自于起源于近代早期的科学革命。科学的重要性得到了空前的凸显,发展科学成为国家战略的重要组成部分,科学家也逐渐变为重要的社会群体。科学和社会的迅速发展,给人们带来了一种普遍的乐观主义态度,认为作为带头学科的物理学已经基本完成,自然界的所有基本规律已经或者不久就会被完全揭示清楚。然而,就在这个世纪快要结束的时候,物理学领域出现了一系列理论与实验现象相背离的危机。而随着这些危机的解决,物理学和整个科学都被带入了现代发展时期。

第一个危机出现在当时刚刚完成的电动力学领域。从经典力学的观念出发,光与电磁波的传播规律似乎表明,宇宙间存在着一种与牛顿的绝对空间相对应的绝对静止的介质,使二者的传播成为可能。但是,各种实验表明,这样的介质并不存在。更成问题的是,当按照伽利略相对性原理的要求将麦克斯韦方程组转换到一个惯性参照系中时,该方程组的形式会发生重要的改变。这些问题引发了物理学家的疑虑和争论,最后导致了爱因斯坦狭义相对论和广义相对论的建立。牛顿的绝对时空观受到抛弃,科学家的世界观又经历了一次重要的转变。

另一方面,由热的运动理论得出的能量均分原理在对高频热辐射现象的描述中遭到严重的失败,新发现的光电效应也无法用光的电磁波理论加以解释。面对诸如此类的困难,普朗克和爱因斯坦先后提出了能量的量子观念,并在实际应用中取得了初步成功。与此同时,随着电子、X 射线和放射性的发现,原子有结构的观点得到确立。但在对原子结构的研究中,又再次出现了不少与经典物理学理论相悖的现象。直到波尔把量子概念引入这个领域,问题才迎刃而解。在此基础上,以量子概念为基础,用于描述微观领域物理过程的量子力学逐渐得到建立。与之相关的光的波粒二象性、测不准原理以及量子力学的统计解释等理论则从另一个角度冲击着人们固有的世界观,引发了一场持久的争论。

相对论和量子力学为 20 世纪物理学的发展提供了有力的武器,而不断提升的实验技术也为物理学的发展提供了强大的推动力,使物理探索的前沿在微观和宏观两个层次不断向极限推进。放射性的发现引发了对原子核的分析，导致了对基本粒子的不断探索和新的发现；而在宏观领域，爱因斯坦的宇宙方程引发了人们对宇宙模型和来源的科学思考，并导致了大爆炸理论的建立与发展。与此同时，理论物理学家也试图根据实验与观测的现象，寻找各种物理作用之间的相互联系，试图为它们找到一个统一的描述，从而建立一个大一统的物理理论，将主要的物理作用均涵盖其中。这是一个大胆而庞大的计划，其中所包含的巨大挑战已经成为当代物理学发展的不竭动力。

20 世纪初，孟德尔在几十年前所做的豌豆杂交试验同时被三位生物学家发现，并在论战中获得了广泛承认，从而使遗传学成为生物学中的一个重要领域。通过系统的果蝇杂交实验，摩尔根决定性地将孟德尔学说与染色体理论联系起来，极大地推动了遗传学的研究。经过长期艰苦的实验探索，生物学家终于锁定了遗传物质与脱氧核糖核酸 DNA 之间的联系，从而使遗传学研究进入到分子的水平，并最终导致了沃森和克里克对 DNA 双螺旋结构的发现，生物学的研究就此步入了基因时代。

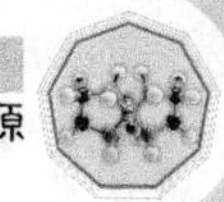

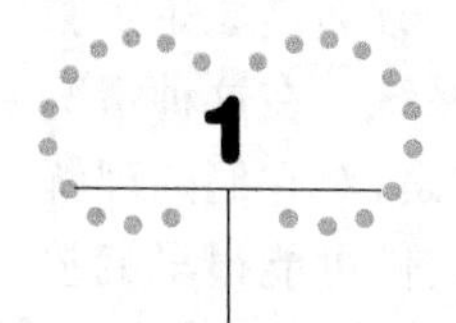

1 人、神与天地——自然知识的起源

1.1 原始思维

现代科学研究表明，人类是自然界长期演化的结果。原始人类最早产生于15 000 000年以前，于1 000 000 ~ 10 000年之间完成了从直立人到智人的转变。按照进化论的观点，任何生物从产生的那一天开始，就面临着与这个世界的种种斗争——为了个体和种群生存而进行的斗争——人也不例外。这种斗争使得生物产生了各种各样的结构和本领，以应付生存所需。其中，许多高级一点的动物就能够使用甚至制作简单的工具。人就是一种会制作和使用工具的动物，但人显然又不是一般的动物。那种使人能够完全从动物界脱颖而出的魔法来自于人的大脑，来自于这个大脑中的思维能力。只有当人开始具有思维能力之后，他们才真正地同普通的动物区别开来。这种思维能力的具体表现是，能够把事物抽象成某种概念或者某种符号，并能通过一定的方式加以记忆和关联，还能以某种形式进行交流和传承。一旦具有这样的能力，人就开始了知识活动，也真正变成了人。

应该说，人类从最初就不得不与自然打交道，并积累着相关的知识，同时形成对自然的一般看法。早期先民一般都把自己作为理解自然的参照物，往往都把人的特性赋予周围的世界。在他们眼里，万物都像人一样具有生命、感觉、情感和意志，它们有生老病死，也有喜怒哀乐。它们之中甚至也存在等级差别，那些对人类生活影响最大的被认为是神，如天空、大地、太阳、月亮，山川、海洋、河流、土地和空气等，并且成为神话中的主角。而神话一方面是原始宗教的基础，另一方面则成为人们对自然现象的解释系统。在这种情况下，人们可以对一些自然规律达成正确的认识，但是，对它们的理解和解释则不可避免地来自神话的世界观。例如，人们可能很早就掌握了日月运动的周期，并可以在一定的精度上对二者的运动加以计算；但是，这些规律却被理解为太阳、月亮等诸神的安排，或者就是这些神在天上的运动；一些特殊的日期还会成为宗教性的节日，用来对特定的神 \进行祭祀。再如，人们可能认识到某些疾病的存在，并且掌握了一些原始的治疗方法，但疾病的原因却被解释成某些恶神在作祟，治疗方法也会被解释成对它们的祛除或者禳解。应该说，这种以有灵论和神话世界观为主导的自然知识已经构成了原始的科学知识。作为西方科学的源头，这样的原始科学可以追溯到古埃及、巴比伦以及爱琴海沿岸的上古文明中。

1.2 尼罗河的赠礼

尼罗河像一条绿色的小蛇，懒散地匍匐在北非的沙漠中，缓缓向北流入地中海，并在入海口附近冲击出一片扇形的三角洲。每年夏天，埃塞俄比亚高原的暴雨会使这条河流洪水暴发。等到洪水退去，留在河谷和三角洲上的却是肥沃的黑土，堪耕堪种。尼罗河就这样成为古代埃及文明的母亲河，难怪古希腊历史学家希罗多德(Herodotus)会把埃及称为“尼罗河的赠礼”。实际上，埃及原来的名称就是“黑色的土地”(*Keme*)。

尼罗河下游的古埃及人最早学会了筑堤防洪和引水灌溉的技术，发展出发达的农业文明，并建立了下埃及王国。随着这些技术的传播，上游地区的文明也发达起来，从而导致了上埃及王国的出现。约在公元前 4000 年前后，埃及人已经开始使用青铜工具，这极大地推动了农业文明的进步。公元前 3100 年前后，上下埃及统一，埃及文明从此在法老统治下逐步走向繁荣，前后经历了 31 个王朝，依次分成古王国、中王国和新王国三个阶段，直到公元前 332 年被来自东南欧的马其顿人占领，从此走入了希腊化时代。而散布在尼罗

河谷中那些大大小小的金字塔，再加上那些宏伟的神庙建筑，还有那高耸的方尖碑，无不成为这个伟大文明难以磨灭的见证，向后世默默地倾诉着她昔日的辉煌。

早在统一之前，埃及人已经发明了一套象形符号与注音符号并用的文字系统，至迟到古王国时期，已经出现24个注音符。这套文字经过发展，到公元前1900年前后形成了一种缩写的祭司体，公元前660年前后又出现了草书的通俗体，最后逐渐被考普特字母表所取代。埃及人虽然经常把文字刻在神庙的墙壁、石碑甚至青铜器上，但他们主要的书写材料是纸草纸。尼罗河谷盛产纸草(papyrus)，古埃及人把它的茎切成长条，并纵横交错地压平晾干，在上面用红黑墨水书写。这些文字材料有不少流传至今，为我们揭开这个文明的神秘面纱提供了重要依据。

埃及人的宇宙观基本上是以其生活中最重要的两个元素——水和太阳——为中心的。太阳神瑞—亚通(*Rē-Atum*)是世界的创造者，他把生命的气息(*ka*)赋予原始的黏液，由此给世界带来秩序；他还创造了空气之神署(*Shu*)和湿气女神特夫穆忒(*Tefmut*)，二神的结合则导致了天神努特(*Nūt*)和地神戈布(*Geb*)的诞生。大地是一个四周隆起的浅盘，其四周都被水所围绕。水被人格化为侬(*Nūn*)神，她是尼罗河的母亲，也是围绕大地的原始大洋。天笼盖于地的上部，把她撑起来的是空气。

在埃及人的心目中，人最初也是神的作品。创造之神克农(Khnum)先在陶轮上照自己的样子创造了人的身体，又赋予他生命的气息 *ka*。*ka* 被储存在人的心中，是身体的精神拷贝，带有身体的全部欲望和需求。法力高深的魔法师可以在人活着时将生命的气息同身体分开。而人的性格，也就是非肉体的个性叫做 *ba*，会在人死后同 *ka* 一起离开肉体。人死后，*ka* 和 *ba* 会一起转化为一个 *akh*，这是人死后与神同在的存在形式。

埃及人最早认为只有法老死后才可以变成 *akh*，但后来他们逐渐相信，常人也可以如此。当然，要想使 *akh* 得到永久的存在，必须通过咒语和木乃伊的制作。另外，人的名字必须得到妥善保存。因为一旦名字被毁，则 *akh* 也将难以保存。人死后，死者由领魂之神阿努比斯(Anubis)带入地下世界,他的心脏会被放到天平上称量,并由月神托特(Toth)记录称量结果,然后由太阳神霍如斯(Horus)带去见死神奥息瑞思(Osiris),由他进行审判和最终判决。

作为一个农业为主的社会,季节变化在古埃及深受重视。另外,宗教节日的决定也需要日期的准确确定。为此,埃及人发展出了两套历法系统,以满足这方面的需要。第一套历法是民用历,其中一年按洪水周期分为洪水、退水、收获3季,共12个月,每月30天,外加年末5天为敬神日。由于当时人们已经认识到一回归年的长度分为365又1/4日,所以每隔4年,埃及人就要引入一个闰日。另一套历法实际上是天文历,以天狼星在黎明的偕日升与洪水季节的到来相对应,每10天有一颗新的恒星偕日升,一年共36颗旬星(*decans*)或者说360天。

埃及人还发展出完备的计时系统,并把一天分成24个小时。最初每小时的长度并不平均,但后来逐渐调整为均匀分布的。而且,在夜间,他们可能使用36颗旬星的中天来测量时间。历法与计时方面的需要推进了埃及人对于星象的观测与研究,并形成了自己独特的星座系统。

出于财产管理、建筑和土地测量方面的需要,埃及人发展出了实用的数学系统,或者更确切地说是算术系统。在已经发现的古埃及的文字材料中,有不少都是数学内容,其中最著名的包括德国人莱茵德(Alexander Henry Rhind,1833~1863年)发现的数学纸草书和羊皮卷,以及俄国人格伦尼谢夫(Vladimir Goleniščev,1856~1947年)所发现的莫斯科纸草书等。

埃及人用累加短竖的方法记1到9,没有0,也没有进位制,而且,10,100和1 000均用特殊符号表示。加减法一般通过预先编制的表格进行,一些算法可以转译为现代代数学,处理的问题包括一次方程、二次方程、联立方程以及求算术级数前n项之和等。在埃及人的数学中看不到证明,但其计算方法暗含了高度的严格性。埃及人已经掌握了较高的实用几何技术,以至被希腊人视为几何学的发祥地。他们已经掌握了三角形、梯形、圆和矩形等形状的面积的计算方法,还能够计算棱锥和棱台等形体的体积,并且还可能掌握

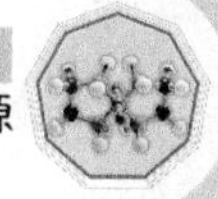

了直角三角形三边之间的数学关系。

在古代世界中，埃及人的医学知识与技术非常有名，这一点也得到了古埃及流传下来的纸草书的印证。生活在公元前2900年前后的伊姆荷太普(Imhotep，本意是平和地到来的人)是第一位见诸记载的埃及医生，他生前担任过第三王朝法老左瑟尔(Djoser)的大臣、御医、大祭司、建筑师和工程师，也是该法老金字塔的设计者。他死后被尊为医神，他的神庙一般也是医药中心。

从总体上来看，埃及人一般以神和魔的附体来解释病因，治疗常常伴随着清洁仪式、魔法和祈祷。不过，在具体的治疗实践中，埃及人还积累了丰富的经验医学知识。例如，在美国古董商人史密斯(Edwin Smith，1882～1906)发现的外科纸草书中，作者指示医生如何治疗损伤、创伤、骨折和肿瘤，疗法主要包括涂敷、一般护理和食疗。在实际治疗中，药物得到了广泛使用，其中不少确实有效。当然，埃及医生对于具体疾病通常只能就病论病，就病治病；而在不知道病因时，只能求助于神 \。

从史密斯最早发现的埃伯斯医学纸草书(Ebers Papyrus)中可以看出，尽管木乃伊制作十分盛行，但埃及人的解剖学知识却并不发达，对人的生理结构主要限于推想。生理系统被看做一个管道系统，以心脏为中心，输送各种体液。尽管已经认识到脉搏的存在，但主要器官和管道被认为有自己的生命，每一肢体都有自己的神。

1.3 两河之间

底格里斯(Tigris)与幼发拉底(Euphrates)两条河流自西北而东南，贯穿今天伊拉克境内的大沙漠，流入波斯湾。据考证，这两个名字前者源于古老的苏美尔语(Sumerian)，意思是“湍急的河流”；后者则源自苏美尔语和阿卡德语(Akkadian)，意思是“肥沃的河流”。显然，幼发拉底河比底格里斯河流动缓慢，可以冲击出较高的河床与肥沃的土地，因此才会得此名。

古希腊人把两条河之间的地区称为美索不达米亚(Mesopotamia)，意思是两河之间。自公元前5000年之前开始，苏美尔人就在其南部地区建立了一些城邦，进入了以灌溉农业为主的社会。大约公元前

2350年左右,该地区北部属于闪族的阿卡德人征服了苏美尔人。到公元前2119年前后,苏美尔人卷土重来,建立了乌尔(Ur)第三王朝。公元前20世纪之后,该地区轮番为早期亚述(Early Assyrian)王国(约公元前20到前18世纪)、古巴比伦(Old Babylonian)王朝(约公元前18到前17世纪)、卡塞特(Kassite)王朝(约公元前16到前12世纪)、新希泰(Neo-Hittite)城邦(约公元前11到前7世纪)、新亚述(New Assyrian)帝国(约公元前10到前7世纪)以及新巴比伦(New Babylonian)帝国(约公元前7到前6世纪)所控制。公元前539年,这一地区又被纳入波斯的阿凯门尼德(Achaemenid)帝国的版图,直到公元前317年被亚历山大大帝占领。

与相对稳定的古埃及相比,两河流域的社会由于内外部族的相互征战而显得异常动荡。不过,在这样的环境中,世世代代居住在那里的居民还是创立了异常辉煌的美索不达米亚文明。最早,苏美尔人和阿卡德人已经形成了自己的文字。经过长期发展,这些文字系统变得十分精细和标准化。与古埃及的文字不同,两河流域的古代文字属于注音文字,苏美尔语种就有350个注音符号,只不过尚未发展到字母的阶段。两河流域的人利用方形木条在潮湿的黏土块上压出楔形痕迹来书写,因此,他们的文字又被称做楔形文字。此外,他们还把这种文字刻在石碑、雕塑和铜器之上。自19世纪以来,考古学家发掘出了大量的楔形文字材料。尤其是1849年及其后不久在尼尼微废墟下发掘出的新亚述王朝的两个藏书室,其中含有大量的泥板文书,内容从历史、法律一直到宗教与自然科学,成为研究两河流域文明的重要材料。

两河流域不仅社会动荡,自然环境也比较恶劣:来自大漠的风沙雷暴经常会不期而至,两条河的汛期也不那么有规律。这样的生活环境势必影响居民们的世界观,并反映在他们的神话中。在美索不达米亚人心目中,宇宙像是一个国家,世界是诸神意愿的共同体,是人格化为不同神 \的自然力相互作用的整体,其中充满冲突和斗争,秩序是以权威和力量为基础而建立起来的。

在苏美尔人的神话中,宇宙被分为7个层次:最上面是天神阿努(Anu)之天,其次是伊基几神(Igigi)所统治的中层天,再下是天体运

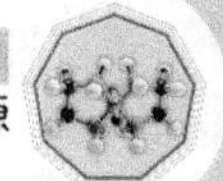

动的下层天，接着依次是空气、大地、地下盆地以及冥界，整个世界被不同的神所控制。例如，天神象征着把世界从混沌中举起的力量，他在诸神 \之上，统御一切；天神之子恩利里(Enlili)为风暴之神，是人类的原形，他与天神一起，共同掌握着统治国家的要素，即力量和权威；如此等等。

在完成于古巴比伦时期的《当在天上》这部创世神话中，我们可以明显地看到通过权威和力量给世界带来秩序的过程：世界最初是处于混沌之中的水，由淡水之神阿斯普(Aspu)与咸水女神提亚马特(Tiamat)所控制。随着时间的推移，这二位神创造了更多的神，以便给世界以秩序。但是后来，厄亚(Ea)神杀了阿斯普，从而引发了由提亚马特所领导的怪物同诸神之间的相互杀伐。诸神最初处于下风，直到巴比伦城的保护神马杜克(Marduk)出生，情况才被扭转。马杜克降服了提亚马特，将她一劈为二，形成天地；又把她的大臣杀死，并用后者的血创造了人类，作为诸神的供奉者。在这里，马杜克就是力量和权威的象征。正是凭借这两样东西，他才把秩序带给了混沌的世界。

这种对权威与秩序的崇拜也体现在美索不达米亚人对于法律的重视上，古巴比伦时期出现的汉谟拉比(Hammurabi)法典就是例证。美索不达米亚人一方面想借助于法律的权威给社会以秩序，另一方面也对那不确定的命运深怀敬畏。在这种情况下，占卜术在这里变得十分盛行。其中星占术从苏美尔时代就受到极高的重视，到公元前16世纪，基本上形成了一种稳定的体系，并出现了《阿努和恩利里》(Enuma Anu Enlili)这样的星占典籍。其中大约记录了7 000多条天象以及对应于它们的占语，分刻在70余片泥板上。例如，“如果月亮在第一天可见，则说话是可靠的，国家将会快乐”，等等。

这种基于天象的星占的基本要求是要密切监视各种天体的运动，结果就导致了天象资料的积累。例如，在《天象集占》的第65片泥板上，就记录了金星在大约21年中首见和首伏的日期；而在星占泥板《穆尔·阿聘》(MUL. APIN，星座名)中，则包含了对星座的系统描述，以及可用来对白昼的长度以及行星偕日升与偕日落日期等进行预报的图形。到了新巴比伦时期，也就是所谓的迦勒底(Chaldean)时期，星占家/天文学家编纂了各种天象的观测日志。通过这些日志，他们发现了月食的18年周期(沙罗周期)，并且可以根据以往的观测对周期性出现的行星天象进行预报。不久，他们发展出了相应的数学规则，可以在天体运动周期的基础上，通过列表和内插的方法，实现对天体运动和一些特殊天象的预报。

美索不达米亚天文学对希腊天文学产生了直接影响，他们的许多发明由此成为欧洲天文学中的组成部分，并一直沿用至今，其中包括周天360°以及角度的六十进制、黄道十二宫以及一周7天的星期制，等等。当然，还有迦勒底人发展起来的命宫星占。

除了星占和天文学，美索不达米亚人在数学上也取得了显著的进步。巴比伦人使用六十进制计数系统，其中包括小数与分数。苏美尔人已经发明了一套十分复杂的度量衡系统，编制了乘法表，开始处理几何计算和除法问题。从古巴比伦时代开始，数学得到了更大的发展，并留下了大量的泥板书文件，其中包括平方数表、立方数表、平方根表、倒数表以及勾股弦三数表等。此外，泥板书中的一些计算，实际上涉及解方程的问题，其中包括二元方程以及二次与三次方程。此外，巴比伦人也已经知道求矩形、梯形、三角形和圆等形状的面积，而且知道对这些图形的面积分割，其中往往涉及二次方程问题。另外，他们似乎也已经掌握了毕达哥拉斯定理。

至迟从新亚述王国开始，美索不达米亚人就知道用地图来表示局部地区的地理形势。而在新巴比伦时期则出现了一幅世界地图，大约作于公元前500年前后。其中，世界的中心是由苦河所围绕的圆形土地，巴比伦和亚述等均位于其中；苦河以外有7个三角形半岛，像花瓣一样向四周展开。

相比之下，美索不达米亚的医学水平显得较为低下。疾病被看成是神的不悦，主要诊断方法是通过征兆来占卜。治疗的主要方法是魔法、献祭和宗教仪式，用来取悦和安抚导致疾病的神灵、魔鬼和恶灵。医生同时是祭司，经验医学没有与魔法相分离，用药和外科操作都被视为施咒过程。

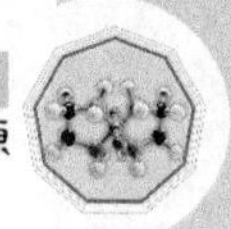

1.4　爱琴海域

在今天希腊以南的地中海上，有一个很大的岛屿正好扼守在由地中海到爱琴(Aegean)海的咽喉上，这就是著名的克里特岛(Crete)。尽管地域不大，四面环海，但这里却很早就有人类居住。公元前2700年前后，这里出现了所谓的米诺安(Minoan)文明，为我们留下了庞大的宫殿遗迹与精美的艺术品遗存。与此同时，在希腊本土也兴起了另一个文明，人称迈锡尼(Mycenaen)文明。该文明在公元前1450年达到鼎盛，不但征服了克里特岛，而且把意大利和小亚细亚的一些地区纳入自己的势力范围。在公元前12世纪早期，迈锡尼人组织了对小亚细亚西岸的特洛伊(Troy)城的远征。经过10年苦战，希腊人虽然赢得了战争，但也耗尽了国力。大约公元前1100年前后，北方多利安人(Dorian)入侵，带来了铁器，从而开创了希腊的城邦时期。

米诺安人已经发明了自己的文字系统，包括所谓的克里特象形文字以及属于拼音文字的线形文字A，后者迄今尚未被破解。迈锡尼人在米诺安文字的基础上创造了线形文字B，但随着多利安人的入侵，这种文字也彻底死亡。直到公元前9世纪，小亚细亚西部的腓尼基(Phoenice)商人将他们发明的字母带入希腊，才在此基础上形成了古希腊的文字。早期希腊文字材料中，最完整和最重要的莫过于荷马(Homer，约公元前9世纪)的《伊利亚特》和《奥赛德》，以及赫西奥德(Hesiod，公元前8世纪)的《工作与时日》与《诸神谱》。其中，荷马的两部史诗可能并非一人一时所作，一些内容最早也许可以上溯到迈锡尼时期。

在早期希腊的这些文字材料中，找不到像埃及和美索不达米亚那样专门讨论数学、天文学和医学的文本。但是，从这些著作中，我们可以读到希腊的神话体系，从中了解早期希腊人的世界观，并为我们了解以后希腊哲学的巨大发展提供一些参照背景。

按照赫西奥德的描述，宇宙及其中的诸神与万物都是从无到有产生出来的，就像是人的出生一样。最先从无中出现的是混沌之神，混沌产生了爱神爱若斯(Eros)、大地女神盖亚(Gaia)、地府之神塔塔汝斯（Tartarus）、黑暗之神埃瑞波斯（Erebos）和夜神尼克斯（Nyx），盖亚则进一步生出了天神欧然诺斯（Ouranos）、山神欧瑞亚（Ourea）和海神旁图斯（Pontus）。有了爱神之后，诸神则通过交媾产生新的神，如黑暗之神与夜神相交生出光明之神埃特（Either）和白昼之神荷美拉（Hemera），天神与地神相交生出十二位巨人，其中包括原始大洋之神欧基亚诺斯（Okeanos）。这些神各自基本上都对应着一个存在，天是一个固体的半球形，盖住圆而平的地；地上有火性的空气，下面是死者的居所；地四周被原始大洋所包围，那里是万物之源。

之后，在已有的这些神中，一些神又通过相互交媾生产出了众多的第二代神，从而使世界充满万事与万物，包括星辰、山川与河流，热情、胜利与力量，如此等等。十二位巨人中，最小的克荣诺斯（Kronos）通过阉割天神夺得了对宇宙的控制权，但天神和地神却预言，他将被自己的子女所推翻。为了消除一切可能的挑战，克荣诺斯残忍地吞下了他的前五个孩子，只有最小的儿子宙斯（Zeus）在天神与地神的掩护下免遭厄运。长大后，他迫使克荣诺斯吐出了自己的兄弟姐妹，并同克荣诺斯展开战斗，最终夺得了对宇宙的控制权，使宇宙获得安定。取得统治地位的十二位神则居住在奥林匹亚山顶，其中，宙斯是诸神中最大和最有权力的神，是众神之父，是力量与智慧的统一体、各种力量的集合，是雷电之神，也是正义的庇护者。

希腊诸神最大的特点是，他们似乎并不具有埃及与美索不达米亚神那样高于世界或者外在于世界的地位。神是与宇宙一起诞生的，并从天上的统治者变成地上的居住者。他们一方面具有各样的法力，另一方面则与常人一样，具有常人的喜怒哀乐，有情欲，会嫉妒，爱争斗。他们是自然法则的制定者，但自然之法一经神的确立和认可，就不再会改变；而自然法则的表现就是必然性，一种支配着自然运动与成长的永恒原则，或者说是命运，这种命运连神都不敢和不能违背。

在《伊利亚特》中，就充满了对命运的吟诵。例如，当海洋女神忒提斯（Thetis）知道自己的儿子阿基利斯（Achilles）注定要战死于

特洛伊后，曾送他出国，以便阻止其参加这场战争，但最终并没有躲过命运的安排——阿基里斯最后果真战死在特洛伊。而当阿基里斯同特洛伊首领赫克托（Hector）角斗时，宙斯本想拯救赫克托。但雅典娜（Athena）告诉他，赫克托死期已到。于是，宙斯拿出了他那称量命运的金色天平，将二人的命运放在两头，结果，赫克托命运所在的一边果然沉向地面。这样，宙斯就只能眼睁睁地看着赫克托被杀死，而无能为力。

神话中的这些特点，反映了希腊人对神并不迷信，也反映了自然的必然性在他们心目中的重要地位。

本原与真知
——希腊自然哲学的开端

2.1 希腊城邦中的知识转变

公元前6世纪，一缕理性之光开始在爱琴海沿岸的希腊城邦中闪耀。一群“另类”的思想家在这里涌现，他们第一次将自然（希腊人称之为 *Physis*）与超自然区别开来，相信自然中存在某种秩序，尝试以自然（而不是超自然）来理解自然，力图通过经验和推理来了解自然的本原、结构以及运动与变化。大约300年后，亚里士多德（Aristotle，公元前384～前322年）给了这些人一个名字，叫做“自然哲学家”（*Physikoi*）。这些人并不一定都是无神论者，希腊社会也没有因为他们的出现而变成不相信神的社会。但是，他们的工作开创了人类思想史上一种新的认识自然的方法，并由此建立了一种新的知识传统。除了探讨自然本身，他们还就人类认识自然、把握真知的可能性以及正确途径进行了探讨，从而也就事实上成为科学认识论的开山鼻祖。

为什么人类的知识史在这个时间和地点会出现这样巨大的转变，这是一个历史之谜，其促成原因也难以被一一穷尽。除了由希腊人的跨文化贸易和海外殖民而带来的文化融合，以及由奴隶劳动所造就的有闲阶级的存在之外，希腊社会中的以下特点也许更能帮助我们理解导致这一转变的大背景。

首先，从政治上来讲，这一时期的希腊文化圈是由一系列小的城邦所组成。这些城邦彼此之间形成了一种既相互联系、又相互竞

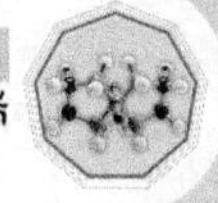

争的关系。这种竞争是全方位的，不光表现在军事和贸易上，也表现在文化、思想、艺术甚至体育上。著名的奥林匹克运动会就是非军事和非经济竞争的绝好例证。除此之外，希腊城邦还会以拥有最好的诗人、戏剧家、音乐家、艺术家和建筑家来显示文化上的优越性，甚至还会以拥有著名的思想家而自豪。这种环境自然有利于知识的发展。

其次，尽管不同的希腊城邦具有不同的政治制度，或民主或独裁，但是，在所有的城邦中，政治讨论永远是公众生活中的一个重要组成部分，在那些施行民主制的城邦中更是如此。而在希腊人的讨论和争辩中，起关键作用的不是任何政治或宗教上的权威，而是基于事实和逻辑的说理和证明，在法律问题上更加如此。希腊人热衷于讨论和争辩，同时也知道倾听和容忍。这些也为理性哲学的产生和发展、为不同哲学流派的自由存在提供了有利的条件。

最后，希腊原有的精神文化中，有着对法则和必然性的敬畏之情，这种情感也有利于人们在神和神的力量之外去寻找世界的本原和支配性力量。正如本书前面所指出的，这样的精神特征在希腊神话中表现得最为突出。

2.2 寻找本原

第一位希腊自然哲学家是米利都的泰勒斯（Thales，约公元前624～约前547年），一位传说中的通才。他不光是一位哲学家者，还是商人、工程师和政治家。除了自然哲学，后来的古希腊人还把数学和天文学上的很多发现归功于他。当然，这其中有些也许名不副实。

据说泰勒斯年轻时到过埃及，向祭司们学习了数学，尤其是土地测量术。他把这些实用知识带回希腊，并把它们加以一般化，发展出抽象的几何学，从而导致了数学上的一个飞跃。据记载，泰勒斯提出过几条几何定理，包括：圆被直径平分；等腰三角形的底角相等；两直线相交，对顶角相等；半圆周上的角是直角；给定三角形的底边与底边上的两个角，则该三角形可被确定。

还有记载提到，泰勒斯曾经预报过公元前585年5月28日的一次日食，还有人说他懂得如何预报夏至和冬至的日期。尽管泰勒斯时代人们还不可能有能力精确地预报日食，但这至少表明，泰勒斯确实具有一些经验性的天文学知识。他思考过宇宙的结构，认为地是漂浮在海洋上的一个矮圆柱。

泰勒斯的自然哲学中有两点最为突出。首先，他认为自然是由物质组成的，物质与神没有关系。对他来说，水是最基本的物质，或者说是组成自然世界的最基本要素。万物成则出于水，灭则归于水。其次，他认为，自然的运动变化都有其自身的原因，而无须借助神的推动。总之，对于泰勒斯来说，自然是由一些普遍或者一般的东西所支配，而这些东西是人类可以研究和理解的。这种自然有序论和自然可知论是科学发展的重要前提。

泰勒斯的学生阿那克西曼德(Anaximander，约公元前610～约前545年)也持有相同的信念，只不过他认为，世界的本原不是水这种普通的物质，而是一种不可见的实体——“无限”。“无限”首先产生火、气、水、土四种物质，进而形成宇宙万物。大地是悬浮在宇宙中心的一个圆柱，高是底面直径的1/3。宇宙的外围是火，火之下是气所形成的天球。透过天球上的一些管道，地上的人们可以看到天上的火，这些“管中之火”就是日月星辰。天球会像车轮一样绕地旋转，从而导致天体的运动。生物是由于太阳的热作用于湿土而产生的，一开始像种子一样被包在坚硬的外壳之中；随着时间的推移，它们会破壳而出，形成不同的生物。人最初是一种鱼类的卵，最后才破壳而出，登上陆地。

阿那克西曼德的学生叫阿那克西米尼(Anaximines，约公元前550～约前475)，他的关于物质本原的看法又与自己的老师不同。在他看来，空气才是物质世界的本原。空气受到压缩时，首先会变成冷而重的水，继续压缩则形成土。相反，空气变稀薄时，就会变成热而轻的火。日月星辰就是从地上蒸发到天上并被点燃的土气，世界被包围在一个固体天球之内，恒星固定在天球之上，行星则自由悬浮在空气之中。

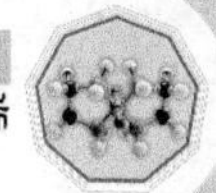

2.3 万物皆数

以上三位哲学家之间存在师承关系,而且都来自小亚细亚的爱奥尼亚的米利都城,所以在历史上又称为米利都学派。与他们大致同时,另一个更大的自然哲学学派正在希腊在南意大利的殖民地上兴起,该学派把世界的本原归结为数字,其创始人叫毕达哥拉斯(Pythagoras, 约公元前582~约前500)。

传说毕达哥拉斯出生于小亚细亚的萨摩斯岛,可能是最早自称为哲学家[①]的人。他早年曾游历埃及和印度,最后在南意大利的希腊殖民地克劳东(Croton)定居,并开始宣传自己的深奥学说,由此吸引了一批信从者,形成了一个神秘教派。该教派吸收了东方宗教的一些成分,相信肉体与灵魂的分离,也相信灵魂的转世和轮回;主张通过体育锻炼和哲学沉思以净化灵魂,使之最终逃脱轮回的折磨。由于这个学派视自己的知识为集体财产,并对外保密,所以现在很难分清该学派许多学说的真正提出者,而只能将它们归之于整个学派。

对于毕达哥拉斯学派来说,宇宙是一个完美、有序以及和谐的统一体,而数字和数学关系则决定了这种完美与和谐。在他们看来,世间的事物都可以用数字来表示,例如,男人为3,女人为2,婚姻为5等。数字不光意味着数量、比例与比率,而且还与几何形状有关。例如,1为单位点,2个单位点构成线,3个单位点构成面,而4个单位点则可构成一个四面体。由于这个原因,毕达哥拉斯学派还根据单位点可以排成的形状来对数字进行分类命名。最简单的例如:

(1)三角数,如3,6,10等,即$\frac{1}{2}n(n+1)$(n为2和2以上的自然数,下同),可排成三角形;

(2)正方数,如4,9,16等,即n^2,可排成正方形;

(3)长方数,如6,12,20等,即$n(n+1)$,可排成长方形;

---

① Φιλοσφία(philosophia),意思是爱智者。

(4)矩数,如5,7,9等,即$2n+1$,可排成矩形,等等。

这些形状数之间还存在一定的相互关系,例如,相邻的两个三角数之和为正方数,即$\frac{1}{2}n(n+1)+\frac{1}{2}(n+1)(n+1+1)=(n+1)^2$;正方数与相应的矩数之和为正方数,即$n^2+2n+1=(n+1)^2$;等等。所以,按照毕达哥拉斯学派的看法,数字虽然不像水和空气那样具体,但也不是完全抽象的。也许正是从这个意义上来说,该学派才直接把数字作为物质世界的本原,提出了万物皆数的观点。

由于上述原因,毕达哥拉斯学派非常重视对数学的研究,并取得了一些有趣的发现。其中包括一些有趣的三数组,如等差数(满足$a-b=b-c$)、等比数(满足$\frac{a}{b}=\frac{b}{a}$)、调和数(满足$\frac{a-b}{b-c}=\frac{a}{c}$)以及著名的毕达哥拉斯数(满足$a^2+b^2=c^2$)。最后一种数组也就是几何学上著名的毕达哥拉斯定理,被该学派认为这是自己最重要的发现,以至于他们在发现该定理之日曾杀牛祭神,以表庆贺。但是,乐极生悲。不久之后,该学派的成员就发现,对于直角边长均为1的等腰直角三角形而言,其斜边$\sqrt{2}$根本无法表示为两个完整数的整数之比。这与他们关于数的概念相矛盾,因而被称为“不合理的”或者“无理的”(irrational)数。传说当他们中的一个人忍不住指出这一事实时,其他成员怒不可遏,把这位道出真相者扔进了大海。但是,毕达哥拉斯学派关于数与几何统一的观念也随之破灭了。

毕达哥拉斯学派还认为,在所有的几何图形中,只有圆和球是最完美与和谐的形体,因为它们圆转无缺、无始无终、可自转而不移动,所以,只有它们才适合表现宇宙的完美与和谐。因此,宇宙及其中的日月星辰都是球形,它们的运动都是匀速圆周运动或其组合,地球当然也不例外。这种观念从此成为西方天文学和宇宙学上的一个核心理念,以至于被近代早期的欧洲天文学家称为“天文学公理”,一直到开普勒(Johannes Kepler, 1571 ~ 1630年)时代才被打破。

毕达哥拉斯学派把宇宙分成三个球形部分:最外面一层是所谓的奥林珀斯(Olympos),是最完美的部分,是诸神和恒星的居所;最

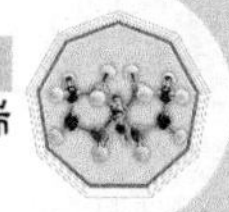

内一层为酉然诺斯(Uranos),是地球所在的区域,完美性最差;居中的则是所谓的科斯莫斯(Cosmos)。宇宙以世界之火为中心,从内到外依次排列着地球、月球、太阳、水星、金星、火星、土星和木星。在火团同地球之间,还存在着一个叫做"对地"的天体,正好挡在二者之间,所以,从地球上看不到中心火团。以恒星作为一个整体,则宇宙间的天体总共是10个。这一点对毕达哥拉斯学派来说也非常重要,因为他们认为10是最完美的数字(因为10=1+2+3+4,而且10个单位点可以排列为每边为4的等边三角形)。

毕达哥拉斯学派是最早认为地球存在运动的学派,只不过他们的宇宙中心不是太阳。在这个学派中,后来还有人提出了另外一种宇宙模型,即把地球代替火团放到了中心位置,认为地球每天会自转一周。此外,该学派的一些追随者还认为,按照和谐规律排列和运动的天体应该能奏出所谓的"天体的音乐",但是只有得到高度净化的灵魂才能听到。

2.4 元素、种子与原子

关于世界本原的问题,吸引了许多希腊哲学家的注意力。除上面提到的这些观点外,还有人提出了元素说、种子说与原子说。

元素说把世界的本原归结为火、气、水、土四种元素,第一个系统提出这一观点的人是阿卡拉嘎斯(Acragas)的恩培多克利(Empedocles, 约公元前490~约前430年)。他把这四种元素总称为"四根"(Fourfold roots),并分别称它们为闪亮的宙斯(Zeus,天堂之神,诸神与人间英雄之父)、赋予生气的赫拉(Hera,宙斯之妻,大地之神)、滋润万物的内斯提斯(Nestis,地府神之妻)以及哈德斯(Hades,地府之神),认为世间万物(不论过去、现在和将来)都由此产生,树木、人类、飞禽走兽和鱼类均不例外,连永生而法力无边的诸神也是如此。不过,这四种元素本身并不能自动分合变化,所以,恩培多克利又引入了爱和斗争这两种非物质的力量,把它们作为导致元素聚合与分散的因素。

种子说的提出者是阿那克萨哥拉(Anaxagoras, 约公元前500~约前428年),传说中第一位把哲学从米利都所在的爱奥尼亚带到雅典(Athen)的人。阿那克萨哥拉认为,万物是无数种子的混合;种子的数目无限,不可感觉;并且,每个事物的种子都含有其他事物的种子;万物都无生无灭,只是种子的聚散;世界起源于万物混成的涡旋,涡旋运动的力量导致了其组成部分的分离。

原子说的创立是与两位希腊哲学家的名字联系在一起的,他们是米利都的留基伯(Leucippsus, 公元前5世纪)及其继承者阿布德拉(Abdera)的德谟克利德(Democritus, 约公元前460~约前362年)。他们最早提出了原子(atomos)的概念,意思是不可分割的,也就是最小的物质粒子。在这二人的心目中,原子才是物质世界的本原。与原子这一概念相对应,他们认为,还存在着绝对空洞的虚空,作为原子存在的空间。除此之外,他们还指出,运动是原子固有的属性。原子在运动中通过相互碰撞而结合和分离,它们的聚散导致万物的生灭。原子有不同的形状和大小,任何物体的性质都由组成它的原子的形状、数目、大小和排列方式所决定。

原子说把物质世界的森然万象都归结为原子与运动,试图从微观上把握物质的宏观表现和性质。这种学说在古代和中世纪曾长期受到冷落,但是在17世纪之后却成为近代科学发展中的一股重要的思潮。

2.5 变化与知识

上述自然哲学学派所关注的主要问题是世界的本原和内在秩序,突出的是自然中稳定的部分。但是,另一方面,人们也能看到自然中的千变万化和日新月异。既然如此,那么自然中的稳定性确实存在吗?会不会只是我们感官上的某种错觉呢?果真如此,人们还能通过感官体验获得关于自然的真知吗?如果感觉不可靠,那么还有什么是可靠的呢?来自恩菲斯(Emphesus)的赫拉克利特(Heraclitus, 约公元前540~约前480年)率先就此发难。

传说中的赫拉克利特愤世嫉俗,特立独行。他认为,对立冲突是支配一切的力量。因此,在他眼中,事物之间不存在和谐,只有永恒的冲突,并由此产生永恒的变化,所以,没有什么会保持一定,人不可能两次跨进同一条河流,万物皆流,万物皆动;甚至也不存在永

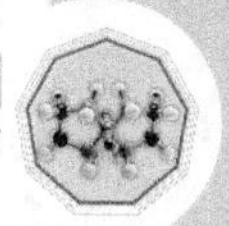

久的物质本原或元素，只有永恒的流动，而火就是这种对立冲突和流动最好的象征——世界既非神创，也非人造，它过去、现在和将来都是永远燃烧着的火，以一定的规模点燃，以一定的规模熄灭，世界就处在一种此消彼长的动态平衡之中。

因此，赫拉克利特提醒人们，获取知识并不在于尽可能多地了解具体事物，而在于把握那统御一切的抽象本质。他把这种本质称为逻各斯（logos），认为这才是神圣的原因，是知识的法则，渗透一切，是人所共尊的新神，是唯一需要获得的抽象知识。逻各斯的物质方面就是宇宙间永恒燃烧的火。

就在同一时期，活动于南意大利爱利亚（Elia）的哲学家色诺芬尼（Xenophanes，约公元前570～约前480年）也开始考虑类似的问题，并第一次揭示了事物的表象与其实质之间的巨大差异。在他看来，人往往是根据自己的感觉来想象事物，然而，感觉往往又是靠不住的。例如，如果没有吃过蜂蜜，人们也许会认为无花果是世界上最甜的东西；而蜂蜜是否是最甜的，也只是相对于人的感觉而言的。所以，人可以了解自然，甚至接近其真理，但人从来不能肯定自己的知识，因为知识永远被他不确定的感官所遮蔽。

那么，有没有什么方法可以帮助人们突破感官的限制，进而达到对事物本质的认识呢？爱利亚的下一位重要哲学家巴门尼德（Parmenides，约公元前515～约前450年）对此进行了探讨。他承认，表象之路与真理之路永远分离，但是，真理却是可以获得的；获得真理的路不是经由感觉，而是通过理性。他认定，自然的真理必须合乎逻辑，要遵守矛盾律。也就是说，一个东西要么是，要么不是，不能既是又不是。

根据这一原则，巴门尼德指出，存在就是存在，而不是与之相对立的非存在；相反，非存在就是非存在，而不是与之相对立的存在。并且，既然存在只能是存在，那么，存在就只能产生于存在，而不能产生于非存在；存在也只能一直是存在，而不会变成非存在。所以，归根结底，世界作为一个存在，就是所有的存在，此外没有非存在。既然一切都是存在，没有存在与非存在之间的对立，那么，存在就是一（即一个大的统一体），也就没有因对立而起的运动和变化。换句话说，在巴门尼德眼里，赫拉克利特所说的永恒的对立与纷繁不定的变化只不过是感官给人的假象，经不起逻辑推理的检验；而根据理性则可以知道，世界上只有不变的存在，只要对这永恒的存在使用理性，就可以得到真理。

巴门尼德的学生芝诺（Zeno，约公元前495～前430）完全接受了老师的观点，并通过悖论来揭示运动观的矛盾之处，为巴门尼德辩护。例如，芝诺争辩道，要达到一个目的地，首先必须经过整个路程的中点；而要经过这个中点，又必须先经过整个路程的1/4点；要过1/4点，又必须首先通过1/8点；如此类推，以至无穷。也就是说，在有限的时间内，不可能穷尽无穷的过程；所以，运动永远不可能开始。再如，箭在飞行中的任意一个瞬间都要占有一个位置；但是，瞬间是不可分的，就像点是不可分的一样；所以，箭在每个瞬间都是静止的，因为如果它运动，就意味着瞬间是可分的；这样一来，射出的箭就只能是永远静止的。

尽管付出了否定运动的代价，巴门尼德还是指出了感觉的欺骗性，强调了知识必须通过理性加以获取。他和赫拉克利特的观点在希腊哲学家中引起了认识论上的争议，而争议的中心议题则是：究竟如何看待自然的变与不变？在获取自然知识的过程中，感性和理性之间的关系究竟如何？在所有试图回答这些问题的希腊哲学家中，生活在雅典的两位思想巨人所付出的努力最为引人注目。

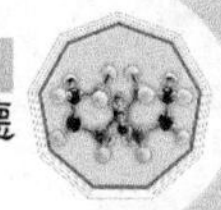

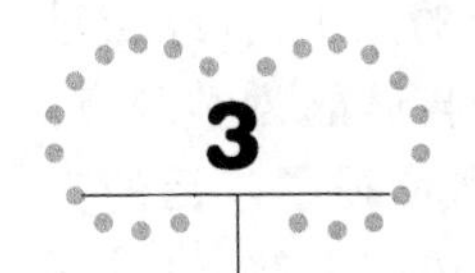

3 理念与逻辑——从柏拉图到亚里士多德

3.1 哲学的转向

从公元前5世纪早期开始，雅典在希腊诸城邦中开始脱颖而出，成为最重要的政治、经济和文化中心。尤其在学术上，那里更是学者云集，学派林立，一片繁荣景象。在这样的氛围中，早期希腊哲学研究的范围也开始发生变化，社会知识开始成为学者关心的主要方面，自然也不再是哲学家所关注的唯一中心。

这种转变最早从所谓的智者(Sophists)身上就可以感觉到，这些人主要靠教书为生，所教的主要是修辞与辩论之术。由于雅典人以爱打官司而出名，并且大家都不是通过律师进行诉讼和辩护，而是亲自上阵，所以口才和辩术在人们的日常生活中就变得异常重要，这也就使智者成为一个十分热门的职业。

在雅典的智者中，最著名的人物是普罗泰格拉(Protagoras，约公元前490~约前420年)。他是阿布德拉人，约于公元前450年来到雅典，开始授徒。与一般的智者不同，普罗泰格拉有一套比较系统的哲学理论，其中最重要的是关于真理的讨论。在他看来，学习与研究就如同辩论，而辩论主要是以论证和修辞学为基础，目标不一定是获得真理；在辩论中，每个命题都有反命题，因此，所有的观点同样正确，也同样错误；一切取决于人的判断。所以，人是万物的尺度，真理取决于偏好。换句话说，在普罗泰格拉这里，根本就不存在绝对的真理。

但是，普罗泰格拉的相对主义观点受到了苏格拉底（Socrates，公元前469～前399年）的批判。苏格拉底是石匠的儿子，曾经当过兵，后来成为一名哲学家，并在雅典向公众传授自己的哲学观点。苏格拉底同时也是一位社会批评家，他的言论既赢得了广泛的支持，也引起了极大的不满。最后，他被指控藐视传统宗教、引进新神、败坏青年和反对民主，被判处死刑。他原本可以通过逃亡来保住生命，但他选择了面对死亡，以此表示对法律的尊重和对真理的执著。苏格拉底没有任何著作，他的言行主要通过学生的转述流传下来。

苏格拉底反对相对主义观点，认为人的"意见"可以彼此不同，但真理却只有一个。意见可以变化不定，而真理却永恒不变。人可以获得确定的真知，求取知识是哲学家最重要的责任。知识是唯一的善，无知是唯一的恶。但是，知识不能经由对自然的研究获得，因为自然是不完美的。由于这个原因，苏格拉底反对自然哲学研究，认为那是不值得哲学家们应用他们思想的地方。他强调，哲学家应该研究人与社会，研究伦理与国家，研究智慧与求知的方法。传说，当听到人们指责"有一个苏格拉底，他是个有智慧的人，他思考着天上和地上的事情，而且把坏的东西说成是好的"时，苏格拉底回答："我与物理学的探索毫无缘分"。

苏格拉底反对自然研究，但却强调了定义概念的重要性。他认为真实的世界是所谓的理念世界（Realm of the Ideal），因为一个事物的理念肯定比该事物本身更加完美，就像美的理念要比一个美人要更完美一样。美人老了会变丑，而美的理念却依然美丽。所以，与具体事物相比，理念又是永恒的。所以，人的真知只能来自对理念的认识。苏格拉底相信灵魂的存在和不灭，认为理念并不是通过后天的经验得来的，而是先天存在于人的灵魂之中。求知的过程就是要引导人的理智，揭示这些知识。而对苏格拉底来说，最好的方法就是通过提问，经由怀疑之路而达到真理。事实上，他的所谓理念，就是指对概念的一般定义。在他的学生柏拉图那里，这些思想得到了进一步的发展。

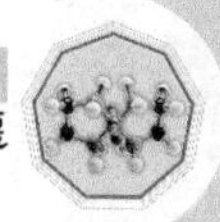

3.2　两个世界

柏拉图(Plato,公元前427～前348年)是雅典的一个名门之后,年轻时成为苏格拉底的学生。苏格拉底被处死后,他曾离开雅典,前往南意大利,可能在那里与毕达哥拉斯学派有所接触。公元前388年,他回到雅典,建立了自己的学园——阿卡德米亚(Academy),供青年才俊钻研知识。在哲学上,柏拉图关心的领域很广,不仅包括政治、法律和教育等社会哲学方面的内容,而且涉及自然哲学。他强调,任何一种哲学如果要具有普遍性,必须包括一个关于自然和宇宙的学说在内。这一点与苏格拉底过度强调社会哲学的做法有所不同。

柏拉图十分关注希腊哲学家们围绕知识问题所展开的争论,并在苏格拉底学说的基础上建立了所谓的"理念论"。他把存在划分为两个世界:一个是所谓的理念(Ideal)世界,其中包含着每个存在物的理念或者形式,也就是逻辑上对它们的定义;一个是所谓的物质世界,其中包含的是对这些理念或者形式的物质性复制。理念世界是感官所无法触及的,但却是永恒和完美的,而且永远存在,永无变动;相反,可感觉到的物质世界则是不完美和短暂多变的。一句话,理念高于实物。

柏拉图认为,现实世界之所以不能完美再现理念世界,主要是受物质不完美性的限制。比如做桌子:木匠在动手之前,脑子里必定先有一个桌子的理念或者定义,在实际操作中,也会努力使每一张桌子与这个理念相符;然而不管他多么努力,他永远不可能达到完美,不会制作出两张连最小的细节都完全相同的桌子,因为他所用的材料有许多缺点,难以完整而精确地实现头脑中的理念。神圣创世者德密额吉(Demiurge)会遇到同样的问题,因此,他所创造的物质世界不可能像理念世界那样完美。

既然理念才是比实物更加真实的存在,那么可靠的知识也就只能来源于对它们的认识;既然理念是超出物质性的存在,那么也就不能指望通过感官去对它们加以把握,而只有借助纯粹的理性——这就是与"理念论"相一致的认识论。柏拉图相信,人的理性存在于不灭的灵魂之中,而且灵魂本来就与理念世界有联系,具有对它的真知。但是,在人出生后,灵魂就被不完美的肉体所禁锢,阻挡了理性对真实的理解。当然,灵魂可以利用人的感官来认识周围的世界,但是却不能从中得到真正的知识,而只能得到不确定的意见。

这是否意味着人生在世就永远无法得到真正的知识呢?柏拉图的回答是:并非完全如此,数学就可以引导人们对理念有所洞察,因为数学上的那些概念(如点、线、面、体等)是与理念最为接近的存在,与理念一样,是永恒和神圣的。正是由于这个原因,柏拉图非常强调数学教育和研究的重要性。他把数学分为算术、平面几何、立体几何、天文学以及乐律学,认为它们是青年学子的必修课。据说他的学园门口还写着这样的标语:不懂数学者免进。他还认为,天体及其运动是永恒几何真理的表现,所以,天文学也同样值得研究,但目的不是为了研究天象本身,而是认识其背后的实在。

3.3 几何性的宇宙

在《迪迈欧篇》中,柏拉图对宇宙起源与结构进行了讨论。书中提醒读者,既然现实宇宙只是理念世界的不完整摹本,那么,人们对这个宇宙及其创造过程的描述也只是神圣知识的一种映像,是一个故事,具有不确定性。

与此前的希腊自然哲学家不同,柏拉图并没有把宇宙的创生看做一个自然的过程,而是看做一个神创的过程。他的创始者德密额吉也不是一位无所不能的神,而要受到不完美的物质的限制。这位神更像是一位懂得数学的工匠,按照预先存在的理念,把设计和秩序注入无序的物质,按照几何法则来创造世界。

显然,由于毕达哥拉斯学派的影响,柏拉图把物质世界的本原归结为数学性的实体。尽管他采纳了恩培多克利的四元素说,但却认为它们微小的粒子是五种正多面体(见图 3-1):火的粒子是正四面体,气为正八面体,水为正二十面体,土为正六面体;至于五种正多面体中剩下的一种,也就是正十二面体,柏拉图则认为它是组成天体的第五种元素。

对柏拉图来说,正多面体还不是四元素的分析极限。不难发现,火的正四面体、气的正八面体以及水的正二十面体都是由等边

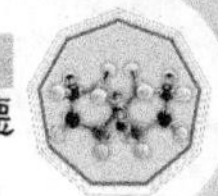

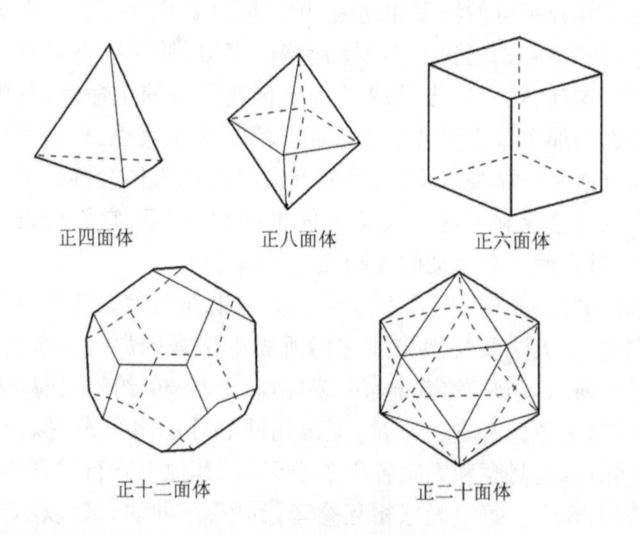

图 3－1　五种正多面体

三角形组成的，而每个等边三角形又可分割为两个 30 度的直角三角形；土的正六面体由 6 个正方形组成，而每个正方形又可分割为两个 45 度的直角三角形。所以，柏拉图认为，45 度直角三角形和 30 度锐角直角三角形才是物质的真正本原，是所谓的“几何原子”。火、气和水三种元素都可以被分解为 30 度直角三角形，再通过重组而实现相互嬗变；而由于 45 度直角三角形不可能变成 30 度直角三角形，所以，土元素不可能嬗变，因此是最稳定的元素。

柏拉图的宇宙明显带有毕达哥拉斯学派的烙印，不仅整个宇宙是球形的，而且其中的地球与日月星辰也都是球体，并且都做圆周运动，只不过地球处于宇宙的中心，而没有所谓的中心火团和“对地”。恒星所在的天球是宇宙的边界，在它与地球之间，是月亮、太阳和五大行星绕地球运行的圆圈，圆圈的半径满足月亮∶太阳∶水星∶金星∶火星∶木星∶土星 =1∶2∶3∶4∶8∶9∶27 的比例关系。日月五星参与两种运动，一方面随恒星天球每日一周；另一方面又在各自的圆圈上以不同的速度运动，月亮大约每月运行一周，太阳一年运行一周。五颗行星的运动周期也各不相同，并且有时会出现逆行现象。

为了解释宇宙的秩序和动因，柏拉图让德密额吉把一个灵魂放在了宇宙的中心，并且使它延展到整个宇宙，使它的外表也被灵魂所包裹。这样，整个宇宙就成了一个自我完备的生命体，其中的所有运动都由那个世界灵魂最终控制。除了宇宙灵魂，柏拉图还把日月星辰看成是一群神。不过，他的宇宙灵魂和天体众神并不是对原始的自然人格化和万物有灵论的简单回归，相反，它们代表了理性的原理，是自然及其运动的规则性的根本保障。

可惜的是，柏拉图的几何宇宙仍然只能粗略地反映天体的大致排列方式，而无法真切地描述它们所表现出来的那些复杂的运动。来自尼多斯（Cnidos）的数学家欧多克斯（Eudoxus 约公元前 400 ~ 约前 347 年）为了弥补这一不足，提出用同心球的组合来“拟合”出天体的实际运动：月亮和太阳各用 3 个天球，其他五颗行星各用 4 个，总数达到 26 个。每组天球相互叠套，其中，不同的天球以不同的速度做匀速转动，转动轴之间也成一定的夹角。只要适当地确定这些天球的转速以及它们的转轴之间的夹角，就不难定量地描述天体的运动。当然，所有恒星只有每日东升西落这一种运动，所以只需用一个天球来加以描述。

由欧多克斯所开创的这种同心球天文学传统得到了欧多克斯的徒孙卡利普斯（Callipus，约公元前 370 ~ 约前 300 年）的继承。不过，为了更加精确地反映天体的复杂运动，卡利普斯给水星、金星和火星各加了 1 个天球，给月亮和太阳各加了 2 个天球，使得天球总数达到 33 个，以便得到更好的结果。

3.4 逻辑路线

柏拉图通过学园培养了众多弟子，亚里士多德就是其中之一。但是在最关键的认识论问题上，亚里士多德却不同意老师的观点。柏拉图认为，真正的知识只能通过对永恒不变的理念世界的认识才能得到；而亚里士多德则认为，应该采取另外一条路线，求知应该从特殊到一般，从具体到抽象。所以，对现实世界的感性研究是通向真理的必由之路和重要基础。

亚里士多德出生于医生家庭，自小随父亲在马其顿国王阿敏塔

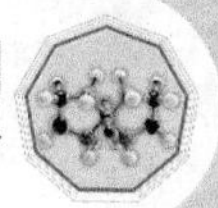

斯二世(Amyntas Ⅱ)的宫廷里行医,17岁前往雅典,在柏拉图学园求学。公元前347年柏拉图去世后,亚里士多德离开雅典,前往小亚细亚和爱琴海诸岛屿旅行,并开展生物学调查。公元前343年,亚里士多德成为马其顿王子亚历山大的私人老师,在亚历山大继承王位后,回到已被马其顿征服的雅典,并开创了自己的学园。亚里士多德的学园名叫吕克昂(Lyceum),人称逍遥学派(Peripatetic School)。公元前323年,亚历山大大帝去世,迫于雅典的反马其顿情绪,亚里士多德不得不离开这座城市,不久在恰尔奇斯(Chalcis)去世。

作为一位生活在1 500多年前的学者,亚里士多德在学术上所取得的成就在今天仍然让人惊叹和钦慕。他一生共完成了不下150部著作,其中有30部流传至今。这些著作被他划分为逻辑学(知识的工具)、理论科学(包括研究物质性实体的自然哲学和研究非物质性实体的第一哲学或者叫形而上学)、实用科学(包括伦理学和政治学)以及诗学(主要是诗歌与其他精细艺术研究)几大类,从而也使他成为西方历史上第一位对知识进行分类的学者。

在认识论上,亚里士多德完全反对柏拉图的"理念论"。他认为,那些静止和永恒的理念既无法解释事物的运动和变化,甚至也无法解释事物的存在;而柏拉图曾经将形式(在柏拉图那里也就是理念)等同于数字或者几何大小,这种做法同样荒谬。他强调,所谓的形式,实际上是事物本质的一种体现,反映的是事物的一般特性,是对事物进行定义的依据。形式虽然是抽象的,但却是真实存在的;但是,形式的存在不可能独立于具体的事物,而只能存在于具体的事物之中,只有在人的思维过程中,才可以对二者加以区分。

亚里士多德承认形式是固定不变的东西,是确定的,代表的是实在;但是,构成具体物体的质料则含有变为其他东西的潜在可能,代表的是潜在;事物从潜在到实在的转变就是运动,这种运动代表了事物存在的目的。

基于上述认识,亚里士多德认为,认识的过程应该是从对个别事物的感觉经验开始,通过反复的经验形成记忆,再通过对记忆的"直觉"或者洞察抽象出一般的特点,从而认识本质性的形式;与此同时,人们也可以通过变化过程了解事物的潜在,认识事物的运动。

因此,亚里士多德并不是一个反对经验知识的人。不过,他同时又不是一个唯经验论者,因为他更加强调:知识的目标不是经验知识,而是通过对一般性本质的认识,最终得到理性知识。换句话说,在有了对某事物本质的认识后,应该以此作为前提,通过演绎来进行推演,以揭示事物之间普遍和永恒的联系。按照亚里士多德的观点,只有到了这一步,才算得到了真正的知识。

所以,亚里士多德的认识论中包含了对归纳和演绎两种方法的强调。可惜的是,他在实际求知中并没有一以贯之地两法并重。而且,在生物学以外的自然哲学问题上,他的归纳总是显得缺乏充分的经验基础。另外,他对归纳法也没有从逻辑学上给予太多分析;相反,他第一次对以“三段论”为核心的演绎法则作了十分系统的阐述。

亚里士多德认为,知识和推理都涉及必然性,也就是事物之间普遍和永恒的联系;“三段论”则是根据三个逻辑项(也就是大前提、小前提和结论)之间的必然联系来展示普遍的东西。他把这种方法称为“分析学”(Analytics),又把自己整套的逻辑学看做控制知识和思想过程的工具(Organon)。

应该强调的是,亚里士多德虽然认为认识事物的形式在求知过程中至关重要,但他并没有把这一点作为求知过程的唯一目标。在他看来,研究自然的目的主要在于揭示事物的原因,而原因又包括四类,即质料的因(即组成存在物的质料)、形式的因(即决定存在物本质的形式)、动力的因(即存在物运动、变化的来源)以及目的的因(即运动变化的目的和缘由)。亚里士多德认为,任何存在物的出现和存在都离不开这四个原因,就像一张桌子,不仅包含了木材(质料)和样式(形式),而且它的出现必须经由木工的劳动(动力),并具有固定的用途(目的)。这四种原因虽然缺一不可,但由于亚里士多德是一个目的论者,认为世间一切存在都有一个目的(Telos),所以,他也就把认识目的作为求知的最高目标。

3.5 宇宙阶梯

对亚里士多德来说,现实的宇宙就是最真实的存在,哲学家的目标就是通过认识这样的实在而一步步获得真知。从他的《论天》一书

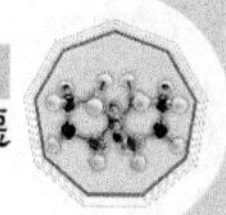

来看,他的宇宙与欧多克斯和卡利普斯的一样,同样是球形的;日月五星和恒星都处在以地球为中心的同心天层上,日月五星的运动也都是同心球运动合成的结果。所不同的是,亚里士多德的天球都是物质的实在,而不是纯几何的抽象。而在对宇宙学的讨论中,他更加注重的是宇宙的物质组成,试图通过这些组成物的讨论来解释宇宙的运动和秩序,并最终揭示统御这个宇宙的最高形式和终极目的。

亚里士多德认为,宇宙的基本构成物质是火、气、水、土四元素以及第五元素或者"精英"(quintessence)。按照这五种元素的完美程度,这个宇宙又可划分为两大区域:月球所在的天球是天界的开始,由它向外是天界(或者叫做月上界),由第五元素组成;向内直到地心是地界(或者叫做月下界),由四元素组成。而在《物理学》一书中,亚里士多德从运动学和逻辑上证明,整个宇宙是一个有限和完满的实体(plenum),处处被物质所充满,其中不允许有真空出现——"自然厌恶真空"。由于这个原因,亚里士多德反对原子论。

亚里士多德不同意将元素归结为正多面体,更反对将四元素进一步分解为"几何原子"。他认为,四元素是中性的质料同冷、热、干、湿四种性质(即四"元性")的组合,每个元素具有两种元性,即火=热+干,气=湿+热,水=冷+湿,土=干+冷。元性的组合可以改变,并进而引起元素的嬗变:火失去干而得到湿就变成气,气失去热而得到冷就变成水,水失去湿而得到干就变成土,土失去冷而得到热就变成火(见图3-2)。

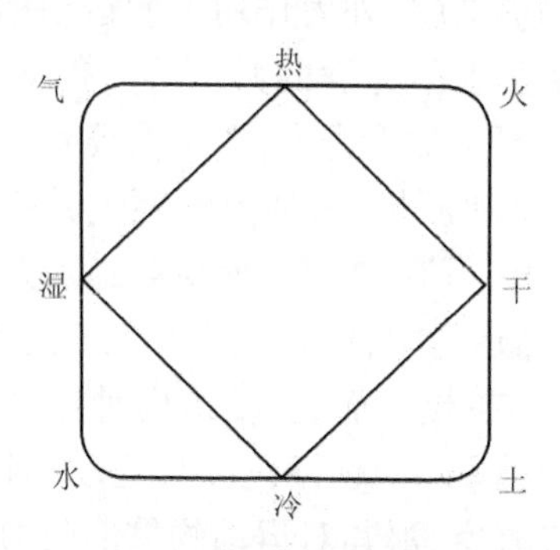

图3-2　四元素与四元性

除了元性之外，亚里士多德的四元素还具有各自的“自然本性”(Nature，也可称作“天性”)和相应的自然位置：火天性最轻，所以自然位置最高，紧贴月亮天球；气天性次轻，所以自然位置在火之下；土天性最重，所以具有最低的自然位置，也就是在宇宙的中心；水天性次重，所以自然位置在土、气之间。

亚里士多德强调，在自由状况下，四元素总是趋向于回到自然位置，并且这种运动无需借助于外力，而是决定于内在的自然本性。他把这种运动称为自然运动；而且，他认为，四元素的自然运动总是走直线。在他眼里，直线运动总是会引发运动物体之间的相互冲突，再加上四元素本身可以相互嬗变，所以，由它们所组成的地界充满生灭变化，是宇宙中可以败坏的不完美区域。

亚里士多德还假想，如果让土从粒子的四周自然落向宇宙中心，最终必然会形成一个平衡的球形；又由于宇宙中心就是土元素的自然位置，所以地球会永远静止在那里。这是第一次从哲学上为地圆说和地心说提供的证明。作为补充，亚里士多德还引用了经验知识。例如，月食时看到的月面上的地影边界是圆弧，在南埃及和塞浦路斯能看到的一些恒星到北方地区就看不见了，这些事实说明了大地是球形的；经验还告诉我们，地球是永远不动的；因为如果地球是运动的，那么垂直上抛的石块就不会落回原地，云彩也会总往后飘，星辰也不会老从相同的方位升落；等等。这些观点成为西方后代学者反对地动说的重要论点。

亚里士多德把物体在受外力作用下的运动称为受迫运动，并且认为这种运动只存在于不完满的月下界。例如，物体平移需要推力，重物上升要么需要施加提升力，要么需要参入轻元素，如土加上气就能上升变成彗星和流星，水加上气便上升变成云雨，等等。由于他把力看成是受迫运动的原因，所以自然认为推力越大，物体运动就越快。而在自然运动中，他则认为重元素越重、轻元素越轻，则运动越快；反之，运动越慢。而且，在这两种运动中，物体都会受到空气的阻力，阻力越大，运动越慢；反之，运动越快。亚里士多德设想，如果自然中存在真空，那其对运动物体的阻力必然为零，也就会使物体的速度变成无穷大；既然无穷大的速度是无法想象的，那就

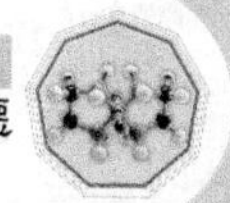

说明真空是不存在的——这就是他否定真空的原因之一。

亚里士多德认为，所有的受迫运动必须有外力维持。空中飞行的抛体似乎不用其他物体对它施加推力就能够维持飞行，但亚里士多德认为事实并非如此，因为由于“自然厌恶真空”，所以当抛体向前飞行时，周围的空气会不断填充到它的后部原来占据的空间里，从而形成保持抛体飞行的推力。

在亚里士多德的宇宙中，天球是由第五元素构成的实体球壳，日月星辰都是各自天球的组成部分。由于第五元素是完美的，所以最适合作为天界的元素；由于它不含有四元性，因此不会嬗变；由于它无轻重可言，所以它的天然运动不是直线，而只能是匀速圆周运动。总而言之，天界或月上界是一个完美、永恒、没有生灭变化的世界，因此，比地界或月下界更加高贵。由于这个原因，亚里士多德把彗星和流星都看成是从地面上升到火域而被点燃的土气，而不是来自天界的物体。

由于引入了第五元素，亚里士多德的天球系统实际上变成了一架机器，必须考虑它的真实运动，最明显的是必须消除不同天体的天球之间在转动上的相互干扰。为此，亚里士多德不得不引入一系列用于“抵消”干扰的天球，使天球数目达到55个之多。

3.6 生物链条

就具体的自然哲学研究来说，最能体现亚里士多德在认识论上同柏拉图的分歧的，是对生物研究的态度。尽管亚里士多德承认，动物与天体相比是卑微的，但并不认为对它们的研究是乏味的事情。因为在他看来，在动物之中同样可以发现各种原因，而且自然界的秩序和目的在动物王国表现得尤其清晰，据此能更加清楚地证明自然万物并非只是偶然性的产物。正是由于这个原因，他把动物学研究作为自己自然哲学的一个重要内容，并为之倾注了极大的心血。

亚里士多德的动物学基本上可以分为描述性和解释性两大部分。其中，描述性部分最能反映他作为一个经验主义者的形象。他在《动物史》一书中总共描述了500余种动物的结构和行为，其中的

许多描写都非常详细,明显是以熟练的解剖为基础的。根据自己的观测和研究,亚里士多德把动物分成"有血的"(也就是有红色血液的)和"无血的"两大类,并按照体温高低把这两类动物都排在一个直线阶梯上,认为这个阶梯自下至上,反映了动物的完善程度。其中,"有血的"动物又被他进一步细分为四足哺乳胎生动物、四足卵生动物、海洋哺乳动物、鸟类以及鱼类等,而"无血的"动物则被细分为软体动物、甲壳动物、贝壳动物以及昆虫。换句话说,在动物界,昆虫是最低等的。

不过,亚里士多德研究动物学的最高目标是要了解自然的秩序与目的,这在他对动物的解释性研究中得到了充分的体现。他同样把分析"四因"作为研究动物的基本目的。在他眼里,每个生物都是由质料和形式构成的,质料组成各种器官,而形式则是把这些器官连接和协调起来,形成一个生命整体的要素。从这个意义上,他又把形式与灵魂等同起来,认为灵魂决定生物的一切,甚至决定它们的类别和等级。

亚里士多德把灵魂分为三个等级:最低的一等为生长灵魂,负责吸收营养、生长和繁殖,一般的植物只拥有这种灵魂;高一级的为感觉灵魂,负责感觉与运动,动物除了拥有生长灵魂外,还具有这种灵魂;最高级的是理性灵魂,负责高级的理性活动,人类除了有上述两种灵魂外,还拥有这种灵魂。但是,与柏拉图不同,亚里士多德并不认为灵魂可以离开身体而存在。作为生物的形式,灵魂依赖于身体的质料部分;质料部分被破坏了,灵魂也就随之消失。

不过,对亚里士多德来说,从动物身上发现目的才是最重要的,因为只有了解了目的,才能解释动物各个器官存在的原因和功能。例如,他认为,动物需要通过某种方式来散除体内多余的热量,高等动物主要靠周围的空气来散热,所以需要有肺来提供这种服务;鱼主要通过水来散热,因而不需要肺,而只需通过鳃就可以达到这个目的。也就是说,通过散热这个目的,就可以解释不同动物呼吸器官差异的原因。

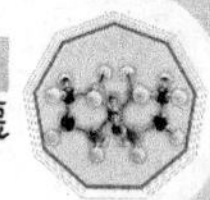

3.7 第一推动者

在亚里士多德的知识系统中，自然哲学的研究是为形而上学(也就是他的第一哲学)服务的。前者讨论宇宙中的物质性存在，后者则讨论非物质性的存在，也就是宇宙的第一推动者。亚里士多德认为，所有的运动都必须有一个推动者：受迫运动因外力而发生，自然运动则因自然本性而出现。然而，又是什么决定了不同元素的自然本性呢？在《形而上学》一书中，亚里士多德不得不引入一个"第一推动者"。这个推动者处于宇宙的边缘，超越于时间和空间之外，自满自足，永恒永在，充满生命却永无变化，是至善至美的纯形式，是非物质的纯粹思想，同时也是世间所有生命的本原。世间万物都争相效仿和分享它的至善至美和纯形式，由此而产生各自的各种运动变化。

所以，第一推动者也就是万物存在的最终目的。宇宙是一个以它为最高点的阶梯，离它越近的东西越完美和高贵，运动越缓慢，因为它们比较容易分享或者模仿第一推动者的至善至美；离它越远的物体则越不完美和低贱，运动也就越多越快。而且，他的宇宙阶梯不光从第一推动者一直延伸到宇宙中心最卑微的地球，而且还囊括了生活在这个地球上的生物界。

这些看法在亚里士多德哲学与后来的犹太—基督教神学之间留下了一个很好的接口。例如，他的"第一推动者"就非常符合犹太—基督教中上帝的角色。

4 几何与自然——希腊的数理科学传统

4.1 迈进希腊化

当亚里士多德在公元前322年去世时，他著名的学生亚历山大已经建立起了一个横跨欧亚非大陆的庞大帝国。无论是希腊城邦还是波斯帝国，都被统一在一种新的政治制度之下。希腊语成为通用语言，跨文化婚姻受到鼓励。在这种背景下，希腊文化也随新帝国政治网络的扩张而得到普及。历史学家因此把这一时期称为"希腊化时期"(Hellenistic)，以与此前的"希腊时期"(Hellenic)相区别。虽然从政治上来说，这个时代只持续到公元前30年罗马对希腊化文化中心埃及的征服，但是，从思想上来看，希腊化的影响一直持续到罗马帝国统治期间，持续到基督教盛行之前。

在新帝国的统治下，雅典在一段时间内仍然维持着学术上的繁荣。一方面，柏拉图的阿卡德米亚学园仍然十分兴盛，并一直存在到公元1世纪。另一方面，亚里士多德去世后，吕克昂学园先后在狄奥弗拉斯图(Theophrastus，约公元前372～前282年)和斯特拉图(Strato，约公元前340～约前270年)的主持下保持了相当的活力。前者继承了亚里士多德生物学方面的经验性研究，有许多重要发现；后者则继承了他在气象学和矿物学方面的研究。当然，二人在哲学上也对亚里士多德的观点提出了一些修正。如狄奥弗拉斯图就怀疑目的论，而斯特拉图则不承认存在与重相对立的轻，并且讨论了真空存在的可能性。他们的工作使逍遥学派在一段时间内还

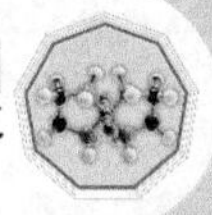

保持着一定的独创性,直到公元1世纪整个学园被关闭。

除了这两个学派外,西提翁的子诺(Zeno of Citium,公元前344~前262年)在公元前312年来到雅典,在那里建立了著名的斯多亚学派。不久,萨莫斯岛的伊壁鸠鲁(Epicurus of Samos,公元前341~前270年)也来到这里,建立了自己的学园。前者宣传一种万物有灵论,后者则发展了原子论学派的观点,并把它用于伦理学的辩论。这两个学园的存在分别延续到公元2世纪和3世纪,对增强雅典的学术活力起过十分重要的作用。

亚历山大的英年早逝使他的大帝国统一难继,经过一番内战,到公元前301年前后基本上一分为三,形成了马其顿、塞琉古(Seleucus)和埃及等三个分立的王国。在这三个王国中,统治埃及的托勒密(Ptolemy)王朝最重视知识与文化的发展。他们模仿雅典的学园,依托知识与艺术之神缪斯的神庙,在王朝的都城亚历山大里亚(Alexandria)建立了一个著名的学院,名叫缪斯恩(Museum),使之成为一个由政府资助的学术机构。学院附设有一个大型图书馆,据说收藏有50余万卷图书,吸引了大量学者前来亚历山大里亚学习研究,使这座城市很快超过雅典,成为希腊化时期最重要的学术中心。

亚历山大里亚的学术脱胎于雅典的传统,但是同时也具有自己鲜明的特色。这里最突出的学术成就不在于建立无所不包的自然哲学体系,而在于分门别类的专门研究;不在于各种定性的思辨,而在于发展几何学方法并将它们应用于对自然的研究中,力图对各类自然现象进行定量和精密的研究。这一特点同时也存在于地中海东部的其他一些学术中心,成为这一时期自然研究中最重要的新发展。可以说,以几何学为基础的希腊数理科学或者精密科学的传统已经基本形成。

4.2 《几何原本》

一般认为,希腊的几何学在雅典时期已经得到了巨大的发展,而且已经出现了书名叫《几何原本》的几何学讲义。但是,自欧几里得(Euclides,约公元前325~约前265年)的《几何原本》出现后,前

人所有的相关著作一下子都失去了存在的价值。原因是，欧几里得第一次成功地把当时所知道的几何学知识归纳到一个十分严密的逻辑体系之中。

人们对欧几里得的生平所知甚少，据说他早年去过雅典，后来才来到亚历山大里亚，并可能在那里开门授徒。不过，他与著名的缪斯恩学院似乎并没什么联系。《几何原本》本身很像是一本几何教科书，共分 13 卷。

前 6 卷的内容是关于平面几何的：第 1 卷给出了几何学的基本概念、定义、公理和公设等，并讨论了三角形全等的条件、三角形边和角的大小关系、平行线理论以及三角形和多角形面积相等的条件等问题；第 2 卷讨论如何把三角形变成等面积正方形之类的问题（其中涉及解一到三次方程的问题，因此又被称为“几何代数学”）；第 3 卷讨论圆的性质及其有关图形；第 4 卷则讨论多边形及圆与正多边形的作图；第 5 卷讨论一般数量的比例问题；第 6 卷则讨论了比例理论在相似形上的应用。

第 7 到 10 卷则暂时跳出了几何学。其中，第 7 卷是对数论的一般介绍，包括最小公倍数的求法；第 8 卷讨论成连比例的数列；第 9 卷讨论质数问题；第 10 卷则专门讨论所谓的“不可通约量”的问题。

第 11 到 13 卷为立体几何：第 11 卷类似于第 1 卷和第 4 卷在三维空间中的延展，给出了立体几何中的基本定义和基本定理；第 12 卷讨论了如何用“穷竭法”求圆的面积以及球和棱锥的体积等；最后，第 13 卷则是关于 5 种正多面体的讨论。

全书首先从基本概念开始，给出了 23 个定义，如点是没有部分的、线只有长度没有宽度、线的终极为点、面的终极为线，还有直线、平面、直角、锐角、钝角和并行线，等等。随后是 5 条不证自明的公理：①等于同量的量彼此相等；②等量加等量，其和相等；③等量减等量，其差相等；④彼此能重合的物体是全等的；⑤整体大于部分。接下来，是 5 条公设：①过两点能做且只能做一直线；②线段（有限直线）可以无限地延长；③以任一点为圆心，任意长为半径，可做一圆；④凡是直角都相等；⑤同平面内一条直线若与另外两条直线相交，若在某一侧的两内角之和小于两直角之和，则这两线在延长后

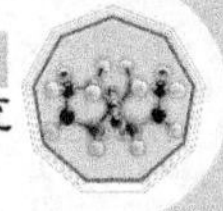

在这一侧相交。其中，最后一条公设就是著名的平行公设，又称第五公设。在这些定义、公理和公设的基础上，全书以严格的逻辑方法，对465个命题进行了证明。

从全书的结构来看，欧几里得几何学堪称是亚里士多德形式逻辑在几何学中的体现。他把当时知道的基本的几何学知识全部归结到一个以定义、公理和公设为基础的演绎体系之中，表明从简单的定义、公理和公设出发，几何学上的命题都可以经由逻辑的方法加以推导和证明，从而实现了几何学知识的公理化。欧几里得对几何学的贡献并不在于对新命题的发现，而在于对这一套公理化体系的发明。历史上有不少数学家曾经怀疑过这套体系的严密性，例如，不少人想证明，所谓的第五公设是可以证明或者是可以由其他公设取代的，但他们的结果都缺乏说服力。这正好说明，欧几里得的选择是多么富有洞察力。19世纪后，一些数学家通过改变这一公设，发展出了所谓的"非欧几何"。这也进一步说明了该条公设在平面几何中的重要地位。

《几何原本》的重要意义远远超出了几何学和数学本身，因为它对整个自然科学的研究也起到了一种示范性作用。从此，公理化系统变成了自然科学领域中讨论问题和总结知识的一种标准格式。而欧几里得本人则把这种格式用到了对光学的研究之中，写出了《光学》一书，使这一学科俨然成为几何学的一个分支。

《光学》也是以一组公设为基础，包括：①从眼睛里发出的视直线会到达不同大小的距离；②视线围成一个以眼睛为顶点，以被观察物体边界为底的锥体；③视线能到达的地方则可以被看见，不能到达的地方则不能被看见；④视线张角越大的物体看上去越大，反之越小，视角相等的物体看上去大小相等；⑤较高视线中的物体显得较高，较低视线中的物体显得较低；⑥偏右的视线中的物体显得偏右，偏左的视线中的物体显得偏左。在此基础上，欧几里得通过几何方法，讨论了物体相对于观测者的空间位置关系是如何决定其在观测者眼中的形象的。

可见，光学现象在欧几里得这里被完全抽象为几何线、形以及它们的空间关系，丝毫没有涉及光和视觉的本性以及光的传播媒介等。这些成为随后希腊光学发展的主要特点,并在天文学家托勒密(Claudius Ptolemy,约85～约165年)的《光学》中达到了顶峰。尽管托勒密考虑了更多的视觉生理与心理问题,但是他并没有偏离几何学这条主线。正是由于这个原因,托勒密对反射定理进行了完全正确的分析和证明。

4.3 力学之父

欧几里得虽然无疑是希腊化时期几何学发展的最杰出的代表,但却不是唯一代表。继他的一般性研究工作之后,还出现了一些重要的几何学家,他们在几何学的一些特殊领域展开研究,并取得了重要成果。例如,佩尔格的阿波罗尼乌斯(Apollonius of Perga,约公元前262～约前190年)在前人工作的基础上,对椭圆、抛物线和双曲线进行了系统研究,写成了《论圆锥曲线》。书中不仅用平面与圆锥面相切割的方式统一了对它们的定义,而且系统地讨论了这些曲线的基本性质。除他之外,这一时期还出现了另外一位重要的数学奇才,这就是阿基米得(Archimedes,约公元前287～前212年)。他不但在几何学方面作出了重要贡献,而且还把几何方法应用到对力学问题的研究之中,成为力学之父。

阿基米得出生于南意大利西西里岛上的锡拉库塞(Syracuse),父亲菲狄亚斯(Phidias)是一位天文学家。他年轻时到过亚历山大,向欧几里得的传人学习几何学,回乡后还同那里的几何学家保持通信联系,交流研究结果。他一生推崇纯理论研究,但年轻时曾制造过一架演示天体运动的天象仪,发明过一种螺旋式提水机以及一些以滑轮和杠杆为部件的起重机械,其中一些机械在锡拉库塞抗击罗马人进攻时曾起过重要作用。可惜他的发明并没有最终挽救该城覆灭的命运,阿基米得本人也在城市失陷的混乱中被罗马人杀死。

在几何学上,阿基米得最擅长的,是利用穷竭法进行面积和体积的推求。他留下的一系列重要著作,介绍了他一系列创造性的工作。例如,在《论圆的测量》中,他通过比较一个圆的内接正96边形及外切正96边形的面积,对圆周率进行了推求,得出了$3\frac{1}{7}<\pi<3\frac{10}{71}$的结

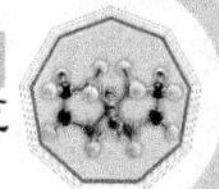

果;在《论螺旋线》中,他提出了螺旋线的精确定义,并讨论了其所围面积的求法。在《抛物线求积》和《论圆锥体与扁球体》中,他分别讨论了抛物线所围成的面积和圆锥曲线旋转体的性质及相关的体积求法。而在《论球与圆柱》中,他则发现并证明了球的面积和体积的计算公式。据说阿基米得认为这是自己最重要的工作,以至于嘱咐人们把有关的图形(一个圆柱及与其内切的球和内接的圆锥)刻在了自己的墓碑上。

除了几何学,阿基米得在代数学上也进行了可贵的探索。在《数沙者》中,他通过计算宇宙中沙粒的总数,来证明希腊计数系统具有表示任意大数的能力。而在《牛的问题》中,他则讨论了不定方程的求解问题。比如,其中有一个求 4 种颜色的公牛和母牛的数目的题目,其中共涉及 8 个未知量,但却只给出了 7 个独立方程和两个条件,是一个地地道道的不定方程问题。

阿基米得十分注重几何方法论的问题,曾专门写过《论方法》一书。除了长于使用穷竭法,他尤其还创造性地把力学方法应用于几何研究,帮助自己达成对一些问题的预见,然后通过严格的几何学方法予以证明。更重要的是,阿基米得还创造性地把几何学方法用于力学问题的研究之中,并写成了《论平板的平衡或者平板的重心》以及《论浮体》两部重要著作。

前一部著作把平板平衡和重心的分析完全归结为几何学问题,除了重物仍有重量外,其中几乎看不到物理的存在:平板变成了没有重量的平面,平衡棒变成了没有重量的线段,重量也被集中到重力的作用点上。更重要的是,书中的分析与论证所遵从的完全是欧几里得式的公理化格式。除了基本物理量的定义外,全书的基础是两条公设:①相等重量在等距离处处于平衡,相等重量在不等距离处不能平衡,而且要向距离大的一方倾斜;②当处于某距离处的重量相互达到平衡时,如果在某一重量上再加上一个重量,则不能平衡,而是要向添加重量的一方倾斜。

根据这两条公设,阿基米得推出了一个命题:两个量,不管是可通约的还是不可通约的,在与其大小成正比的距离上达到平衡。这实际上就是著名的杠杆定理,也是阿基米得用于分析平板平衡并推求其重心的基础。

《论浮体》主要讨论的是浮体平衡的问题,在分析和论述上所遵从的同样是欧几里得式的公理化模式。全书的基础公设只有两条:①流体具有这样的性质,其组成部分作连续和均匀的分布,遭受较小挤压的部分要受到遭受较大挤压部分的挤压。并且,当有某物浸入液体或液体受他物压迫时,液体中的每一部分都要受到来自其上方部分的垂直挤压。②受到液体向上推力的物体所受到的力必然是垂直向上(与液面垂直)的,且经过物体重心。根据这两条命题,阿基米得推出了与浮力和浮体平衡有关的一系列命题,包括著名的浮力定理以及物体沉浮的条件。

传说阿基米得对这些命题的发现与锡拉库塞国王交给他的一个任务有关:判断一只定做的黄金皇冠里是否被掺假。当阿基米得在澡堂里悟出问题的关键时,顾不得穿上衣服就跳出浴缸,在街上裸奔着高呼:“尤瑞卡!尤瑞卡!”(Eureka,意思是“我找到了”)。

4.4 测量宇宙

在希腊化时期,人们还试图把几何推理的方法应用到对世界大小的测量中,其中最值得注意的是阿瑞斯塔克(Aristarchus,约公元前310~约前230年)和埃拉托斯色尼(Eratosthenes,约公元前276~约前196年)二人的工作。

阿瑞斯塔克是斯特拉图在亚历山大里亚的学生,曾经提出过完整的日心地动说的假定,认为地球沿一个圆周绕太阳运动,太阳大体处于这个圆的中心。这可能使他不得不认真考虑宇宙的实际大小的问题,因为在日心地动说中,恒星天球必须要比地心说中的大得多,由此才能避免恒星的方位因为地球运动而出现明显的改变。在《论日月的大小与距离》中,他要做的就是试图通过几何推理来确定太阳、月亮的大小和距离,其方法充分体现了几何公理化方法对自然研究的影响。

《论日月的大小与距离》也完全模仿《几何原本》,把全书的讨论建立在6条公设的基础之上,即:①月光来自太阳;②地球位于一个球的中心,月球就在这个球上运动;③当月球上下弦时,将月球分为

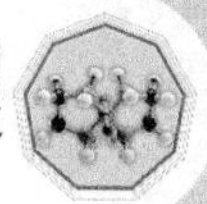

明暗两部分的大圆和我们的视线在同一平面上；④此时月球与太阳之间的角距离 α 比一个直角小 1/30（即 87°，正确值为 89°52′，见图 4－1）；⑤地影的宽度（在月球轨道处）为月球直径的 2 倍；⑥月球的视角直径相当于黄道上一宫的 1/15（即 2°，正确值约 0.5°）。

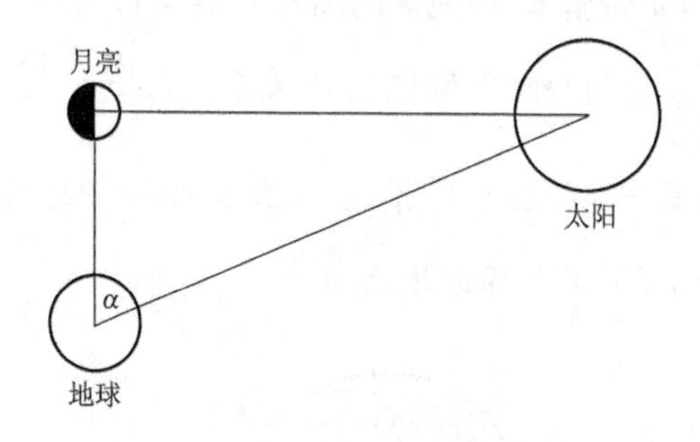

图 4－1　日月距离的测量

根据这些公设，经由严格的几何推理以及近似计算，他得出结论：太阳和地球间的距离，大于地球到月球距离的 18 倍，但小于其 20 倍（真值应为 400 倍）；太阳与月球的直径之比大于 18 但小于 20（真值应为 400 倍）；太阳与地球的直径之经大于 19 比 3，但小于 43 比 6（真值应为 109）。

阿瑞斯塔克的这些公设和几何推理都是合理的，之所以没能得到接近正确值的结果，一是由于公设④和⑥中包含了太大的测量误差，二是由于他无法解决其中涉及的三角形边角互算的问题，这在今天必须借用三角函数才能解决。

与阿瑞斯塔克不同，埃拉托斯色尼关注的是对地球大小的测量。埃拉托斯色尼是一位诗人和地理学家，在亚历山大里亚担任缪斯恩的图书管理员，并且可能与阿基米得是朋友。他发现，从地理上来讲，亚历山大里亚位于斯耶纳（Syene）正北，在夏至那一天正午，斯耶纳的日晷影长为零（说明该城正好处于北回归线上），于是，他想通过同一时刻亚历山大里亚的日晷影长和两地之间的距离来推算地球的周长。

根据“地球是正球体”以及“太阳光对地球来说是平行的”这两

条公设,埃拉托斯色尼把问题归结为这样一个几何学问题:在图4-2中,O为地球中心,S为斯耶纳,A为亚历山大里亚,AS位于同一条子午线(也就是正南北线)上,而S_1S和S_1B则是夏至正午时平行的太阳光线。这样,如果通过与地面垂直的日晷AB测出$\angle AOS=\theta$,并且已知$AS=d$希腊里,则地球的周长C就可以求出。解法非常简单:由圆的弧长与圆心角之间的比例关系,有$\frac{\theta}{360}=\frac{AS}{C}=\frac{d}{C}$,因此有$C=\frac{360\times d}{\theta}$希腊里。根据这种推理,他最终得到的地球周长的结果是在252 000到250 000希腊里之间。

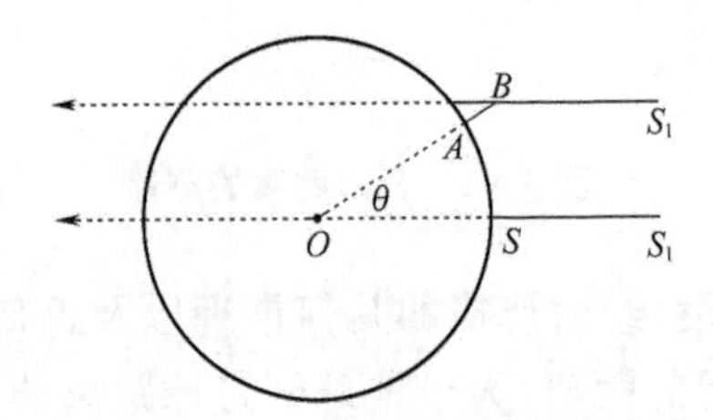

图4-2　地球周长的测量

对地球大小的测量只是埃拉托斯色尼把几何方法应用于地理学研究的一个个案。在《地理学》一书中,他作了更多的尝试。例如,书中将地球表面描绘为一个整体,把它分划为不同的区域,还用纵横交错的平行线作为参考线,形成了一种独特的坐标系。这些工作体现了几何学在地理学中的应用,开创了希腊数学地理学的传统。后来,天文学家托勒密在自己的《地理学》中,不但继承了这种传统,还试图通过严密的几何方法把地球表面投影到一个顶角为36°,底面与地球赤道面重合的圆锥面上,并画出了经纬线,从而成为希腊数学地理学的最高代表。

4.5　数学天文学

与亚里士多德把同心天球实体化的做法不同,希腊化时期,一些天文学家开始探索一条更加几何化的道路,试图以圆(而不是天

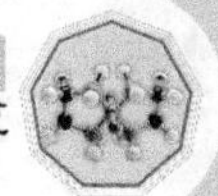

球)来描述天体的运动。据托勒密介绍,佩尔格的阿波罗尼乌斯已经采用偏心圆和本轮—均轮两种模型来描述行星的运动,尽管有历史学家怀疑,这两种模型的起源更早。

所谓偏心圆模型(见图 4 - 3),就是认为行星(包括太阳和月亮)P 在圆周上相对于圆心 O 作角速度为 ω 的匀速圆周运动,而地球则位于偏离 O 的一点 T 上。这样,从地球上来看,行星的距离和相对于地球的速度都会出现变化,$e = OT$ 叫做行星的偏心率。而所谓的本轮—均轮模型(见图4 - 4)则认为,行星 P 本身沿着一个叫做本轮的小圆作匀速圆周运动,而本轮的中心 D 同时又在一个叫做均轮的大圆上作旋转方向相同的匀速圆周运动,均轮的中心就是地球 T。在一定的条件下,偏心圆模型与本轮—均轮模型具有等价性,但是,只有后者能够描述外行星(火星、土星和木星)在恒星背景上的停留和逆行现象。

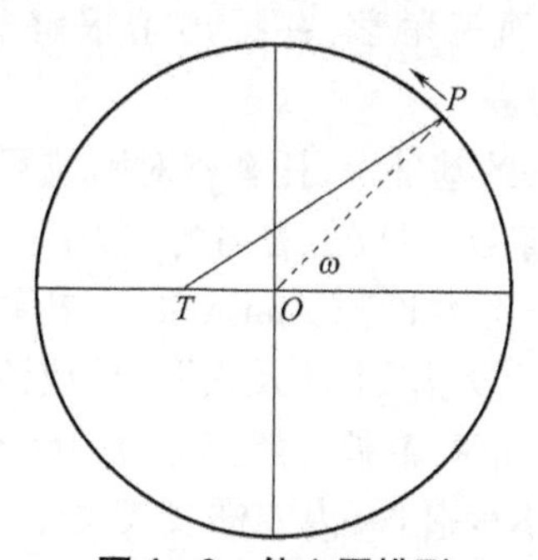

图 4 - 3 偏心圆模型

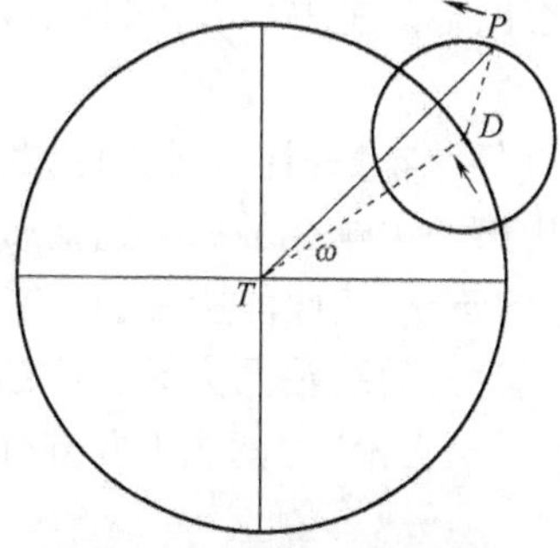

图 4 - 4 本轮—均轮模型

利用这两种模型,不仅可以描述行星的运动,而且还可以对它们的位置进行预报。但是,这种计算涉及边、角换算的问题,必须以三角学作为基础。公元前2世纪,尼西亚的喜帕恰斯(Hipparchus of Nicaea,约公元前190~约前120年)发明了与正弦函数等效的数弦函数($\mathrm{arc}\alpha = 2 \times \sin \frac{\alpha}{2}$),使这个问题得到了解决。于是,喜帕恰斯将上述两种模型分别应用于太阳和月亮,利用巴比伦天文学家传下来的观测数据,确定了相关模型中的各种基本常数,完整地建立了太阳和月亮的运动理论。凭借它们,不但可以实现对日月位置的计算,而且基本上能够预报日食与月食。

由于天文计算中还涉及天球面上的角度与弧之间的互算问题,所以,希腊人还需要创立新的数学工具。这个问题又过了1个多世纪才被梅尼劳斯(Menelaus, 约70~约130年)解决。他在《论球》中建立了基本的球面三角学,并提出了求解球面三角形的基本定理。

在所有这些发展的基础上,托勒密对阿波罗尼乌斯以来的希腊数学天文学进行了综合,写成了著名的《数学汇编》一书,也就是后来阿拉伯人所说的《至大论》(Almagest)。托勒密出生在埃及,因此,被后代的阿拉伯人称为"上埃及人"。他应该是罗马帝国时代活动在亚历山大里亚一带的希腊后裔,于公元168年前后在那里去世。托勒密一生写下了不少著作,内容涉及天文学、数学、光学、星占学与地理学,除了前面提到的《光学》和《地理学》,《至大论》是他影响最大的著作之一。此外,他的星占学著作《四书》一直是西方在该领域的权威之作。

与欧几里得的《几何原本》一样,《至大论》也不是对前人工作的简单汇编。相反,书中第一次建立了一个完整而严密的数学天文学的理论体系。该体系的建立,使此前所有的天文学著作都失去了继续流行的价值,从而成为此后统治西方天文学达1 400余年的正统系统。由于这个原因,《至大论》也就成为西方科学史上另一部重要的古代著作。

《至大论》全书共分13卷,卷1包括引言、基本的宇宙学假说以

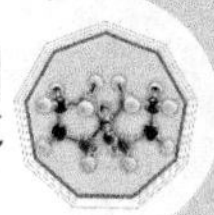

及平面与球面三角学,是全书的宇宙学和数学基础,随后各卷则依次讨论了天体的周日运动以及太阳、月亮、恒星以及五大行星的运动,在实测数据的基础上建立了描述日月五星运动的几何模型,同时给出了日月食的计算方法。书中的内容基本上可以解决当时人们所知道的全部天文计算问题,从日月五星的经度到月亮和五星的纬度,另外还包括恒星的位置和行星的逆行与停留。为了方便计算,托勒密还依据书中的理论,创造性地编算出了《立成表》。有了这些表,计算者无需去理解和使用《至大论》中那些复杂的模型和公式,而只需通过查表并用简单的四则运算,就可以完成实际的天文计算。

《至大论》的宇宙学基础是亚里士多德式的,主要包括以下内容:①天层是球形的,而且在旋转;②地球也是球形的;③地球位于诸天的中心;④与恒星的大小和距离相比,地球可以看成是一个点;⑤地球本身不具有任何位置运动。《至大论》卷一对这几个假说进了分节的专门论述,其中的一些论据与亚里士多德在《论天》中所用的相同,尤其是对地球运动的那些否定性论述。

《至大论》还包含了托勒密的其他一些重要发明。首先,他发现了月亮运动中存在的一种新的不均匀性,在月亮上下弦前后达到最大,也就是所谓的"出差"(evection),并据此改进了喜帕恰斯描述月亮运动的本轮—均轮模型,让均轮中心也沿着一个小圆绕地球旋转,旋转方向与本轮和月亮的运转方向一致,从而建立了更加精确的月球运动理论。其次,他第一次系统地建立了五大行星的几何模型,使它们的位置计算成为可能。最后,为了更加精确地描述行星的运动,他建立了所谓的等分点模型(图 4-5)。其中,本轮中心不是相对于均轮中心 O,而是相对于与地球 T 对称的 E 点作匀速圆周运动,这个 E 点就是所谓的"等分点"(Equant)。用日心体系来解释,行星的本轮运动实际上反映的是地球的公转,而等分圆反映的则是行星自己的公转。由此可见,等分点模型实际上是古代最接近椭圆轨道理论的模型。

在《至大论》的引言中,托勒密对数学性知识和天文学研究进行了辩护。他认为,理论性哲学可分为物理的(自然哲学)、数学的以

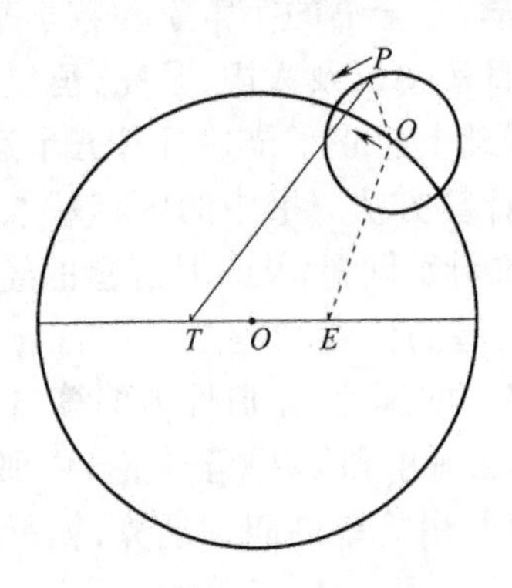

图 4-5 等分点模型

及神学的(形而上学)三个部分。神学知识研究的是宇宙第一运动的第一原因,只能从最高的神那里去探寻;物理知识追踪物质的那些永远变动的性质,只能从月下界那些有生有灭的事物中去求取;而数学知识则研究形状、数字与大小,还有时间、地点等类似的东西,以此揭示关于形式和局部运动的性质,它的研究对象介于神与物质世界之间,既可以通过感觉又可以不通过感觉去加以理解,既随着那些永恒变化的事物而变化,又保持着那些永恒和具有永恒本性的事物的不变的形式。由于神是看不见也摸不着的,而物质是不稳定和晦涩的,所以,神学和物理学知识都只能靠猜想,而不能使用科学的理解。因此,也就不可能指望哲学家们在这两个领域里达成一致性的意见。所以,只有数学知识可以给研究者以可信的知识,因为它是利用几何和算术的推证,按照审慎的方法,通过不可争辩的步骤来加以求取的。所以,我们应该竭尽全力地推进这门理论知识的发展。

至于天文学,托勒密则认为,它的研究具有四方面的重要意义。首先,作为一门数学学科,它能给人以确定的知识,因为它研究的对象永远保持不变,它本身也因此而永远不变。其次,天文学的研究还是神学研究最直接的准备,因为尽管天体是感觉性物体,既是推动者又是被推动者,但它们却是永恒和不变的;在对运动的转置和安排上,它们的性质最接近神的举动。再次,从物理的方面来讲,天文学所揭示

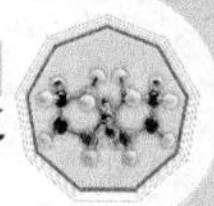

的也不是偶然的对应关系，而是由物体的本性所决定的性质，这些性质可以从物体的自然运动中得到证明。最后，天文学的研究还具有道德上的重要意义，因为通过对神圣物体（天体）同一的性质、美好的秩序、严格的比例和简单的方向性的研究，最容易使有理解力的人了解它们的行为和品格的高贵，使人们热爱这些神圣物体的美，使这种爱变成他们的习惯，使他们的灵魂也达到同样的状态。

对于托勒密来说，在所有这四个方面，天文学只是一般数学性知识的缩影。所以，在这篇引言的一开始，他就指出，理论哲学比实用哲学更重要。并教导人们，在面对任何事物时，都不要忘记思考它们表现出的美和秩序，要专注于揭示众多的美的定理，尤其是那些数学的定理。

可见，托勒密十分强调对自然的数学研究的重要性，不仅把它作为唯一能带来可靠知识的科学，而且把它作为神学（形而上学）研究的基础和对物理学的提升，甚至赋予它很高的道德意义。对于理解数学性科学在希腊化时期的巨大发展来说，这些观点为其原因提供了一个重要的注脚。

值得指出的是，托勒密确实没有让自己的天文学停留在纯数学的状态。在《行星假说》一书中，他就曾尝试把《至大论》中的本轮转换为第五元素构成的轮圈或小球，而把其中的均轮和均分圆等看成是实体天球中空出的一些隧道，可以容纳本轮在其中运行，由此实现了几何模型的物理化。这样，从总体上来看，所有行星的排列仍然符合亚里士多德水晶球体系的安排；同时，这种物理化也没有偏离几何化的主线，是几何化基础上的物理化。在今天看来，这样的宇宙模型可能就是托勒密所追求的、经过了数学提升的物理模型。

托勒密的天文学尽管很严密，也很实用，但并没有让西方天文学家感到完全满意。最大的问题是，在他的均分圆模型中，行星并不是相对于圆的中心，而是相对于一个想象中的均分点作匀速圆周运动，因此被认为是对天体匀速圆周运动原则的明显违背，是一种不够完美的模型。另外，在他的月球模型中，月亮到地球距离的变化范围居然会达到月球平均轨道半径的一半，这也被认为是一个很大的问题。

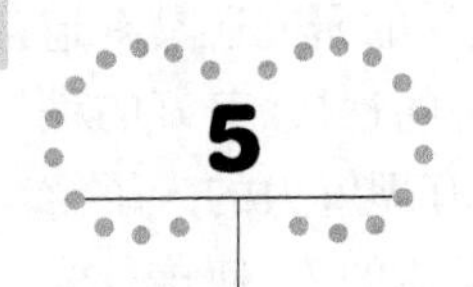

5 身体与灵魂
——希腊的医学与生理学

5.1 从神话到理性

除了自然哲学与数理科学,医学也是受到希腊人高度关注的自然知识领域。早期希腊医学基本上是经验疗法与神话的结合体,治病很早就成为某种职业。在荷马和奥希安德的史诗中,神被暗示成疾病的原因,而治疗方法中除了使用一些原始药物外,还包括念咒、祈祷和献祭等内容。

希腊原始医学知识中,最值得注意的是对阿斯克勒庇俄斯(Asclepius)的崇拜。传说中他是医神阿波罗神(Apollo)之子,从人头马身的契龙(Chiron)那里学到精湛的医疗技艺,能起死回生,由此被希腊人尊为医神。他有五位女儿,其中有四位成为与医疗有关的女神,与他一起受到崇拜:治疗之神阿可苏(Aceso)、康复之神伊阿索(Iaso)、万灵草药之神潘娜西娅(Panacea)以及健康之神海姬俄娅(Hygienia)。医神的神庙遍及各地,那里通常也是治疗中心,其中的祭司同时也是医生。治疗方法除了各种宗教仪式外,还有洗浴、食疗、催泻、锻炼甚至娱乐等。而在诊断上,则常常会采用梦诊法,也就是让病人在神庙的房间里睡觉,以便医神在梦里对他进行访诊。病人醒来后,祭司会根据梦里的内容为他/她诊断和提出治疗方案。

随着自然哲学的起源与发展,希腊医学开始出现理性化的趋势。毕达哥拉斯学派对医学知识就非常重视,他们把宇宙和

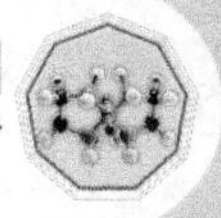

谐与平衡的观点应用到人体这个小宇宙上，提出健康取决于体内元素的平衡，而医生的责任就是帮助病人恢复被打破的平衡。毕达哥拉斯学派认为，健康的恢复取决于人的整个生活状态的调整，包括饮食、睡眠、休闲与锻炼等。该学派经常举行一种灵魂净化仪式，主要是要通过清除灵魂中受到的道德污染来治疗道德疾病，这种意识后来被发展成一种通过净化身体达到治疗效果的医学方法。

在这种背景下，一种新的医学传统终于在公元前5世纪开始在希腊出现，其代表人物就是科斯的希波克拉底(Hippocrates of Cos, 约460～约370年)。传说他是阿斯克勒庇俄斯的后代，年轻时曾到全希腊旅行，学习过哲学、政治、戏剧甚至雕塑。最后他回到家乡，创立了一个医学学派。历史上有50到80多种医学著作被归到他的名下，但其中不少可能是他的门徒或者追随者所作。这些著作代表了一种医学传统，希波克拉底因此也被尊奉为希腊的医学之父。

希波克拉底医学最重要的特点有两个，首先是强调对病因的自然性解释，而反对借助于超自然的力量。这个学派的成员并非不相信神，但是却把神的直接干预排除在病因的解释之外。例如，古人经常会把癫痫、中风和脑性麻痹之类的疾病看成是由神造成的所谓的"神圣病"(Sacred Disease)，而希波克拉底则明确指出，只有那些巫医神汉或者江湖庸医才会这样说：以掩盖自己治疗方法的失败和对真实病因的无知；而实际上，所谓的"神圣病"，只不过是由于黏液阻塞了大脑中的管道，使气的流通受到影响而导致，因此并不比其他疾病更加神圣。

与这一特点相对应，希波克拉底学派提出了一套用以解释病因的理论系统。与哲学家提出的四元素说相应，希波克拉底学派把人体的健康归诸于四种体液的平衡，即血液、黄胆汁、黑胆汁与黏液。这四种体液分别与四元素、四季和四种器官相对应(见图5-1)，每种体液又含有两种"元性"：即血液(气，春，心)=湿+热，黄胆汁(火，夏，肝)=热+干，黑胆汁(土，秋，脾)=干+冷，黏液(水，冬，脑)=冷+湿。当四体液的数量和力量之间的比例正确时，人就健康；反之，就会出现病痛。

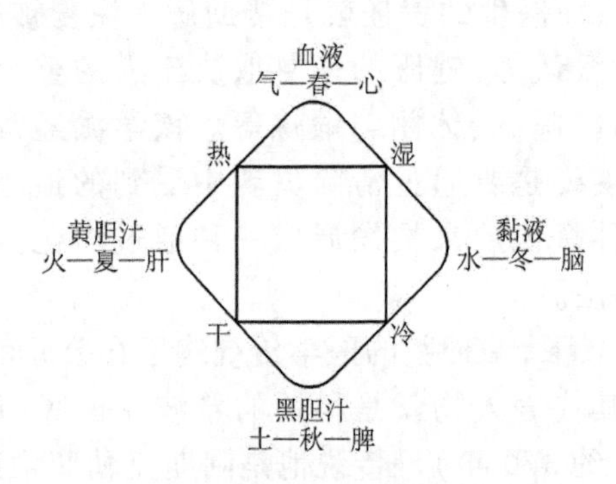

图 5 –1　四体液图

四体液之间的平衡一般是通过四元性的消长被打破的，而影响四元性消长的因素则很多，既可以是因为季节变化，也可以是由于生活环境和习惯的改变。所以，季节与生活上的改变都可能是致病的原因。而治疗就是恢复平衡，方法很多，包括放血、催吐、催泻、利尿和灌肠等；另外就是利用自然自动恢复平衡的能力，结合季节气候的变化与病人的性情，辅助和促进自然性的治愈过程。除了治疗，预防也是医生的重要职责。他们应该在饮食、起居、锻炼、声色和娱乐等方面给人以忠告，以避免疾病的发生。

希波克拉底学派虽然追求病因解释的理性化，但是在具体治疗中却十分强调经验和观察的重要性，强调以经验的知识作为治疗的指南。这是该派医学的另一个重要特征，并且是对其理性特征的一个重要补充。在该派留下的医学著作中，有许多是对病例的症状与处理方法的直接和客观的描述，它们直接体现了该学派对经验知识的重视。

作为一个理性的医学学派，该派成员也十分重视医生的职业操守。著名的“希波克拉底誓言”（Oath of Hippocrates）就是他们这方面信念的真实写照，至今仍被医学界视为道德准则。

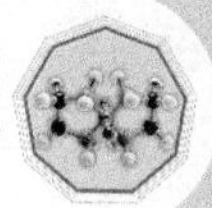

5.2 解剖学的发展

从很早开始,古希腊人对动物和人的身体就表现出较大的兴趣,理性医学学派更加强调解剖学对医学的重要性。但是,由于宗教和习俗方面的原因,人体解剖一直没有得到实质性的进展,人们只能通过一些间接方式来对人体结构加以了解,如通过外科手术所得到的经验,或者用动物的身体结构进行类比推测,还有可能就是从器官的功能反推其结构。当然,还包括用自然哲学加以推断。

从现存史料来看,早在公元前500年前后,克莱通的阿克梅翁(Alcmaeon of Croton,活动于公元前6世纪)可能已经进行过大量的动物解剖。可能正是通过这种手段,他发现了视神经及其同大脑之间的联系,并推论耳、鼻、舌等感觉器官也都通过类似的“管道”通向大脑,从而认识到大脑在人体感觉和思维中的重要作用。在他之后,恩培多克利指出,心脏通过血管把包含灵魂和生命的“纽玛”送到全身,这就是根据器官的功能和自然哲学的观点而作出的一种推断。

作为希腊理性医学的最高代表,希波克拉底学派表现出了对解剖学的重视。在归于希波克拉底名下的大量著作中,就有几部同解剖学有关系,包括《解剖学》、《论心脏》和《论骨折与脱臼》等。这些著作对人体的骨骼系统及其连接方式具有较为清晰的描述,但是对于软组织的认识则不太正确。至于其他器官,该学派的知识明显缺乏第一手的解剖学基础。例如,他们没有认识到神经系统的存在,而把大脑看成一个能够分泌黏液的腺体。他们的一些解剖学知识可能来自动物解剖。例如,他们认为动脉管里充满了空气,这很可能是从死亡动物身上得来的经验。

亚里士多德强调动物研究对了解人体的重要意义,所以他对人体结构的了解主要来自动物解剖的解剖学知识。在《动物史》一书的开始部分,他不仅描述了头、颈项、胸腔、双臂和双腿等人体外部结构,而且还描述了大脑、消化系统、性器官、肺、心以及血管等内部器官,其中既有一些正确的观点,但是错误更多。比如说,他注意到大动脉(较厚)与静脉腔在管壁厚度上的差别,但是却把输尿管误认为是大动脉,也没能区分动脉与静脉在功能上的差别。他认识到心脏的重要性,把它看成是生命热力的来源,但是却把它看成是感觉和思维的中心,而把肺和大脑看成是帮助这个中心向空气中散出多余热量的机构。

在托勒密王朝统治下的亚历山大里亚,人体解剖学得到了巨大的发展,这可能是由于几个方面的原因。首先,随着理性医学的发展,人们可能越来越认识到人体解剖对于医学的重要性。其次,托勒密王朝可能把对人体的研究作为一种知识活动加以支持,甚至可能会将死刑犯提供给医生进行解剖。最后,由于埃及本土文化中具有制作木乃伊的传统,也就没有希腊城邦中那种对于人体解剖的禁忌。不管怎么说,当时的亚历山大里亚成为希腊的解剖学发展中心,传说那里甚至还出现了对人的活体解剖。

西罗菲鲁斯(Herophilus, 约公元前335~约前280年)是亚历山大里亚第一个著名的解剖学家,被公认为解剖学之父。可能是由于在人体解剖方面的工作,他被早期的基督教神学家德尔图良(Tertullian,2世纪)斥为“屠夫”。他是一位开业医生,在医学上基本遵从希波克拉底学派的病理学和治疗学理论。但是,在解剖学上,他则得出了一些非常重要的发现。

例如,在脑与神经系统的结构方面,他认识到硬脑膜与软脑膜之间的区别,注意到大脑同脊髓之间的关联,由此把大脑看成是人体的神经中心,而且发现了感觉神经与运动神经之间的不同。在视觉系统方面,他区分了介膜和主要介质,认识到视觉神经与大脑的联系,并认为视神经中充满纽玛。今天眼科学中的许多术语都是他的首创,如视网膜(retina)等。在消化和生殖系统方面,他对肝脏、胰腺、胃肠道、十二指肠、卵巢、睾丸以及输卵管等都进行了十分清晰的描述,并且认识到卵巢与睾丸在结构和功能上的相似性。而在心血管系统方面,他则正确地区分了心室与心房、动脉与静脉,指出了心脏瓣膜和肺动脉的结构和作用。此外,他还注意到脉搏与心脏之间的联系,并把它作为一种诊断手段。

活动于亚历山大里亚的还有另一位解剖学大师,他就是与西罗菲鲁斯大致同时代的埃拉西斯特拉斯(Erasistratus, 约公元前304~前250年)。传说他早年曾到雅典随逍遥学派学习,后来曾担任

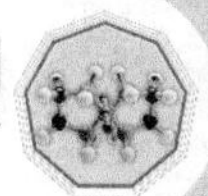

塞琉古一世的御医,再后来移居亚历山大里亚,并在那里开门授徒。

在解剖学上,埃拉西斯特拉斯发现了大脑与小脑的区别,研究了脑回沟,并将脑皮层的复杂程度与不同动物的智力联系起来。他不但注意对人体器官结构的认识,而且更加强调对器官功能的了解。例如,在对心脏的研究上,他不但发现了二尖瓣和三尖瓣,而且掌握了它们在决定血液流向中的作用。他同样注意到脉搏与心跳的联系,认为心脏的跳动是先天性的,在它膨胀时吸入血液和纽玛,收缩时则将血液压入静脉,把纽玛压入动脉。

不仅如此,埃拉西斯特拉斯还注重将各种器官联系起来,从而建立了一个统一的生理学系统。他认为,身体的所有器官都是由一些很细小的组织组成,每个组织都是一个独立的生命单元,都有自己的动脉、静脉和神经系统,都需要消耗血液(提供营养)和纽玛(提供活力)。血液产生自消化系统:食物经过胃的机械研磨形成乳糜,乳糜经过胃肠壁上的微孔进入肝脏,变成血液,并经过静脉输送到全身。纽玛则来自空气,通过呼吸进入肺部,经由肺动脉进入心脏,再由心脏经过动脉输送到全身。动脉中的纽玛进入大脑后,在那里被进一步细化,形成精神纽玛,并通过神经系统输送到身体各个部分,决定感觉与运动。

身体每个微小单元都存在微孔与外界联系,当其内部的血液和纽玛消耗完时,就有出现真空的可能。但是,由于"自然厌恶真空",所以,外部的血液和纽玛就得以不断地补充进来。很显然,这里可以看到亚里士多德自然哲学对埃拉西斯特拉斯生理学的影响。

以这种生理学系统为基础,埃拉西斯特拉斯提出了自己独特的病理学与治疗学观点。他认为,人的健康是静脉系统与动脉系统之间的平衡所维持的,疾病是由不平衡造成的。例如,人的营养过剩,就会导致静脉血液过多,并被压入动脉系统,从而导致热症。在这种情况下,治疗的方法也直截了当:要么放血,要么节食。

5.3 盖伦医学

在以解剖学和生理学为基础的理性医学得到繁荣的同时,希腊的经验医学也得到了巨大的发展。与理性医学学派不同,经验医学派的医生反对理论性思辨,反对生理学知识和疾病原因的探求,而

强调对症状和可见病因的研究，强调依据过去的经验进行治疗和用药。在很长一段时间内，两派医生甚至形成了对立和争论，一直到盖伦(Claudius Galen，约129～约216年)才试图在两派之间寻找某种统一。

据说盖伦出生于希腊化时期的另一个重要的文化中心柏加曼(Pergamun)，父亲是一位建筑师。盖伦早年曾经学习过数学和哲学，后来转学医学，并曾到苏麦那(Symena)和科林斯(Corinth)等希腊城市专门研修。学成后曾一度在故乡行医，后来前往罗马发展，先后成为几位罗马皇帝的私人医生，变得富有而有地位。他一生写下了大量的医学著作，其中有20余部流传至今，成为希腊医学的权威和代表。

作为一名成功的开业医生，盖伦强调经验的重要性，重视临床观察和对病史的研究。与此同时，盖伦并不是一位纯经验论者。他不但了解柏拉图、亚里士多德和斯多葛学派的哲学著作，而且十分熟悉西罗菲鲁斯和埃拉西斯特拉斯的解剖学与生理学著作，他自己也十分注重解剖学与生理学的研究，并且强调，应该把生理学建立在实际的解剖学基础之上，认为个体器官结构与功能的知识是医学实践成功的关键，并提醒读者要抓住一切机会进行解剖学观察。

盖伦自己就是一个熟练的解剖学家，对大量动物进行过解剖(其中包括鱼、蛇、狗、马、猪、狮子、狗熊甚至大象)，写有几部相关著作，包括《论解剖程式》，对人体的骨骼、肌肉、大脑、神经系统、眼睛、静脉、动脉和心脏等都进行了精确的描写。可惜的是，他没有机会进行人体解剖，而只能通过解剖与人类似的动物(如地中海猕猴等)来了解人体的结构，由此导致了许多错误。比如说，只有有蹄类动物的脑中才会存在奇网(Rete Mirabile)，但是，盖伦却把它照搬到人脑的结构之中。

从盖伦的著作来看，他在临床医学上很具有哲学家的气质。他显然把病因的探讨和疾病的分类作为医学的最高目标，总是试图通过特殊病例的研究达到对病因和疾病的一般性认识。而在具体诊断上，他又自觉和不自觉地遵从从一般到特殊的过程，也就是从某种疾病的普遍特征出发，结合具体的发病个体和发病部位进行分析

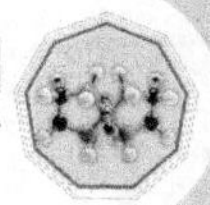

诊断。例如,他指出,在对热病的诊断中,首先应该考虑一般的情形,也就是说,热一般来说是由相关体液的腐败所造成的;然后则针对具体病例作具体分析,也就是说,不同的热症又是由特定器官中的毒性体液造成的,结果会导致不同部位的脓肿、变硬和疼痛等变化。

在病理理论上,盖伦接受了希波克拉底的四体液理论,认为体液组成生命单元,生命单元组成器官,而器官又进一步组成身体。他认为,疾病的原因除了体液的不平衡外,还与特定器官的特殊状态有关。而在生理学上,盖伦则把亚里士多德自然哲学同埃拉西斯特拉斯的生理学结合起来,略加调整,形成了自己独特的理论体系。

盖伦接受了亚里士多德关于人同时含有生长灵魂、感觉灵魂和理性灵魂的观点,认为它们分别存在于人的肝脏—静脉、心脏—动脉以及大脑—神经三大系统之中,并具体体现为肝中的自然精气(Natural Spirits)、心中的生命精气(Vital Spirits)以及大脑中的动物精气(Animal Spirits)。人体的生理过程就被看成是这三大系统协调作用的结果:

首先,食物经过胃的机械研磨,在胃所提供的生命热力的作用下生成乳糜;乳糜透过肠胃壁进入系膜中的小管,最终汇集到肝脏,在生长灵魂(或者叫做自然灵魂)的作用下被进一步细化,形成静脉血,并同自然精气相结合。其次,静脉血通过腔静脉分为两支,一支经由静脉流遍全身,为各个部分提供营养,另一支由腔静脉经右心室流入左心室,除了为心脏提供营养外,剩余的静脉血在此又一次一分为二:一路作为营养由肺动脉进入肺,另一部分穿过心脏横膈膜(盖伦错误地认为上面存在小孔)进入左心室,在那里同生命精气混合,形成动脉血,经过主动脉向全身输送,为身体提供生命力。最后,一部分动脉血流入大脑,在那里同动物精气相互混合,再通过神经系统传遍全身,以控制感觉与运动。

在盖伦的三种精气中,生命的精气来自体外的空气,实际上也就是埃拉西斯特拉斯所说的纽玛。吸气时,空气先进入肺部,再经由肺静脉进入左心室,在那里同静脉血液混合。与此同时,静脉血里的废气也被排除,并经过肺静脉进入肺部,随着呼气而被排出体外。

盖伦医学是对希腊医学的一次全面总结,处理了当时人们所知道的主要医学问题,包含了希腊最好的病理学、治疗学和药物学知识,具有很强的实用性。另一方面,其中也包括了大量解剖学知识,并有一套综合性的生理学理论作基础,所以同时又具有很高的理论性。可以说,这套医学不光可以帮助人们解释和解决健康、疾病和治疗等方面的问题,同时也已经形成了一种哲学。

这套医学的哲学性不仅表现在盖伦强调医学实践是一个先从具体到一般,再从一般到具体的过程上,而且还表现在他对亚里士多德三种灵魂概念的融合上。最重要的是,其中还体现了亚里士多德自然哲学研究的最高追求——发现自然的目的。实际上,与亚里士多德相比,盖伦在这方面可以说是有过之而无不及。他认为,造物主从不做无益的事情,人体结构与其功能之间的对应是完美的,即便是在想象中也无法加以改进,充分体现了智慧设计和宇宙目的的存在。这种哲学性极适合学者们的口味,也为后来的基督教神学家留下了利用的空间。

所有这些,再加上这套医学的建立者是一位有名的罗马皇帝的御医,所以,它很快就变成了西方的主流医学传统,直到16世纪才逐渐被淘汰。

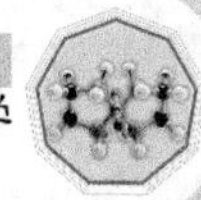

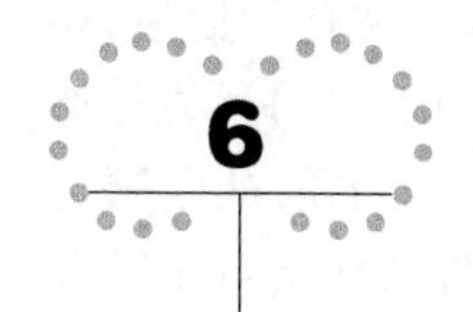

实用与信仰之间——罗马统治下的科学

6.1 罗马人的知识取向

正当理性哲学的曙光开始出现在希腊城邦的地平线上时，意大利中部台伯河中下游拉丁姆地区出现了王权统治的罗马城邦。通过与希腊的交往，罗马人学会了字母表，并发明出自己的语言系统。但是，罗马人对发展哲学和科学没有兴趣，他们的兴趣在于不断攻城略地，扩展疆域。公元前6世纪末，罗马进入共和国时期，罗马人对外扩张的征程也就此开始。到公元前265年为止，他们已经控制了意大利全境。公元前264到前149年，他们在三次布匿战争中依次夺得伽太基人在西西里、欧洲的以及非洲的本土和属地。公元前82年以后，他们又相继占领东方的叙利亚和巴勒斯坦以及北部的高卢地区。公元31年，罗马进入帝国时期，并在经济和文化上达到鼎盛阶段。一个横跨欧亚非三大洲的帝国再次出现，包括希腊、埃及、叙利亚和土耳其在内的原希腊化地区也相继被纳入罗马的版图。

公元286年，罗马开始实行专制的君主制。帝国的经济开始崩溃，内乱日剧，大有江河日下之感。323年继位的君士坦丁大帝把首都迁往东方的拜占庭，但他死后，帝国内部连年内战，最后于395年一分为二，即以拜占庭为中心的东罗马与以罗马为中心的西罗马。在蛮族入侵与内部连绵起义的双重压力之下，罗马在445年被日耳曼人攻陷。476年，西罗马帝国最后一个皇帝被废黜，这标志着欧洲中世纪封建制度的开始。东罗马帝国也于443年向匈奴俯首称臣，

得以维持下去,并于7世纪进入封建社会。

罗马的征服并没有导致原来希腊地区的学术与文化的崩溃,相反,正像罗马历史学家赫瑞斯(Horace,公元前? ~前8年)所说的那样,罗马从军事和政治上征服了希腊,而艺术和知识上的征服则是希腊人的。随着罗马的强盛与繁荣,那里的有闲阶层开始对希腊人在文学、哲学、政治学以及艺术等方面的成就感到钦佩,任何罗马人都想在这些方面达到熟悉的程度。罗马上流社会里有不少人熟悉希腊语,不少人家里都养有希腊奴隶或者门客。而年轻的罗马人一般也乐于接受希腊知识的教育,他们要么前往希腊地区求学,要么聘请希腊的私人教师。

不过,在对希腊知识的接受中,罗马人还是表现出了相当的选择性。从总体上来说,他们比较重视实用型的知识,如与测量与计算相关的数学知识、与历法相关的天文知识、实用的医学知识,还有就是与法律相关的逻辑学和修辞学、与国家管理相关的伦理学与政治学,等等。对于较为抽象的形而上学、抽象数学、理论哲学、理论天文学、数学力学以及解剖学,他们要么兴趣较小,要么则仅仅将它们当做休闲解闷的知识,全然没有希腊人那样的虔诚。

尽管罗马人在吸收和发展希腊的抽象学术方面几乎毫无进展,但是在希腊知识的应用上却取得了一些明显的成绩。其中最著名的是凯撒大帝(Julius Caesar,公元前100~前44年)在公元前45年采纳亚历山大里亚天文学家索息根尼(Sosigenes of Alexandria)的建议,完成了历法改革,采用了著名的儒略历系统。该系统在西方被沿用了数百年,一直到1583年才被罗马教廷颁布的格里高利历所代替。除此之外,罗马人在建筑和公共卫生等诸多工程领域也取得了十分辉煌的成就。

在哲学方面,罗马人较多地受到波希东尼(Stoic Posidonius,约公元前135~前51年)的影响。波希东尼生于叙利亚,父母为希腊人。他曾在雅典学习,并最终成为罗德斯岛斯多葛学派的领袖,并曾作为外交官前往罗马,吸引了不少罗马的学生和追随者,其中包括著名的政治家和哲学家西塞罗(Marcus Tullius Cicero,公元前106~前43年)。波希东尼对亚里士多德的著作做过大量注释,另外

还写过一部数学著作，他对《迪迈欧》的注释也影响甚大。他观察潮汐与月相之间的关系，发现高潮一般发生在圆月和新月前后，并以此作为万物感应论的证明。他还测量过地球的周长，结果被托勒密《地理学》采用，并传至哥伦布。

在哲学上，波希东尼倡导的是一种自然神秘论，认为天地间每一元素都含有逻各斯（Logos），也就是创生的要素和原因。人包含有与神甚至整个可见宇宙同样的元素，因此与所有的事物之间都存在相互感应。人可以思考自然，尤其是思考星辰。在这样做的时候，人就是在实现这种神圣的感应。自然科学的目的是发现把自然聚合在一起的逻各斯，在自然和人自身中发现神性。在政治上，波希东尼试图以自己学派的观点论证罗马帝国的合理性，把这个大一统帝国说成是上帝意志的实现。

6.2 知识汇编

为了满足上流社会对希腊知识的需求，百科全书式的知识汇编著作在罗马十分流行，其中较早的一本是瓦罗（Marcus Terentius Varro，公元前116～前27年）编写的《学科九书》。瓦罗早先在罗马接受教育，后来又曾到雅典的柏拉图学园学习哲学。回罗马后一直活动于高层社会，曾担任过执政官，并曾为恺撒管理私人图书馆，在当时被誉为“罗马最有学问的人”。作为一位多产的作家，他一生共完成了75部著作，计620卷，其中最为流行的是《学科九书》。书中按语法、修辞、逻辑、算术、几何、天文、乐律、医学和建筑进行分类，摘抄了大量古代作家的著作。不过，他的这些摘抄和叙述对罗马人来说似乎仍然显得太过理论化，所以又出现了对它们的摘要和改编，并且最终取代原著而得到广泛流传。

另一位著名的罗马知识汇编者是卢克莱修（Titus Lucretius，约公元前99～前55年），他的长诗《物性论》曾受到西塞罗的赞美，被认为“展示了许多天才的闪光，并显示了伟大的娴熟”。书中主要转述了伊壁鸠鲁的原子学说，并以此作为哲学辩论的武器。除了原子论，书中还包含了对一系列自然现象的描述：从世界的无限性到世界的创生与灭亡；从太阳沿黄道的运动到季节的不均匀性、月相变化与灵魂的可灭性；从镜子与光的反射到动植物生命的起源；从感觉经验与感觉的假象（包括睡眠、梦境与爱等）到超常的气象与地质现象（如雷电、地震、彩虹、火山和磁性等）。作为原子论者，卢克莱修尤其反对生物学中的目的论，而坚持原子决定论的观点。

罗马最伟大的知识汇编者当属普林尼（Pliny the Elder，23/24～79年）。他曾经作为士兵驻守日耳曼，并养成了对自然研究的巨大兴趣。他一生花费了大量的精力，写成了《自然史》37卷，目的是要记录关于自然的一切已知知识。在古希腊和罗马时期，“史”的意思并不完全是我们今天所理解的历史，它的本意是探询、调查和研究，也指对推究结果的客观记录。《自然史》就是关于自然现象和相关信息的研究和记录，其中第1卷为目录、条目以及征引作者名单，第2卷为对自然的数学与物理学描述，第3到6卷为地理与人种，第7卷为人类与心理，第8到11卷为动物，第12到27卷为植物、农业与园艺，第28到32卷为药物，最后几卷为矿物与采矿。全书共引用了473位作者的2 000多部著作，包括2万多个条目。为了编写辞书，普林尼经常是半夜就起床，整天工作，要么自己阅读，要么听助手诵读，要么口述让助手记录。

值得注意的是，尽管普林尼记录了不少自己的观察结果，他自己最后也死在对维苏威火山爆发的观察之中，但是书中所包含的内容并不都是可靠知识，而存在许多传说性的内容，如独角兽、火凤凰以及各种怪兽和怪人等。普林尼对奇异现象的兴趣尤浓，记录了从日月多见到地震和雷电等诸多怪象。贯穿书中的是一种目的论的观点，即认为自然的一切都是为人而存在。不过，从他这里开始，“自然史”变成了西方一种特殊的著作形式，专门用于记录自然现象和有关自然的各种信息。在近代早期，一些思想家对这种著作形式进行了改造，使之成为近代欧洲经验主义科学的基础，在实验哲学的形成中曾起过重要作用。

除了以上这些类型的著作，罗马时期也出现了一些专用知识的汇编。例如，在建筑方面，著名建筑家维楚威厄斯（Marcus Vitruvius，约公元前80/70～约前15年）编写了《建筑论》10卷，系统介绍了建筑原理、建筑史、神庙建筑、市政建筑、民居与居室建筑、供水技术、

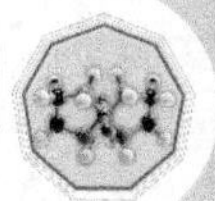

计时器制作以及建筑机械等内容,是一部极好的建筑入门手册。而在医药学方面,罗马百科全书作者塞尔苏斯(Aulus Cornelius Celsus,约公元前25~约50年)的《药物论》则汇编了食疗、药物和外科手术等方面的知识,其序言中甚至包含了拥护和反对人体实验和动物实验的争论。

在罗马帝国的晚期,还出现了一些专为教育目的而汇编的著作,其中最著名的是迦太基人卡佩拉(Martianus Capella)的《墨丘利与博学女之婚配》。该书完成于公元400年前后,以寓言的形式写成。书中通过诸神的信使墨丘利(Mercury)与博学女(Philologia)之间的婚配这样一个场景,汇编了属于当时基础教育科目的"通艺"(Liberal Arts)的内容,也就是语法、修辞、逻辑"三科"(trivium)与算术、几何、天文、音乐"四艺"(quadrivium)。在书中,这些学科被拟人化为博学女的7位女傧相。这些内容一方面反映了罗马基础教育的内容,另一方面则成为中世纪欧洲"通艺"教育的范本,影响很大。

6.3 爱智与信仰

在罗马帝国统治期间,发生了一件影响西方文明发展的大事,这就是基督教的兴起。基督教脱胎于犹太教,其所敬奉的神原本是以色列部族的神耶和华(Yahweh)。大约在公元前578年,希伯来先知们将他尊为创造万有的宇宙之主。公元前2世纪,希伯来人变成亚历山大帝国的臣民,这种宗教开始受到希腊化的影响。公元1世纪,耶稣开始在巴勒斯坦的犹太人中间推行宗教改革,但在公元37年遭到处决。公元66到77年之间,耶路撒冷的犹太神庙被毁。但此后,希腊化的犹太人却将耶稣发动的运动转化为基督教,而保罗(St. Paul)则使基督教成为一种普遍的宗教。

由于基督教徒们说希腊语,福音书也用希腊语写成,这极大地帮助了这种教的传播,并在诸多相互竞争的宗教与教派中脱颖而出,于公元313年被君士坦丁大帝宣布为合法宗教,380年又被宣布为罗马国教。与此同时,基督教会也逐渐形成了自己的网络与管理制度。2世纪前后,出现了以重要城市为枢纽的教区制,以中心城市统领周围地区。国教化之后,又出现了等级制,出现了大主教,形成

了总主教—大主教—主教的管理形式。455年,西罗马帝国皇帝瓦伦提尼安三世颁布了一条法令,要求所有的主教听命于教皇。

由于基督教是经过竞争才达到这样的地位,所以对所有不同的信仰体系都抱着提防的态度,对世俗学问也抱着同样的戒心。不言而喻,讲究理性和爱智的希腊哲学与科学自然地成为其最重要的对立面。基督教形成之后,出现了一批专门为之进行辩护的教士,人称教父。尽管他们中有人对世俗学问有着很好的了解,但大多数人同时又认为,理性哲学与世俗知识对信仰无助甚至有害。

这种观点在第一位拉丁神父德尔图良(Tertullian of Carthage,约160~225年)那里得到了最好的体现。德尔图良早年在迦太基和罗马学习法律,并以律师为业。33岁时,他皈依了基督教,并为争取基督教在罗马的合法地位付出了很大努力。在他眼里,理性哲学与宗教是完全对立的,知识完全无助于信仰。他把雅典和耶路撒冷分别作为理性哲学与基督教信仰的象征,写下了这样的诗句:

> 雅典与耶路撒冷究竟有何关系?
> 学园与教堂有什么样的一致?
> 异端与基督徒哪里存在相契?
> 我们的训示出自"所罗门的门庭",
> 他教导:"寻找上帝只能借助质朴的心灵"。
> 别叫信仰让斯多葛、柏拉图和辩证法一起玷污,
> 放弃一切想用这些来建立基督教的企图!
> 拥有了基督我们不再需要求知的辩论,
> 享受了福音我们无须别的探询。
> 有了我们的信仰,我们不再想要其他信仰。
> 因为这是我们的首要信仰,
> 此外实在没什么再值得我们去信仰!

随着教父哲学的发展,这种绝对排斥理性哲学的倾向逐渐有所缓解,一些教父哲学家甚至想把基督教和某些世俗哲学流派调和起来。但是,从总体上来看,他们仍然把世俗哲学看成是次要或者与

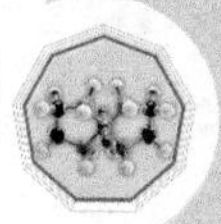

信仰无关的知识。在著名的教父哲学家奥古斯丁(Augustine,354～430年)身上,这种情况表现得最为典型。他生于罗马统治下的北非,最初接受了很好的世俗教育,加入了摩尼教,并成为一位著名的修辞教师。中年以后他皈依了基督教,并把自己所熟悉的新柏拉图主义哲学与基督教义调和起来,形成了自己的神学体系,一跃成为基督教最重要的教会博士之一。

由于具有深厚的世俗知识背景,奥古斯丁承认,哲学在关于自然的问题上具有基督教所无法比拟的确定知识,指出:"常常有这样的事情,有一些问题涉及天、地或者这个世界里的元素,或者星辰的运动、回转甚至它们的距离和大小,日月食的规律,年和季节的节律;或者涉及动物、植物、矿物和其他同类事物的本性。关于这些问题,一个非基督教徒拥有从最确定的推理或者观测中得到的知识。非常可悲、有害、也是要特别提防的是,要他去听一位基督徒按照基督教的著作来说这些事情,听他如此这般地胡说八道。在了解到他如此东扯西拉,不着边际之后……这位不信教的人肯定会忍不住大笑。"

但是,另一方面,奥古斯丁同样认为,世俗的自然哲学对于信仰毫无帮助,认为信仰不要从物性——就是被希腊人称为"自然哲学家"的人所讲的物性——的探索中寻找。相反,他强调,对于基督教来说,知道万物的原因都不外是造物主的仁慈就已经足够了,不管这些物体是天上的还是地上的,是可见的还是不可见的,用不着多加研究。

所以,即便是在这种较为缓和的教父哲学思想中,希腊式的自然哲学与科学也难以取得重要地位。而在现实中,基督教对世俗学问的排斥更加明显。392年,亚历山大图书馆被焚毁;529年,柏拉图学园被封闭。所有这些行动都有基督教的背景。而东罗马出现的对异教徒的迫害,则使熟悉希腊哲学和科学的景教徒被迫东迁,前往波斯人统治的领地去寻找自己的安身之所,由此导致了希腊科学的东传,而西方则由此而逐步陷入了知识的黑暗时期。

7 沙漠绿洲——阿拉伯科学的兴起与发展

7.1 穆斯林的知识中兴

公元610年的一天，穆哈穆德（Muhammad，570～632年）从麦加城外的一个山洞中走出来，这里是他长期冥想的场所。现在他宣布，真主安拉已经派天使向他传达了指令，要他作为自己在人间的最后一位使者，传播自己的教义。从这时起，一种新的宗教开始出现，这就是伊斯兰教（Islam，意思是归顺），其信徒叫做穆斯林（Muslim）。新宗教的倡导者和追随者开始通过和平以及圣战的方式使人们皈依，很快统一了阿拉伯半岛，并相继把叙利亚、巴勒斯坦、波斯以及北非的大片领土纳入自己的版图，于641年在大马士革建立了世袭的倭马亚（Umayyad）王朝。到750年倭马亚王朝被阿拔斯（Abbasid）王朝取代时为止，阿拉伯人已经建立了一个西起西班牙、东至印度河流域的庞大帝国，并于762年迁都巴格达，从而迎来了伊斯兰文明的一个黄金时代。当欧洲知识陷入黑暗时期时，东方的沙漠中却出现了一片通透的知识绿洲。

与早期基督教教父认为无知更有利于信仰相反，伊斯兰教的创立者认为知识有利于人们阅读《古兰经》，有利于信仰。穆哈默德就告诫穆斯林，“安拉会把走知识道路的人引向天堂”，强调“寻求知识是每位穆斯林之所必需”。可能正是由于这样的原因，再加上维持一个庞大帝国的知识需求，阿拉伯上层社会十分重视知识的建设和发展。

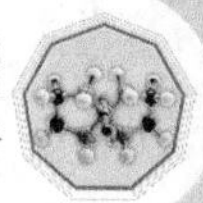

阿拉伯统治者非常注重吸收外来知识。为了这个目的，阿拔斯王朝在迁都巴格达之后，就模仿此前波斯萨珊王朝的帝国图书机构，建立了一个宫廷图书馆，专门负责知识翻译工作。为了广泛搜罗可翻译的著作，他们甚至专门派人前往天主教统治的拜占庭求取手稿。马蒙（Al - Mamun，813 ~ 833 年在位）继位后，在图书馆的基础上建立了著名的“智慧馆”，并附设了天文台，开始注重数学、天文学和星占学的研究，希腊著作的翻译也成为重点。公元 830 年，著名的景教徒医生胡奈因（Hunayn ibn Ishaq，808 ~ 873 年）被任命为智慧馆的负责人。他精通阿拉伯、叙利亚以及希腊三种语言，把盖伦及其追随者的大量著作翻译为叙利亚文，还把其中一部分著作译成了阿拉伯文。除医学著作之外，他还翻译了亚里士多德的《范畴篇》、《物理学》与《大伦理》，外加柏拉图的《迪迈欧》与《国家篇》以及托勒密的星占著作《四书》，又同儿子合作翻译了欧几里得的《几何原本》以及托勒密的《至大论》。

智慧馆的另一位重要人物是库拉（Thabit ibn Qurra，836 ~ 901 年），此人是一名拜星教徒，同样精通阿拉伯、叙利亚和希腊三种语言，精心于天文学、星占学、数学以及物理学的研究。在智慧馆工作期间，他翻译了阿波罗尼乌斯和阿基米得的几何学著作，修订了胡奈因父子翻译的《几何原本》与《至大论》，还翻译了托勒密的《地理学》。

以阿拔斯王朝的宫廷机构为中心的翻译活动得到了大规模的开展。到 10 世纪结束时，阿拉伯地区的学者已经基本上把当时能找到的希腊自然哲学、医学、数学、天文学、物理学和地理学著作全都翻译为阿拉伯文。除此之外，波斯和印度的一些数学、天文学与医学著作也得到翻译，并对阿拉伯科学产生了较大影响。

除了知识引进，阿拉伯人还非常注重发展教育。一般的清真寺都附设有初级学校，而大清真寺则提供较为高等的教育，其中一些学校已经具备了大学的形式。学校里教授的课程除了语法、修辞、诗学、逻辑之外，还包括自然哲学、数学、生物学、医学、天文学等方面的内容。此外，遍及帝国的医院里，也有专门开展医学教育的医学学校。与教育的发展相对应，阿拉伯人也十分注意图书的搜集和收藏，涌现了大量的图书馆，其中既有公共性质的，也有私人所有的。而8世纪中期从中国传入的造纸术，则为书籍的翻译和传抄提供了更加充足和廉价的媒介，对知识的发展产生了重要的推动作用。

对知识和教育的重视也使学者的地位得到提升。哲学家被尊为圣人(hakim)。而在阿拉伯的知识的分类中，自然科学占有相当重要的地位。著名的阿拉伯哲学家法拉比(Abū Nasr al-Fārābi，约872～约950年)在其《论知识分类》中，把知识分为语言、逻辑、数学、自然哲学、形而上学和政治学六大类，其中数学又分为算术、几何、透视学(光学)、天文学、音乐学(研究乐律)、重量的科学以及机械学。不过，这一分类还没有将高度发达的医学和炼金术(化学)等方面的知识包括在内。

公元13世纪，蒙古人相继征服中亚和西亚地区，给阿拉伯学术的繁荣带来了巨大的灾难，巴格达的智慧宫因此被毁。不过，蒙古人很快也被当地的文化传统所征服，不少贵族也成为科学活动的热心资助者，从而使阿拉伯科学继续保持着相当的活力。例如，成吉思汗的孙子旭烈兀(1217～1265年)于1258年占领伊朗和伊拉克地区后，就请著名的伊斯兰科学家图西(Nasir al-Din al-Tusi，1021～1074年)作为自己的顾问，在马拉格(Maragha)建立了图书馆和天文台，这是当时最先进的天文研究机构。而萨马尔干的蒙古统治者贝格(Ulugh Beg，1394～1449年)则更是一位学者型的君主，他不仅可以随口引用《古兰经》的篇章，而且能在奔驰的马背上进行复杂的数学计算。他于1477在萨马尔干建立了一所高等研究机构以及一座装备精良的天文台，天文台所装备的一架六分仪的半径达130英尺(近40米)，安装在一个南北走向的壕沟里，成为阿拉伯天文学发达程度的最好象征。贝格还亲自主持考试，延请著名的学者前来工作，自己也时常投入研究。

可惜的是，当16世纪欧洲正经由文艺复兴而开始科学革命的时候，阿拉伯地区的科学却已走到了尽头。在1573到1577年之间，土耳其奥斯曼帝国建成了伊斯兰世界有史以来最宏大的伊斯坦布尔天文台，想与欧洲出现的第谷天文台相抗衡。但在欣欣向荣的欧洲科学发展的洪流面前，昔日阿拉伯人在科学上的辉煌终究难以恢

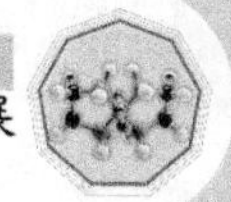

复。不过,在中世纪后期欧洲的学术复兴中,欧洲学者正是从阿拉伯著作中首先发现并学习了希腊科学的传统。因此,可以说,对于欧洲来说,阿拉伯科学是近代科学革命的脚手架。

7.2 印度数字与代数学

数学是阿拉伯人最感兴趣的科学科目之一,涌现出了大量的研究者和著作,取得了众多成果,其中影响最大的是代数学与印度数字和算术,而其代表性人物则都是花剌仔密(Al-Khwarizmi,约780~约850年)。

花剌仔密来自花剌子模(今乌兹别克斯坦境内),但其活动中心是在巴格达,主要研究数学、天文学和地理学。他最早翻译过印度的天文表《悉昙多天文表》,反映了他对印度科学的熟悉。他在一部著作中,他详细地介绍了印度十进制计数以及以它为基础的算术方法,该书后来被翻译成拉丁文,名为《阿格瑞提米论印度数字》,并以"阿格瑞提米如此说"(Dixit Algoritimi)作为正文开头。其中的Algoritimi是Al-Khwarizmi的拉丁化,后来就变成了"计算法则"的意思。17世纪之后西方通用的阿拉伯数字也是由此书而来。

花剌仔密还是阿拉伯代数学传统的开创者之一,成果主要体现在其《还原与对消计算概论》中。书中讨论了六种形式的线性和二次方程的解法,用现代的数学表达式表示,即为:$ax^2=bx$,$ax^2=c$,$bx=c$,$ax^2+bx=c$,$ax^2+c=bx$,$bx+c=ax^2$。其中,"还原"(al-jabr)是指把一个要减去的量移到方程另一边还原成正值;"对消"(al-muqabalah)则是指从方程两边同时减去相等的量。公元1145年,该书被在彻斯特的罗伯特(Robert of Chester)翻译成拉丁版《论还原与对消》。作为该书的简称,"还原"一词的拉丁化音译algebrae此后逐渐变成西方的"代数学"一词。

事实上,与花剌仔密差不多同时代的一位名叫特克(Ibn Turk,9世纪)的学者也写过一部代数学的著作,其中一章的两个抄本流传至今,被研究者称为"混合方程中的逻辑必然",讨论的也是二次方程的求解问题。此后,阿拉伯代数学得到了进一步的发展。例如,在巴格达工作的数学家卡拉伊(Al-Karajī,约953~约1029年)就写过《漂亮的还原与对消》一书，给出了 $ax^{2n}+bx^{n}=c$ 类型方程的正根求法。再后来，著名的诗人和数学家海亚姆（Omar Khayyám，约1050～1123年）又写了《还原与对消问题的论证》一书，进一步讨论了二次和三次方程的一般解法。此外，他还研究了二项式的展开，并给出了二项式系数。

虽然代数学不是希腊人的发明，但从阿拉伯代数学中还是可以看出希腊的影响。例如，在自己的著作中，花剌仔密和特克都曾用几何图形来对二次方程的解法进行证明；海亚姆也同时用算术和几何方法来求解二次方程，并使用圆锥曲线相交的方法来求解三次方程。这些“几何”代数学都应该是来自希腊传统。当然，阿拉伯人的代数学还不具备我们今天符号代数学的形式。

7.3 天文学革新

在阿拉伯社会中，有许多问题需要借助天文学来解决，如作为伊斯兰教历中一个月开始的新月的日期、每天进行五次正规祈祷的时间以及圣地麦加所在的方向（这是祈祷时必须面对的方向），等等。此外，星占学在中世纪的阿拉伯世界非常流行，也需要天文学知识的支持。由于这些原因，阿拉伯人十分热衷于天文学的学习和研究。阿拔斯王朝最早引进过印度天文学，但是托勒密的《至大论》被翻译过来之后，得到了更加普遍的遵从。

中世纪的阿拉伯世界出现过很多天文台，蒙古统治时期出现的马拉格天文台以及萨马尔干天文台是其中杰出的代表。它们的主要目标是通过观测编制新的天文表（阿拉伯人称之为 Zij），为实际天文计算服务。通过系统观测，阿拉伯天文学家不仅精确地测定了一些天文常数，而且发现了一些新的现象。著名天文学家巴塔尼（Al-Battānī，约853～929年）通过观测，不仅在自己的《萨比天文表》中提出了新的回归年、黄赤交角以及岁差的数值，并发现了太阳近地点的运动。该书在公元1116年被翻译成拉丁文《论星的运动》在欧洲出版，对哥白尼等近代天文学家产生了重要影响。

除观测成果外，阿拉伯天文学在理论方面也出现了重要发展。尤其是从11世纪上半叶开始，很多天文学家开始从哲学和经验等多

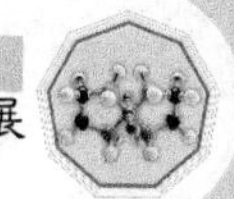

方面对托勒密体系进行反思。以研究光学而出名的海赛姆(Ibn al-Haytham,985～1039年)在1025到1028年之间写下了《质疑托勒密》一书,列举了托勒密天文学中的一系列的"不自恰"之处,尤其认为等分圆模型违背了天体匀速圆周运动的原则,是用纯粹想象的点、线和圆来描述真实的物理运动,用没有经过证明的假想理论来"拯救现象"。而在完成于公元1038年的一部手稿中,他则提出了试图消除等分圆和偏心圆的替代模型。

海赛姆对托勒密天文学的质疑和改造在阿拉伯世界获得了众多响应。在西班牙工作的天文学家比特鲁基(Al-Betrugi,? ～1204年)就持有相同的看法,并尝试用同心球来定量描述行星的运动。结果虽然并不成功,但他的《天文书》的拉丁文译本于公元1531年在威尼斯出版,使阿拉伯世界对托勒密模型的怀疑在欧洲得以流传。

此后,天文学家乌尔迪(Al-' Urdi,? ～1266年)指出了新的改革方向。他原本以建筑和仪器制造而知名,最初活动于叙利亚。图西组建马拉格天文台时将他延请过来,负责天文台的仪器设计和制作。而在公元1259年前往马拉格之前,乌尔迪已经写成《论天文》一书,对托勒密天文学提出了与海塞姆相同的批判,并提出了类似于平行四边形法则的所谓"乌尔迪引理"(Urdi Lemma),试图以多重本轮取代等分圆模型(相当于用大小固定、转速均匀的多个矢量来合成等分圆模型中长度和方向都不均匀变化的矢量)。而图西本人则在《天文学札记》中提出了所谓的"图西圆偶"(Tusi couple,见图7－1)①,用以取代托勒密的均分圆模型(原理与乌尔迪的方案一致)。

在乌尔迪和图西的影响下,马拉格天文台一时变成了批判和改革托勒密天文学理论的中心。图西的学生设拉仔(Al-Shirazi,1236～1311年)写了《论天体知识成就的局限性》(作于1281年)以及《高贵礼品》(作于1287年)两部著作,试图通过增加本轮来取代均

---

① 其中圆 C 沿圆 O 内侧滚动,圆 C 半径为圆 O 半径的一半。当圆 C 的转动角速度两倍于圆 O 的转动角速度时,圆 C 上的点 P 将沿一条直线作往复运动。通过改变圆 C 的半径和角速度,可以得到 P 点不同的轨迹。

分圆模型，甚至还讨论了引进日心模型的可能性。另一位马拉格天文学家卡孜韦尼（Al-Qazwini，？～1277年）也著述论证过日心说的可能性，只不过最终人们并未接受该理论。

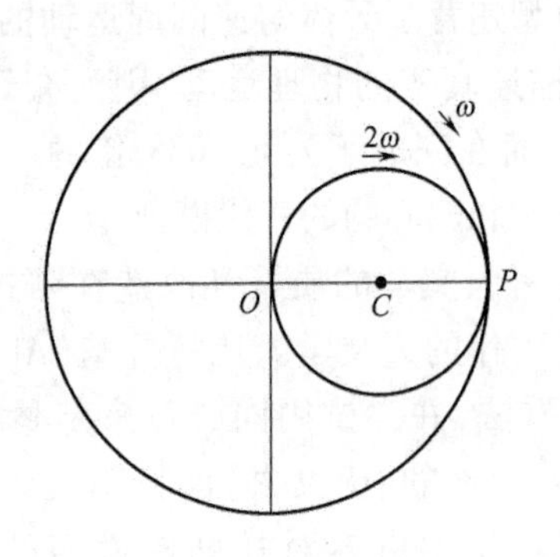

图7－1 图西圆偶

马拉格的上述天文学工作意义重大，以至被史学家称为"马拉格学派"。到了14世纪，他们的工作被大马士革倭马亚清真寺的天文学家沙提尔（Ibn Shatir，1304～1375年）所吸收。沙提尔以乌尔迪和图西所提出的数学法则为主要武器，完成了《原理修正精探》一书，不仅彻底放弃了均分圆，连偏心圆都没有采用，而全部代之以多重本轮加同心均轮。他的模型与哥白尼的基本相同，只不过哥白尼使用的是日心体系而已。沙提尔的理论已经从数学上完全打破了托勒密的原有设计，以至于被一些科学史家称为"文艺复兴前的科学革命"。

7.4 重量科学

阿拉伯的物理学主要是在吸收希腊物理学的基础上发展起来的，亚里士多德式的运动学、欧几里得与托勒密式的光学、阿基米得式的静力学与流体静力学在阿拉伯世界都得到了接受和发展，并在重量科学和光学两个领域里取得了突出进步。

阿拉伯人的重量科学主要是以各种天平的设计、制作与使用为中心，同时研究重量的平衡和测量问题。阿拉伯高度重视重量科学

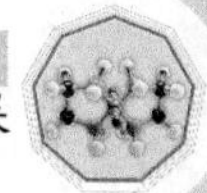

的研究，这首先与商业活动有关，因为在没有统一度量衡系统的情况下，如何给出令人信服的重量测量（包括绝对重量以及比重），是一件关乎公平交易的事情。此外，《古兰经》和《穆哈默德言行录》中频繁地以天平对重量的公平与精确测量为比喻，天平被视作真主正义的喉舌与直接的礼物，被认为与真主的圣书同等重要，是健全社会的支柱和善治国家的工具，对统治者和官员都具有指导作用。除此之外，重量的科学也被视作机械学的理论基础，而机械学则被视作重量科学的实际应用。

卡兹尼（Al-Khazini，活跃于 1115 ~ 1130 年）是阿拉伯重量科学研究的代表性人物。他是一位阿拉伯人的希腊奴隶，但是受到过很好的教育。他发明了一种天平，可以测定固体与液体的绝对重量与比重，计算金属货币的兑换率，还可以测量时间，因此被称为“智慧天平”（见图 7 – 2）。他的《论智慧天平》一书，除了主要介绍这种理想天平的设计、制作与使用外，还十分系统地总结了与之相关的所有已知的理论与实践知识，从静力学（主要是关于物体的重心与平衡问题）、流体静力学（主要是关于物体的浮力与比重）到它们的实际应用，包括对一些重要的希腊和阿拉伯力学著作的节录，从而成为一部关于重量科学的百科全书。

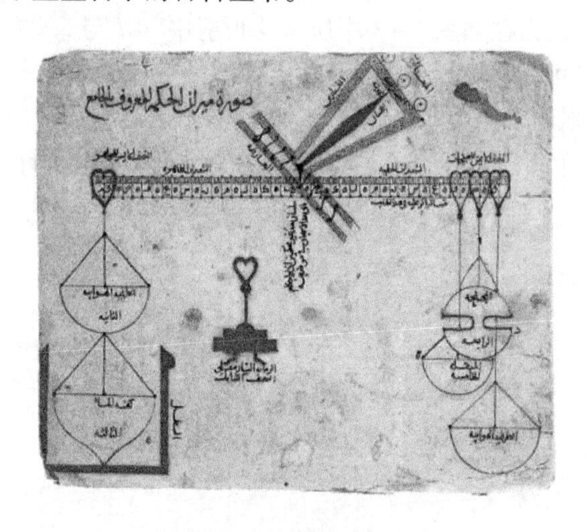

图 7 – 2　智慧天平

卡兹尼对力、物质量与重量作了十分清晰的区分，认识到物质的质量与体积之比为一个恒量，反映了不同物质的相对重量。他认为，物体之所以具有重量，是由于其内在的一种指向宇宙中心的力的作用，而且，同一物体的重量会随其到宇宙中心距离的变化而变化。可惜，他错误地声称物体离宇宙中心越远重量会越大，反之则越小。不过，卡兹尼并不是一个空想的理论家，他在比重测量方面做了大量实验，他对50余种物质的比重进行了测量，包括不同的矿石、金属、液体、盐、琥珀和陶瓷等，测量的精度十分高。

7.5 光学之父

阿拉伯光学的发展与当时人们对取火镜以及人的视觉的兴趣有直接关系，中世纪最伟大的两位穆斯林光学家的工作正好说明了这一点，他们是萨哈尔（Ibn Sahl，约940～1000年）和海塞姆。

萨哈尔是巴格达的一位工程师，在公元984年前后写下了一部光学著作，被今人称为《论取火面镜与透镜》。该书的主要目的是为制作取火镜提供理论上的指导，主要讨论了旋转抛物面镜、旋转椭圆面镜、旋转双曲面界面镜、平凸旋转双曲面透镜以及双凸旋转双曲面透镜的聚焦问题。在对透镜的讨论中，萨哈尔一开始便阐明了折射定律，认为在如图7－3中所示的折射中，GH与GE之比为常数（通过变换可知，这是斯涅尔折射定律的等效形式），并把它作为一条普遍规则加以应用。在此基础上，他指出了透镜的几何焦点与物理焦点之间的一致性，甚至尝试进行了无像差透镜的设计。

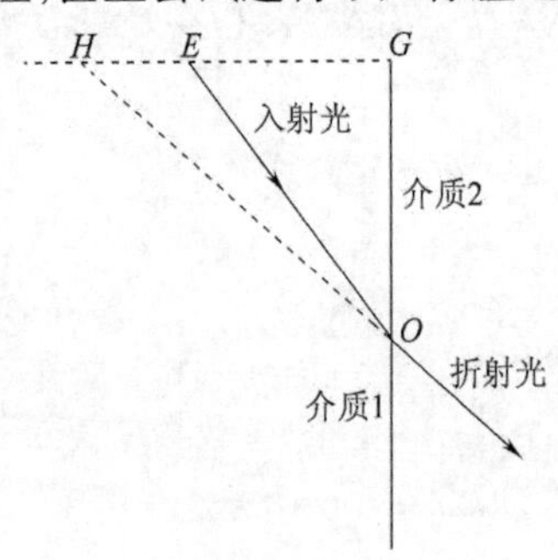

图7－3　萨哈尔的折射定律

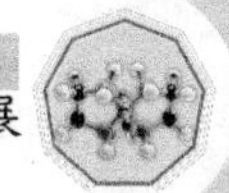

海塞姆生于今天伊拉克的巴士拉(Basra),最初学习的是政治与法律,并担任过巴士拉的地方官,后因看透政治的险恶转而研究科学,并很快以善于发明而闻名。他的研究兴趣颇广,在天文学、数学和重量科学领域都作出过重要贡献。在光学领域,他的《光学书》为他赢得了"光学之父"的美称。该书于1270年被翻译为拉丁文的《光学宝库》在欧洲出版,对欧洲光学的发展产生了极为深远的影响。

海塞姆接受光的直线传播定律,但他指出,视觉不是像欧几里得所说的那样,是由于眼睛发射的"视线"造成的,而是由于光被物体反射到人眼中而形成的。他还讨论了人眼的结构,并用小孔成像的原理来解释物体在视网膜上的成像原理。海塞姆用大量篇幅讨论了视错觉的产生,正确地认识到,视觉是在大脑中形成的,因此人的经验会造成视觉过程和结果上的差异。海塞姆对各种平面镜、球面镜、柱面镜和双曲面镜(凹凸都有)的反射问题都进行了十分系统的研究,并提出了著名的"海塞姆问题":已知眼睛与物体的位置,在给定的凸球面镜或者凹球面镜上找到合适的反射点。解决该问题涉及四次方程的求解问题。海塞姆还测定了光在一些介质界面上的折射,但是没有总结出折射定律。

海塞姆亲手做过很多光学实验,并且明确强调光学研究必须以实验为基础,而不能单单借助于抽象的理论。为了证明光在半透明媒介中也是以直线传播,他甚至进行了数年的实验探究。他对科学方法论也有明确的总结,指出:科学研究的第一步是要通过统一无异、明白无疑的感觉来归纳特殊事物的性质,然后在探求和推理中经过渐进而有序的步骤向上提升,通过检审前提而谨慎地得出结论。

7.6 炼金大师

西方炼金术一词最初起源于埃及的*khem*,意思是"黑的"。在希腊文中变成了*khēmia*,意思是"埃及人的物质转变术"。拉丁文中的炼金术一词来自阿拉伯文中的al-kimiyā,意思是"物质转变术"。炼金术在公元2至3世纪的亚历山大得以成熟,出现了左希莫斯

(Zosimos,3 世纪末到 4 世纪初)《汞的要点与智慧之密》这样系统的著作。这些知识非常系统地传到了阿拉伯世界,并得到了继承和发展,以至于成为后来西方炼金术知识的主要来源。

作为一个知识体系,炼金术的最高目标是通过物质处理和宗教仪式,把低贱的一般金属变成最高贵的黄金。其中既包含物质处理的实用工艺部分,也包含解释物质转化的神秘主义部分,融合了诺斯底教义(Gnosticism)、赫尔墨斯魔法教义(Hermeticism)、亚里士多德物质观以及新柏拉图主义的灵魂转世观。具体说来,炼金术士们相信,贱金属都可以通过某种途径得到提升,并变成最高贵的黄金。转变的途径之一是获得贵金属的形式或者灵魂,而要促成这种转变,既要有具体的技术操作,同时还要有一些神秘仪式。而最关键的是要寻找一种能够点石成金的万灵药,欧洲人称之为"哲人石"。

伊斯兰教的第一位大阿訇阿里(Ali ibn Abi Talib)曾指出:"炼金术是先知预言的姐妹"。这表明,阿拉伯人重视炼金术可能具有宗教上的背景。最著名的阿拉伯炼金术大师贾比尔(Jabir ibn Hayyān,约 722 ~ 约 815 年)在自己的著作中就反复强调,只有彻底屈从于安拉意志并变成安拉在地球上代言工具的人才能从事炼金术。而在《石头书》中,他则规定,在炼金术实验之前,炼金者必须在沙漠里准确无误地向真主进行长时间的精心祈祷。当然,炼金术在阿拉伯的繁荣还同其医药学价值有关。许多炼金家同时也是医学家,贾比尔本人就一位药剂师的儿子,曾经在阿拔斯王朝的宰相巴马基(Barmakid)的资助下长期行医。

贾比尔一生写下了 200 多部炼金术著作,其中不少在中世纪后期被翻译成拉丁文,使他在欧洲名声远扬,人称盖伯(Geber)。可惜,他的著作大多故意用一些密码式语言写成,除了他的入室弟子懂得解码方式外,外人一般很难读懂。从表面上来看,贾比尔自己在炼金术上的重要兴趣是制造人工生命,他的《石头书》就含有不少在实验室里制造蝎子、蛇甚至人的秘方。当然,这些秘方也许有另外的含义,但是今天的人已经无法解读。

除了这些神秘部分,贾比尔可能是最早把实验和实际操作推崇为炼金术第一要素的人,而且发明了一些重要操作工序(如酸处理、

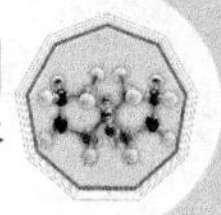

蒸馏和结晶等),并制备或者提炼了一些新的化学物质(如硫酸、盐酸、硝酸和王水等)。他把化学物质分为三类,即可气化的“精英”(如雄黄、硫黄、樟脑、水银、氯化铵等)、金属和“不可锻”物质(如矿石等)。他还提出了所谓的汞—硫二组分理论,即认为所有的金属都由这两种基本要素组成;硫含量越高的金属越高贵;通过改变金属中的硫—汞比例,就可以实现金属的嬗变。这些实验与物质理论较少具有神秘性,对化学研究的发展无疑具有重要推动作用。

在另一位赫赫有名的阿拉伯炼金家拉齐(Muhammad ibn Zakarīya Rāzi,865 ~925 年)手上,炼金术更加远离了神秘性。他最重要的两部著作《秘密》与《秘密之秘密》读起来不像是炼金秘本,而更像是化学实验手册。书中首先描述了物质的分类与特性,其次描写了各种实验仪器,最后则是介绍炼金配方、流程与工艺。其中的物质分类系统对后世影响颇大,而其中描写的仪器(如烧杯、长颈瓶、加热灯与加热炉、锤子、镊子、研钵、研杵、蒸馏器、沙浴器与水浴器、过滤器、量筒以及漏斗等)也一直作为标准仪器而得到炼金家、化学家以及药学家的共同使用,其中今天人们还在使用的许多化学仪器与它们仍然相同。

7.7 医学圣经

传说中,先知穆哈默德善于行医,并用蜂蜜、火罐和灼烧为人治病。更多的传说提到,穆哈默德曾指出,真主在创造每种疾病的同时,也创造了相应的治疗方法。这一点也被认为会激发阿拉伯人对于各种疾病的研究。无论如何,医学在中世纪阿拉伯文化里确实占有非常重要的地位,不仅研究者和从业者众多,而且拥有十分发达的医院和医学教育系统,产生出大量的医学典籍。阿拉伯医学既融入了来自波斯、印度甚至中国医学的内容,又充分吸收了希腊医学的知识体系,并以希腊传统为主。

阿拉伯医学的最杰出代表莫过于西那(Ibn Sīnā, 约 980 ~1037 年),也就是那位在中世纪欧洲大名鼎鼎的医圣阿维森纳(Aviccena)。他出生于波斯的布哈拉(Bukhara,今乌兹别克斯坦境内)的一位官员家庭,从小受到良好的教育,并显示出非凡的才能。7 岁时已经能背诵《古兰经》和许多波斯诗词，并开始学习印度算术、伊斯兰法学以及亚里士多德哲学。他16岁开始学医，并很快取得了突破，在18岁时已经成为一位优秀的大夫，名声远播。成年后，西那在动荡的时局中不得不四处游走，并曾成为几位地方君主的御医。尽管如此，西那仍然把大量的时间用于学术研究，写下了250多部著作，内容涉及医学、化学、地质学、数学、神学与哲学。

西那的《医典》是医学史上的一部历史性的著作。全书以盖伦医学为主导，系统总结了当时阿拉伯世界所知的全部医学知识，从阿拉伯民族原有的医学到印度的外科学和草医学，从希腊医学到波斯医学，当然，还有中世纪的阿拉伯医学与西那自己的医学研究成果。除了对前人工作的总结，书中还包含不少新的医学发现和学说。例如，书中认识到结核病的可传染性，并指出该疾病可通过水土传播。再如，书中还给出了正确诊断钩虫病的科学方法，并把它归结为肠道寄生虫，等等。此外，全书共记录了760多种药物，对它们的特点和疗效给予了详细描述，具有极强的实用性。

在阿拉伯世界中，《医典》自出版后一直到19世纪初都被奉为医学上的权威著作。该书于12世纪被翻译为拉丁文，影响力逐渐超过了盖伦和拉齐等人的著作，并进入大学讲堂，直到17世纪中期还在许多大学得到使用。印刷术在欧洲得到普及后，该书仅在15世纪的最后30年中就出现了15个拉丁文版和1个希伯来语版。其阿拉伯文版也于1593年在罗马出版，据说是历史上第一部被印刷的阿拉伯书籍。被誉为“近代医学之父”的威廉·欧斯勒爵士(Sir William Osler, 1849～1919年)曾把西那推为“近代医学之父”，并把《医典》称为“一部比其他任何医学书的使用时间都长的医学圣经”。

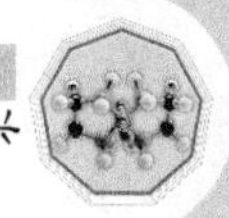

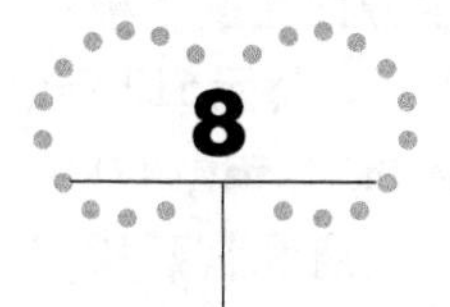

雅典的回归 ——欧洲的学术复兴

8.1 穿越“黑暗”

随着西罗马帝国的崩溃,西欧分裂为由蛮族人统治的封建王国,原有的国家机器和生活秩序遭到极大的破坏。原有的城市教育系统陷于瘫痪,知识和文化活动处于空前的停滞状态,以至于被一些史学家称为“黑暗”时期。在政权四分五裂的情况下,罗马教会通过其教区网络,成为西欧唯一具有内聚力的势力,其影响一直渗透到知识领域。教堂和修道院成为知识活动的中心,教士和修士几乎成为社会中有知识的唯一群体,不少人因此而成为教堂所在地的行政管理者。

欧洲中世纪早期的教堂和修道院往往是图书的收藏和传抄中心。一些修道院和总教区教堂还开设有学校,以传授《圣经》,培养教士。除了占主导地位的宗教内容,以卡佩拉的普通课艺为代表的世俗知识也逐渐进入这些学校的课堂,因为在教士所要参与的宗教和世俗事务中,这些知识是必需的:语法、修辞和逻辑“三科”是培养读写能力的基础,而“四艺”则涉及更多的实用技能——算术是财务管理的基础,几何为建设教堂和城市所必需,天文学可以帮助人们推算复活节和季节,音乐学在教会和世俗生活中都有重要内容。

在这种情况下,基督教徒们对于世俗学问的看法大大改变,有不少人开始有意识地对希腊的知识进行搜集、保存和翻译,其中较早的一个例子是伯伊休斯(Anicius Manlius Severinus Boethius,480 ~

524/525 年)。他出生于罗马,其家族与一位罗马皇帝和两位教皇有亲戚关系,是标准的官宦世家。他自小在希腊学术方面接受了极强的训练,有可能就是在亚历山大里亚接受过相关教育。公元510 年,他自己成为东各特国王特奥多瑞克大帝(Theodoric the Great, 471 ~ 526 年在位)手下的执政官,并于 10 年后升任执掌政府和宫廷所有事务的总督导官,但 3 年后就因被控外联东罗马皇帝图谋不轨而被处以死刑。在等待处决的过程中,他完成了《哲学的慰藉》一书,被称为是对中世纪和文艺复兴早期基督教影响最大的一部哲学经典。

伯伊休斯一生最大的志向是保存希腊的古典知识,并立志翻译柏拉图和亚里士多德的全部著作。但最后,他只完成了亚里士多德逻辑学著作的翻译,并加上了自己的注释。在 12 世纪之前,这是欧洲人所知道的全部亚里士多德哲学的内容。除此之外,伯伊休斯还翻译了尼哥马库斯(Nicomachus,约 60 ~ 120 年)的算术著作、欧几里得的几何学著作以及托勒密的天文学著作,还著有音乐学著作一部,它们很可能是为四艺而准备的。

伯伊休斯对希腊学术的重视在当时并非仅有的个案,与他具有类似背景的意大利人卡肖多儒斯(Cassiodorus,约 485 ~ 约 585 年)就是另外一个例子。此人也曾在特奥多瑞克大帝手下供职,立志要保存希腊的世俗和宗教知识,并把它们介绍到拉丁世界。他退休后在家乡建立了一个修道院,其中包含一个很大的图书馆和抄书室,用以搜集、抄录、收藏和翻译希腊手稿。卡肖多儒斯还写下了《神圣与世俗知识概要》一书,用以指导修道院学校的教育。其中提出的教育科目远远超越了培养僧侣阅读的《圣经》的范围,不仅增加了对教会史、编年史以及拉丁教父与《圣经》注释家们的著作的阅读,而且还包括了普通课艺。可以说,卡肖多儒斯的工作为修道院在中世纪早期知识活动中所充当的角色提供了一个很好的注释。

西班牙塞维利亚主教伊斯多尔(Isidore of Seville, 约 560 ~ 636 年)对世俗学问也持类似的态度。尽管他告诫人们不要被世俗的学问所误导,但却把普通课艺等世俗知识看成是基督教的基础,并且设想,理想的修道院都应该建有一个包含有世俗著作的图书馆。他的《辞之源》是一部罗马式的百科全书,除了神学,还摘抄和记录了当时所

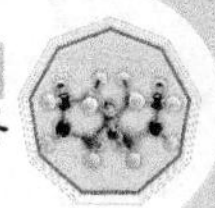

有的世俗知识，除普通课艺外，还包括法律、军事、宇宙学、农业、矿物学、心理学和动物学等。

除了《辞之源》，英格兰教士贝德(Bede the Venerable,673 ~735 年)的《论物性》、《论时间书》和《论时令计算》也是中世纪早期最重要的自然知识汇编。其中第一部著作就是以《辞之源》为范例写出的，后两部著作主要讨论计算复活节和教会历法的方法。这些著作很快成为寺院学校教学的内容，反映了当时的知识汇编同教育需求之间的联系。贝德后来发动了英国教会的改革，而其改革的特点之一就是对知识传统的重视。他的学生艾格伯特(Egbert，? ~766 年)在他的帮助下成为约克(York)的大主教，建立了著名的约克总教区教堂学校，并在《圣经》主课外开展普通课艺的教学。

不过，少量的寺院学校只能算是黑暗时期里的荧光，覆盖范围终究有限。到了8 世纪，西欧受教育的人仍然十分稀少，许多贵族甚至国王都没有读写能力，法庭也难以找到足够数目的书记员，甚至连一些教士都无法流利地阅读《圣经》和礼拜程式。拉丁语在许多地区开始退化为方言，让其他地区的人难以理解。与此相应，罗马帝国衰落后留给欧洲的是一片文化沙漠，战乱与贫穷使人们觉得，也许《圣经》中所说的世界末日正在降临，或者至少认为自己生活的社会已经腐败，罗马时期的辉煌再也不能达到，悲观的情绪因此而四处流行。

在实现了对中欧到西欧大部分地区的统一之后，加洛林王朝的查理曼大帝(Charlemagne,742 ~814 年)试图改变上述现实，把自己的国家变成一个基督化的强大帝国。为此，他开始在政治、军事、经济、法律、文化和宗教等方面推行一系列的改革措施，其中，教育改革占有核心位置。他招募大量的学者前往自己在亚琛(Aachen，今德国境内)的宫廷，并下令将宫廷学校课目由军事和礼仪训练改为学术训练。在来自英国约克总教区教堂学校的阿尔昆(Alcuin，735 ~804 年)的帮助下，他把普通课艺引入教育系统，并下令每个修道院和教堂都在自己的所在地建立学校，采用新的教育系统，免费对所有的男孩进行教育。与此同时，阿尔昆还帮助他建立了一些抄书室，负责图书的抄写与散发。

改革活动为加洛林王朝带来了明显的繁荣,因此被一些学者称为"加洛林中兴"。除教育方面的成就外,改革还带来了另一个成果,即所谓"中世纪拉丁语"的出现。这种语言系统允许在遵守古典拉丁语语法的前提下创造新词,从而为欧洲中世纪的宗教、行政、法律、哲学、科学和文学提供了一种统一的语言。查理曼大帝自己是一个十分笨拙的学生,尽管有阿尔昆这样的老师,最后还是没能学会读书写字。但是,这位文盲却给中世纪的欧洲留下了最重要的知识遗产。

8.2 翻译运动

"加洛林中兴"尽管随着查理曼的去世而基本结束,但其影响却十分深远。由于学校教育的普遍推行,欧洲的知识水平得到很大的提升,而这反过头来又使教育和知识活动受到更大的重视,推动了人们对新知识的探求。尽管宗教知识仍然是学习与研究的中心,但人们对世俗知识的兴趣也在持续增长。正是在这样的背景下,产生了10世纪最伟大的学者盖博(Gerbert, 约955~1003年)。

盖博出生于奥弗涅山区(Auvergne,今法国中部),大约8岁时进入本地一所修道院接受教育,四年后被送到西班牙加泰罗尼亚(Catalonia)的一所总教区教堂学校继续学习,接受了标准的寺院式教育。不过,当他发现阿拉伯数学和天文学的高超水平时,马上投入了学习,并热切地搜寻相关的拉丁文译著,这类著作在当时极为罕见。最后,他不但学会了印度—阿拉伯数字和算术,而且掌握了星盘等阿拉伯天文仪器的结构、使用与制作方法。在他成为一名寺院学校的老师后,这些知识被他用到了"四艺"的教学中。他的一些数学著作可能就是为教学而写的,其中的《几何论》中有对星盘的描写,《珠算计算法则》则提到了印度—阿拉伯数字。在公元999年成为教皇西尔韦斯特二世(Pope Sylvester Ⅱ)后,盖博以自己的影响力提高了自然哲学在神学中的地位,加强了神学的知识性。

盖博是西欧学术界对阿拉伯科学进行吸收的早期例证,而接下来的历史发展则推动了更大规模学习和吸收活动的到来。首先是11和12世纪,欧洲人先后把长期占据西西里岛和西班牙的穆斯林

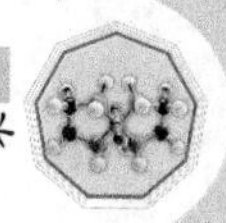

统治者赶走,同时接管了他们留下的知识宝库。其次,通过 1096 年开始的十字军东征,欧洲人对包括阿拉伯知识在内的外部世界有了更多的了解。很快,一场大翻译运动在欧洲悄然兴起。翻译的内容虽然范围较大,但是自然哲学和科学著作占有最大的比例。通过翻译,希腊学者在这些领域里的工作连同阿拉伯学者对它们的进一步发展一起传到了欧洲。

翻译运动开始后,西西里和西班牙顺理成章地成为两大翻译中心。除此之外,地中海东端的小亚细亚城市安提俄克(Antioch,今土耳其南部)可能也起了重要作用。在 1126 年左右翻译过花剌仔密的天文表和算术著作的英国人阿德拉(Adelard of Bath,约 1080~约 1152 年)就曾先后到西西里和安提俄克访问。到 1142 年,他又从阿拉伯文翻译了《几何原本》。与他同时代的意大利翻译家斯特凡(Stephen of Pisa)也曾活跃于安提俄克,并在 1127 年完整地翻译了一部阿拉伯医学百科全书,还可能从阿拉伯文翻译过托勒密的《至大论》。由于接近希腊化的拜占庭帝国,这里也开始了从希腊文的直接翻译。例如,翻译家亨瑞·阿瑞斯提普斯(Henry Aristippus)在 1155~1162 年之间翻译过亚里士多德的《气象学》,他的一位学生则翻译过他从拜占庭带回来的托勒密的《至大论》以及欧几里得的《几何原本》。

与南意大利相比,西班牙的翻译成果更加卓著。当西伊斯兰帝国的学术中心托莱多(Toledo)回到基督徒手中后,很快成为一个翻译中心,吸引了大批热心学习和翻译阿拉伯著作的人前来工作,其中包括 12 世纪最伟大的科学翻译家杰拉德(Gerard of Cremona,1114~1187 年)。此人来自意大利,因为不满意老师所教的琐碎哲学而前往西班牙,希望找到自己所渴望的知识。他首先学会了阿拉伯语,并把余生全部投入了翻译事业,一生共翻译了 80 多部著作,包括托勒密的《至大论》、花剌仔密的《还原与对消计算概论》、阿基米得《论圆的测量》、亚里士多德的《论天》以及欧几里得的《几何原本》,另外还有贾比尔、拉齐、胡奈因、库拉和海塞姆(包括其《光学书》)等众多阿拉伯科学家和哲学家的著作。

另一位值得一提的翻译家是英国人偌伯特(Robert of Chester),他于公元1145年以《论配平和归并》为题,完成了花剌仔密代数学著作的翻译,还在此前一年以《论炼金合成》为题,翻译了贾比尔的炼金术著作,这对欧洲学习、吸收阿拉伯代数学和炼金术具有重要意义。

8.3 大学与经院哲学

中世纪后期,由于农业技术的改进(如轮作制的采用、轮铧犁和新挽具的发明等)和货币贸易的发展,欧洲的生产和经济状况有了很大的改进。城市开始围绕一些重要的城堡和大教堂出现,市民阶层不断成长。为了满足城市管理和生活的知识需要,在总教区教堂学校之外,又涌现出较小的教区学校和各种类型的公共学校,地理位置偏僻的修道院学校慢慢地退出了教育的中心舞台。

城市学校的教育虽然仍然以宗教为支柱,但是与世俗生活相适应的知识变得越来越重要,法律和医学等学科开始作为独立科目出现。由于新型学校不断发展,再加上中世纪伊斯兰高等教育系统的示范作用,大学终于开始在欧洲出现:除了一些早期的医学学校,公元1100到1110年之间,巴黎大学以非正式的方式成立;1158年,意大利博洛尼亚(Bologna)大学成为第一所官方建立的大学;1167年,牛津(Oxford)大学宣告正式成立;1170年,巴黎大学成为正式的大学。受中世纪工匠行会制度(大师傅带小师傅,小师傅带徒弟)的影响,这些大学一般是以一些大师(Masters)为头,分为不同的系科(Faculties),包括神学、法学、医学和通艺(传授自由课艺)等。神学仍然是这些早期大学的教学中心,所以地位显得高人一等。通艺科最初主要是作为其他三科学生的共同基础,所以一开始地位显得较低。

值得指出的是,欧洲最早的大学是同大翻译运动相伴而生的,两者之间显然互为因果:大学的兴起进一步激发了欧洲人的求知欲,而新知识的传入又促进了大学的繁荣。这些知识首先在大学中的学生以及通艺科的教师中引起了强烈的反响,尤其是亚里士多德逻辑学与自然哲学的发现,更是让他们激动。他们完全被亚里士多德学说的博大精深所征服,以至于把哲学家这个名字用来专门指他。可是,神学科的人则有不同的感受。他们原本就会对世俗哲学表示警觉,更何况亚里士多德哲学中含有许多与基督教义有根本冲

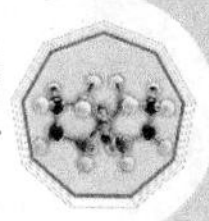

突的地方。例如,亚里士多德认为,宇宙是无始无终的,单这一条就违背了上帝创世和末日审判这一最基本的教义。让未来的神职人员和世俗社会的精英在通艺教育中普遍学习这样的异端哲学,岂不是太危险?!

保守的神学家们坐不住了。1210 年,巴黎地方教会宣布,禁止在当地阅读亚里士多德的哲学著作,违者开除教籍。1215 年,教皇特使对巴黎大学下达了同一禁令,教皇格利高里九世(Gregory IX)在 1231 年又重申禁令,真可谓层层升级。但是,禁令反倒一次次激起了人们对亚里士多德著作的好奇和阅读欲望,使他的学说变得更加流行。连格利高里九世也承认,亚里士多德学说很有用,只不过必须清除其中的错误观点。最后,巴黎大学通艺科在 1255 年公开宣布,亚里士多德哲学是通艺科的必修课程。

在亚里士多德哲学盛行的同时,有很多大学教师投入了这种哲学同基督教信念之间的调和工作,从而形成了所谓的经院哲学。牛津大学的葛若瑟忒斯特(Robert Grosseteste,约 1175 ~ 1253 年)就是最早的经院哲学家之一。他在对亚里士多德著作的注解中广泛地尝试了这种调和,指出尽管创世说比亚里士多德的宇宙学观点更可信,但这并不意味着亚里士多德对宇宙物质组成的看法是错误的。而有"亚里士多德迷"之称的经院哲学家大阿尔伯特(Albertus Magnus, 约1200 ~ 1280 年)也认为,亚里士多德的自然哲学不仅是神学和第一哲学的基础,而且为对世界的整体研究提供了一般的理论,所以应该好好利用。本着这样的思路,他自己就按照教会的学说对亚里士多德的全部著作进行了整理、诠释和体系化。这些工作对他的意大利得意门生托马斯·阿奎那(Thomas Aquinas, 约1225 ~ 1274年)产生了重要影响,托马斯·阿奎那不但终生投入了亚里士多德研究和调和工作,而且在晚年完成了著名的《神学大全》,建立了一个以亚里士多德逻辑学和自然哲学为基础的神学体系。

阿奎那认为,哲学与神学一样,都是通向真理之路。神学通过启示得到真理,而哲学则通过人的感官和理智得到真理。亚里士多德哲学至少在三个方面有助于神学研究:第一,他的第一哲学讨论的是第一推动者,而上帝就是第一推动者,所以与神学研究的目标是一致的;第二,利用他的逻辑方法,通过抽象概念的定义、排列和组合,尤其使用三段论的方法,可以对基督教教义进行论证和辩护;第三,作为第一哲学的基础,亚里士多德的自然哲学不仅可以揭示自然的运转方式,而且提供了有关自然创造者的知识,因此,能够作为第一推动者的证明,为神学研究提供论据。

事实上,阿奎那在《神学大全》中正是这样做的。该书实际上把哲学和理性引入了神学,从而使神学也变成了一种学术性和知识性的领域,而不再是单以神启为中心的教条体系。在这样的一种知识框架中,逻辑学不再仅仅是帮助人们学会写作和演说的工具,自然哲学和形而上学也不再是与基督教神学和信仰无关甚至相冲突的世俗学问,它们全都变成了神学大厦中的砖砖瓦瓦和框架支柱。在神学的装束下,雅典终于回到了欧洲人的精神生活之中!

尽管阿奎那的学说也受到一些挑战,但最后还是成为中世纪经院哲学的标准版本。正是通过经院哲学家的努力,中世纪欧洲出现了这样一种知识阶梯:以通艺为基础(其中包括逻辑学),以自然哲学为中间,以第一哲学和神学为顶峰。在基督教至上的社会里,这样做自然有利于自然哲学等世俗学术地位的提升,但同时也造成了神学对自然哲学研究的干预和控制,由此对自然哲学的发展带来了一些不利影响。因为亚里士多德自然哲学——尤其是他的宇宙学与运动学——现在变为经院哲学中“钦定”的正统哲学,所以,如果有谁要挑战亚里士多德的某个哲学观点,那就有可能引发神学和信仰上的问题。

8.4 光学、数学与实验

除了亚里士多德哲学,希腊和阿拉伯的光学知识也令早期的经院哲学家感兴趣。从他们的光学研究中可以看到,早期经院哲学家不但重视数学在自然哲学研究中的重要性,而且也注意到实验的重要性,尽管他们对实验的理解可能与近代科学家有所区别。

光可以说是贯穿葛若瑟忒斯特神学和经院哲学研究的一个基本概念,以至于形成了一种独特的“光的形而上学”。他认为,光是上帝最早创造的第一质料的第一形式,是物质最基本的形式,同时又是运

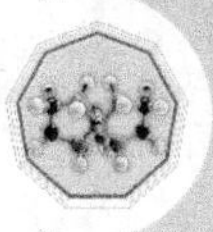

动变化的原因;所以,光学是自然哲学的重要基础。他甚至还相信,物质世界中的光同精神之光类似,而人正是通过精神之光来了解光和一般物质的本质的。由于这样的原因,对光的讨论在他的著作中随处可见。除了在对亚里士多德的注释中对此多有涉及,他还写有多部以光学为主体的著作,其中包括《论光》以及《论彩虹》。

葛若瑟忒斯特的光学属于典型的希腊几何学传统。也可能正是通过光学研究,他认识到了数学的重要性,并明确指出:“对点线面的思考具有最大的用途,因为没有它,自然哲学就无法被理解……自然作用的所有原因都必须以点线面的形式给出,否则就不可能知其所以然。”例如,在研究一个物体的自然效力(在他看来就是光)是如何作用于人的感觉或者其他物质时,必须考虑作用距离、作用角度以及作用以什么形状的面进行扩展等因素。此外,他还频繁指出,上帝是“按照数字、重量和量度来安置万物的”。

需要指出的是,葛若瑟忒斯特也十分强调经验知识的重要性。他曾经把亚里士多德的科学方法正确地总结为“分析与合成”(resolution and composition),也就是先从特殊事物的观察中归纳出一般的原理,再根据一般原理预言特殊现象。而在这个过程中,应该利用包括实验(*experimentum*)在内的方法对归纳得出的一般原理进行验证。不过,他的实验实际上主要是指观察。尽管他偶然也会使用类似“可控实验”之类的方法,但仅仅只是偶然而已。

葛若瑟忒斯特的这些思想和工作对另外一位英国经院哲学家贝肯(Roger Bacon, 约1214/1220~1294年)产生了重要影响。贝肯毕业于牛津大学,并曾在那里教授过亚里士多德哲学,后来又在巴黎大学工作过一段时间,并由于自己在神学和政治上的反权威主义倾向而遭到过软禁。在标准的神学和经院哲学之外,贝肯对科学有着极强的兴趣,并曾为购买相关的手稿、装置与仪器倾其家产。

贝肯非常强调数学在知识活动中的重要性,他在1260年左右完成的《大著作》中,用三卷的内容专门讨论数学及其应用。他认为,“数学是理解自然的门径与钥匙”,甚至建议把逻辑学简约为数学。他不仅讨论了如何在物理学研究中应用数学,而且还指出了数学在宗教仪规、编年学、宗教符号主义(如十字架象征基督受难等)、历法改革和星占学(他相信天体对人和社会的影响)中的作用。

贝肯在光学研究上用力最多,写有《视学》和《论取火镜》等著作。他所感兴趣的中心问题是人的视觉系统,目的是以此为基础讨论人的感觉与精神活动。但是,在具体的研究中,他使用了几何光学的方法,充分吸收了从托勒密到海塞姆的光学研究成果。他像海塞姆一样讨论了眼睛的光学结构以及视觉的形成机制,并像他一样十分关注视错觉问题。此外,贝肯还对各种反射镜以及球形透镜进行了系统的研究,发现彩虹的高度一般只有12°,并且可能还发现将透镜组合起来之后会起放大作用。可惜,他和中世纪欧洲的光学研究似乎都不了解萨哈尔发现的折射定律。

贝肯也强调光学中实验方法的应用,并记录了不少实验,尽管其中的一些是没有实际开展过的"思想实验",还有一些只不过是从其他文献中摘抄而来的。贝肯更加重视实验的方法论意义,并在《论实验科学》中提出了一种将数学与经验知识结合起来的方法,其中的经验知识就是指对分立的自然现象进行详细的经验性描写。在贝肯看来,虽然逻辑本身具有经验的基础,但是单凭逻辑还不足以"对事物进行验证"。在这种情况下,就必须借助于经验。此外,经验还有另一种作用,也就是发明新仪器、新疗法、新的化学和军事技术等。不过,贝肯的实验主要还是就经验和观察而言的。

中世纪把可控实验和几何学结合起来的最佳范例出现在贝肯之后,包含在特奥多瑞克(Theodoric of Freiberg, 约1250~1310年)的光学研究中。在《彩虹论》一书中,特奥多瑞克基本正确地揭示了彩虹形成的原因。但是,为了验证彩虹与空气中的水滴对阳光的折射有关,他在一个玻璃球中充满了水,并让光线穿过,以观察其对光线的折射与反射。这是为证实一种结论而设计的一个非常典型的受控实验,而且是用一个纯粹的实验室模型来模拟实际情况。

由于贝肯等人的工作,以透视和视觉研究为中心的光学最终进入了大学课堂,成为通艺教育的重要内容。可惜,从方法论上来看,光学研究中的这种经验主义倾向在中世纪的欧洲仅仅只是阳春白雪,占主导地位的还是阿奎那在《神学大全》等著作中所示范的那种纯逻辑方法。

8.5 牛津算家与冲力论者

经院哲学的盛行不仅使学者们在方法论上贬低经验知识的重要性,而且也使亚里士多德成为唯一的知识权威。于是,主流的学术研究方式不是通过观察获得新知识,而是在《圣经》的指导下研读亚里士多德的著作,以三段论的方法来对他的观点进行注释和辩论。在这种情况下,人们很难把知识创新与经院哲学联系起来。不过,也不是一点例外都没有。在围绕亚里士多德运动学观点的讨论中,14 世纪的经院哲学家中出现了一些十分有趣的新观点。

首先,牛津大学莫顿(Merton)学院出现了一批爱用数学的逻辑学家,人称"莫顿学者"或者"牛津算家",他们开始把数学性的推理引入对亚里士多德运动学原则的讨论之中。例如,该学院的布拉德瓦丹(Thomas Bradwardine,1295 ~ 1349 年)在 1328 年完成了《论运动中速度的比例》一文,用定量的方法分析了亚里士多德运动学中运动速度与动力和阻力之间的比例关系。尽管他在讨论中所用的语言是文字性的,但却完全可以转化为数学形式。

例如,按照亚里士多德的观点,物体只有在推力作用下才可能运动,而且推力越大,运动越快,而阻力对运动快慢的影响则正好相反。这种观点可以总结为 $V=F/R$,其中 V 为速度,F 为推力,R 为阻力。但是,布拉德瓦丹认为,这种比例关系无法反映亚里士多德的另一个观点,即只有在推力大于或者等于阻力时,物体才可能开始运动,因为在上式中,当 $F \leqslant R$ 时,V 并不等于 0。最后,他找到了一种自认为正确的比例关系,也就是:要使速度按照算术级数增加,推力与阻力之比必须按几何级数增加。

布拉德瓦丹的结论当然是错误的,但是他的方法却改变了其追随者研究运动的方式。按照同样的思路,莫顿学院的另一位学者黑特斯伯瑞(William of Heytesbury,约 1313 ~ 1372/1373 年)把运动区分为同一(uniform)和非同一(difform)两种:前者总是在同一个方向上进行,而且永远保持相同的变化,也就是匀速直线运动;后者则是除此之外的其他运动。他还认识到,在非同一运动中,存在一种运动快慢均匀增大或者减小的运动(也就是我们今天所说的匀加速或者匀减速运动)；在给定的时间内，一个匀变速运动的物体所通过的距离会与其以平速度穿过的距离相等，而平速度就是该物体在匀变速运动中的初速度与末速度的平均值，或者说是物体运动到中点时的速度。这一推想被人们称为“平速度定理”。

在“牛津算家”们将定量方法用于运动的分析时，巴黎大学的奥瑞斯姆(Nicole Oresme，1323～1382年)提出了一种几何方法，可以用来表示物体的运动情况。在1350年完成的《论性质的图形》中，他提出，可以用竖直线段表示一种性质的强度，而用一条与之垂直相交的水平线段来表示具有该性质的物体的大小，或者是该性质的持续时间，等等。

借助于这种方法，奥瑞斯姆对所谓的“平速度定理”进行了描述和证明，具体方法可以表示如图8－1。当一个物体作匀变速直线运动时，我们可以用AE表示其初速度，BC表示其末速度，AB表示其运动时间，而FC则表示其速度的变化趋势，而矩形$AEGB$的面积则等于物体运动的距离。如果在相同的时间内，物体从零开始做匀加速运动，且末速度的大小达到BC，那么AC表示的就是速度增加的趋势，而三角形ABC的面积则是物体在给定时间内通过的距离。如果AF是AC的一半，AD是AB的一半，那么，三角形ABC与矩形$AEGB$的面积相等。这就是“平速度定理”所揭示的关系。而奥瑞斯姆则从自己的证明中进一步得出结论，在匀加速运动中，物体单位时间间隔内通过的距离比例正好组成一个奇数数列：1，3，5，7，…。

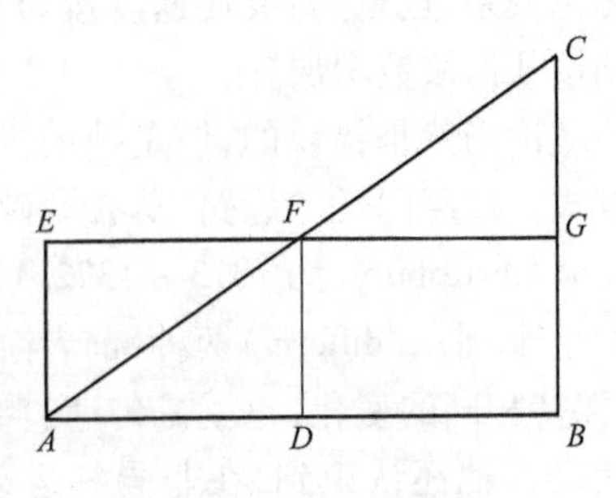

图8－1　强度图法

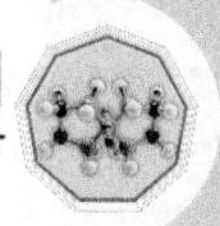

巴黎大学另一位哲学家布瑞丹(Jean Buridan，1300～1358年)对亚里士多德运动学中的另外一个中心问题进行了思考：维持抛体运动的原因是什么？他不同意亚里士多德的观点，而认为在抛体被抛出的时候，抛射者给了抛体一个冲力；这个冲力使得抛体能够克服空气的阻力保持飞行，同时也因为阻力而受到消耗；当冲力变得小于阻力时，飞行则无法继续。

布瑞丹的冲力具有一些非常重要的性质：首先，它不会自动消失。在没有阻力的情况下，冲力会一直推动物体保持原来的运动。其次，物体接受冲力的能力与其密度和重量有关，比如，从一块铁能比从一块等大的木头中获得更大的冲力。最后，冲力的大小也可以用物体的初始速度来衡量。所以，布瑞丹的冲力理论里已经包含了动量及动量守恒的概念，尽管其表达方式上仍然显得十分模糊。

上述这些工作代表了中世纪晚期经院哲学家中最有创造性的工作。不过，他们似乎并没有把自己的思考同物理现实结合起来，而仅仅把自己的理论和学说看成假说性的。黑特斯伯瑞和布瑞丹之所以说自己是“按照想象”，奥瑞斯姆之所以把自己的方法说成是“想象”，原因恐怕就在这里。

9 人是一个奇迹——文艺复兴

9.1 从天堂到尘世

在欧洲的语言中,“文艺复兴”(*Renaissance*)一词来自法语,是由“生”(-nascere)这个词根加上“重”(Re-)这个前缀而来,意思也就是“重生”。尽管这个词现在已经被一些人用到不同方面(如上一章中的“加洛林中兴”),但是最初人们是用它来特指14世纪起源于意大利的一场文化运动。这场运动是以艺术和文学为中心(因此中文翻译者在“复兴”前加上了“文艺”二字),进而影响到宗教、哲学乃至科学等诸多方面。它起源于意大利,但在随后的几个世纪中逐渐蔓延到欧洲各国,从而成为欧洲走入近代社会的一个重要象征,也是催生欧洲近代科学最重要的因素之一。

文艺复兴在意大利的兴起,有着多方面的复杂的原因,其中包括13世纪之后海上贸易给意大利经济带来的巨大发展,罗马教会控制的削弱,以及以佛罗伦萨、威尼斯、米兰等城市为中心的城市共和国的兴起,等等。不过,总的说来,文艺复兴所代表的主要是随着城市经济发展而兴起的资产阶级以及市民阶层在文化上的诉求。他们要求打破以灵魂得救为中心的“冥想生活”(*vita comtemplativa*),而更加重视能够“促进公众福祉”(*pro bono publico*)的“实际生活”(*vita activa*)。他们强调人的尊严和人的价值,声称:“没有什么显得比人更加非凡。”他们对人的能力充满自信,断言:“只要愿意,人可

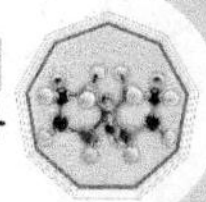

以做所有的事情。”他们对人的成就更是充满赞美,欢呼:“感谢上帝让我生活在这样一个如此充满信心和希望的新时代。这个时代令人惊喜,因为它所拥有的具有伟大天才的人比此前的数千年中出现的还要多。”

重要的是,这种对于人的重视和赞美是以人的知识能力(其中包括关于自然的知识)为基础的,这就使文艺复兴有了知识方面的重要意义。1486 年,23 岁的意大利青年皮科(Giovanni Pico della Mirandola,1463 ~ 1494 年)发表了著名的《论纲九百条》,试图为发现所有的知识提供一个完整而充足的基础,内容主要涉及神学、哲学、自然哲学与魔法(文艺复兴时期的许多知识分子认为,魔法也是认识自然的有效途径)。这部著作的导言题为《论人的尊严》,以其对人的伟大的系统论述而被称为“文艺复兴宣言”,其论述的重要基础之一就是人的知识能力。

皮科认为,上帝创造人,是为了想有东西能够欣赏和赞美他的创造。人在上帝创造的存在的链条上没有固定的位置,但是却可以学习和模仿其他任何创造物。人一旦研究哲学,就在可以在存在的链条上得到提升,甚至变成天使,与上帝直接沟通;如果不能调动自己的知识能力,则只能与草木同朽。皮科认为,从历史上哲学以及相应研究机构的持续发展可以看出,人确实具有不断自我改变的能力。正是由于看到了人具有这样的潜力,可以根据自己的自由意志不断提升自己,而无需借助任何外力,皮科才引用传说中的上古魔法先知赫尔墨斯(Hermes Trismegistus)的说法,赞叹:“人是一个多大的奇迹呀!”

文艺复兴中的这些理念和诉求得到了新兴市民贵族阶层的大力支持,作家、画家、雕刻家、建筑师以及知识分子受到空前的重视,他们的社会地位得到很大提高。不少新兴贵族还成为艺术和知识活动的热心资助者,其中最著名的是统治佛罗伦萨(Florence)城市共和国的银行世家美第奇(Medici)家族。他们不仅资助过包括米开朗琪罗(Michelangelo Buonarroti, 1475 ~ 1564 年)和达·芬奇(Leonardo da Vinci,1452 ~ 1519 年)在内的一大批杰出的艺术家,而且还建立了著名的新柏拉图学院,延请当时著名的人文学者在其中工作,专门从事希腊哲学的翻译和研究。这个家族的第一位政治统治者科希莫(Cosimo de Medici,1389~1464年)对学者和艺术家非常尊重,强调:"必须像对待天上的精灵那样对待这些具有非凡天赋的人,而不能把他们看做驮重的牲口。"佛罗伦萨之所以成为文艺复兴的策源地与中心,在很大程度上与这个家族的支持密不可分。

9.2 人文主义与科学复兴

"人文主义"(Humanism)是文艺复兴在知识方面的一个主要潮流,其发动者是当时在教会和大学之外教授所谓"人文学科"(studia humanitatis,即语法、修辞、诗学、道德哲学与历史等)的学者(也称为人文主义者)。这些人在教学中非常强调以古典时期(古希腊和罗马)的作品为楷模,力图恢复古典文风,试图从历史中去寻找自我价值和社会认同。他们既不满足于中世纪拉丁语的作品,也不满足于通过阿拉伯翻译过来的古代著作,而主张回归原著。在这种思潮的推动下,人文主义者开始了古代手稿尤其是希腊手稿的大规模搜寻和翻译工作,遍布欧洲的修道院一时间成为搜寻手稿的热点。1453年拜占庭帝国被土耳其—奥斯曼帝国推翻,君士坦丁堡的希腊式学园被关闭,大批学者带着手稿涌向意大利,从而将那里的人文主义运动推向了顶峰。1450年左右,古腾堡(Johannes Gutenberg, 1400~1468年)在德国美因茨(Mainz)建立了西欧第一个活字印刷车间,印刷术在德国以及意大利北部迅速蔓延,极大地促进了人文主义运动的发展。

尽管人文主义运动的兴起同科学并无直接关系,但是其发展却给科学带来了一些非常重要的推动。首先,人文主义者通过古代文献发现,被经院哲学家敬若神明的亚里士多德并不是唯一的一位古代哲学家,在他之前还有毕达哥拉斯、柏拉图、伊壁鸠鲁等众多大师,而在他之后则有新柏拉图主义、斯多葛主义等诸多流派,他们的哲学观点和方法都与亚里士多德有着这样或者那样的差别。他们的著作纷纷被从原文翻译过来,得到了更好的研究和理解。这样,中世纪晚期形成的亚里士多德哲学一统天下的局面终于开始被打破。而柏拉图学派尤其是新柏拉图主义者对于数学和数学方法的

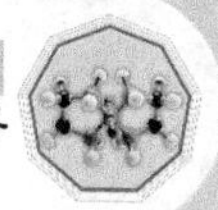

强调，还有原子论者的机械论观点等，这些近代科学的催化剂都通过人文主义运动而被重新发现，并对后续的欧洲科学的发展产生了重要影响。

其次，在人文主义潮流的影响下，大量的希腊科学著作也被从原文翻译过来，并得以出版，从而为希腊科学传统的恢复提供了更加可靠的依据。这些重新翻译的著作中包括阿基米得的几何学与力学著作、塞尔苏斯和盖伦等人的医学著作以及托勒密的天文学与地理学著作等，它们的出现，对欧洲科学发展产生了重要推动作用，甚至使一些学科出现了根本性的变化，这一点在文艺复兴时期欧洲天文学的发展中表现得极为突出。

中世纪晚期，欧洲大学中的天文学教学水平仍然很低，通用的教材是英国天文学家萨克若波斯克（Johannes de Sacrobosco，约1195～约1256年）在1230年左右编写的《论宇宙之球》（有时也称作《天球论》）。该书主要是以亚里士多德同心球理论为基础，解释了一些常见的天象，包括地圆说、天球基本圈和天球坐标、日月五星的大小和各层天球的半径、日月食的原理、季节变化的原因、不同地点和不同季节昼夜长短变化的原因等，基本上没有涉及托勒密天文学中的复杂理论。

在天文学计算方面，1252至1270年间，西班牙国王阿尔丰索十世（Alfonso X，1221～1284年）组织编制了《阿尔丰索天文表》，但却是以西班牙文写成的。而且，一般人都可以根据用表指南进行计算，而无须理解作为其基础的托勒密天文学理论。尽管托勒密的著作在12世纪已经先后从希腊文和阿拉伯文版本翻译过来，但是在很长的时间里，欧洲似乎并没有人真正理解它。

在文艺复兴中，拜占庭学者巴萨瑞昂（Basilios Bessarion，1403～1472年）受教皇欧金尼四世（Eugene IV）之邀来到罗马，并于1439年担任了红衣主教。他有着浓厚的学术兴趣，热心于古代手稿的搜集与翻译。最后，他把自己的官邸变成了一个人文主义的研究中心，邀请了不少来自希腊和欧洲的学者从事希腊文献的传抄与翻译工作。正是在这里，来自希腊的学者特热比宗德（George Trebizond，1395～1486年）于1481年为教皇尼古拉五世（Nicholas V）重新从希腊文翻译了《至大论》,并写有注解。但巴萨瑞昂希望能编写一部该书的缩写本,以便其广泛传播。1460 年,他在维也纳遇到了奥地利天文学家普耶尔巴赫(Georg von Peuerbach,1423 ~ 1461 年),邀请他和他的德国学生瑞吉奥蒙塔努斯(Regiomontanus,1436 ~ 1476 年)来罗马共同对该书进行研究与翻译,因为这师徒俩都具有很强的人文主义知识背景。

实际上,普耶尔巴赫此前已开始了对托勒密天文学的系统研究,并在 1456 年写成了《行星新理论》,介绍了作为《阿尔丰索天文表》理论基础的托勒密几何天文学理论,并像托勒密《行星假说》那样,企图实现行星运动几何模型与水晶球体系的调和。不过,他仍在企图提供托勒密天文学更加可靠的译本,于是他答应了巴萨瑞昂的邀请。可惜,他已经没有足够的时间亲手完成《至大论》的缩译工作,只好把这项工作委托给自己的学生。瑞吉奥蒙塔努斯不负老师所托,继续翻译,终于完成了《至大论概述》一书,于 1496 年在纽伦堡公开出版。此书篇幅只有《至大论》的一半,但在条理和叙述上却更加清晰,因此流传极广,成为此后欧洲天文学家学习托勒密天学的入门著作。

《至大论》所提供的并不只是现成的计算理论与方法,更重要的是其中系统论述了如何根据观测来修改和构建理论,并在此基础上发展计算技术。正是通过普耶尔巴赫师徒的工作,托勒密天文学的这一“秘方”才得以为欧洲近代早期天文学家所掌握,从而把欧洲天文学家引上了创造性的研究之路,

除了相关著作的翻译和研究,人文主义精神也对欧洲近代科学的兴起产生了重要的推动作用。例如,人文主义者强调知识(包括自然知识)对人性提升的重要性,鼓吹“为公众福祉服务”的“实际生活”,这些无疑是近代早期科学家们强调科学研究在知识和功利方面的重要性的思想来源。

9.3 魔法与自然主义

西方的魔法主要是一种通过特殊操作而产生神奇结果的法术,大约是2 至3 世纪在亚历山大里亚一带成熟起来。按其所借助的法

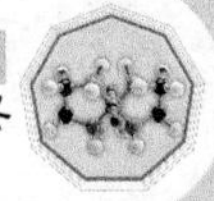

门的区别,魔法大体可以分成两种类型:精灵魔法一般借助天使或魔鬼等精灵的法力;而自然魔法借助的则主要是自然中的隐藏力量,如磁力就是这样的力量之一。

在12和13世纪的大翻译运动中,星占术和炼金术等魔法(主要属于自然魔法范畴)已经通过阿拉伯文献大量传入欧洲,并盛行起来。在文艺复兴中,人文主义者们又发现和翻译了一批有关一般魔法理论的著作,其中最重要的是《赫尔摩斯全集》以及《迦勒底的圣谕》,传说前者是摩西(Moses)时代的先知赫尔墨斯所写,而后者则出自景教先知左偌阿斯特(Zoroaster)之手。两部著作的内容都十分庞杂,除了正规的魔法,其中还夹杂有新柏拉图主义、新毕达哥拉斯主义、斯多葛哲学、波斯宗教思想以及诺斯底教的信条。这些著作受到人文主义者的高度重视,经过吸收和发展,最终形成了所谓"文艺复兴的自然主义"。魔法和自然主义思潮虽然带有极强的神秘主义色彩,但其中的一些观念对近代早期科学家产生了重要影响,尤其是那些与自然魔法相关的内容。

事实上,皮科的《论人的尊严》就是一篇浸透了魔法思想的长文,反映了当时流行的自然主义思潮。其中对人及其知识能力的推崇,就充分体现了赫尔墨斯主义对人的看法:人的心灵与诸神相通,并由于虔诚而变得好像一个神;通过敏捷的才智,人可以使自己的心灵之眼穿过最黑的夜空,洞穿诸元素,从而实现对世界的理解和把握。除此之外,魔法师还认为,人可以在认识自然的基础上实现对自然力的掌控和操作,并以此作为魔法的最高目标。这里既包含了对人的知识能力的自信,也包含了对自然可知性以及自然知识实际效能的坚定信念。毫无疑问,这些自信与信念无疑会转化成为人们探索自然的巨大动力。

从宇宙观上来说,魔法师和自然主义者们都认为整个宇宙渗透着一个宇宙灵魂,从神那里一直贯穿所有天球,维持着宇宙的存在,并且给整个宇宙以动力与秩序。一切物质与精神都是无所不在的宇宙灵魂的投影,相互之间不存在根本性的区别。因此,宇宙万物都能相通相感。所以,把握宇宙灵魂是认识世界的关键。这实际上

是一种活力论(vitalism)或者泛灵论(animatism)的观点,对近代早期的自然哲学家和科学家产生了巨大的影响。其中最典型的,就是所谓的“磁力哲学”,也就是把磁力看成是与宇宙灵魂相同的存在,用以解释世界的秩序与天体的运动。

在关于认识和操纵自然力这一方面,魔法师还赋予符号与数字以特殊的法力,认为宇宙灵魂通过度量和符号而贯穿于所有事物。这一观点也受到文艺复兴时期自然主义者的推崇。例如,主持佛罗伦萨新柏拉图学院的希腊裔人文主义者费奇诺(Marsilio Ficino,1433~1499年)就认为,符号与事物之间有着一种真实的联系,数学性的表达形式是揭开自然和谐神秘性的伟大密钥;这些密钥不是借用的,也不是想象的,而是完全真实的,因为自然会借用比例来自我表达;通过掌握这些比例的表达方式,人就可以控制事物。近代欧洲科学的主要特征之一是所谓自然的数学化,即认为自然的基本结构是数学性的,因此必须通过数学加以把握;而通过数学方法总结出的数学定律也揭示了自然的本质和实在,因而可以对自然的行为进行预言。不难发现,这种科学观与上述数学神秘观之间何等相似。

此外,魔法师们还认为,只有通过对自然的直接接触,才能认识和操纵自然,这对近代科学中经验主义的兴起产生过重要的启发和推动作用。还有,魔法师一般强调,魔法应求得对人有益的结果,这也与近代科学思想家的功利主义观点相通。当然,魔法师们的著作里记载有大量关于自然以及操作自然的知识,这些也为近代早期自然哲学家提供了研究素材。

事实上,在很大程度上,欧洲近代早期理性主义的自然哲学与魔法之间可能并不存在十分清楚的界限,而是相互混同的。在这个过程中,理性自然哲学从魔法中吸取了大量可供使用的养料。当然,理性自然哲学但最后还是逐渐还是划清了与魔法之间的界限,并最终将魔法连同其中与自己异质的部分抛到了一边,以理性主义取代了神秘主义,以机械论取代了活力论。

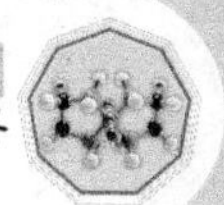

9.4 艺术与科学

在文艺复兴中，人的自我觉醒以及对现世生活的强调带来了对艺术的新要求。中世纪那种以宗教题材和宗教情感为中心，以象征主义手法为主导的艺术形式逐渐失去了市场，继之而起的是对现实题材和现实主义手法的极大需求。肖像画变得极为流行，宗教题材作品中的人物也常常以现实中的人物为基础，显得更加有血有肉、富有人情，场景设计也更加生活化。创作上的这些需要，促使艺术家们开始从事对绘画理论、绘画技法乃至绘画对象的研究，从而带动了相关的科学研究。

为了使作品更加逼真，突破传统构图技法的二维效果，在平面上创造出三维的视觉效果，不少艺术家投入了对透视学的研究。早在古希腊，透视学就已经被作为视觉光学的主要内容而加以研究。在阿拉伯和中世纪晚期的欧洲，这种科学传统都得到了继承。但是，最早试图在绘画实践中系统地采用透视学的，是文艺复兴时期的意大利艺术家。

公元1415年前后，以设计佛罗伦萨大教堂而著名的艺术家布汝内勒斯奇（Filippo Brunelleschi，1377～1446年）开始考虑如何将透视学应用到绘画之中，以求得更加真实的效果。布汝内勒斯奇青少年时期曾受过一些数学训练，可能也得到过一位精通数学的朋友的帮助。他要考虑的不是传统透视学中基于视觉圆锥而对物体视觉效果所作的几何学解释，而是如何将这种视觉效果表现在二维的画面上，也就是眼睛与物体轮廓之间的连线同画面之间的交点的分布规律。正是通过这样的研究，他发明了所谓的线性透视学原理。

为了检测这种原理在绘画上的有效性，布汝内勒斯奇还设计了一个实验来对绘画效果进行检测。他先按照自己的透视学法则将一个建筑物的轮廓画在一块硬板上，并在透视灭点（也就是现实中的平行线在画面上的汇聚点）处开一个小孔。之后，他站在自己当初取景的位置，一手拿着画板，使画面朝外，另一只手拿着一个平面镜，使之与画面平行。然后，又透过小孔去看镜子中的画面，并将之同原来建筑物轮廓在可见画面以外的延展情况进行对比。如果二者重合，说明透视关系正确，否则就是错误的。

根据这样的研究结果，布汝内勒斯奇创作了最早应用线性透视学原理的作品，并使这种技法在佛罗伦萨的绘画圈中得以迅速推广，几乎人人都在使用。1435 年，他的朋友阿尔伯提（Leon Battista Alberti，1404～1472 年）在自己的《绘画论》中首次总结了这一技法。书中充分吸收了海塞姆以及中世纪晚期欧洲光学家们的研究成果，对线性透视学原理进行了系统论述。到了 1474 年，弗冉切斯卡（Piero della Francesca，1412～1492 年）对《绘画论》中的透视学部分作了进一步发展，写成了简明易懂的《论绘画透视学》，该书成为绘画透视学的经典之作。从此，透视学原理在绘画和建筑上得到了广泛的应用，人们用它创造出一件件具有视觉魔力的艺术杰作。

为了在绘画和雕塑中真实地再现人与动物的身体，文艺复兴时期的艺术家对解剖学也十分重视。尽管当时社会上对人体解剖的禁忌仍未放开，但艺术家们还是利用各种机会开始了解剖研究。例如，据史料记载，著名的绘画家与雕塑家珀莱奥洛（Antonio del Pollaiolo，1429～1498 年）是最早通过解剖学来改进自己的人体知识的人。事实上，文艺复兴时期的雕塑和绘画无不反映了当时艺术家对于人体解剖结构的熟悉程度。当然，作为艺术家，他们所关心的重点与医学家有所不同，主要是骨骼、肌肉等外部特征。不过，在一些艺术家的绘画手稿中，也可以看到不少对内脏器官的刻画。重要的是，通过通晓现实主义技法的艺术家与解剖学家之间的合作，欧洲的解剖学插图在质量上发生了质的飞跃，变得更加真实可靠，开创了科学插图的新纪元。

当然，文艺复兴艺术的概念并不仅限于绘画和雕塑等方面，建筑与市政建设也属于一些艺术家的工作范围。由于这种原因，一些艺术家同时又是工程师以及金属等材料加工处理方面的技工。在这种情况下，一位艺术家往往是一名多面手，并根据实际需要从事一些科学研究工作。

9.5 文艺复兴人——达·芬奇

文艺复兴时期的学者和艺术家对自己的能力有着巨大的自信，同时也对自己周围的世界表现出极大的好奇心和研究欲望。正是在这样的背景下，涌现出了不少多才多艺的奇才。达·芬奇就是这

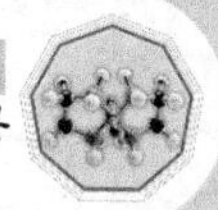

样一位奇才，除了绘画之外，他一生的研究范围涵盖了众多的科学和技术领域，既精于动手，又善于用脑，是一位名副其实的“文艺复兴人”。

达·芬奇出生于佛罗伦萨附近的芬奇(Vinci)镇，是一位年轻的公证人的私生子，从小就是一个充满好奇心并勇于探险的小孩。14岁时，他被送到著名艺术家维若齐奥(Andrea del Verrocchio，约1435～1488年)的工作室当学徒，在学习绘画和雕塑的同时，还学会了金工、化学、机械、木工、皮革处理以及石膏塑膜等方面的实际技术。完成学徒后，达·芬奇于1482年开始，先后为米兰(Milan)大公、威尼斯市政当局、教皇以及法国国王服务，成为文艺复兴高潮期中最为活跃的艺术家之一。此外，他与佛罗伦萨的人文主义者交往颇深，其中包括皮科和费奇诺。除艺术家与学者之外，他的朋友中还有被称为会计学之父的数学家帕奇奥利(Luca Pacioli，1445～约1517年)。

在绘画和雕塑之外，达·芬奇还经常受命设计城防武器、机器、沟渠和建筑。据说他为米兰发明了一整套防卫武器，还曾为威尼斯设计了一种防止敌人从海上进攻的可移动路障。此外，他还提出了许多发明构想，其中包括汽动大炮、各种水轮与水利机械、时钟、自行车甚至飞行器，等等。可能正是出于设计和发明等方面的需要，他开展了一系列的研究工作，广泛涉及几何学、光学、力学、运动学、空气动力学、流体力学、机械学、解剖学、动物学、植物学、天文学以及地质学等诸多领域。

达·芬奇在自然研究中所感兴趣的常常是一些最基本的问题，如鸟为什么会飞行，究竟什么是力，力如何决定物体的运动状态，以及光的本性是什么，等等。作为没有受过系统的学校教育的研究者，达·芬奇的研究方法是纯粹经验性的，其中包括仔细的观察、对观察的反复检测以及对研究对象的精确描绘与简要解释。他对经验主义研究方法的重要性有着明确的认识，指出：“尽管自然始于原因，终于经验，但我们的研究必须遵循相反的方向，即从经验开始，利用经验来探讨原因。”除了客观的观察，他还为特定的问题设计模型，并为解决一些问题设计专门的实验。例如，在研究鸟类飞行的

原理时，他制作过飞行模型；而在研究落体速度与重量的关系问题时，他则进行了多次实验。

出于绘画需要，也出于对自然的好奇，达·芬奇对解剖学尤其重视，学徒时就已开始了对它的学习，后来又到医学系学习了如何解剖。在成名之后，他还先后在佛罗伦萨和罗马的医院里，在“非人道和令人恶心的条件下”亲自对罪犯的尸体进行解剖。在解剖中，他除了注意研究人体外在的解剖学特征，也对一般艺术家所不感兴趣的心脏、内生殖器官、毛细管和骨骼上的隐藏组织进行观察。他绘制过上百幅解剖图，其中包括最早的子宫中的胎儿图。

达·芬奇的大部分科学工作都保存在他的笔记之中，它们在近代一直没能得到正式出版，所以并未形成太大影响。不过，他的工作却为我们了解文艺复兴时期人们对自然研究的兴趣以及研究方法提供了一个重要窗口，使我们对近代科学兴起时欧洲的研究氛围有一种较为深入的认识。

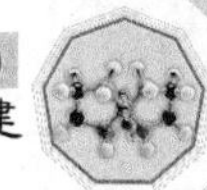

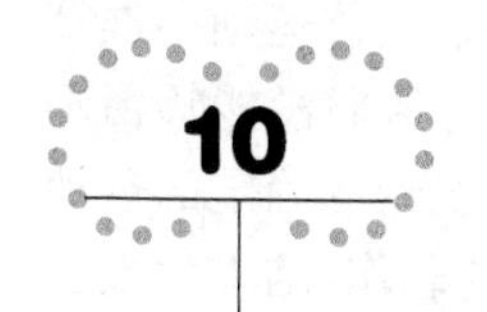

10 为了“和谐”的革命——新宇宙的构建

10.1 日心说的诞生

近代欧洲科学的兴起是历史发展的一个结果,很难说其起点在哪里。但是,作为其标志性事件之一的,是日心说的建立和广泛传播。这种新体系不仅打破了传统的宇宙模型,而且推翻了与之相关的传统物理学体系,从而导致了近代天文学和物理学领域一系列重要的发展。同时,从新体系的建立和发展过程,我们也可看出近代科学的一些非常重要的特征。这个重要的新体系的建立者是来自波兰北部托伦(Torun)城的一位“业余”天文学家,他的名字叫哥白尼(Nicolaus Copernicus, 1473~1543年)。

哥白尼早年进入古老的克拉科夫(Cracow)大学的梅乌斯(Maius)学院学习,该校在15世纪末期以高水平的天文学研究而闻名。哥白尼在这里也对文学表现出了极大的热情,尽管这并不是他的修习专业。大学毕业后,他来到正处在文艺复兴高潮之中的意大利,先后在博洛尼亚和帕多瓦两所大学学习法学和医学。这当然主要是为生计考虑,但是哥白尼对天文学的兴趣更大,并把大量业余时间用在了这方面。最后他在费拉拉(Ferrara)大学获得了法学博士学位,于1503年回到波兰,成为芙蓉堡(Fromberg)大教堂的教士,主要负责管理地产,在远离欧洲政治漩涡的僻静地区过上了还算优裕的生活,有充分的时间从事学术上的追求。他按人文主义者的时尚翻译过一部拜占庭诗人的诗集,但更多精力还是集中在天文学研究上。

据哥白尼追忆,他很早就注意到天文学家们在天体运动的推算中存在的混乱,并开始对哲学家们感到不满,因为他们没能够揭示“那位最好和最系统的工匠为我们所创造的世界机器的确定的运动模型”。有鉴于此,他开始重新阅读古代哲学家的著作,结果发现古希腊时期不少毕达哥拉斯主义者曾先后提出过地球的公转和自转(但是他唯独没有提到阿瑞斯塔克!)。于是他开始思考,在假定地球具有某些运动的前提下,是否可以对天体运行提出更加可靠的解释。

经过长期思考和尝试,哥白尼在1514年之前提出了一套以日心说为基础的天文学理论。他一方面为自己努力的成功感到满意,另外一方面也担心自己学说在宗教上的敏感性。所以,他并没有急于公开出版,而是先写成一本既无标题又无署名的小册子在朋友圈中散发,一直到1575年,大天文学家第谷(Tycho Brahe, 1546~1601年)才给它加上了标题:《尼古拉·哥白尼关于他自己建立的天体运动假说的短论》(简称《短论》)。

不过,《短论》的理论仍然属于定性描述,因此哥白尼接下来又用了20多年时间对它进行定量化处理。但是,他始终没有勇气正式出版自己的著作,直到维腾堡(Wittenburg,今德国中部)大学年轻的天文学教授瑞迪库斯(George Joachim Rheticus, 1514~1574年)于1539年慕名来到芙蓉堡向他学习,并于两年后写出了《一位年轻数学家向最富名望的约翰·硕纳先生提交的关于博学的绅士、著名的数学家、瓦米亚的教士、尊敬的托伦人哥白尼博士所写的关于天体运转的著作的初述》[简称《初述》,书名中的硕纳(Johannes Schöner, 1477~1547年)是纽伦堡的数学家和出版商],于1540年公开出版。经过瑞迪库斯的鼓动和公开介绍,哥白尼终于下定了决心。1543年,这部注定要改变科学发展轨迹的著作终于正式出版了,书的全名为《托伦的尼古拉·哥白尼论天球的运转》(中文标准译法为《天体运行论》)。可惜当该书的印本送到芙蓉堡时,哥白尼已经因中风而奄奄一息。

与长期流行的说法相反,哥白尼之所以要着手进行天文学方面

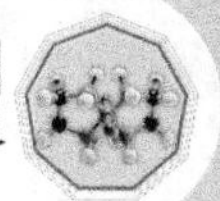

的改革，既不是因为他对已有天文学理论的精度不满意，也不是因为托勒密体系太复杂（因为用了太多的圆），这从他的《短论》中就可以明显看出。在书中，哥白尼不但没有批评托勒密体系的精度，相反还认为它是“与数值一致的”。他虽然说过自己的新体系“总共只用 34 个圆就足以解释宇宙的整个结构以及行星的全部芭蕾”，但从来也没有直接指责过托勒密体系的复杂性。而且，哥白尼在天文学方法上也忠实地继承了托勒密的系统（即如何选择观测数据，并以此为基础构建理论模型）。

从书中开篇的描述来看，哥白尼推动改革的出发点实际上只有一个，也就是毕达哥拉斯学派所倡导的那条著名的“天文学公理”：天体的运动是匀速圆周运动或者是这种运动的组合。在他看来，欧多克斯提出的同心球模型虽然符合这一原则，但是却不能反映行星距离的变化；而托勒密体系虽然“与数值是一致的”，但是“同样表现出了不少的问题”，因为在他所发明的均分圆模型中，行星既不是以匀速的速度在自己的均轮上运动，也不是相对于自己的本轮中心做匀速运动。他认为：“这种观念既不够绝对，也不足以使心灵感到愉悦。”所以，他才经常考虑，“是否可以找到一种更加合理的轮圈排列方式，既可以从中推出每一种可见的不均匀性，而其中的一切又都均匀地运动，就像完美运动的规则所要求的那样”。换句话说，哥白尼改革天文学的目的是要在天文学理论上求得“和谐”。

哥白尼认为，通过采用 7 条公设，他就可以用比以前更少和更加合适的几何构图来解决这一“几乎解决不了”的问题。这 7 条公设的要点包括：第一，宇宙的中心在太阳附近，而不是在地球的中心；第二，日地距离与恒星天球的半径相比显得极其微小；第三，地球与其周围的元素（即空气等）每日围绕地轴自转 1 周，而恒星天球则静止不动；第四，地球像其他行星一样绕太阳运转，而不是太阳反过来绕地球运动。尽管哥白尼用到了“公设”这个词，但他并不认为自己的理论构建是假设性的。相反，他宣称，由于基于地动说的新模型与数据和观测完全吻合，这就使以往哲学家否认地球运动的全部论据“在这里第一次彻底土崩瓦解”。换句话来说，哥白尼因为自己理论的成功而认为它已经揭示了物理的真实。

在写作《短论》时，哥白尼明显具有一个非常令他愉快的想法：通过把原来归诸于各个行星的一些运动归诸于地球，就可以使描述天体运动的几何模型大大得以简化。但是，最后的结果则超出了他原来的想象。例如，为了取代托勒密的均分圆模型，他不得不引入比托勒密模型更多的轮圈。所以，他在《天体运行论》里最终所得到的天体运动几何模型甚至比托勒密模型还要复杂。另外，由于没有更加精确的观测数据作为基础，哥白尼理论在天象计算的精度上也没有取得实质性的提高。但是，对于哥白尼来说，目的已经达到，就是说，他用地动说做到了托勒密用地心说能做到的事情，并且比托勒密更加严格地遵守了"天文学公理"。在他心目中，这至少证明，古人对地动说的否定是没有道理的。

当然，哥白尼自己十分清楚，要想对自己的日心体系进行确证，还必须面对古人从天文学和物理学上对地动说提出的质疑。例如，如果地球果真是在一定距离上围绕太阳运转的，并且恒星到地球的距离确实有限，那么，随着地球的公转，就应该能发现恒星位置的微小变化（也就是所谓的周年视差），但是，当时没有任何人观测到过这种变化——这就是日心地动说所面临的所谓"视差悖论"。再如，如果地球是自转的，那么竖直上抛的物体就不应该落回原地，而应该落到起点以西，但事实并非如此——这就是日心地动说所面临的所谓"抛体悖论"。面对这样的问题，哥白尼显然还无力解答。所以，他只好选择了回避。针对前一个问题，他把恒星天球的半径加以扩大，使得日地距离与之相比可以忽略不计；针对后一个问题，他则认为地球周围的元素都参与地球的周日自转。他也许没有料到，他之后的一些天文学家和物理学家并不满足于这样的回避。对这些问题的争论和设法解决，变成了随后天文学和物理学发展的重要动力，并一步步导致了更多革命性成果的产生。

10.2　宗教上的麻烦

正当哥白尼在芙蓉堡静静地构想着自己的天文学改革时，德国人路德（Martin Luther，1483～1546 年）在 1617 年 10 月的一天把自己拟定的《九十五条论纲》钉到了维滕堡大教堂的门上，标志着一场

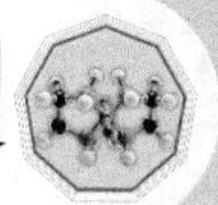

宗教改革运动的开始。这一年,教皇列奥二世(Leo Ⅱ)为了集资重建圣彼得大教堂(St. Peter's Basilica)而允许教会大量兜售所谓的“免罪符”,将长期存在的教会腐败现象(其中还包括出卖教职和行贿等)推向了极端。路德的改革活动就是因反对这种腐败而起,并且涉及与罗马教会权威有关的一系列重要问题,尤其是在教规与教仪上。其中最重要的一条是反对教皇和教士阶层在解释《圣经》上的权威,而强调每个人都有权利自己阅读《圣经》,并按照自己的方式去加以理解。为此,他以德文翻译了《圣经》,供普通教众阅读。

路德改革针对的是当时最大的精神权威——教皇以及罗马教会,这对人们的思想解放具有很大的推动作用。但是,他在《圣经》解释学上的立场却对日心说的接受不利。路德反对“寓意解经法”(Allegorical interpretation),即认为《圣经》是以寓言方式写成的,因而需要教皇和教士作为合法的解释者。相反,与他对教皇与教士权威的否定相对应,路德支持所谓的“字意解经法”(Biblical literalism),即认为《圣经》是以直白的方式写成的,必须按照字面意思加以理解。但是,从字面上来讲,《圣经》里不但没有提到地球运动,反倒是不断提到它的静止。而“约书亚书”中则提到,约书亚命令太阳暂时停止运动,以推迟黑夜的到来,直到以色列人完成了对自己敌人的复仇为止。按照书面意思,这明明是说太阳一般是在运动的。

即便没有路德,哥白尼也清楚自己学说的宗教敏感性。所以,在决定正式出版《天体运行论》时,他采取了一些预防措施。首先,他按照当时的教会法令申请了出版许可。其次,他写了一篇题献给教皇保罗三世的长序,希望通过教皇的声望和评判来平息可能会招致的一切攻击。在序文中,哥白尼解释了自己的写作缘由,并且为自己的思想提出了辩护:“哲学家的观点不能让普通人加以评判,因为他们是要在上帝所允许的人类理性的范围内努力在万物之中寻找真理”;同样地,“天文学是为天文学家而写的”,因此也不能让无知者来加以裁决。在《天体运行论》的扉页上,他还特意写上了“不懂数学者免进”的字样。但是,他仍然希望,教皇能够支持自己,因为“在我所生活的地球偏远的一角里,您被认为是最高的权威,因为您地位崇高并且热爱所有的学问,也包括天文学”。为了博取教皇的重视,他还强调,自己的工作对教会历法的改革会有所帮助。

哥白尼的担心一点也不过分。在《天体运行论》正式出版前,日心说已经招致了路德的反对。路德在“听说一位新天文家要证明地球的运动,证明是地球在动而不是天球在动”后,作出了以下反应:“这家伙要把整个天文学来个底朝天。可是,正如《圣经》所言,约书亚命令静止下来的是太阳而不是地球。”他因此把那位提出日心地动说的人称为“违背《圣经》的蠢材”。

作为路德派教徒,瑞迪库斯自然能意识日心说可能在宗教上引起的问题。因此,在出版《初述》的同年,他写了另外一本小册子,用以论证,《圣经》中关于太阳运动的字句描述的都只是太阳的视在运动,而不是其真实运动,所以与“新近的天文学革新所得到的经过证实的结果是不相矛盾的”。可惜,此书直到1651年才被人印刷出来。

临时受托负责哥白尼著作印刷的路德派教士欧西安德(Andreas Osiander)对书中的宗教问题也非常清楚,于是便自作主张,在书的前面加上了一篇题为“就本书的假设性致读者”的序言,告诉读者:不要由于本书作者使用了日心地动说而感到气愤,因为由于天文学家“无法真正揭示天体运动的原因,所以,最后只能采用任何依照几何学原理建立的,能够对天体过去和将来的位置进行正确计算的假定”;本书的作者很好地完成了这样的职责,因为这些假定不必是正确或者可能的;相反,只要它们能够提供与观察一致的计算,这一点就已经足够了。除此之外,他还自作主张,在该书的题目中加上了“天球”(Orbium Coelestium)二字,以突出该书的假说性。

这种做法显然激怒了瑞迪库斯。他在向自己的朋友散发该书时,用笔把那篇致读者和书名中的“天球”上全部打上了叉。由于这个原因,有一些天文学家包括几十年后的开普勒知道那篇序言的真实作者。但一般读者并不知情,而把它当成本书作者自己的手笔。在这种情况下,该序言为《天体运行论》的流传起到了很好的掩护作用。人们大多把该书当做一本纯粹的数学天文学著作,而对其中的宇宙学部分则显得漠不关心。路德的学生梅兰西顿(Philip Melanchthon)像自己的老师一样站在宗教立场上对日心说痛加批判,但是另

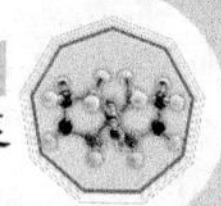

一方面却认为该书的几何理论部分有利于天文学计算。因此,《天体运行论》在他管理下的维腾堡大学得到了广泛的传播。从同样的立场出发,该校的天文学教授赖因霍尔德(Erasmus Reinhold,1511～1553年)根据书中的理论编制了著名的《普鲁士天文表》,于1551年公开出版,为教皇格利高里十三世(Gregory XIII)在1582年启动的历法改革提供了基础。

赖因霍尔德公开称赞过哥白尼对托勒密对点圆模型的革除,但是对他的宇宙学却保持了沉默。尽管如此,哥白尼作为当代最伟大的天文学家的名声却广为传播,《天体运行论》也在1566年出版了第二版。当时欧洲主流天文学家都认为,哥白尼最重要的贡献,是在严格遵从所谓"天文学公理"的基础上成功地建立了一套数学天文学体系。赖因霍尔德因此在自己收藏的《天体运行论》的封面上端端正正地写上了:"天文学公理:天体运动是匀速圆周运动,或者由这种运动组合而成。"这条名言被当时许多拥有哥白尼著作的人抄写在自己的藏本上,其中包括著名的丹麦天文学家第谷,这充分说明该"公理"当时在人们心目中的重要性。

当然,除瑞迪库斯之外,日心地动说还是赢得了更多的信徒。例如,意大利哲学家乔丹诺·布鲁诺(Giordano Bruno,1548～1600年)就把日心地动说融入他的宇宙无限论中,认为空间是无限的,其中存在无限多的恒星,每一恒星都有行星围绕运动。他以自己的宇宙论为基础开展神学争论,最后终于因泛神论和神秘主义立场而被罗马教庭送上了火刑柱。此外,英国人狄格斯(Thomas Digges,1543～1595年)也是哥白尼宇宙学的信奉者。他意译了《天体运行论》的第一卷,并把它同自己编制的1576年天文年历一起出版。与布鲁诺一样,狄格斯在接受日心地动说的同时抛弃了哥白尼的固体恒星天球说,而认为宇宙应该是无限的。

10.3 第谷的调和

与哥白尼一样,第谷也是一位"自学成才"的著名天文学家。作为丹麦的一个贵族后裔,他很早就进入哥本哈根(Copenhagen)大学学习。学习期间,他被一次日食所吸引,于是开始研读托勒密的天文学著作,并很快通过观测发现,当时流行的托勒密式天文表与《普鲁士天文表》都存在较大误差。在莱比锡(Leibizig)、维腾堡、若斯托克(Rostock)和巴塞尔(Bassel)等大学学习期间,他一直继续自学天文学,但最后却沉迷于炼金术。1572年,仙后座出现了一颗新星,这才把他从炼金实验室中拉了出来。经过系统的观测,他发现这颗新星不是大气层内的变化,而是位于天界,这与亚里士多德关于天界永恒的观点完全相反。次年他发表《论新星》,公布了自己的发现,由此名声大振。从此,他走上了职业天文学家的道路。

第谷意识到,要想真正复兴天文学,首先必须从系统而精密的观测工作开始。经过努力,第谷终于在1576年得到丹麦国王弗热德瑞克二世(Frederick Ⅱ)赏赐的汶岛(Hven)和一笔经费,在岛上建立了自己的天文台,并亲自设计和制造了一批当时世界上最先进的大型天文仪器,开始了系统的观测工作。第谷天文台的第一大成果是对1577年大彗星的详细观测,发现该彗星远远位于月球天层以上。这一结果不仅再次对亚里士多德的天界永恒观提出了挑战,而且对第谷的宇宙学思想产生了更加重要的影响。

与哥白尼一样,第谷同样把匀速圆周运动作为天体运动所必须遵循的最高法则。他赞赏哥白尼对托勒密等分圆模型的抛弃。但是,出于天文学和物理学两方面的原因,他同样不能接受日心地动说。在他看来,哥白尼不光没有令人信服地解决地球的自转造成的"抛体悖论"问题,而且,靠无限增大恒星天球半径的办法,不但不能解决"视差悖论"问题,反倒会出现更加荒谬的结论。例如,如果假定恒星的周年视差为1弧分,那么,从土星到恒星天球的距离就要增大700倍。在这种情况下,光是一颗视半径为1弧分的3等恒星,其大小就将相当于地球轨道的大小。此外,第谷还认为,地动说根本违背了《圣经》上关于地球静止的说法。

于是,第谷想建立一个既没有托勒密体系的等分圆问题,又没有哥白尼日心地动说面临的天文学和物理学问题的新体系,并逐渐地想到了我们现在所见到的所谓"第谷体系":月球与太阳围绕地球运动,而五大行星则绕太阳运行。问题是,这样一个模型意味着火星等天球必须与太阳天球相切割。如果承认固体天球的存在,则这

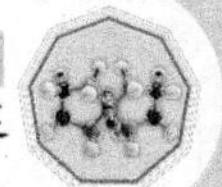

种体系在物理上是不可能的。然而,1577年出现的这颗彗星让第谷走出了困境。因为他的观测表明,这颗彗星实际上是自由地穿行于天球之间的。他由此得出结论:古人所认为的固体天球根本就是不存在的,大气层并非只到月球天,而是一直延续到所谓的“天界”。这层窗户纸一旦捅破,第谷立即在1588年出版的《论世界》中匆匆插入了一章,在其中公布了自己的宇宙模型。其中,固体天球的概念已经被彻底打破。

但是,第谷模型的观点马上遭到其他天文学家的质疑:既然不存在固体天球,是什么在维持着行星的秩序和有规律的运动呢?作为回答,第谷设想,既然磁石与铁这些地上无生命的物体之间可以存在相互的吸引力,那么类似的力不可以存在于被许多哲学家认为存在生命的天体之间吗?这种观点标志着近代早期关于天体之间相互作用力探讨的开端。

第谷是一位仪器制作大师,通过一系列的革新和精心设计,他的仪器的观测精度可以控制在1弧分之内。借助于这些精良的天文仪器,他不仅重新测量了恒星的位置,系统测量了太阳运动的各主要参数,修正了大气折射的数值,而且还发现了月球运动的两种不均匀性。更重要的是,他为行星运动的研究积累了大量的精密观测数据。其实,第谷本人不仅是一位伟大的观测家,而且也是很好的理论家。可惜,他没有足够的寿命来亲自完成自己理想中的天文学革新,于1602年去世。于是,构建行星新理论的任务就落在了他新招的助手开普勒(Johannes Kepler, 1571 ~ 1630年)的肩上。

10.4 开普勒的“新天文学”

开普勒生于德国斯图加特(Stuttgart)附近的一座小城,自小体弱多病,但却聪颖异常。在完成拉丁学校的基础教育后,他十分顺利地拿到附近的图宾根(Tübingen)大学的奖学金,开始学习神学,准备将来成为一名路德派的新教牧师。该校保存的档案中有一份校务会为延续他的奖学金而写的推荐信,信中提到,开普勒具有“如此不同凡响的智力,有望成就某种特殊的事业”。

在图宾根,开普勒结识了天文学教授马斯特林(Micheal

Maestlin,1550～1631年),跟他学习了托勒密和哥白尼的天文学,并成为日心地动说的信徒。但是,开普勒一直想做牧师,也不认为自己有什么天文学才能,所以,当他毕业后被派到新教的格拉兹(Graz,今奥地利境内)大学担任数学教师和地方数学家时,他十分不开心。在那里,他的课上得很糟,第一年才有几个学生,第二年干脆一个也没有。不过,这倒给了他充分的时间来做自己的研究。

开普勒相信,宇宙间存在着某种数学的和谐。他之所以接受哥白尼体系,就是因为从中看到了和谐的规则性。但是,关于这个体系,他仍然存在许多困惑:为什么正好有6颗行星?为什么它们又正好以这样的间隔排列并按照这样的规则运动?一次上课时,他画出了木星和土星在20年中的会合点在黄道圈上的位置,想告诉学生,相邻两次会合点之间的角距离大约是一圆周的1/3。可是,当他把相邻的会合点连接起来时,却得到了一个圆形包络线,而且,黄道圈与包络圆的半径之比居然与两颗行星轨道半径之间的比例几乎相同!

这一发现让开普勒大感惊奇。于是,他按照同样的思路来寻找其他行星之间的轨道大小的关系,最终发现,如果在土星天球之内作一个内接正六面体,则其内切球半径将与木星天球半径相当;再在木星天球内作内接正四面体,则其内切球半径正好相当于火星天球的半径;在火星天球内作内接正十二面体,则其内切球半径与地球半径相当;在地球天球内作内接正二十面体,则其内切球半径相当于金星天球的半径;作金星天球的内切正八面体,则其内接球的半径相当于水星天球的半径(除了土星与木星半径之比偏差较大外,其余行星轨道半径之比的误差均不超过5%)。

开普勒认为,他已经发现了宇宙的神秘所在,并且为日心说提供了证明,于是在1596年出版了《宇宙的神秘》一书,公开了自己的结果。尽管这些发现只是几何性质的,但是开普勒已经开始考虑另外一个重要问题:日心说在物理学上的基础是什么。由于第谷已经证明天球是不存在的,所以他开始把太阳看作维持宇宙秩序和行星运动的动力来源。他把这种力称为“运动的灵魂”(*anima motrix*),并推测该力随着到太阳距离的增加而减小。在此基础上,开普勒指

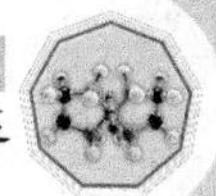

出了哥白尼体系的一个问题,即其中的宇宙中心并不在太阳上,而是位于地球轨道的中心。他认为,这一点在物理学上有问题,因为作为行星运动的动力来源,太阳必须正处在宇宙的中心。

公元1600年前不久,第谷由于失去了丹麦王室的资助而决定搬到布拉格,为圣圣罗马帝国的皇帝、匈牙利和波西米西国王鲁道夫二世(Rudolph Ⅱ)服务。在这里,开普勒正式成为他的助手,开始以第谷体系为基础,并利用他提供的观测数据研究火星的运动。当时,第谷的另一位助手隆戈蒙塔努斯(Longomontanus, 1562~1647)也已经开始研究这一问题。开普勒向他打赌,自己一个星期内就可以解决问题。但最终他输了,因为整个研究花费了他近10年的时间。

最初,开普勒不得不照顾第谷的要求,在利用日心模型的同时也利用托勒密和第谷模型。第谷去世后,他的注意力全部集中到了日心模型上。经过长期努力,他首先借助偏心圆给出了一个火星运动模型。与第谷观测数相比,该模型在经度计算上精度尚可,但在纬度计算上的最大误差却达8弧分左右。与已有的托勒密和哥白尼的火星理论相比,这已经是一个极大的飞跃。但是,开普勒并不因此而满足。因为他坚信,第谷的观测是精确的,自己的理论必须严格与之相合。

于是,他开始寻找更好的解决方案。他首先把火星轨道改成一个卵形线,但效果仍不理想。最后他惊奇地发现,当把行星轨道看做以太阳为焦点的椭圆时,就可以得到最佳的结果。作为一个毕达哥拉斯主义的信徒,他觉得这不可思议。但是,最终他选择了相信事实,毅然打破了西方天文学家自古以来就遵从的“天文学公理”,得出了行星轨道为椭圆的结论,并很快在新模型中找到了新的和谐:行星与太阳的连线在单位时间内扫过的面积不变。

与在《宇宙的神秘》中一样,开普勒没有让自己的理论停留在单纯的几何构图上,而试图从物理上予以解释。他仍然借助于磁力,设想太阳是一个磁单极,而每颗行星则都有两个磁极。太阳与行星之间的磁力作用一方面为行星的运动提供横向推力;另一方面又通过与行星磁极之间交替的吸引与排斥造成行星距离的变化,最终形成一个椭圆形的轨道。1609 年,开普勒正式发表了自己的研究结果。为了突出自己理论的特殊性,并强调其物理基础,他将这本书取名为《依据第谷观测并通过对火星运动的评论而提出的以原因为基础的新天文学或者天体物理学》(简称《新天文学》)。此书不仅公布了开普勒关于行星轨道运动的新理论,而且提出了天文学研究的一种全新的纲领,即把天体运动规律的探索同其力学机制的探讨结合起来。

开普勒寻找和谐的脚步并未就此停住。在接下去的时间里,他一方面根据自己的理论从事天文表的编写,并在 1627 年出版了著名的《鲁道夫天文表》。另一方面,他开始进一步寻找古人所相信的"天体音乐",以证明自己相信的和谐的存在。为此,他认真研究了行星角速度与音乐节律的相关性,结果发现了他所谓的"和谐定律",即$(行星周期)^2/(平均轨道半径)^3=常数$,并于 1619 年发表在《世界的和谐》中。由于符合这条定律的行星平均轨道半径仍然能够满足《宇宙的神秘》中那种正多面体的安排,所以,他认为自己的新天文学系统仍然满足和谐性的要求,反映了上帝设计宇宙的原型。因此,在 1617 到 1621 年分卷出版的《哥白尼天文学概要》一书中,他不仅重述了宇宙和谐的思想,而且根据自己的磁力论,从数学上对"和谐定律"进行了证明(其中,磁力大小被认为与距离成反比)。

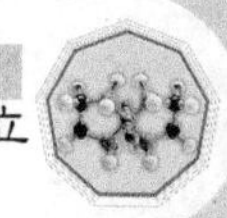

上帝的另一部书——科学与宗教的分立

11.1 望远镜引发的争端

在发表《新天文学》时，开普勒无疑认为自己的工作已经切实地证明了日心说的实在性，于是便在该书的标题页背面插入了一段评论，公开宣布欧希安德才是《天体运行论》"致读者"的真正作者，哥白尼本人是决计不会同意其中的观点的。开普勒这样做，无非是想证明，哥白尼并非仅仅把自己的日心说当成是一种数学的假说，而是把它当成物理上的实在。这段评论非同小可，它把原来披在日心说上面的那层"假说"的外衣彻底揭开，从而为教廷对日心说的公开禁止埋下了"祸根"。而就在《新天文学》出版的同年，伽利略(Galileo Galilei，1564～1642年)开始把望远镜指向天体。这不仅把天文观测的历史带进了一个全新的时代，而且把近代科学与天主教之间恩怨情仇一步一步地演绎到了高潮。

伽利略出生于意大利比萨的一位音乐师家庭，在兄弟姊妹6个中排行老大。完成基础教育后，父亲把他送入比萨大学学医，但伽利略却对数学情有独钟，并发奋学习，毕业后于1589年成为比萨大学的数学教师，1592年转到帕多瓦大学任教。不久，父亲去世，伽利略不得不挑起全家的经济重担，抚养弟弟，并为妹妹们筹办数目不小的嫁妆。为此，伽利略不得不非常努力地工作，甚至收授星占学方面的私人学生。他发明科学仪器的热情与此也不无关系，其中最著名的，包括温度计和所谓"军事与几何用规"的发明。后者兼测量、制图与计算等功能于一身，成为当时相当流行的一种数学与测量工具。

1609年，伽利略听说荷兰人制作了视远为近的仪器，并试图向威尼斯市政厅推销其技术。对以商业为主的威尼斯人来说，这项发明确实是一项有利可图的技术。例如，借助于它，可以提前看到海上即将进港的货船，在生意上取得先机。此时，伽利略恰好就在威尼斯。在得知这一消息后，他说服市政当局放弃购买望远镜技术的计划，而改由他来对望远镜进行仿制。他不仅在短时间内成功地制成了自己的望远镜，而且对之进行了改进，使其放大率达到32倍，远远超出了荷兰人的水平。而作为一位数学家，他更是创造性地发现了这种仪器在天文学上的巨大威力，并率先用它进行了一系列的重要观测。

伽利略首先用望远镜对月球表面进行了观测，发现月球表面并不平滑，而是坑坑洼洼，“简直是一团糟”。他通过绘图详细地记录了这些状况，并推测，这些坑坑洼洼是月球上的山冈、沟壑与平原，还根据这些山冈在阳光中的影长估算了它们的高度。伽利略还发现，通过望远镜能见到数目更多的恒星，银河等光气状的物体都是由数目巨大的恒星组成。最重要的是，他第一次发现了木星的四颗卫星，并详细观测和记录了它们的运动情况。

1610年3月，伽利略出版了《星际信使》一书，报告了自己发明的望远镜以及过去几个月来的观测发现。该书出版后引起极大的轰动，首版500册很快就销售一空，新的订单从欧洲各地蜂拥而至。法兰克福在同一年内出版了该书的第二版，望远镜一时间也变得供不应求。开普勒也在最快的时间内读到伽利略的著作，并在同年4月写信支持伽利略的发现。

一夜成名并未使伽利略放缓探索的脚步。在接下来的时间里，他对木星卫星的运动周期作了进一步的测量，并且首次发现了金星像月亮一样的位相变化，还注意到土星边上像两个小耳朵一样的奇观物体（实际上是土星环）。另外，他还观测到太阳黑子及其运动周期，并由此推论，黑子存在于太阳表面，它们的运动说明太阳是自转的。对欧洲人来说，所有这些都是闻所未闻的现象。结果是有人赞

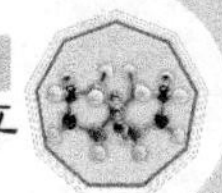

同,有人怀疑,一时间议论纷纷,以至于伽利略不得不四处游走,向社会各界说明和演示自己的仪器和发现。

使伽利略兴奋的不光是这些发现的巨大新颖性,更重要的是其中的含义。他早年已经对亚里士多德的运动学观点(例如重量决定重物下落速度等)产生过怀疑,并卷入了同一些经院哲学家的争论。现在,通过对月球表面情况的观测,他又发现了亚里士多德天体完美观点的反例。更重要的是,伽利略从很早就接受了日心说,并在1597年写给开普勒的信中表明了自己的这一信仰。现在,他认为自己的新发现为这一学说提供了直接证据。在1613年发表的《关于太阳黑子及其性质的历史和证明》中,他第一次明确指出:“根据绝对的必然性,我们应该按照毕达哥拉斯和哥白尼的理论,得出金星和其他行星都是围绕太阳运动的结论。”尽管伽利略在这里还没有提到地球,但却明显是在支持哥白尼的学说。

由于这些发现以及对这些发现的诠释,伽利略同时也被卷入了争论的漩涡。德国耶稣会天文学家沙伊纳(Christopher Scheiner,1573/1575~1650年)是最早的发难者之一。沙伊纳是最早的望远镜天文观测者之一,他同伽利略争论的焦点,第一是太阳黑子发现的优先权,第二是对太阳黑子的解释。与伽利略相反,沙伊纳认为,太阳黑子是离太阳较近的行星运行到地球与太阳之间时所造成的视觉的结果。为此,二人以通信方式展开了争论,伽利略关于太阳黑子的通信就是因此而写的。一波未平,一波又起:他在书信中对哥白尼学说的公然支持给他招致了更大的麻烦。

11.2 反击“鸽子联盟”

最早站出来反对伽利略日心说立场的是一位叫做科隆比(Lodovico delle Colombe,1565~1616年)的哲学家,他的观点得到一批宗教界人士的呼应,形成了一个从宗教上反对伽利略的阵营,人称“鸽子联盟”(Colombe的意思是鸽子)。1612年末,其中一位叫罗瑞尼(Dominican Niccolò Lorini)的修士在布道时公开对伽利略进行了攻击,但迫于伽利略朋友的强大压力,他不得不公开道歉。

到了1613年,比萨大学的哲学教授波斯卡格里亚(Cosimo

Boscaglia)在托斯卡纳(Tuscany)的大公面前作出评论,说地动说违背了《圣经》,是不正确的。伽利略的学生卡斯特里(Benedetto Castelli,1578～1643年)当时正好在场,并对其论调进行了反驳。在听说这件事后,伽利略给卡斯特里写了一封长信,专门讨论科学与《圣经》之间的关系。在信中,伽利略更加明确地指出:"我坚持,太阳位于天球转动的中心,位置不变,而地球则自转并绕其公转。并且……我不但可以通过否定托勒密和亚里士多德的论据而肯定这一观点,而且还可以为之找到更多的根据,尤其是那些用其他方式根本无法解释原因的物理效应,还有另外一些天文学发现。这些发现明显与托勒密体系相矛盾,而与这里提到的另外一种立场非常相合,并证明了它。"伽利略在信中还指出,《圣经》是用比喻性的语言来写的,因此,不能单从字面的意思加以理解,更不能用来衡量关于物质世界的不同观点。

这封信落到了"鸽子联盟"成员的手中,罗瑞尼将一个经过精心篡改的版本提交给宗教裁判所,并写信对伽利略提出了指控。在1614年底的一次关于"约书亚书"的布道中,"鸽子联盟"的成员卡其尼(Tommaso Caccini,1574～1648年)再次对伽利略的日心说立场进行了攻击。不仅如此,卡其尼还专程前往罗马进行诬告,说佛罗伦萨充满了伽利略的信徒,他们宣称上帝是偶然的,奇迹是不可能的。这些行为使得争论进一步升级。一位名叫弗斯卡利尼(Paolo Antonio Foscarini,1565～1616年)的意大利修士在那不勒斯(Naples)出版了《关于毕达哥拉斯和哥白尼关于地动日静的观点以及新毕达哥拉斯宇宙体系的通信》,指出日心地动说不但正确,而且与《圣经》并不矛盾。不仅如此,他还亲自前往罗马,对日心说进行辩护。但是,红衣主教贝尔拉明(Cardinal Bellarmine,1542～1621年)写信警告他(信中也提到伽利略),只能把哥白尼学说当成假说,否则就是一种非常危险的态度。

在弗斯卡利尼采取行动的同时,伽利略把给卡斯特里的信扩写为《就〈圣经〉条文在科学问题上的使用致托斯卡纳大公夫人克瑞斯汀娜》一文,并广为散发。该文的主要内容是对日心地动说进行公开辩护。但是,在文章一开始,伽利略对《圣经》与科学研究的关系

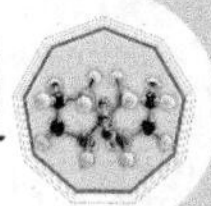

进行了系统的论述,从而成为近代科学家反对神学家和教会干预科学的一份宣言书。

伽利略首先指出,《圣经》是故意用深奥晦涩的语言写成的,必须由聪明的诠释者来解释其真实含义,目的是为了避免那些没有文化和教养的普通人的误读。因此,《圣经》不能单纯从字面上来加以理解,否则不但会导致误解,甚至会导致异端和错误。

其次,伽利略强调,尽管《圣经》与自然现象一样是来自神的"话语",前者记录的是圣灵的训示,后者则是对上帝命令的严格实施,但是,与《圣经》的隐晦多解不同,自然是严格而不变的,不会超越施于它的各种法则。因此,不管是通过感官揭示于我们眼前的事实,还是借助严格推理证明了的结果,都不会存在歧义问题。所以,对自然问题的讨论不应该从晦涩的《圣经》段落的权威出发,而应该从感觉经验与必然的证明开始。

最后,伽利略得出结论:尽管神学具有对最高神思的知识,并因自己的尊贵而成为知识之王,但是,在没有屈尊研究过较低的从属学科并对之心怀尊重的情况下,神学教授们不应该在他们没有从事过的领域中摆出一副权威的面孔,对有关争论进行裁判。为了说明神学与科学的关系,伽利略还引用了德尔图良的论述:"我们得出结论,上帝要先通过自然,然后再特别地通过他的学说去加以了解。也就是作为他的创造物的自然,以及作为他启示的话语的学说。"这句话隐含的意思是:对自然的研究甚至先于对《圣经》的研究,是认识上帝的第一步,当然也是关键的一步。为了说明这样的意思,他还不无诙谐地引用了已故红衣主教巴若诺(Cesare Baronio,1538～1507年)的话:"圣灵的目的是要教我们如何走上天,而不是天如何走。"

伽利略在这里要强调的是,《圣经》和自然两部书虽然都是上帝的作品,但却有不同的读法。神学家在前一领域中是权威,但在后一领域中则没有发言权,必须尊重实际研究者的结论。他把自然抬到了与《圣经》平等甚至更具基础性的地位上,这反映了他对提高自然科学及其研究者地位的追求。可以说,伽利略在这里说出了近代早期欧洲大多数主流科学家们的共同心声,代表了他们的一种自我觉醒,一种要在科学上摆脱神学控制的追求。哥白尼在给教皇的题词中说“数学是为数学家写的”,用心与此相同;而开普勒在《新天文学》的序言中也明确指出,不应该以《圣经》中的词句作为反对科学结论的理由,因为在对自然现象的描述上,“《圣经》是日常语言来讨论普通的事情(而不是想作为训导),以便人们能够理解”。

11.3 《对话》与审判

围绕日心地动说的争议终于引起了教廷的关注。1616 年初,经过一个委员会的讨论,宗教法庭最终宣布:“认为太阳静止于宇宙中心的观点是愚蠢的,在哲学上是荒谬的,是违背《圣经》的邪说。认为地球不是静止在宇宙中心、并且还有周日转动的观点在哲学上也是虚妄的,在神学上至少也是错误的。”接着,贝尔拉明奉教皇之命召见伽利略,警告他不要再坚持和捍卫哥白尼学说,教廷也禁止他以任何形式讨论该学说。很快,《天体运行论》与弗斯卡利尼的著作均被列入禁书目录。禁令宣布,在对哥白尼学说进行必要的改正之前,任何人不得以任何形式持有和讨论,不论公开或者私下,口头或者文字。1620 年,禁书目录正式公布了《天体运行论》中必须被修改和删除的条目。

禁书令和删改令在意大利得到了较好的遵守,伽利略在很长的时间内保持了克制,并按禁书目录对自己收藏的《天体运行论》进行了删改。不过,他还是继续开展潮汐学研究,在他看来,这方面的结果可以用于地动说的证明。1623 年,他的好友巴贝瑞尼(Maffeo Baberini,1568~1644 年)成为教皇乌尔班八世(Urban Ⅷ),并6 次接见伽利略。这位朋友对学术研究和科学极感兴趣,并非常支持。伽利略感到,也许对哥白尼学说的禁令会被取消。于是,他开始扩充自己对潮汐的研究,于 1630 年 4 月完成《关于托勒密和哥白尼两大世界体系的对话》(简称《对话》)的写作,并获得宗教裁判所许可,于 1632 年在佛罗伦萨正式出版。

尽管《对话》书名中与哥白尼相对的只有托勒密,但是书中所针对的中心主要是亚里士多德的宇宙学。对话共分成四天,第一天主要是批判亚里士多德关于天体完美无缺以及天界与地界不同的观

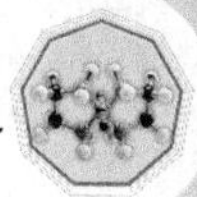

点,其中大量使用了最新的天文观测发现,包括超新星和太阳黑子的产生与消失以及月面的缺陷,等等。第二天主要从运动学上对地球运动的可能性进行了分析,同时也否定了亚里士多德在相关问题上的结论。论述过程中用到了伽利略在运动学方面已经做出的许多新发现,包括惯性、落体运动规律、匀加速运动规律、抛体运动规律、单摆运动规律以及运动的相对性原理等。第三天主要是以日心地动说对行星的视运动现象进行解释,其中也包括对太阳黑子以及木星卫星和金星位相的解释,以此证明哥白尼体系的合理性。第四天则主要讨论潮汐问题,想利用其运动规律来证明地球的运动,只可惜其分析是完全错误的。尽管全书并没有为地动说提供绝对的证据,但是却对亚里士多德的宇宙学及其物理学基础进行了全面批判,可以说对地心说形成了致命性的打击。

可能是出于对形势的考虑,伽利略才决定以对话形式写作。参与对话的有三个人,其中萨维阿提(Salviati,名字取自他的一位好友)是哥白尼学说的代表,辛普利修斯(Simplicius,名字取自活跃于6世纪的亚里士多德注释家)是亚里士多德的代表,而撒葛瑞多(Sagredo,名字取自伽利略的另一位朋友)则是一位外行,充当对话的调解人。由于辛普利修斯不但总是被驳斥得理屈词穷,而且经常显露出可笑的愚蠢,所以,尽管全书看上去是在平等地讨论两种宇宙体系所涉及的各种问题,但倾向性非常明显。

《对话》的出版立即让伽利略的敌人重新对他发起了围攻,伽利略在书中让辛普利修斯说出了新教皇曾经说过的话,这也使这位曾经的朋友站到了他的对立面上。尽管有其他朋友的大力周旋,伽利略还是在劫难逃,在1633年受到宗教裁判所审判,裁判结果如下:

“教皇陛下敕谕,要对伽利略的用意进行审问,甚至要动用刑罚。如果他坚持(他的主张不是异端),那他就要在宗教法庭全体出席的情况下强烈地作出放弃(异端)的宣誓,要按照宗座会议斟酌的结果被判处入狱,并且要他接受命令,不再以任何一种方式——无论是口头还是书面——继续讨论地球的运动与太阳的静止。否则,他会因再犯而受到惩罚。那本题为《对话》的书要被禁止。而且,要宣谕众人,(教皇陛下)已命令将此判决下发至所有的教廷大使,发至所有查处异端的宗教法官手中,尤其是佛罗伦萨的法官手中,要他们尽可能多地向以数学为业的人宣读这一判决。”

显然,教皇是要借伽利略案件来杀一儆百,以维护自己的权威。结果,《对话》被列入禁书目录。而伽利略也不得不作出妥协,在宗教法庭正式发誓放弃自己的观点:

“我,伽利略,佛罗伦萨的文森齐奥·加利莱之子,现年七十岁(……),在此宣誓:我过去一直相信、现在仍然相信、并且——蒙上帝眷顾——未来也将相信神圣的天主使徒的教会所坚持、所宣讲和所教导的一切。但是,由于在宗教法庭已经警告我,要我彻底放弃认为太阳是处于宇宙中心不动、而地球则不是这个宇宙的中心并且在运动的错误观点,要我不能持有这种学说、不能为之辩护、也不能以任何一种方式——无论是口头还是书面——对之进行传授之后,并且,在收到关于该学说与《圣经》相违背的通告之后,我却写作并出版了一部著作,在其中讨论了这一受到禁止的学说,给出了对其有利并且非常有说服力的论据而没有予以反驳;所以,我被宣判具有极大的异端嫌疑,也就是已经坚持和相信太阳是处在宇宙中心不动、而地球则不在该中心并且运动。因此,为了从诸位阁下和所有虔诚的天主教徒心目中消除这一针对我的合理怀疑,我谨真心实意地宣誓放弃这些错误和异端。我诅咒并憎恶它们以及其他的谬误、异端或与神圣天主教会相对立的教派。我发誓,将来不再谈论、或者以口头或书面的形式维护那些会给我带来同样嫌疑的事情;并且,如果我知道任何异端的、或者有异端嫌疑的人,我将会向本宗教法庭、或者向我所在地的宗教法官或推事进行揭发。”

最后,他按计划被判终身监禁。不过,他在监禁中并没有放弃物理学和天文学研究,不仅观测发现了月球的天平动,还于1638年完成了《关于两种新科学的谈话与数学证明》——另一部开创了科学新纪元的重要著作。

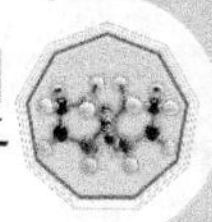

11.4 近代科学家与上帝

毫无疑问，无论是对哥白尼学说的禁止还是对伽利略的审判和监禁，所有这些对当时的欧洲科学还是造成了相当大的不利影响。不过，就整个欧洲而言，这种负面的影响也不可过于高估。因为，在阿尔卑斯山以北尤其是新教地区，对日心地动说的禁令并没有得到认真的实施。到17世纪中期英国皇家学会和巴黎科学院成立时，哥白尼学说已经基本上成为两国主流科学家的基本宇宙学信条。

此外，伽利略受审也不能让我们得出这样的结论，即在近代科学起源过程中，科学与宗教完全是站在对立面上的。实际上，伽利略在同宗教势力争论过程中并不想彻底否认教会和宗教，而是一直想说服教廷转变对科学的态度，取消对科学研究不必要的限制，以鼓励和促进天主教世界中的科学家大力进行研究，以同新教世界的科学家相竞争。

事实上，在近代早期的科学家中，很少有谁是真正的无神论者。相反，他们大都把对自然的研究说成是认识上帝的另一种途径，并在宗教框架中来为自己的科学工作定位。所不同的是，他们不再把科学研究看成是从属于神学研究的，而把它看成是与神学并行的。在他们的心目中，通过这条道路同样能认识上帝，并且有可能达到更加清晰的认识。他们不但这样想，而且许多人在实际中都会这样做，都会把上帝结合到自己对自然的思考中。换句话说，近代早期科学与宗教之间的冲突并非发生在信仰上帝的层面，而是在如何理解上帝的层面上，而这一层面则仅仅属于神学范围。

成名后的开普勒在写给马斯特林的信中这样写道："在很长的时间内我一直想成为一名神学家，并长期为(自己不能这样)而不安。然而，现在请看吧，通过我的努力，上帝是如何在天文学中得到了赞美！"正是在这个意义上，他把自己说成是"至高无上的上帝在自然之书方面的"教士。事实上，对开普勒而言，自己从宇宙中发现的那些数学的和谐与美都无不体现了上帝的荣耀。在他看来，哥白尼的日心体系正好显示了上帝的三位一体：太阳为圣父，恒星天球为圣子基督，二者之间的空间则代表圣灵；而他自己研究这个宇宙、

发现上帝施于其中的规则，就是在“跟随上帝，思其所思”。

上帝不仅是许多近代早期科学人物的精神依托，而且还成为不少人理论体系中的重要组成部分。在他们的心目中，上帝不仅创造了物质，而且还创造了运动：他要么在创造物质的同时把运动作为一种要素直接注入物质之中，使之因此而运动；要么在创造了被动的物质世界之后又给了他第一推动，使之运动起来。除了物质与运动，上帝还是自然的立法者，物质与运动都必然地遵循上帝订立或者选定的自然法则（Laws of Nature）。

从很大的意义上说，近代早期科学家从神学那里争取到的不但有自然知识上的权威，而且还有按照自然研究来构想上帝的权利。结果，在不同的科学思想体系中，上帝的形象就会有所不同。例如，17世纪欧洲大陆科学界流行的是唯理主义神学，认为上帝的主要特征是他的理智；而英国科学界则主要信奉神学上的唯意志论，强调上帝意志的重要性。前者相信，上帝是在一些永恒和前在的真理的引导下以理性和确定的方式行事的，因此，通过“思上帝所思”，就可能在一定的程度上达成对世界的理性认识；而后者则认为，上帝是全能的，完全能够根据自己的意志让偶然事件发生，因此，对自然，必须通过经验的方法加以发现。

不论在具体观点上有何差异，从总体上来说，科学家们从自然中解读上帝的努力反过来对神学产生了很大的冲击，尤其是推动了自然神学（Natural Theology）的发展，使之成为近代之后极富影响力的一个神学派别。这种神学强调完全通过理性来发现上帝的真理，而不是通过《圣经》与《启示录》。其中，理性研究就包括对上帝创造物的考察。

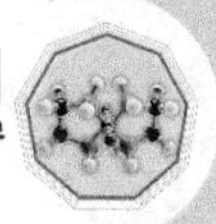

讯问自然
——从经验知识到实验哲学

12.1 炼金家的反叛

近代早期欧洲科学的标志性特征之一，是经验知识权威性的普遍建立。从此，研究者们不再满足于对实验和观察的零星使用，而把它们系统应用，作为自然研究中最重要和最可信的方法，以至于把“实验哲学”看成是自然哲学和科学研究的代名词。这种观念得以建立，既非一朝一夕之功，也非少数人物之力。而当时流行的自然魔法中强调与自然直接打交道的思想对此作出了重要贡献，其中最突出的代表就是炼金术。

1527 年 6 月圣·约翰纪念日，在瑞士巴塞尔(Basel)大学举行的学生篝火晚会上，一位医学教师把盖伦和阿维森纳的著作扔入了火堆，因为他认为，这些古代权威的著作一钱不值。这位充满叛逆精神的人原名菲利浦(Philip von Hohenheim, 1493 ~ 1541 年)，他自己改名帕拉塞尔苏斯(Paracelsus)，意思是超越塞尔苏斯，也就是罗马时期那位著名的医学百科全书的编写者。他对那些只知崇拜古代权威的人进行了无情的嘲笑:“我脖子上的汗毛的知识都超过了你们和你们的抄写手。你们的盖伦、你们的阿维森纳以及他们的所有追随者所知道的还不如我鞋子上的扣子多。把所有的古代作者加在一起，也不比我的胡子有学问。”由于他的反叛精神，同时代的人还给了他另一个称号:医学中的路德。

帕拉塞尔苏斯出生于瑞士一位医生家庭，自小跟随父亲行医，

长大后又四处旅行，学习炼金术和医学，最后回到德国，开始开业行医。他对矿工职业病以及梅毒有十分独到的见解和疗法，在医学上获得了一定的成功，并因此于1527年被聘请为巴塞尔大学的医学教师兼该市的市医。但很快，他由于攻击盖伦医学而被禁止授课，于是在巴塞尔的公众场合以德语讲授医学。这些叛逆行为使他无法立足，再加上在一场医学官司中败诉，结果只能重新开始行走江湖的生活，最后在奥地利的萨尔斯堡(Saltzburg)去世。

可能正是由于长期与实际打交道的经历，帕拉塞尔苏斯把经验作为唯一可靠的知识来源。他认为，人的知识来自于“自然之光”，也就是一种对真实的明悟与理解；“自然之光”既内在于人，又是世界的一部分；由于“自然之光”照耀下的个人经验是求知的最高方法，因此经验高于权威。所以他强调，医生必须以经验方式来对自然及其因果性进行考察，必须用自然教他的东西来统帅自己的智慧。还告诫说，医生应该用炼金实验室取代学者的书房。

与一般的神秘主义一样，帕拉塞尔苏斯把上帝看成是一个普遍的世界灵魂，认为世间万物(包括生物与人)都分有这个灵魂，并由此而具有内在的相互联系。人体对他来说是一个化学组织，其元素组成和平衡由人体及其各个部分的灵魂所控制；而正是由于这种灵魂是不可见的，所以不能以逻辑加以认识，而只能经过实验和直觉加以把握。

帕拉塞尔苏斯的医学思想与当时大学医科所教授的盖伦式医学(包括阿维森纳的医学)大相径庭，而更多地受到魔法思想的影响。他不接受四体液以及它们内在的平衡决定健康状况的学说，而相信大宇宙(物质世界)与小宇宙(人体)之间的互感，把疾病看成是外来因素的作用。不过，他却反对星占术，否认天体对人的命运的决定和影响。

在炼金术方面，帕拉塞尔苏斯也不接受哲学家所坚持的“四元素”说，而以三要素(硫、汞和盐)来解释物体的组成和性质。在他眼里，作为大宇宙的自然界和小宇宙的人体都是化学性的机器，连上帝的创世过程都可以理解为化学过程。对他来说，炼金术的目标不是求取贵金属，而是要理解药物的功效和力量，是对有用的药物的

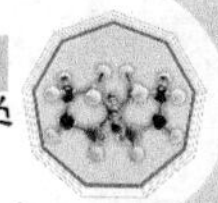

求取。

随着帕拉塞尔苏斯著作的出版,他的思想在欧洲产生了广泛的影响,导致了一个重要的炼金术与医药学流派的出现,被称为医药化学。这一潮流不仅促进了欧洲的医药学发展,而且对近代化学的诞生产生了重要影响,尤其是在实验方法论方面。比利时人赫尔蒙特(Johann Baptista van Helmont,1579~1644年)就是这个流派的重要继承者。此人出生贵族,先后进入两所大学求学,在尝试了诸多学科后,最终选定医学,并于1599年获得博士学位。一番旅行之后,他回国娶了一位有钱人家的小姐,并开始行医并从事化学研究。

赫尔蒙特认为自己从古代权威那里一无所获,所以也十分强调经验研究。他否认逻辑和演绎推理,强调通过直接的知性直觉地了解事物。他尤其重视化学特别是化学实验的知识价值,认为化学这门"火的技艺"是打开自然之门的钥匙。他认为组成物质的基本元素既不是"四元素",也不是"三要素",而是唯一的水,并为此设计了一个种柳树的实验:先把花盆、土和种在里面的柳树的重量秤好,然后每天给柳树浇水;经过若干年后,他再对三者进行称量,发现只有柳树的重量改变了。由此他得出结论,土在柳树的生长中没有起作用,只有水才是使柳树增重的基本元素。

今天看来,这个实验有许多不严格的地方,实验的设置上也存在问题。但是,这却是一个可控试验的良好范例。而通过化学实验,赫尔蒙特也发现了大量的新物质,尤其是一些气体,其中包括二氧化碳和一氧化碳等。

12.2 探索人体

另一个开始强调以经验知识来检验权威知识的领域是解剖学,而这一新变化则首先出现在大学的医学系科中。那里的解剖学传统实际上一直没有中断,但是直到近代早期,医学教授和学生基本上不亲自动手,而是让一些理发师来操刀。课堂上讲的解剖学知识基本上全部来自盖伦,没有谁会在意或者注意到他讲的是否正确。这种情况到16世纪开始出现改变,除了有艺术家开始亲自从事解剖活动外,一些医生也开始亲自动手,并发现被人们奉为权威的盖伦的一个个错误。这些人把真正的经验主义精神请回医学课堂，而维萨留斯（Andreas Vesalius，1514～1565年）则是其中的一个典型。

维萨留斯出生于比利时的一个医生世家，曾在巴黎大学学习医学，并开始对解剖学产生兴趣，经常到巴黎的殷诺森墓地（Cimetière des Innocents）观察人体骨骼。之后，他从帕多瓦大学拿到医学博士学位，并获得该校的解剖学教席，同时还在博洛尼亚和比萨大学兼课。

在解剖学课堂上，维萨留斯一改当时的常规做法，亲自动手，并让学生近距离观看。不仅如此，他还在不同城市面对公众进行解剖学演示，从而扩大了亲自动手理念的影响。他的工作引起帕多瓦一位法官的兴趣，并开始把一些死刑犯的尸体提供给他用于解剖。通过解剖，维萨留斯纠正了盖伦解剖学中的200多处错误。由此他正确指出，血管系统是源于心脏，而非肝脏；肝脏只有两瓣，而非5瓣；男人的肋骨与女人的一样多，而非少1根；下颌骨只有1块，而没有两块；神经是实心的，而非空心的；心脏隔膜上不存在小孔，血液不会穿过隔膜；等等。此外，他还发现了许多新的结构。

维萨留斯还请来画家卡尔喀（Jan van Calcar，约1499～1546年），让他帮自己绘制了精确但又不失优雅的解剖结构图。卡尔喀的老师是提香（Tizian，全名Tiziano Vecelli，约1485～1576年），文艺复兴中威尼斯画派在16世纪的领军人物。这些图与说明文字在1543年公开出版，题为《人体构造》。不久，他又出了该书的一个缩写本，题为《维萨留斯人体解剖概要》。这些著作变得十分流行，盗版不断。可见他的发现同他的理念在当时具有何等的影响。

《人体构造》既是解剖学知识的汇编，同时又像是一部解剖学指南，从器械准备到解剖步骤都有明确说明，具有极强的实用性。而在这部书的前言中，维萨留斯把解剖学称为一门"自然哲学"，说明他认为这门学科并非只有实用价值，而也能够促进自然知识的发展，因而是一门哲学。他还强调，医学必须以解剖学为基础，并且在学习解剖学的过程中必须亲自操作。他认为，作为解剖学教师，"决不可不自己亲身观察而只是坐在讲台上，像鹦鹉学舌一样重复书本里的内容。如果这样，听讲的人还不如去向屠夫学习"。他充分理

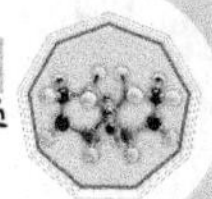

解盖伦错误的根源是他没有机会解剖人体,认为这不是盖伦的过失。但是,他同时指出,如果在有人体器官可供观察的情况下仍然坚持盖伦的错误,那才是罪过。

不过,这些观点并不能说服那些盖伦权威的维护者们,连他在巴黎大学时关系相当不错的老师现在都骂他是两条腿的蠢驴和狂人。为了维护盖伦的权威,这位老师甚至荒谬地提出,人体自盖伦时代以来已经发生了改变,所以才会观察到不同。尽管如此,维萨留斯所倡导的解剖学方法还是得到了广泛的采纳。而在意大利的医科大学(如博洛尼亚、帕多瓦等)中,实验的空气也因此而变得尤其浓厚。

维萨留斯去世37年之后,一位英国青年从帕多瓦大学获得了医学博士学位。他把从这里学到的解剖学知识连同这里的实验精神一起带回伦敦,并把可控实验系统地引入对器官功能的研究,最终解释了血液循环的奥秘,首次获得了对动物心血系统功能的正确认识。此人就是哈维(William Harvey, 1578~1657年),英国肯特(Kent)郡一位富商的儿子,后来英国国王查理一世(Charles I)的御医。他的血液循环理论在1616年已经建立,但一直到1632年才有一位德国书商答应帮他出版,这就是著名的《论动物心血运动的解剖学研究》(简称《论心血运动》)。

哈维在行医之暇开始这个课题的研究之前,解剖学已经把心血系统的主要硬件一一弄清:在希腊解剖学发现的基础上,维萨留斯确立了心脏作为这个系统起点的观念,而塞尔维特(Michael Servetus,1511~1553年,维萨留斯在巴黎的同学)以及科伦布(Realdus Columbus,1516~1559年,维萨留斯的学生)则分别发现了肺循环。也就是静脉血从右心室经过肺动脉流入肺部,实现空气交换后由肺动脉流入左心房的循环。此外,哈维在帕多瓦的老师法布里修斯(Christopher Fabricius,1537~1619年)还发现了静脉瓣膜。

受哥白尼日心说的启示,哈维认为心脏是人体这个小宇宙中的太阳,而血液应该围绕着这个中心周转,而不是像盖伦所想象的那样做有始有终的运动。为了证明自己的设想,他进行了大量的解剖,并精心地设计了一系列的实验。例如,为了有效观测心脏在血液运动中的作用以及血液的流向，他选用心律较慢的冷血动物进行解剖，并借用蛇的心脏做了活体实验。结果发现，当把通向右心房的静脉管结扎起来时，右心就会因缺血而变得苍白；而当把连接左心室的动脉管结扎起来时，左心就会紫胀起来；而打开结扎，则症状全都消失。通过类似的结扎实验，他还揭示了动脉和静脉瓣膜在决定血液流向中的作用（动脉瓣膜使血液只能朝离开心脏的方向流动，而静脉瓣膜则相反）。

最终他得出结论：随着心脏的扩张与收缩，血液顺着静脉→腔静脉→右心房→右心室→肺动脉→左心房→左心室→主动脉→动脉→静脉的方向循环流动。尽管他暂且不知道动脉与静脉的末梢之间是如何沟通的，但是他断定，血液必定是做循环运动，而心脏则是这一循环的中枢和动力来源。1660 年，意大利医学家马尔比基（Marcello Malpighi，1628 ~ 1694 年）利用显微镜发现了连接两者的毛细血管，从而证实了他的观点。

可以说，哈维的发现既是近代早期解剖学发现所导致的成就，也是可控实验在生理学上巧妙使用的结果。为了定量说明血液循环理论的合理性，他还将定量方法引入生理学研究，测量了心脏每收缩一次所排出的血液量，结果算出每天流经心脏的血液总流量是 540 磅，是一个人正常重量的 3 倍以上。如果像盖伦那样认为血液不是循环，而是不断由肝脏产生的，那就很难解释这么多血液的生产和消耗速度。

哈维十分清楚实验在自己理论构建过程中的重要作用，并且清楚地认识到实验过程的控制对求得真知的重要性。而对他来说，所谓的控制，就是与实验相结合的推理。所以他指出："如果对使用感觉的信任不是极其肯定、并借助推理使之保持稳定（就像几何学家在他们的理论结构中所习见的那样），我们就不会承认有什么科学：因为几何学是对非感官性事物的一种感官性的理性演示。按照它的示例，那些深奥而远离感官的东西能通过更加明确和显著的表象而更好地被人理解。"正是由于这样的原因，他才以"一切推理和实验都证明（血液是循环的）"作为《论心血运动》全书的结尾。

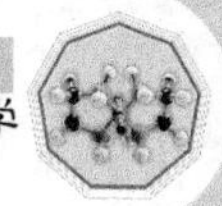

12.3 技艺与哲学

近代实验精神的普遍形成还同人们对工艺技术知识的不断重视有关:有知识的工匠和一些学者试图将这些知识总结出来,一方面指导工匠的技术实践,另一方面则想为学者的自然研究提供素材。这些著作不仅提升了工艺知识的地位,而且把讲实际、重经验的风气带入学术界,从而对实验哲学的发展产生了促进作用。德国学者阿格瑞阔拉(Georgius Agricola,1494~1555 年)和英国医生吉尔伯特(William Gilbert,1544~1603 年)是这方面的两位典型代表。

阿格瑞阔拉十分早慧,除了学习语文学之外,对医药、化学以及自然哲学都很有兴趣。在从意大利拿到医学学位后,他回到德国,先后在当时的两大矿业中心行医,并担任过市长之职。其间,他开始了对采矿和冶炼技术的系统研究,在矿物学方面写下了一系列重要著作,并于 1550 年以拉丁文完成了其中最重要的《论金属》12 卷,并于 1556 年正式出版。书中对矿脉分布、矿物勘探以及金属提炼等进行了非常系统的描述,并且配有大量插图,用以演示工艺过程。该书以拉丁文写成,所针对的读者群是学者。全书写得井井有条,把矿冶经验转变成了一个知识系统,是一位学者通过经验性研究而写给学者的关于经验知识的著作,其矿物学水平在 200 多年的时间里无人超过。

事实上,从 16 世纪中后期开始,欧洲涌现出大量总结工艺及技术知识的著作。如果说阿格瑞阔拉的工作是这类著作的代表,那么吉尔伯特对磁学的研究则代表了在这些知识的基础上进一步开展知识创造的趋势。吉尔伯特出生于一位贵族家庭,毕业于剑桥大学,是伦敦颇有名望的一位医生,参与主持过《伦敦药典》的编写,晚年曾长期担任皇家医学院的院长以及御医。

在吉尔伯特的时代,指南针在欧洲的航海中已经得到广泛的使用,由此导致了一批经验性著作的出现。其中最著名的是英国退休海员和罗盘制造商诺曼(Robert Norman)在 1581 年出版的《新奇的吸引力》。书中描述了诺曼对磁力的一些经验性观察,指出了磁倾角的存在,并讨论了磁偏角的问题。诺曼等人的著作引起了吉尔伯特的兴趣。大约从1581年开始,他与一些朋友一起在业余时间讨论这个问题,并开始了系统的实验研究。据哈维说,终生独身的吉尔伯特为购买实验仪器和器材花了5 000英镑(相当于现在的66万多英镑)。最后,他于公元1600年出版了《论磁、磁性物体以及地球大磁体》(简称《论磁》)一书。

全书的内容如下:第1卷首先对历史文献中关于磁石和磁现象记载进行了回顾与评论,然后讨论磁体的基本性质(两极、吸引、排斥以及磁化),最后论证地球是一个大磁体;第2卷则区分了磁和通过摩擦琥珀等绝缘体而得到的电,并讨论了相关的许多现象;第3至5卷是地磁学,涉及地磁线的基本走向、磁倾角和磁偏角等问题;最后一卷是所谓的磁力哲学,即用磁来证明地球是可以自转的(磁体是可以自转的,地球是磁体,所以也是可以自转的),并把磁作用推广到所有的天体以及天体之间。

吉尔伯特非常强调实验的重要性,并在全书一开始就呼吁,要把那些正在黑暗中酣睡的哲学家唤醒,让他们放弃那种仅仅从书本中获得知识的学问,让他们停止仅仅在空想和可能性的基础上讨论问题。他指出:“在发现事物的秘密和研究隐秘原因的过程中,更有力的原因是通过确定的实验与证明过的论据得到的。”与此相应,贯穿全书最重要的内容是经验知识和精心设计的实验。借助于经验和实验,他否定了历史文献中的诸多“谎言与谬误”,如磁石能够治病以及蒜汁能让磁石退磁①,等等;而他关于地球磁场的实验则是可控实验最为经典的范例。

基于地球是一个大磁体的结论,他磨制了一个天然磁石球,并用它作为地球的实验室模型。同时,他又制作了精巧的顶置式小磁针,用以模拟水手使用的指南针。这样,他就可以通过观察小磁针在磁石球附近的行为,来研究地球上不同地区指南针的方向变化。由此他证实了一些观察到的事实,包括指南针确实可以指向地球的两极,磁偏角和磁倾角确实存在,等等。关于磁偏角,他推论,其产

---

① 传说当时的水手会因为吃蒜而受到鞭打,因为人们相信,大蒜的味道会使指南针失去作用。

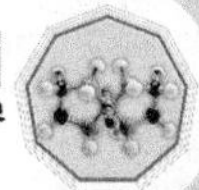

生的原因是由于有磁性的大陆和无磁性的海洋在地球表面的分布不均。为了证明这一点,他在磁石球的表面弄出了一些类似于海洋的缺陷,结果小磁针在其周围果然会出现程度不同的偏转。

基于磁体可以在没有相互接触的情况下发生相互作用的事实,吉尔伯特将磁性看成是一种与宇宙灵魂类似的存在。由此,他把磁学从实验提升到了"磁力哲学"的高度。根据这一哲学,地球由于拥有了这种力量,就成了一个有生命的个体,因此完全可以自转。而作为最早接受日心地动说的学者之一,他还相信,所有的天体都含有磁性,而太阳对所有行星都存在类似的磁力作用。

所以,从总体上看,《论磁》的目的实际上有两个:首先是借用系统的实验方法对当时已知的所有关于磁(实际上还有电)的知识(无论是来自历史文献还是来自当代工匠的著作)进行一次全面的整理和总结,并试图发现新的现象;其次是在实验研究的基础上建立一种"磁力哲学",并将它推广到整个太阳系。

必须承认,吉尔伯特对于磁现象的兴趣与基础知识主要来自工匠传统,但他对这些知识的处理方式又显示出了鲜明的个性。系统的实验与哲学的提升,这两点正是吉尔伯特作为一位绅士区别于工匠的地方。为此,他为自己的著作加了一个副标题:"通过论据和实验多方证明了的新自然哲学",真可谓点睛之笔。

12.4 "新工具"

正当吉尔伯特在伦敦的实验室里忙于磁学实验时,另一位刚出大学校门不久的伦敦青年回到了这座城市,并构思着一套雄心勃勃的学术复兴计划。这个计划的支撑点实际上就是吉尔伯特式的经验性方法。这位青年名叫培根(Francis Bacon,1561～1626年),当时的掌玺大臣之子。他毕业于剑桥大学,学习的是法律。毕业后他直接步入了政治圈,最后在42岁时被封爵,52岁时成为司法部长,5年后又担任了上议院大法官。然而,随着在1621年被指控受贿,他的政治生命走到了尽头。此后,培根将全部精力投入学术研究,并在外出考察的过程中染病去世。

早在1592年写给他舅舅的信中,培根就宣称自己要制定一份促进知识重建的完整计划，并宣布，所有的知识都是自己的研究范围。凭着政治家的敏锐，他深刻地认识到，自己所计划的复兴必须借用新的研究方法，并在新的社会建制下展开。在后来的政治生涯中，他一直为实现自己的目标而努力，并希望政府能够直接推进此事。为了实现自己的理想，培根曾先后劝说伊丽莎白一世（Elizabeth Ⅰ）及其继任者詹姆斯一世（James Ⅰ），要求建立包括动物园、植物园、专用图书馆和化学实验室等机构的国家性研究部门。

在这些努力流产后，他开始将自己在科学知识论方面的主张写成著作。他计划建立一种关于自然世界的“新哲学”，并将之编写成一部题为《伟大的复兴》的百科全书。这一计划在 1620 年出版，题目就叫《伟大的复兴》。按照这份计划，该套百科全书共包含 6 大部分：①知识的分类，目的是通过对现有知识领域进行分析，指出已有的发明和尚待发展的知识领域；②新工具，或者关于自然诠释的指导，目的是提出超越古人的新科学方法论；③宇宙的现象，或者作为哲学基础的自然与实验的历史①，目的是为新哲学的建立提供可靠的经验基础；④智力的阶梯，是从经验基础通向“新哲学”的中间环节；⑤先驱者，是新哲学完善前的中间阶段，以满足暂时之需；⑥新哲学，或者积极的科学，也就是培根要建立的关于自然的一般理论。

可惜，培根一生中只完成了这个庞大写作计划中的部分内容。1605 年出版的《学术的进展》可以充当该计划中的第一部分，此书经过修改和扩写，于 1623 年以《学术的荣耀与进步》为题再次出版。此外，1620 年出版的《新工具》实际是该计划的第二部分。培根晚年还投入了对自然的观察与实验性研究，写下了《木林集》，共记录了 1 000 条通过观察和实验而获得的“历史”记录，明显是准备作为《伟大的复兴》计划中的宇宙现象部分的内容。

培根尽管没能完成自己计划中的“新哲学”的知识大厦，但却提出了一套较为系统的科学知识论，其中至少有三方面对近代早期欧洲科学的发展产生了重要影响。

---

① 这里的“历史”与普林尼《自然史》中所说的历史意义相近，而不是我们现在所说的“历史进程”的历史。

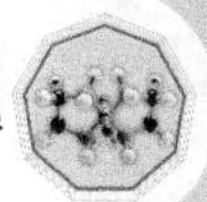

首先，培根强调，知识的目的并不是为了获得精神上的满足（如认识宇宙的目的等），而是为了指导人们获得新的经验和发明，并在博爱精神的指引下，为“生活的益处和用途”服务。按照这样的标准，他把追求幻想目标的魔法、以论辩为主的经院哲学以及片面追求古代文风而不是知识的人文主义都斥为病态知识，认为它们像是蜘蛛网，其精细令人赞叹，但却空洞和无益，而且造成了人类智力的巨大浪费。而从以印刷术、火药和指南针为代表的技术发明对社会发展的巨大影响中，培根则看到了知识在信仰提升、国家强盛、社会进步以及道德培育等方面的重要作用。正是在这个意义上，培根提出了“知识就是力量”的口号。

其次，培根强调经验知识的重要性。培根把自然知识分为两类，即自然哲学与形而上学。前者研究可变和特殊的原因，而后者则讨论一般与恒定的原因，也就是物质最一般的性质或者“形式”。按照培根的观点，前者是后者必不可少的基础，是“第一哲学”；而后者则是自然研究的最后一步，探求的是自然定律，是第二哲学。具体说来，自然哲学对应于“学术复兴”计划中的“宇宙的现象”部分，而形而上学实际上则是指该计划中的“新哲学”部分。按培根自己的解释，作为新哲学基础的自然哲学是对自然确定而可靠的观测与记录（所以他称之为“历史”），是关于自然的事实，也是进一步研究的材料；而且，这类知识主要是在实验条件下获得的，在形式上则是叙述性和归纳性的。正是由于认识到这类知识的重要性，培根晚年集中全部精力投入研究，写成了《木林集》一书。

最后，与对经验的强调相对应，培根从总体上反对亚里士多德的演绎方法，而提倡在求知的所有阶段普遍地使用归纳法。为了表示自己方法与亚里士多德逻辑学方法的区别，他特意称自己的方法论著作为《新工具》。这种“工具”实际上是一个以归纳法为支柱建立起来的金字塔结构：自然与实验的历史是归纳的起点，通过对它们的研究，可以先归纳出一些初级公理；根据初级公理，可以推出新的实验和观察，在此基础上，归纳出中间公理（或者工作公理）；最后，根据中间公理，则可以归纳出更加一般的公理，并可由此归纳出更加基本的自然定律。

培根并非把归纳中所用的经验等同于日常经验，而是认为，它们必须通过适当的方法（甚至包括实验）加以修正和扩展后才能变成事实。而在归纳过程中，他建议使用所谓的三表法，即通过列出“相同事例表”（即含有同种特性事物的列表）、“不同的事例表”（即不含该种特性事物的列表）以及“程度对比表”（在不同程度上含有该种特性的事物列表），像断案一样“讯问自然”，从中归纳出“公理”。培根了解归纳法在事例枚举上所具有的局限性，于是提出“用适当的排除法来分析自然，并且在考究了数目充分的否定事例以后，再根据肯定的事例来求得结论”的方法，用以解决这个问题。

培根也理解，人的感官体验并非只取决于感觉器官本身，而会受到来自主观方面的极大影响。为此，他强调，在应用感官发现事实的过程中，应尽力排除四种“偶像”，即种族偶像（即由于人的本性而产生的错误概念，如用人格化方法解释自然）、洞穴偶像（由先入为主的观念所引发的错误，如在研究了磁现象后就试图以此为基础建立一整套自然哲学①）、市场偶像（由语言而产生的错误概念，如相信一个词必然对应着一个真实的存在）以及剧场偶像（由于对哲学权威的教条式信奉而产生的错误）。

如果说培根的《新工具》是对其归纳法的理论性总结，《木林集》则是在“第一哲学”的层次上对这种方法的一种示范。培根在副标题中将该书明确地称为“自然史”，其体裁在很大程度上也与普林尼的《自然史》相类似。不过，培根强调，自己的自然史是一种“新自然史”，并在1620年出版的《自然和实验历史的准备》中对之作了详细的说明。在书中，培根将自然史分成三类：第一，对正常和自由状况下的自然现象的记录；第二，对发生偏差的自然现象的记录；第三，受到工艺处理和人工干预的自然现象的记录。他把最后一类自然史称为“机械的或者实验的历史”，强调自己的自然史“更多的是关于自然在受到限制和扰乱，即当她因技术和人类之手被迫偏离她的自然状态，受到挤压和塑造的时候”的情况。也就是说，他强调了自然史中实验史的重要性。其实，《木林集》就是这样一部强调实验的

① 这是对吉尔伯特的公开批评。

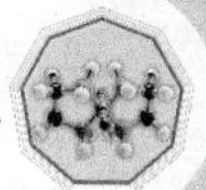

著作,因此,其中的条目全部都被冠以“关于××的实验”之名。

在普林尼等古代作家那里,对自然的描述与对自然的理解是等价的。培根则改变了自然史的这一性质,而把自然史作为探究自然现象原因的手段。因此,《木林集》中所记录的实验基本上都遵从事实(facts)—探究(inquisition)—原因(causes)—原理(axioms)的模式。其中的“事实”是来自于观察和实验的经验,“探究”是对经验的精心分析,“原因”是对现象的具体解释,“原理”是对现象的一般性解释。其中,“事实”出自自己的观察,也包括从前人著作中引用的所谓“学者的经验”(literate experience)。培根强调,为了保证“原因”和“原理”的可靠性,研究者必须“与自然和经验持续不断的对话”,应该“经由实验来分解和精炼”知识,“从确定的事例中得出”结论。

《木林集》在1626年出版后,在50年中被重印了9次,甚至超出了其《新工具》的重印次数,产生了极大的影响,在英国实验哲学思想的形成过程中起到了十分关键的引领作用。培根的归纳法和相应的实验方法尽管并不完善,他自己的实验也没有导致任何重大的科学发现,但他却从哲学上第一次系统论述了经验知识的重要性和权威性,为实验哲学的建立奠定了理论基础。当然,培根并没有专门论述数学与实验的结合,这一点还需要来自数学传统的自然哲学家加以补充。

宇宙的语言
——自然的数学化

13.1 数学挑战哲学

经过阿奎那的努力,与神学合一的经院哲学支配了欧洲中世纪后期的知识发展。经院哲学家成为诠释自然的权威,在知识圈中的地位仅次于神学家。数学学科在大学中只是通艺科中的一门实用知识,在社会上则主要以一种工具的形式存在于测绘师和工程师之类的人手中,由这些教师和技术人员所构成的数学家群体在地位上远低于哲学家。这种情况一直持续到 16 世纪。

与这种地位上的差异相对应,16 世纪的一些著名经院哲学家公开断言,数学不是亚里士多德意义上的自然哲学(或者物理学),因为按照亚里士多德的观点,自然哲学的最高目标是要解释事物的原因,尤其是质料因、形式因、动力因和目的因;但是,数学证明和推演从来不问原因,只能提供对自然的描述,而不能提供对自然的解释,不能让人了解自然的本质。持这种观点的代表人物包括著名的意大利哲学家、帕多瓦大学的哲学教授皮科洛米尼(Alessandro Piccolomini,1508 ~ 1579 年),另外还有西班牙自然哲学家裴瑞拉(Benito Pereira,1535 ~ 1610 年)。

可是,在近代资本主义经济以及文艺复兴文化所催生的新的社会环境中,数学学科的重要性越来越突出:航海需要精确的海图和天文导航技术,艺术创作需要科学的透视学,华美的市政建设需要几何与力学上的设计,甚至连新式武器的设计制造也离不开数学的

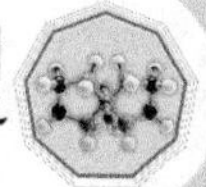

分析与计算。而在当时,所有这些与实际相联系的技术和知识都被归在数学之下。

与此同时,在古代和中世纪早已出现的以数学研究自然的方法也得到了复兴、发展与提升。促成这种变化的因素是多方面的,不但与新发现的柏拉图主义和神秘主义对数学的强调有关,而且同一些具有示范性的古代著作的再认识与传播有关。前面我们指出,正是通过《至大论》的重新翻译与诠释,以数学方法开展创造性天文学研究的传统得以在欧洲恢复。实际上,在《至大论》的引言中,托勒密已经明确论述了数学性知识的独特地位,而且把它作为理论哲学的主要组成部分,而不是作为普通的实用性知识。而在物理学领域,阿基米得力学著作的再发现也起到了同样的作用。

12 世纪以后,阿基米得的力学著作已经通过多种渠道传回欧洲,但并没有引起太多重视。1550 年前后,意大利人文主义者兼数学家卡门蒂诺(Federico Commandino,1509 ~ 1575 年)对这些著作进行了修订和重新编辑,并最终印刷出版。很快,《论平板平衡》和《论浮体》两部著作变成工程师们处理力学问题的范本,涌现出一批新的数学—力学家。荷兰工程师史台文(Simon Stevin, 1548 ~1620 年)就是其中的杰出代表。受阿基米得数学—力学的启发,他对刚体静力学和流体静力学进行了系统研究,发现了斜面重物的平衡条件以及液体对容器底部压力的规律,并于 1586 年出版了《静力学原理》和《流体静力学原理》两部重要著作。

在这样的背景下,数学家们开始对那些轻视数学的人进行反击,其中最典型的就是著名的耶稣会数学家克拉维斯(Christopher Clavius, 1538 ~1612 年)。他指出,在亚里士多德的科学分类体系中,数学以及“混合数学”(指天文学和乐律学等)与自然哲学一样都属于科学;所以,应该给数学教师和哲学教师以同样的尊敬。克拉维斯是耶稣会在数学教育方面的设计师,正是通过他的努力,数学以及数学学科在耶稣会大学的课程中得到了极大的重视。并且,这种潮流很快也扩展到其他许多大学。

在数学地位不断提高的同时,在如何看待和处理自然的问题上出现了一种十分重要的思想倾向,被后代史家称为“自然的数学化”。

这种思想倾向的意思不仅仅是强调数学方法在自然研究中的广泛使用，而是认为自然的结构是数学性的，而且相信：通过数学方法总结出的关于自然的数学性定律并不仅仅是人类在描述和处理自然问题时的一种假说或者工具，而是真实地反映了自然中存在的秩序和运作的方式。换句话说，数学家在自然的研究中也许回答不了原因的问题，但是数学定律却同样可以诠释自然，并揭示自然的本质。从很大意义上来说，这种"数学实在论"的观念代表了数学家的哲学家诉求。或者，这也可以说是在自然的研究中数学对哲学的一种挑战。

在哥白尼和开普勒的天文学工作中，"数学实在论"的观点已经表现得十分清楚。哥白尼认为，由于基于地动说的新模型同已有数据和观测完全吻合，这就使哲学家否认地球运动的全部论据彻底土崩瓦解。换句话说，在哥白尼看来，日心地动模型是自然的数学规则所要求的。如果说哥白尼的思想中有什么是革命性的话，这应该是最重要的一点。

自然数学化的观念在开普勒那里表现得更加突出，因为他从一开始就相信，上帝是按照一个和谐的几何原型创造了宇宙。这种观念不但引导他完成了《宇宙的神秘》，而且是贯穿他的《世界的和谐》以及《哥白尼天文学概要》的重要主题。他认为："在创世之前几何模型就与上帝的思想同在，它就是上帝，它为上帝创造他的世界提供了模型，它也已经通过上帝的形象被直接传递到人的思想之中。"因此，"几何学不是用眼睛接收到人脑中的"。

至于他发现的行星运动的数学定律，他也认为它们反映了物理实在，因此才努力要从"天体物理学"上去"证明"它们。而按照他对《哥白尼天文学概要》卷四标题的解释，"天体物理学，也就是用自然或者原型的原因来解释天上的一切大小、运动与比例"的学问。

13.2 自然的数学语义

在近代早期欧洲科学家中，伽利略是数学家阶层对哲学家阶层发起挑战的一个最典型的代表：当他以数学教授的身份开始大学教职时，就不时地在自然哲学问题上向哲学家同事们提出质疑，进行

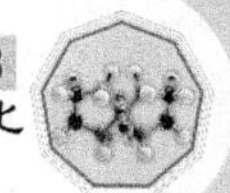

争辩;他总是想通过自己的研究和发现(包括他的望远镜天文新发现)证明,自己作为一个数学家照样能够揭示自然的运转方式,并参与对自然本体的哲学讨论。所以,当他以"比萨大学数学教授"的身份出版《星际使者》时,他特地在标题页上注明:"将这些提供给每个人思考,尤其是哲学家们和天文学家们。"尽管他是一个数学家,但是却一直设法获得托斯坎公爵宫廷哲学家的头衔,并于1610年如愿以偿。他之所以这样做,一方面可能是为了地位与收入的提高,另一方面则无非是想证明,只要愿意,数学家就能够成为哲学家。

在1623年出版的《试金者》中,伽利略非常明确地提出了自己对于自然哲学与数学关系的看法。该书封面左边画上了手执天球(代表宇宙)的自然哲学女神,右边则画上了手执球形星盘(代表数学观测仪器)的数学女神,明显是对这一主题的提示。伽利略在该书的开始部分写下了那段最能代表这一思想的文字:"哲学就写在这本大书中——我说的是宇宙。它永远向我们敞开,供我们凝视。但是,除非你首先学会理解写成它的语言,并学会写成它的字符,否则你就不可能理解它。它是以数学为语言写成,字符是三角形、圆和其他几何图形。没有这些字符,人们就连它(指宇宙)的一个字也别想读懂。没有它们,人们就只能迷失在黑暗的迷宫中。"

伽利略在这里要表达的意思是:正是由于自然这部大书是以数学的语言和符号写成的,所以研究者就只有利用数学方法才能去读懂它的语义。尽管他提到写成这本书的符号是几何图形,但是他对自然的数学语言的理解却不仅限于狭义的欧几里得几何学。相反,他在《试金者》中明确指出,在物理现象的研究中,最重要的是大小、位置、时间和运动这些可测量的数量,而经院自然哲学家们所重视的一些性质(如热、颜色和味道等)则是人类感官的产物,是由物质的位置、大小、时间和运动等定量因素所决定的。因此,物理学家在解读宇宙这本书时,重要的是通过这些可测量量来理解自然。而且,只有通过这种方法才能真正抓住自然的本质。所以,伽利略已经对所谓的"第一性质"(客观存在、并可以测量的性质)和"第二性质"(由感官产生的性质)作出了明确的区分。

这种方法论也被伽利略贯彻到了对一系列地面物理现象的研

究中，其中最有代表性的是他的运动学。这项研究是伽利略终生的兴趣所在。早在1590年前后，他就写成了《论运动》的手稿，其中主要讨论了自由落体的问题，通过推理和实验证明，重物的下落速度并不是由重量决定的。这些研究虽然加深了他对亚里士多德运动学观点的怀疑，但并未获得对运动问题更加深入的理解。

可能正是由于这种方向上的探索没有太多结果，伽利略开始改变研究策略。他不再像自然哲学家们那样去关心导致和维持运动的原因，更不关心物体的所谓自然本性及其与物体运动的关系。相反，他开始把注意力转移到物体运动过程的研究上，重点考察运动物体的位移、时间与运动速度等可测量量之间的关系，把它们总结成数学定律，并认为这些定律就反映了自然的实际运作方式。对于近代早期科学尤其是物理学发展来说，这一转变是具有革命性的发展。按照这样的思路，伽利略于1602年发现了单摆周期与摆幅和摆球重量无关，但与摆长有关；又于两年后总结出了自由落体的运动距离与时间的平方成正比，并对此提出了几何学上的证明。在此基础上，他还发现了惯性运动，并把抛体运动看成惯性运动与自由落体运动的合成，由此发现抛体的轨迹为抛物线。可以说，至少从这时开始，“自然数学化”的理念已经被伽利略贯彻到了对物理学的研究之中。

看起来，伽利略最初只是把运动学作为一种局部的物理现象来研究。但是，随着自己越来越深地卷入日心地动说的争论，他开始将运动学的研究成果全面地应用于这一问题的讨论，一方面对支持地静说的亚里士多德运动学说进行批判，另一方面对地球运动的可能性进行证明。到这时，对运动学的数学研究已经不止具有局部物理学的意义，而成为揭开宇宙真实结构和运动方式的钥匙。

在运动学研究中所体现出的理念也被伽利略用到了另一个物理学领域，即材料力学。在这里，伽利略把物体的强度总结为与长度、厚度和宽度等可测量量相关的表达形式。伽利略对自己在方法论上的这种创新十分清楚，因此在1638年发表自己在上述两个领域中的研究结果时，他把新作命名为《关于两种新科学的谈话与数学证明》（简称《谈话》）。实际上，这里的新与其说是强调研究问题的新，还不如说是研究方法和理念的新。

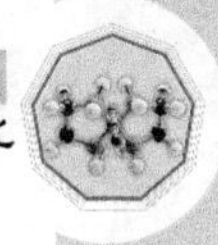

13.3 数学化的哲学与世界

公元1618年,一场由新教与天主教之间的冲突所引发的战争在欧洲爆发,史称“三十年战争”。这场战争既改变了欧洲,也改变了一位年轻人的人生旅程,使他踏上了对自然的数学研究之路,并成为一代宗师。此人就是笛卡尔(René Descartes,1596~1650年),一位法国高等法官的儿子。

笛卡儿在10岁左右进入耶稣会创办的学校接受教育,除前3年的文科基础学习外,他用后5年的时间研读了数学学科与自然哲学。之后,他进入大学学习法律,并获得学位,显然是想将来继承父业。在求知欲的驱使下,他在战争爆发后参加了荷兰的雇佣军,想利用战争提供的机会去游历世界和发现真理。可是,在雇佣军驻地,他遇到了著名荷兰数学家毕克曼(Isaac Beeckman,1588~1637年)。毕克曼是史台文的学生,不仅重视数学—物理学的具体研究,更强调这种研究方法的重要性。这些思想对年轻的笛卡尔产生了重要影响,使他对数学和新物理学产生了兴趣,并领悟到,应该把数学方法推广到一般的哲学研究中。

离开军队后,笛卡尔全身心地投入到了对自然哲学的研究之中,在1619到1633年之间完成了包括《曲光学》、《气象学》和一部以日心说为基础的宇宙学著作。他原计划以《论世界》为题出版这些成果,但伽利略的受审让他打消了这个念头。不过,他并未停止对于自然哲学的探讨,并最终在1644年完成了《哲学原理》一书,系统地建立了自己的自然哲学体系。与之同时,他还把相当大的精力放在科学方法的研究上,先后写下了《指导心灵探求真理的原则》(1628年)、《论正确运用理性的方法》(1637年,简称《方法谈》)以及《第一哲学沉思录》(1641年)。

这些著作使笛卡尔从数学青年变成最著名的哲学家,并最终把他带入瑞典的王宫,于1649年成为瑞典女王克瑞斯汀娜(Queen Christina)的私人教师。但是,这位女王怪癖的起居习惯严重影响了笛卡尔的健康:他不得不每天清晨五点钟起来为女皇上课,即便是冬季也不例外。笛卡尔原本孱弱的身体终于被彻底摧毁,不久便离开了人世。

笛卡尔无疑具有突出的数学才能，但是，他并不执著于具体的数学研究，而是试图把数学方法移植到哲学研究中，使哲学具有数学一样的确定性。他甚至尝试仿照数学建立一种科学的科学，他称之为"普适的马特西斯"（*Mathesis universalis*），也就是从最简单且最可靠的观念出发，经由数学般严密的逻辑推理，演绎出较为复杂的观念。笛卡尔读过培根的《工具论》，对其中的归纳方法甚为赞赏。但是，他认为，经验往往从最复杂的现象开始，所以，以它为基础的归纳就很容易发生错误；而在演绎中，这种问题则不存在。

笛卡尔认为，根据演绎方法，在遇到一个比较复杂的问题时，首先要做的是对其进行分解，以得到其中最简单和最可靠的元素，然后以之为基础进行演绎推理。而这样的元素在笛卡尔看来就是"由明晰而专注的心灵借助于理性之光产生的那些确定无疑的观念"，如三角形由三条边组成，一个球由一个面围成以及我正在思考，等等；或者是经由清晰而明确的直觉而达到的认识。

至于如何才能达到对最简单和最可靠观念的把握，笛卡尔认为只有经过怀疑的方法，也就是用怀疑来检验一切，一直到发现不可怀疑的东西。在笛卡尔看来，这种怀疑就是清晰而明确的直觉。经过这样的过程，笛卡尔发现，这个世界上最后只有一件事是不可怀疑的，就是有人在怀疑。而怀疑是思维，有思维就意味着存在思维者，所以"我思故我在"。笛卡尔同时认为，万物必定有一个原因，而且原因至少与其结果一样丰富。结合这条信念，从我的存在以及我脑子里认为有一个更完善的实体的观念出发，他推出了作为思维者及其观念存在的充分原因——上帝的存在。而从上帝不会把思考者引入歧途的观念，他推出，自己明确清晰地感觉到的一切事物都是实在的。也就是说，世界是真实存在的。

当笛卡尔把这套"数学化"的哲学具体应用于自然哲学（他也称之为物理学）的研究时，其中的主要元素变得更加数学化了。在《哲学原理》中，他明确指出："在物理学中，我所接受或者要求的只有那些几何和纯数学的原理。这些原理解释了所有现象，使我们能够提

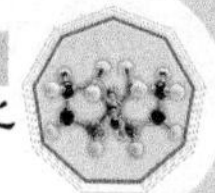

供有关这些现象的非常确定的推演和证明。”也就是说，在物理学中，他所接受的是纯粹的几何和数学性的方法及原理，借以确保对自然认识的确定性。这种物理学研究方法被毕克曼称为“物理数学”(Physico-mathematics)。

与这样的方法相对应，笛卡尔也把物质世界中的真实存在归结为几何学上的量，指出：“我公开申明，除了那些被几何学家称为量，并被他们作为推演对象的东西之外(也就是可以讨论它们的分界、形状和运动等)，我不承认具体事物之中还有其他什么物质。而且，除了考虑它们的分界、形状和运动，我也绝对想不出还能对它们做些什么。而即使在这中间，我也只承认那些从确定无疑的一般概念中演绎出的结果，而这种演绎也必须是确定无疑的，以至于可以被看做是数学推演。”

正是由于这样的原因，笛卡尔把物质存在等同于三维的广延，也就是物质占有的几何空间。他认为，思维只能对这种数学的实在形成清晰而确定的认识。与此相对，事物的颜色、气味、滋味和声音等都只是数学实在作用于感官而产生的主观经验，难以达成确定的认识。也就是说，人们可以而且也只有通过对事物数学性质的研究来达到对自然本身的认识。可见，笛卡尔的哲学数学化实际上也就是自然的数学化。

在作为《方法谈》附录之一的《几何学》(1637 年)中，笛卡尔提出了将几何学与代数学统一起来加以处理的方法，可以用代数学来对几何图形的特征(如大小与位置等)进行定量描述。这套解析几何方法与笛卡尔的自然数学化思想一脉相承，为自然的数学化处理提供了一项十分有力的数学工具，在近代物理学的构建过程中发挥了重要作用。用笛卡尔的话来说，这种几何学是“解释自然现象的几何学”。

13.4 数学需要实验

谈到近代科学实验哲学的起源，人们往往会忽视数学方法论对它的推动作用。因为在一般人的心目中，数学方法代表的是理论传统，因此一般来说较为远离经验。但是，在近代早期，数学的实际地位与这种判断全然不同。数学更多的是被作为一种工具，从事数学的大多是一些与实际打交道的技术人员。换句话说，在近代早期的欧洲，数学与所谓“工匠传统”和经验主义之间存在着天然的紧密联系，并由此推动着实验风气的形成。例如，作为一名工程师，史台文的力学研究就显示出了数学与实验的密切结合。

为了考察斜面上重量的平衡条件，史台文巧妙地设计了著名的“史台文链”：在一根闭合的绳子上等距离地穿上若干个等重的小球，将这样形成的链条套在一个底面水平的光滑楔形柱 ABC 上（如图 13－1 所示），则链条会很快达到平衡；此时，即便将 A、C 以下的链条剪去，平衡也不会破坏。这说明，当置于 AB 和 BC 两个斜面上的物体的重量同 AB 和 BC 的长度成比例时，将它们连接起来可以达到平衡。这一发现被史台文说成是“一个不足为怪的奇迹”。经过进一步的实验与数学分析，他近似地发现了力的平行四边形法则。借助于类似的数学—实验的方法，史台文对流体的压强进行了考察，结果发现，容器底部所受到的液体压力只与液体的深度以及底面的面积有关，而与容器的形状无关。

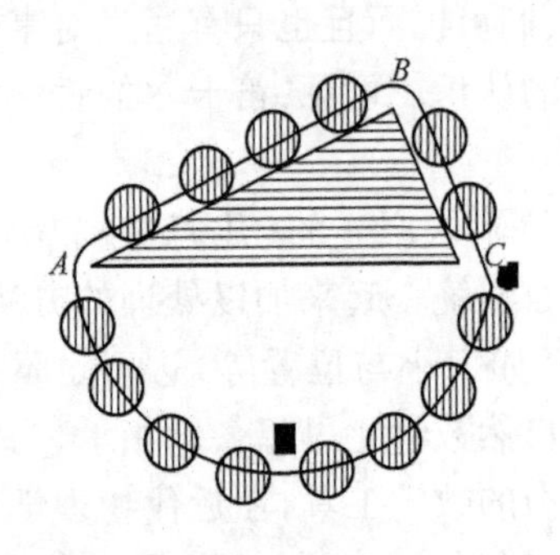

图 13－1

随着“自然数学化”思潮的盛行，实验更成为许多数学化学科中不可缺少的组成部分和基础，并至少体现在两个方面：

其一，在对自然的数学解读中，实验是不可或缺的。因为只有通过一定的实验装置，借助于一定的测量仪器，自然的研究者才有可能获得定量的知识，并解释量与量之间的数学关系。在伽利略的“两种

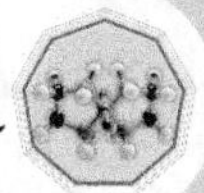

新科学”中,我们可以最直接地感觉到这种测量性实验的重要性。例如,伽利略对单摆周期规律的发现就是一个实验的结果。而伽利略所进行的实验中,最著名的恐怕就是所谓的“冲淡重力实验”。

伽利略想测量自由落体的运动距离随时间变化的规律,但是,在当时的实验条件下,直接进行测量是不可能的。于是伽利略把实验改在一个斜面上进行,让一个尽量光滑的小球沿着斜面上一个尽量光滑的小槽滚下,测出在相等的时间间隔内,小球依次经过的距离之比构成一个自然的奇数数列:1,3,5,7…,由此可知,在各个间隔相等的瞬时,小球的总位移之比构成一个自然数平方的数列1,4,9,16…,也就是说,位移$\propto$时间^2。

其二,在对自然的数学化研究中,每当一位数学家声称自己总结出了某条关于自然的数学定律时,无论是对他自己还是对于他的同行和公众,都必须通过实验和观察来对该定律的有效性进行检验,看它是否真的反映了宇宙本体的秩序与运动规律。只有这样,总结出的数学定律才能获得足够的公信。这一点从匀加速运动这一概念发展的历史中就可以看出。

前面已经提到,早在中世纪晚期,奥瑞斯姆已经通过几何学方法推出了匀加速运动的规律。与奥瑞斯姆一样,伽利略也对自由落体规律进行过理论推导,所用的方法本质上与奥瑞斯姆德方法完全相同,得出的结论也毫无区别。但是,最大的不同是,伽利略不是把自己的发现看成是“想象”,而是看成现实存在的规律,并且把理论推导同实验的结果联系起来,通过理论与实验的相互呼应来增加自己结论的公信度。可以说,这种既以理论推导实验、又以实验确证理论的方法,正是自然数学化研究纲领中最重要的策略之一,是近代科学家“说服”公众接受自己理论的重要手段。

在一般人的心目中,实验在笛卡尔的数学化演绎方法中似乎没有什么地位。但是,这也是一种错觉。在《方法谈》中,笛卡尔不仅反复提到实验在演绎过程中的重要性,而且暗示了对这种实验需求的无限性。而在作为《方法谈》附录之一的《气象学》中,他则把定量实验的方法系统地用到了对彩虹的研究之中,把充水玻璃球和三棱镜的折光实验同几何分析的方法有机地结合起来,定量地求出了彩虹主虹和副虹之间的视张角。他明确指出，这个问题的处理过程是对自己方法论的最好演示："我再也找不出一个更合适的研究主题来证明，通过我所使用的方法，我们如何能够得到现有著作中根本不包含的知识。"可见，实验在他的方法论中确实占有重要地位，只不过他没有对实验与演绎的结合方式作出一般性的描述。

除了测量性和检验性实验，自然的数学研究者们还习惯于采用所谓的"思想实验"，也就是根据已经掌握的数学定律，依照确定的逻辑或者数学推演，在脑子里假想一个物理过程及其结果。在伽利略的物理学研究中，这种实验也得到了非常娴熟的使用。例如，为了说明物体的惯性运动，他描述了这样一个实验。如果让一个小球从一个光滑斜面上的一定高度处滚下，之后再让它滚上对面另一个斜面，那么只要滚下的初始高度不变，那么不管第二个斜面的倾斜度如何，小球总是会上升到与初始高度相同的高度上，但滚过的距离却越来越大。假定将第二个斜面的斜度不断降低，以至达到水平，那么，只要没有其他阻挡，小球应该会一直滚下去，以至无穷。

应该说，这是伽利略应用思想实验的一个绝好例证。不过，伽利略在合理外推时犯了一个错误，认为小球的惯性运动是沿着地球表面一直滚下去，所以得出结论，惯性运动就是匀速圆周运动。并由此推论，包括地球在内的行星无需外力作用就可以自动进行匀速圆周运动。可能正是由于这个信念的作用，伽利略对他的精神盟友开普勒所得出的行星轨道为椭圆的结论竟然置若罔闻。

世界是架时钟——机械论的盛行

14.1 原子与“原因”

除了自然的数学化，机械论是欧洲近代科学的另一个重要特征。总的说来，机械论者一般把世界看成是和时钟一样的机器，其各个组成部分相互啮合，形成一个整体，并按照确定的法则运动。同时，机械论者都肯定自然现象之间存在必然的因果性，并把它视为自然法则的具体体现。他们要做的是揭示每一现象背后的原因，但这种原因不是亚里士多德式的原因，而是自然组成物的运动及其相互之间的作用。在这个方面，机械论者所持的是一种还原论(reductionism)观点，即认为宏观现象的原因都可以归结为较低层次上的物质的性质与运动，并且最终都可以归结为物质基本微粒的微观性质和运动。所以，从很大程度上来说，机械论在近代欧洲的兴起与原子论的复兴直接相关。

公元1415年前后，时任教皇秘书的意大利人文主义者布拉齐奥利尼(Poggio Bracciolini，1380～1459年)发现了卢克瑞修的《物性论》。该书被当做一部古典诗在欧洲迅速传播开来，在1478到1500年之间至少出版过4次。与此同时，拜占庭哲学史作者莱尔修斯(Diogenes Laërtius，3世纪前期)的《著名哲学家的生平与观点》也被人文主义者重新发现，并于1533年印刷出版。书中的第10卷全部是对伊壁鸠鲁的记录，对他的原子论作了最为简洁明了的概述。

除此之外，亚里士多德的物质观也对原子论的复兴产生了重要作用。从总体上来说,亚里士多德反对原子与真空的存在,而认为物质是无限可分的。但是,在《物理学》中他又提出,一种物质在被分割到一定的限度时就会失去原来的形式。例如,水被分割到一定的程度时就不再是水了。换句话说,质料是无限可分的,但是物质(质料+形式)则存在分割的极限。这种观点受到一些亚里士多德派哲学家的重视和发展,他们把这种最小的物质单元称为“最小本性元”(*minima naturalia*)。这种观点后来被一些炼金家所采用。例如,在13世纪出现的《完善大全》一书中,金属被认为是由硫和汞两种要素结合形成的,而硫和汞又被说成是由四元素合成的最小本性元形成的。该书的署名是阿拉伯炼金家贾比尔,但很可能是出自意大利炼金家保罗(Paul of Taranto)的手笔。

文艺复兴之后,最小本性元的观点与原子论相互交融,被一些人用于物质结构的解释。1606年,为反驳人们对炼金术的质疑,一位名叫利巴韦斯(Andreas Libavius,1555~1616年)的德国炼金家出版了《炼金术》一书。书中把最小本性元和原子论结合起来,用以解释贱金属通过粒子重组转变为贵金属的可能性,以此为炼金术辩护。他的原子论观点受到维滕堡大学的医学教授森纳特(Daniel Sennert,1572~1637年)的欣赏,并作了进一步的发展。森纳特认为,原子是由形式和质料组成的永久性物质微粒,并可进一步形成半永久的微粒。借助于这种理论,他解释了为什么金银合金既能够溶解于王水,又能在经过沉淀后被重新还原的现象,认为溶解是王水微粒穿入金银微粒之间空隙的结果,而沉淀还原则是金属微粒重新汇聚的结果。

除炼金家之外,原子论也得到自然哲学家更广泛的使用。哲学家布鲁诺就曾将原子论观念融入自己独特的宇宙学说之中。对他来说,原子或者单子(monad)既是一切实在的构成者,也是灵魂的组成物质;正是通过原子的作用,上帝才变成了自然中万物的存在和变化之源。在他之后,原子论赢得了更多的支持者,并被他们用到具体物理现象的解释上,其中最重要的是哈瑞奥特(Thomas Harriot,1560~1621年)、伽利略和毕克曼。

哈瑞奥特是一位毕业于牛津大学的数学家,曾前往北美洲进行

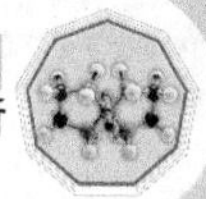

考察，回到英国后，在另一位贵族资助下从事数学、天文学、航海以及物理学的研究，取得了一些独创性的成果，其中包括对太阳黑子的发现和对月面的望远镜观测等。在写给开普勒的一封信中，哈瑞奥特从原子论的角度讨论了为什么光在透明物质界面上既可以被折射，又可以被反射。他认为，透明的介质看来并不是连续的，而存在着有质部分与无质部分。有质部分反射光线，而无质部分则使光受到折射。他因此建议开普勒以原子论为基础来对这一现象进行数学处理，但是开普勒在回信中表示，自己不愿意采用原子—虚空的观点。

伽利略最早在《试金者》中使用了原子论观点，认为热、味道、气味和声响等都是具有不同大小、数量和运动速度的物质微粒作用于人的感官而产生的感觉。他还特别指出，组成火的微粒也许最终能够分解为不可见的原子，其运动就变成了光。而到了《谈话》中，他则把原子论观点用到对材料的内聚力的讨论上，认为物质都是由无限多的微粒与微小虚空组成的；物质微粒之所以能聚合在一起，正是由于它们之间的微小虚空会产生一种内吸力。

毕克曼的原子论观点与伽利略十分相似，但更加明确。他认为世界是由原子和虚空组成的，而物体的性质都是由这些原子的大小、形状、排列和运动所决定的。例如，热起源于物质组成原子的运动（作为归纳法的示范，培根在《新工具》中讨论热本质的研究时也得出过同样的结论），冷则是原子运动的缺乏；干的物体是由较尖锐的原子组成，湿的物体则由较圆润的原子组成；连四元素都可以归结为不同形状的四类原子。毕克曼还用原子论解释光的反射与折射，认为它们都是光微粒与介质微粒之间相互作用的结果。

从毕克曼这里已经可以看到近代早期机械论的革命性特征：机械论者要做的是要用原子取代亚里士多德的元素，用原子的特性和作用来否定亚里士多德"元性"的实在性，用原子（或者物质微粒）及其运动来解释各种自然现象的原因，从而否定亚里士多德所提出的"四因"。作为笛卡尔在数学和自然哲学上的启蒙老师，毕克曼的这种观点对他的这位学生产生了明显的影响。

17 世纪最重要的原子论者是法国数学家和哲学家伽桑迪

(Pierre Gassendi,1592～1655年),他在1647年出版了《论生、死以及伊壁鸠鲁的学说》,两年后出版了对《著名哲学家的生平与观点》卷十的注解,并于1649年出版了《伊壁鸠鲁哲学结构》。伽桑迪自己几乎全盘接受了伊壁鸠鲁的原子观点,坚持原子与虚空是构成世界的两大本原,并把它具体用到了对一些物理、化学甚至生物现象的解释之中。例如,在物理学上,他就认为光是一种微粒,而不是一种压力;声音也是由微粒组成,而不是一般人所相信的波动。他甚至用原子论解释天体间的作用力,而把这种力看成是由天体发出的一种非常细小的原子。不过,作为神职人员,伽桑迪清除了古代原子论中的无神论倾向,而把上帝作为原子的创造者以及原子运动的赋予者,而且原子的这种运动也被上帝赋予了精神性特征。

伽桑迪的著作传播很广,并影响了一大批哲学家和科学家。连英国也出现了一批追随者,并同反对派进行了激烈的争论。为了回答反对派的质疑,英国哲学家查理藤(Walter Charleton,1619～1707年)在1654年出版了《伊壁鸠鲁—伽桑迪—查理藤自然哲学》一书,成为向英国公众系统介绍原子论观点的重要著作。

14.2 广延、运动和宇宙

尽管17世纪的机械论者一般都持还原论观点,都会把自然现象的原因归结为微观粒子的作用,但是并不是所有的机械论者都承认原子的存在。例如,笛卡尔就不接受原子与虚空的存在,但是他却建立了这一时期影响力最大的机械论自然哲学体系。根据自己的自然数学化观点,笛卡尔把物质等同于几何空间(也就是他所谓的"广延"),认为最小的空间也是无限可分的。这就使他成为一个连续论者,也就是把宇宙看成是一个连续和完满的整体(plenum),而否认真空的存在。

笛卡尔的自然哲学体系首先见于他的《论世界》,其成熟版本被收入《哲学原理》之中。他建立这种哲学的目的,首先就是试图以机械论否定亚里士多德"元性"说和"四因"说,否定经院哲学,包括其中那种目的论的宇宙观。

笛卡尔把宇宙中的一切现象都归结为物体的运动,并且认为运

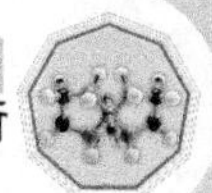

动会遵从三条最基本的"自然法则"(the Laws of Nature):①除非受到外力作用,物体将永远保持自己的运动或静止状态;②物体在碰撞中的运动总量是守恒的,但却可以重新分配;③物体本身在每一个瞬间的运动趋势只能是直线运动,因为直线运动是最简单的运动。不难看出,这里的①,③条结合起来,就相当于我们今天的惯性定律:在没有受到外力作用之前,物体将保持静止或者匀速直线运动状态;而第②条则类似于我们今天所说的动量守恒定律,只不过笛卡尔并没有谈到动量的方向问题。

笛卡尔认为,宇宙中最初存在的是一大块没有分化并且没有限定的纯粹广延。由于上帝强制性地将运动施与这块大的连续体,所以才导致了宇宙万物的出现。而且,根据上述自然法则,上帝通过"第一推动"赋予宇宙的运动是不会消逝的,之后宇宙的运行将按照自然法则自动展开,无须上帝的作用。正是从这个意义上,他声称:"给我运动与广延,我也能创造一个世界。"

由于笛卡尔的宇宙是一个连续的物质性整体,其中任何局部的运动都会引发临近区域的运动,因此整个宇宙总是处在整体性的涡旋运动之中。原始物质在涡旋运动中会发生相互碰撞与摩擦,由此会导致三种物质粒子或者三种元素的出现:最精细的物质粒子是第一元素,它们没有确定的形状与大小,在最初的涡旋运动中逐渐汇聚到一些大涡旋的中心,形成太阳这样的恒星;其次是体积稍大但十分光滑的球状粒子,也就是第二元素,它们是透明的,充满天体之间的所有空间,形成所谓的"以太";最后则是粗大的粒子构成的第三元素,它们形成行星、卫星和彗星等天体,可以对光进行反射和折射。

每颗恒星周围都存在一个以太涡旋,整个宇宙就由这些相互毗邻的以太涡旋组成(见图 14-1,其中以 S 为中心的涡旋为太阳系)。恒星中的第一元素是流体态的,处于高速旋转之中,旋转方向与周围以太的涡旋方向一致。它们会沿着涡旋的赤道方向穿过第二元素小球之间的空隙向外扩散,由此会对第二元素造成一种压力。这种压力一方面可以抵抗临近恒星涡旋的压力,另一方面则形成了光的作用。当然,扩散出来的第一元素最终会沿着涡旋自转轴方向回

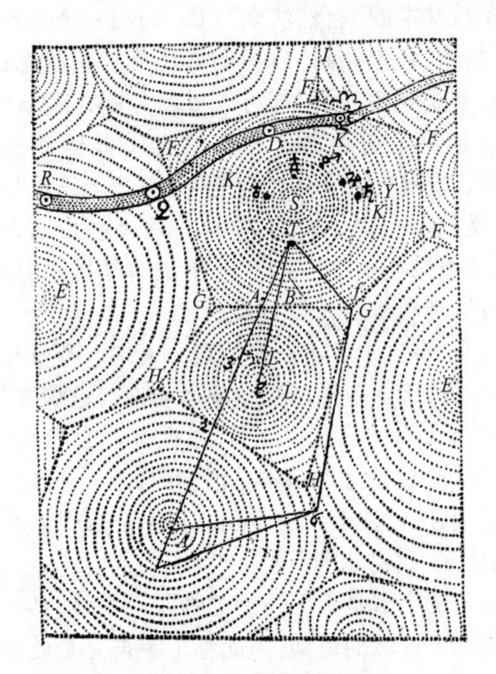

图 14－1　宇宙的以太涡旋

到涡旋中心的恒星之中，形成一种普遍的循环。

与第一元素相比，以太只能保持在各自原来的涡旋中运动，地球这样的行星就是在这些涡旋的带动下围绕恒星运动。但是，一些质量较大的行星会被离心力甩出原来的涡旋，而进入另一个恒星周围的涡旋，这样的行星就是彗星（图 14－1 中的 $CDQR$）。由于自身的重量，行星绕恒星公转的速度总是会小于带动它的以太涡旋的速度，结果就会在它的周围形成一个小的以太涡旋，并且造成行星的自转。以地球为例（图 14－2），由于地球 T 的速度小于 A 处以太的速度，所以以太就会绕行到 B，同时推动地球自转；地球的自转又进而带动以太由 C 运动到 D 和 A，从而形成一个微小的涡旋，月亮就在这些小涡旋的带动下运动。这个涡旋会随着地球一起绕太阳运动，相对于这个局部涡旋而言，地球处于静止状态。并且，地球附近物体的重力是在这个局部涡旋的作用下产生的，就像水的漩涡会将

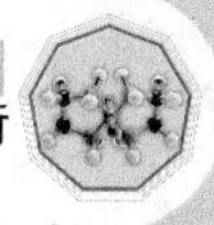

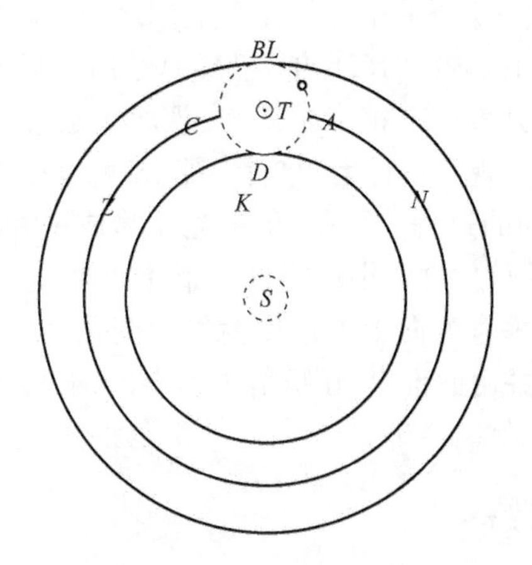

图 14－2　地球周围的以太

重物推向中心一样。

除了否定逍遥学派的自然哲学外，笛卡尔提出机械论的另一个目的，是要对神秘主义的活力论和泛灵论观点进行否定。例如，为了否定把磁力看成是某种宇宙灵魂的看法，笛卡尔对磁力提出了这样的解说：在物质涡旋的作用下，会形成一些带有螺纹的物质微粒，而磁石和铁块中都存在带有相同螺纹的孔道；当螺纹微粒随涡旋运动穿过磁石与铁块中的螺纹孔道时，会将两者之间的空气驱开，从而使二者彼此靠近，产生相互吸引的效应；每一个磁石中的螺纹方向都是一定的，因此，当两块磁石中的螺纹方向一致（也就是异极相对）时，就会相互吸引；反之，则会相互排斥。

笛卡尔还对不少看似神秘的自然现象给予了类似的分析，以消除人们对自然所抱有的一种神秘的敬畏心理。所以，在结束对云彩性质的机械论解释之后，笛卡尔明确指出："这一切使我希望，如果我在本文中对云彩的本性作出了足够好的解释，以至于人们不再对那些他们在其中看到的东西或者任何从上面降下的东西充满崇敬，那么，我们同样应该相信，我们能够按照同样的方式找出地球上所有那些显得令人敬畏的事情的原因（cause）。"

笛卡尔还把机械论的观念用到了对光的折射定律的推证上，结果发表在《折光学》一书中。早在笛卡尔之前，荷兰数学家斯涅尔(Willebrord Snell,1591 ~ 1626 年)已经总结出了折射定律的数学表述，但是并未公开发表。笛卡尔认为，既然光是第一元素对以太的压力，这种压力表现为一种运动趋势，那么，就可以把光的传播看成是一个实际运动的过程。于是，他把光比喻成一些小球，而把折射界面比喻成一块可供这些小球穿过的布片。他认为，在小球穿过布片后，其与布片垂直方向上的速度会发生变化，而平行方向上的速度则保持恒定，并由此推出，在折射过程中，入射角和折射角的正弦成一个固定的比例。

14.3 人是机器

与当时众多的机械论哲学家一样，笛卡尔的机械论观点非常彻底。他不仅把它贯彻到对于无生命世界的解释中，而且还试图把它用于对生命现象的探讨，以便将活力论观点从这些领域中驱逐出去。

笛卡尔接受了亚里士多德关于三种灵魂的划分，也承认人与动物的唯一区别是人具有理性灵魂，并由此把人看成是一个由物质性身体和灵魂组成的二元性存在。但他同时认为，三种灵魂中的前两种，也就是生长灵魂和感觉灵魂，都可以用机械论语言加以解释。从这个角度来看，他认为人与动物毫无差别，都可以看成是人造的“自动玩偶”(*automata*)一样的东西：肌肉、神经、气管和肢体都不过是自动玩偶身上的零部件；自动玩偶借助水力、空气和蒸汽的推动作各种运动，人和动物也是靠着外来动力而成为能够活动的物体。除了自动玩偶，笛卡尔还常常将人和动物比做时钟，把二者身体的组成部分比作时钟的轮、锥等零件；唯一的区别是，任何动物都是经由上帝之手创造的，因此结构上要比人造的玩偶或者时钟更加精细。

消化在笛卡尔看来是一个机械与化学作用的复合过程：食物首先被粉碎成细小的部分，然后在血液所提供的热量和各种生命液作用下分解成排泄物与营养两部分。笛卡尔接受哈维的心血循环说，并把哈维提出的心血系统变成了人与动物体内的动力机构。不过，

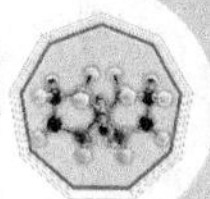

他并不接受把心脏看成水泵的比喻,因为那样还要为这只水泵寻找另外一个动力来源。在他眼里,心脏只是一只锅炉,或者是太阳;它的管道里充满了太阳中含有的第一元素,形成了无光之火;血液在这里被加热,并借助热力通过动脉向全身输送,将热力和生命液带到身体的各个部分。血液中含有一种最精细的部分,也就是"动物精英"。在血液流入大脑时,这些精英通过松果体同血液分离,并被储存在脑腔中。脑腔是全身神经的中枢,并通过神经与全身肌肉相连。必要时,神经系统会通过神经管道,将相应的精英输送到相应的肌肉中,以推动和控制身体的运动。

以人的脚部受到火烫时的反应过程为例:像人体其他部分一样,脚部也通过神经管同脑腔相连;火灼烧皮肤时会拉动其中的神经,进而打开了神经在脑腔端的阀门。于是,储存在脑腔中的动物精英就顺着神经管流出,并分别进入人体不同部位的肌肉中,使人产生一连串的反应动作——把脚从火上移开,把头和目光转向火源,并且可能还会伸手和弯腰来保护自己,等等。从这个意义上来讲,笛卡尔认为,人体与受弦线控制的自动玩偶没有什么区别。其中,神经系统就像是控制喷泉等机器的水管系统。

在17世纪,这种对生物体的机械论解释非常流行。例如,伽利略学生的学生波瑞利(Giovanni Alfonso Borelli,1608~1679年)就否认肌肉存在生命性的活动,而只存在收缩与放松。根据这样的理念,他在《动物运动》中把人和动物都看成是机器,详细分析了肢体的各种力学特性。

14.4 空气是弹簧

继伽利略之后,机械论在物理学的研究中得到了更加充分的体现。笛卡尔的光学研究就是一个相关案例,而波义耳(Robert Boyle,1627~1691年)对空气压强的研究则提供了一个更好的例证。

波义耳出生于爱尔兰的一个贵族家庭,父亲是一位成功的企业家,家庭经济条件很好。波义耳从小就显示出极好的天分,尤其具有语言天赋。他不到9岁就进入著名的伊顿公学(Eton College)学习,3年后即告毕业,并前往大陆旅行。17岁时他回到英国,不久移

居牛津,在那里结识了一批热心培育"新哲学"的人士,变成了培根"实验哲学"的忠实信徒和亲身实践者,并在1649年建立了自己的实验室,开始了自己的研究。

除了实验哲学,波义耳同时是机械论的信徒。在他眼里,宇宙"就像是一架稀世的时钟,也许就像斯特拉斯堡(Strasbourg)的那架①一样,其中的一切都有如此精妙的设计,一旦启动起来,则一切都将按照设计者的最初设计而运转"。可以看出,这种机械论的思想被他很好地贯彻到了对空气力学性质的实验研究之中。

空气力学是近代早期物理学与传统物理学进行交战的另一个重要战场,其开辟者主要是伽利略,而论战的焦点则涉及旧物理学中的两个基本观点:自然厌恶真空,以及空气没有重量而只有"轻量"。问题的提出源于这样一个事实:水泵只能将水打到一定高度。当时人们普遍用自然厌恶真空来解释抽水机的工作原理,而把这种高度极限归因于抽水机的不完善(如漏气等)。

但是,伽利略却认为,自然中恰恰就存在真空,抽水机中的水柱就是由真空的力量维持的,而水柱高度的限度正好显示了真空力量的限度。在1638年出版的《谈话》中,他用这个例子来讨论材料的内聚力,试图以此证明内聚力是由物质中存在的微小真空所造成的;而且,材料的强度之所以有一定的限度,主要是由于真空的力量有限。

伽利略的工作激发了他的学生托瑞彻利(Evangelista Torricelli,1608~1647年)的兴趣。他断定,对密度比水大14倍的水银来说,真空的力量最多只能把它抬高到水柱最大高度的1/14处。1643年,他同微微安尼(Vincenzo Viviani,1622~1703年)一起对这一推论进行了实验检验。他们在一端封闭的长玻璃管内部灌满水银,然后把它倒置在一个水银槽中。结果发现,水银柱的高度果然会下降

① 从14世纪中期开始,德国城市斯特拉斯堡就以其大教堂里的天文钟而著名。波义耳所说的这台时钟是在1574年左右制造的,其结构和功能非常复杂。除了带有日历盘、星盘以及能够演示行星位置和日月食的装置外,还配有大量的娱乐装置,包括自动乐器、移动雕塑、自动玩偶以及绘画作品。

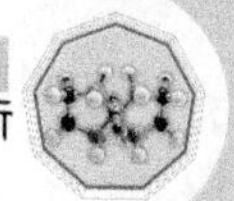

到预计的高度,而管子的顶端确实也出现并维持了一段真空。托瑞彻利由此推断,空气与水等液体一样是有重量的,水银柱的高度是由周围空气的压强维持的;而且,随着这个压强的微小改变,水银柱的高度也会出现波动。

托瑞彻利的实验和推断一时间引起了广泛的争论,并引起了法国青年数学家帕斯卡(Blaise Pascal,1623～1662年)的兴趣。他从1646年开始介入了对该问题的研究。帕斯卡一开始坚持自然厌恶真空的说法,但是,通过一系列聪明的实验,他最终承认,自然中确实能够出现局部真空,而且托瑞彻利实验中的水银柱确实是由大气压强维持的。其中最著名的实验,是在法国多姆山(Puy de Dome)对不同海拔高度上的水银柱高度进行的测量。

到了1650年,德国人盖瑞克(Otto von Guericke,1602～1686年)发明了抽气机,并借助于它开展了一系列实验,包括著名的半球实验:将两个接触良好的金属半球拼在一起,抽出其中的空气,结果真空产生的力量使半球紧密结合在一起,用十几匹马都拉不开。他不但通过这些实验证明了真空的存在,而且证实并初步测量了空气的重量。这些实验在1657年被首次公之于世,立即引起了轰动,同时也把相关的争论推向了高潮。

在得知盖瑞克的工作后,波义耳立刻着手开展了相关研究。在胡克(Robert Hooke,1635～1703年)的帮助下,他于1658年到1659年之间制成自己的抽气机,并对真空和空气的物理性质进行了一系列的实验研究。1660年,波义耳正式出版了《关于空气弹性的及其效应的新物理—力学实验》,报告了自己的研究成果。胡克出生于一个教职人员家庭,从小由于身体状况没有接受过学校教育,但是却通过学徒变成了一位能工巧匠,在自然研究方面也表现出很好的才能。他不仅是显微镜的发明者,还曾通过实验发现弹力与形变之间的正比关系。

借助于抽气机实验,波义耳不仅发现了空气在燃烧、呼吸以及传声等方面的重要作用,而且研究了真空的一些重要性质,如真空不会影响磁力大小,等等。不仅如此,他还巧妙地在抽气机真空室里模仿了大气压强对水银柱高度的影响,从而证明空气的重量或者

压强确实是维持水银柱的原因,水银柱高度的变化确实是空气压强改变的结果。

波义耳的研究体现了吉尔伯特和培根式的研究策略:通过实验对前人的发现进行检验,在此基础上构建新的哲学理论。通过实验,他不仅证实了前人的发现,而且总结出著名的波义耳定律:空气压强与体积成反比,“或者至少近似如此”。不过,在哲学理论的构建中,波义耳则应用了机械论的观念。他把空气的压强解释为空气的弹性,并把这种弹性的产生归结为空气粒子的微观性质上,认为空气粒子本身是具有弹性的,就像是一些小弹簧或者羊毛;当空气受到外来压力时,空气微粒会收缩,体积减小;同时,这种形变会使空气微粒的弹力增加,从而导致压强的增大。

所以,借助于实验方法与机械论观念的结合,波义耳实现了空气力学研究的一次综合。

14.5 元素之死

在波义耳开始从事实验哲学的研究时,炼金术是他最大的兴趣点。为此,他曾经拜一位炼金术士为师。尽管他称一般的炼金术士是被烟熏黑了的经验论者(Sooty Empirics,这个词同时也可以被理解成“漆黑的江湖术士”),但认为其中也有像帕拉塞尔苏斯和赫尔蒙托这样的哲人。不过,他的目标不是要成为炼金家或者是医药化学家,而是要追随吉尔伯特和培根的脚步,试图借用实验哲学,对炼金术和医药化学中的经验知识进行批判性的鉴别和提升,使之成为自然哲学的组成部分。因此,他不仅用“化学的”(Chymical)和“化学家”(Chymist)来与“炼金术的”(alchemical)和“炼金士”(alchemist)相区别,而且提出:“鉴于从事化学的人普遍认为化学几乎只是为了制备药物或者改善金属,我倒很愿意把从事这门技艺的人不是看做医士或者炼金士,而是看做一个哲学家。”也就是说,化学是自然哲学的一个分支。在这个过程中,他选定了以原子论为基础的机械论作为自己的理论武器,把机械论与实验哲学结合起来,从而创立了机械论化学,成为近代化学的重要奠基者。

波义耳是通过查理藤和森纳特的著作了解到原子理论的,并且

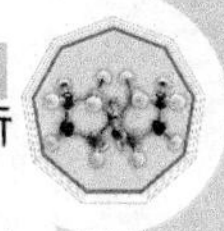

在1652到1654年之间写下了《论原子论哲学》的手稿。在此基础上,他开始了对炼金术等旧化学的批判与改造,于1661年出版了《怀疑的化学家》一书,公开了自己的观点和研究成果。该书也是以对话的形式写成的,参与对话的是四个假想的人物。其中,卡尼德(Carnedes)代表波义耳本人的观点,特米斯图伊斯(Themistuis)代表亚里士多德的观点,费洛普努斯(Philopnus)代表帕拉塞尔苏斯的观点,艾留特瑞乌斯(Eleutherius)则为对话的调解人。为了突出该书破旧立新的特点,波义耳特意加了一个副标题:“关于世俗炼金家们试图用以证明他们的硫、汞和盐为真正物质要素的实验中所存在的物理—化学问题与自我矛盾”。

对于波义耳的这部著作,人们一直有一种错觉,似乎它的主题是批判旧的元素观,而建立新的元素说,并把这看成是波义耳对近代化学的主要贡献。可惜,这完全曲解了波义耳的苦心及其对近代化学的真正贡献。

事实上,波义耳要做的是要彻底否认元素说的合理性及其在化学中的必要性,而代之以另一种化学物质观。所以,在该书一开始,波义耳就给出了旧有的元素说的一般定义:“为避免误解,我必须事先声明,我现在所谈的元素(也就是那些谈吐最为明确的化学家们所谈的要素)是指某些原始的、简单的物体,或者说是完全没有混杂的物体。它们由于既不能由其他任何物体混成,也不能由它们自身相互混成,所以它们只能是我们所说的完全结合物的组分,是它们直接复合成完全结合物,而完全结合物最终也将分解成它们。”随即他就指出:“然而,我现在所要质疑的是,在所有那些被说成是元素的物体当中,是否总可以真的找出一种这样的物体。”

接着,他首先证明炼金家所定义的“三要素”是不可靠的。因为一方面不是所有的物体都能分解为这三种要素(例如,没有谁能从金或者云母中分离出硫、汞或者盐),而有的物体的分解物则明显多于三种。同样,自然哲学家归纳出的“四元素”也缺乏实验基础。人们常常会用木头的燃烧来证明元素为四,但这中间存在很大问题。例如,燃烧中产生的蒸汽并非是空气,而会进一步凝结为水;火不是来自内部,而属于外来物质,等等。

波义耳还尖锐地指出,前人在定义元素时往往把火作为唯一的化学分解手段,这也是极不可靠的。因为,首先火不能分离所有的混合物,如玻璃、金银合金等;其次,加热的方式不一样,得到的结果不一样,如对木块和煤进行燃烧和蒸馏,就会得到完全不同的产物;再次,加热的强度不一样,也会得到不同的结果,如盐、脂肪、水在适当加热时形成肥皂,过热时则形成不同的东西;最后,有时火会带进新的配料,而得到新的物质,而不是将混合物分开,如金属经过煅烧会增加重量等。

最后,波义耳得出结论:前人所谓的“元素”或者“要素”都不符合他们自己所默认的关于元素的定义;而且,仅凭三四个密码并不能解读自然这本书。于是他断言:“我们并无多大必要说,造物主必须先在手头准备好元素,然后再用元素去造成我们称为结合物的那些物体。”也就是说,元素并不是一个必需的概念。

在破除了元素概念之后,波义耳提出了以微粒论为基础的物质概念。他认为,普遍的物质基础是一些统一的一级微粒。这些微粒是实心的,由上帝在造物之初赋予运动。它们在理论上是可分的,但在实际中是不可分的。一级微粒组合成二级微粒或者微粒簇,而二级微粒又可以组成更高级的微粒或者微粒簇,一直到形成现实中的各种物体。其中,二级微粒的大小和运动各异,是导致物质差异的关键。总的说来,微粒的级别越低,结构越稳固,越难以打破,在化学过程中越容易保持独立性。从理论上讲,二级微粒也有可能被打破,从而实现物质的嬗变,但前提是必须找到合适的活性试剂。可见,波义耳的二级微粒才相当于后来人们所说的化学原子。

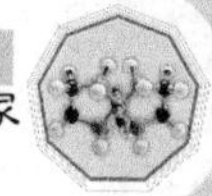

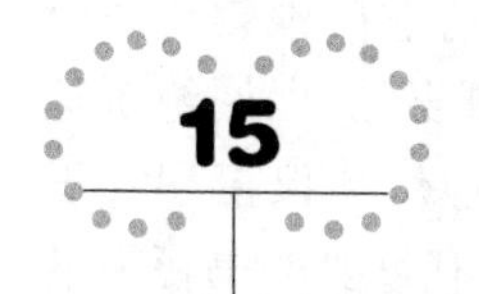

15 宫廷与学会——自然知识的新家

15.1 资助者与受托人

与文艺复兴相伴,欧洲社会中出现了与中世纪很不相同的知识价值观、知识兴趣以及知识生产方式,尤其是在自然知识方面,这就要求有与之相适应的社会建制。已有的大学原本是与旧有知识活动相适应的建制,也许可以在某些方面作出与新知识运动相适应的调整(例如,维萨留斯所倡导的新解剖学传统在大学医科很快就被普遍采纳),但要想作出全面的改革,仍需要时间和外来的推动力。在这种情况下,新知识的生产者们经常会发现大学的环境不适合自己。所以,只要可能,他们往往更愿意到大学之外寻找新的出路。他们或以受托人的形式通过贵族资助开展活动,或与同道聚会结社,最终导致了有国家背景的新型科学机构的出现。

英国人迪伊(John Dee, 1752 ~1609 年)就是较早一个因不满大学环境而努力在大学以外寻找资助的数学与天文学家。他出生于一个富商家庭,于 1546 年在剑桥大学完成了自己的高等教育,学习了算术、几何以及天文学,并对星占学深有兴趣。之后,因不满英国对科学的态度而前往大陆,在鲁汶追随当时著名的数学家弗瑞休斯(Gemma Frisius,1508 ~1555 年)学习。之后曾在巴黎讲授欧几里得几何学,并大受欢迎。巴黎大学曾因此想聘他为数学教授,但他谢绝了这一邀请,并回到了英国。

按照迪伊的计划,自己将来可以从父亲那里继承一大笔财产,

从而无忧无虑地进行自己的研究。但是,他家在1553年因宗教原因被籍没家产,陷入了经济困境。次年,牛津大学有意向他提供一个数学教席。但是,他认为英国大学里没有学术可言,所以谢绝了这一能让他走出困境的邀请。1556年,困境中的迪伊建议麦瑞女王(Queen Mary)建立一所皇家图书馆,通过搜集所有重要的书籍来推动学术的发展,但却无果而终。

1558年,伊丽莎白一世(Elizabeth Ⅰ)继位成为英国女王,迪伊变成了她的星占家,并亲自为她选定了加冕的日期。同时,他还成为她的海外探险的顾问,为"大英帝国"(British Empire)的建立提供航海技术支持。据说,"大英帝国"一词就是他首创的。尽管女王并没有给他提供足够满意的经济保障,但还是使他有可能从事自己的研究。随后5年,迪伊开始四处搜集图书,并进行天文学、数学、星占和魔法等方面的研究,以便理解宇宙的终极真理。最后,他自己建立了一个庞大的图书馆,不仅搜集了大量的学术著作与手稿,而且还有不少天文仪器、地球仪与精密的计时器,成为当时英国一个重要的学术研究中心。

从迪伊的经历中,我们还可以看到早期欧洲贵族对科学进行资助的实用目的。迪伊之所以能得到伊丽莎白女王的青睐,除了个人之间的好感,明显还与他对星占和航海术的精通有关。而对迪伊来说,与在大学里担任一个地位不高的数学教授相比,能为皇室服务显然要更加荣耀。因此,当他在1568年出版《警句命题》(内容涉及物理学、数学、星占与魔法)一书的第2版时,就将该书题献给伊丽莎白。当然,对于资助者来说,这样的做法也有利于提高自己的声望。所以,伊丽莎白女王对此书大为欣赏,并让迪伊为自己讲授数学,以便能理解其中的内容。

王室或者贵族对科学家的资助在16世纪后半期已经十分普遍,担任宫廷数学家或者宫廷天文学家的人数越来越多,其中包括第谷和开普勒这样的大师。伽利略在1604年就想得到曼图亚(Mantua)公爵宫廷的资助,失败后又转向统治托斯卡纳(Tuscany)的美第奇家族。1610年,他不但将《星际使者》题献给托斯卡纳公爵,而且把自己发现的木星卫星命名为"美第奇星",并把这几个字用醒目的大号

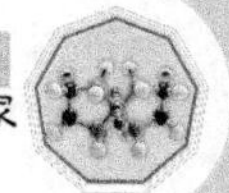

字印在封面上,还亲自前往比萨,向公爵本人展示这一发现。此时,他并不满足于再当一个宫廷数学家,而想得到宫廷哲学家的头衔。经过一番谈判,最后终于如愿以偿。

15.2 私人社团

文艺复兴不仅使贵族对艺术家、工程师和学者的资助制度成为一种时尚,而且也导致了一些专业社团的出现,如最早从事人文主义工作的"柏拉图学院"以及1582年成立的著名的"硬壳学院"(Accademia della Crusca,研究语言和语文学),等等。在这种背景下,私人自然研究社团也应运而生。

1580年前不久,意大利剧作家珀塔(Giambattista della Porta,1535~1615年)在家乡那不勒斯(Naples)创立了所谓的"自然秘密学院"(Accademia dei Segreti),又自称"闲人会"(Otiosi)。学院规定,参加者必须证明自己在自然研究方面作出了新发现。贵族出身的珀塔本人兴趣颇广,除了20多部完整的戏剧,他在农业、光学、气象学以及天文学等方面都有著作。在1558年出版的《自然魔法》中,他记录了丰富的自然和工艺知识。该书的影响很大,10年内再版了5次,并先后被翻译成意大利文、法文和荷兰文。除此之外,他还对密码术和面相术等神秘主义知识情有独钟。这些研究引起了宗教裁判所的注意,学院被指控研究巫术,最后被下令关闭。

到了1603年,另一位贵族青年彻西(Federico Cesi,1585~1630年)在罗马创立了一个新的自然研究学院。彻西对自然知识兴趣浓厚,并为之付出了终生的努力。他坚信,自然必须借用直接观察和实验的方法进行研究,而无需通过亚里士多德式的滤镜。为了实践这一志向,他在18岁时就不顾家人的坚决反对,建立了自己的学院,并取名"山猫学院"(Accademia dei Lincei),意思是要以山猫般锐利的目光去研究自然。

除彻西本人外,学院最初只有3位成员,其中包括1位来自荷兰的医生。他们集体居住在彻西的宅院里,过着修道士般的生活。彻西除了提供生活必需,还为这些成员提供图书和实验室。学员所定立的目标是:"不仅要获取事物和前贤的知识,正当而虔诚地共同生

活，而且还要通过口头或者书面的方式，和平地把这些知识展示给外人，保证不造成任何伤害。"但是，罗马贵族对这个学院充满敌意，不但指控学院从事巫术，而且诋毁其成员的生活方式。最后使学会不得不在形式上解散，只是由彻西保持着与各成员的通信联系。

1610年春，彻西在那不勒斯结识了珀塔，下决心将学院重新组织起来，并聘请珀塔为成员。次年年底，学院隆重接受了伽利略的加入，并资助他出版了《试金者》和《对话》。为了表示对这份荣誉的感谢，伽利略在两书的署名中加上了"山猫(学院)"(Linceo)。可惜，随着彻西在1630年突然去世，学院不久也就基本上完结了。

过了20多年，意大利的贵族中间又出现了两位喜爱从事自然研究的人，他们是来自美第奇家族的列奥珀尔德(Leopoldo de Medici，1617~1675年)和他的哥哥、托斯卡纳的公爵费迪南德二世(Ferdinando Ⅱ de Medici，1610~1670年)。其中，列奥珀尔德曾受教于托瑞彻利。兄弟二人很早就创办了一个装备精良的实验室，并从1651年开始接纳研究者在此进行聚会。1657年，他们把这种聚会变成了一个正式的组织，取名"奇门托学院"(Accademia del Cimento)，也就是"实验学院"。学院的宗旨是：依靠实验，避免空想，发明仪器，统一度量。遵从的座右铭是："实验，再实验。"

学院汇聚了一批科学精英，其中包括托瑞彻利、维维安尼以及后来成为巴黎天文台首任台长的卡西尼(Giovanni Domenico Cassini，1625~1712年)。他们不但重复了托瑞彻利和维维安尼关于大气压强的实验，而且发明了新的温度计，对流体静力学以及热的行为与性质进行了大量的实验研究。其研究成果于1667年以意大利文结集出版，书名为《奇门托学院自然实验尝试集》。书中把一切成果都表述成学院的集体研究结果，而没有突出研究者个人的贡献。不过，该书带有一个副标题："在最尊贵的托斯卡纳亲王列奥珀尔德庇护下展开的"，由此突出了资助者的重要地位。

上述三个学院的成立都表明，贵族对自然研究的资助完全可以以一种更加集团化的方式展开。不过，不管是一对一，还是集团化，这种贵族资助往往带有很强的个人色彩。一旦感兴趣的人去世，或者兴趣转移，则他原来资助的研究事业就会因此而中断，就像第谷

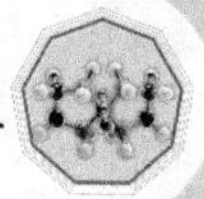

在弗热德瑞克二世去世后不得不另寻资助人、彻西去世后山猫学院就不得不解散一样。1667年列奥珀尔德荣升红衣主教,失去了继续研究的兴趣,奇门托学院的活动也因此而告停止,再次显示了私人资助的不稳定性。

15.3 “所罗门宫”与皇家学会

在近代早期的欧洲哲学家中,培根真正可以称得上是科学时代的先知。因为他不仅指出了自然知识的巨大社会价值,论证了经验方法的重要性,而且认识到,新的自然知识必须在新的社会建制下加以生产。作为一位政治家和社会活动家,他所预见的新科学不是少数人在各自分散的领域单枪匹马的探求,而是一种整体性的社会活动,必须在一定的社会组织形式下展开。在《新大西岛》中,他把这些先知性的看法编写成了一个乌托邦式的寓言,用以传达自己关于科学发展的“福音”。该书可能是培根晚年的作品,据称没有写完。全书直到1626年才首次同《木林集》一起出版,并随着该书被一次次再版,产生了很大的影响。

“新大西岛”实际上是培根心目中的一个理想社会,整个社会建立在对自然的研究和合理利用的基础之上,其管理也是由具有各种智慧的科学家以及专业人员来承担。整个社会的中枢是一所庞大的自然研究机构,被称为“所罗门宫”,那里集中了所有对自然的研究和开发活动。既有各种各样的实验室,又有将研究结果转变为实用产品的工厂、疗养所,甚至还有植物园、动物园以及模仿和展示自然奥秘的展览馆。

从结构上来讲,“所罗门宫”完全是按照培根的科学方法论组织起来的:有12位“光的商人”,负责到世界各地搜罗书籍和论文以及各种实验的模型;有3位“剽窃者”,专门收集各种书籍中所记载的实验;有3位“技工”,负责收集所有关于机械工艺、高等学术的实验以及不属于技艺范围的各种实际操作方法;有3位“先驱者”或称“矿工”,负责从事新的实验;有3位“编纂者”,负责把上述四种实验制成图表,以便从中得出知识和定理;有3位“天才”或者“造福者”,专门观察同伴的实验,从中提取出对于人类的生活、知识和工作有

用的东西，清楚地说明事物的本原，预见新的方法，并对万物的构成和性质作出合理而可靠的发现；有3位“明灯”，在吸纳和分析上述全部工作的基础上，从事新的、更高级的实验，对自然奥秘进行更深入的探索；有3位“灌输者”，专门执行计划中的实验，然后根据实验提出报告；最后有3位“大自然的解说者”，把以前实验中的发现提高为更完全的经验、定理和格言。此外，还有许多学徒和实习生，可以为所有岗位输送新的人才。

《新大西岛》首版将近20年后，一位自称为伊思快（R. H. Esquire，原意是绅士）的神秘人物在1660年重新出版了该书的单行本，并加上了自己续写的篇章。该书的副标题尤其富有深意：“阐明了一种君主政府的平台，其中含有各种稀有发明和各种淡泊习俗的可爱组合，适宜于在所有的王国、国家和联邦中加以引进。”而就在同一年年底，一群培根实验哲学的信徒在伦敦作出决定，成立一个以促进物理和数学知识增长为宗旨的正式学会，并向国王詹姆斯一世（James Ⅰ）提出许可申请。早在15年前，这些人就已经开始在伦敦和牛津两地定期聚会，专门讨论自然问题，波义耳就是其中的骨干。这个组织有几个名称：“哲学学院”（Philosophical College）、“无形学院”（Invisible College）以及“实验哲学俱乐部”（Experimental Philosophy Club）。

经过一番谈判，学会得到国王特许，次年又得到第二个特许状。学会的正式名称被确定为：“以促进自然知识为宗旨的皇家学会”，简称“皇家学会”。学会基本延续了成立前的“俱乐部”色彩，不聘任专职研究人员，仅设会长、秘书和主管各一名。最初，学会主要是将计划展开的工作交给合适的会员或者小组执行。但后来逐渐发展出一些专门的委员会，负责指导天文学、化学、解剖学、贸易、机械以及自然史方面的工作。但是，学会本身并不介入任何具体的研究，而是督促和鼓励会员展开工作。这种组织形式有点混乱，但使它远离宗教争论，从而为创新思想提供了一定程度的自由和可靠的氛围。

学会章程是由首任主管胡克制定的，非常充分地体现了培根的理念：“皇家学会的任务和宗旨，是增进关于自然事物的知识和一切

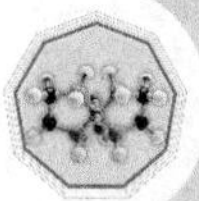

有用的技艺、制造业、机械作业、引擎，并用实验从事发明（神学、形而上学、道德政治、文法、修辞学或者逻辑，则不去插手）；是试图恢复现在失传的这类可用的技艺和发明；是考察古代或近代任何重要作家在自然方面、数学方面和机械方面所发明、记录或者实行过的一切体系、理论、原理、假说、纲要、历史和实验；从而编成一个完整而踏实的哲学体系，来解决自然界的或者技艺所引起的一切现象，并将事实原因的理智解释记录下来。”

这种重视经验和实验的理念被很好地贯彻到了学会早期的研究中，其中最突出的就是波义耳的系统实验。波义耳原本可以在皇家学会中担任领导角色，但是他本人更愿意退到后台，把更多的时间花在具体的研究上。不过，他的实验哲学理念却通过他的前助手胡克很好地贯彻到了皇家学会的组织原则和日常工作之中。作为实验总管，胡克的职责之一是设计新的实验，以满足学会聚会的不时之需。

作为学会首任秘书，奥登伯格（Henry Oldenburg，1619～1677 年）负责与会员和全世界的自然研究者保持着通信联系，交流实验和观察方面的信息。从 1665 年开始，他开始以《哲学汇刊》为名，定期出版学会收到的通信和研究报告。通过这份刊物，他建立了一个庞大的知识网络，其覆盖面甚至一直延续到在中国的耶稣会士，从而搜集到来自世界各地的自然、工艺与经济等方面的信息。与此同时，学会也对收到的研究报告进行登记，并定期举行公开会议听取报告和观摩演示实验。通过这种方式，学会变成使科学走出暗影、走出“毕达哥拉斯式”秘密状态的通道，将新科学带到了更广泛的公众面前。

学会虽然获得了皇家特许，并有一个“皇家”的头衔，但基本上是一个独立性的机构。它不受政府资助，会员也没有政府薪俸，学会运行主要靠会费和捐助维持。在这种体制下，很多活动可能都要会员自己埋单。例如，学会虽然有一个出版机构，但早期会员的许多出版物都是由他们自己负担的，包括波义耳的所有著作。连《哲学汇刊》也一直是奥登伯格的私人出版物，直到 18 世纪中期才名副其实地变成了《皇家学会哲学汇刊》。但是，由于这些作者和出版人的会员身份，人们基本上都把他们的工作同皇家学会联系起来。

这种体制一方面保证了学会的权威性，另一方面又保证了学会的自主性，在诸如研究选题和会员选举上可以自己做主。学会有一套严格的会员选拔程序，入选者一般必须有能够激励已有成员的优点，必须对自然哲学具有浓厚的兴趣。例外的是，为了保持学会的精英性质，也会选举一些贵族会员。学会允许女性参加一些聚会，但却拒绝她们正式入会。所以，纽卡索(Newcastle)的女公爵卡文迪士(Margaret Cavendish，1623～1673年)虽然参加过几次聚会，并出版了一些关于自然哲学的著作，但却没能成为会员。学会也不太愿意接受富于机变的商人入会，而更乐于接受值得信赖的贵族。

通过这样的制度，皇家学会起到了一种"把门人"的作用，无形中有了一种权威，能够决定谁在自然哲学的探究中是可靠和有资格的。而通过《哲学汇刊》，奥登伯格也能以学会的名义决定，什么才算是可以发表的正当的自然哲学研究成果。

据说詹姆斯一世对皇家学会并没有太多敬意，经常把会员们称为"我的傻瓜们"，并拿他们企图测量空气重量的努力来取笑。但是，对于会员来说，他们仍然想通过与皇家的联系来保持学会的国家色彩，并以此提高会员的社会声誉，维持学会的权威性。所以，在1667年出版的《皇家学会史》的封面上，詹姆斯一世的头像被置于中央的基座上，基座的铭文上则称之为皇家学会的"创建者与庇护人"。封面上的另一位人物是培根，显示了皇家学会与培根有关实验哲学及其组织方式的理念之间的联系。

15.4 科学院与国王的光荣

从17世纪30年代起，法国数学家莫森(Marin Mersenne，1588～1648年)开始在巴黎的寓所定期召集聚会，供来自欧洲各国的学者讨论数学、物理学和哲学问题。莫森虽然是一位修士，但是热心自然知识的探究，曾翻译过伽利略的著作，还同当时许多著名的同道保持通信联系，其中包括毕克曼、赫尔蒙托、伽利略、笛卡尔、托瑞彻利、帕斯卡父子和伽桑迪等著名人物。莫森去世后，他发起的聚会在一位名叫蒙特莫(Habert Montmor，约1600～1679年)的贵族召集

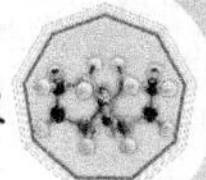

下一直延续到1665年。但是,随着对皇家学会工作的了解,尤其是对其经验主义工作方法的思考,参加聚会的经验主义者与笛卡尔主义发生了尖锐的对立。再加上经济上的困难,使得聚会基本陷于瘫痪。在这种情况下,其中一部分成员发出呼吁,要求成立一个受政府补贴的实验学会。

通过财政大臣科尔伯(Jean-Baptiste Colbert, 1619～1683年)的策划和运作,法国国王路易十四(Louis ⅣX)同意成立一个科学院。经过精心挑选,15名著名的科学家成为第一批院士。1666年岁末,院士们在罗浮宫内的皇家图书馆里举行了第一次会议,宣布科学院成立。1699年,路易十四正式将其命名为"皇家科学院"(Académie Royal des Sciences)。

与伦敦的皇家学会不同,巴黎皇家科学院是一个正规的政府部门,院士享受丰厚的薪金,研究活动也得到国家的直接资助。科学院的研究范围被划分为两大块,即数学与物理。其中,数学包括力学和天文学,而物理则包括化学、植物学和解剖学等。科学院为院士们提供一个实验室和一个图书馆,而院士们每周则需召开两次会议,星期三讨论数学学科,星期六讨论物理学科。除了日常研究,科学院还负责相关的科学咨询,后来还成为发明专利的审定机构。除此之外,科学院也负责出版院刊和院士的科学著作。

科学院从一开始就接受外籍院士,其中最著名的是来自荷兰的惠更斯(Christian Huygens, 1629～1695年)。惠更斯的父亲是一位外交家,对自然哲学深有兴趣,同当时一流的自然哲学家有密切的联系。惠更斯最初是在家里接受教育,并开始学习数学与仪器制作。那时笛卡尔是他家的常客,使他受益匪浅。1649年,惠更斯在莱顿(Leiden)大学完成数学与法律学习,从此开始了自己的研究生涯。他用新的磨制和装配方法制造了高倍率望远镜,用它们发现了土星的卫星,并揭开了土星环的神秘面纱。同时,他还对摆的物理性质进行了深入研究,发明了摆钟,并且发现了向心力的数学表达(他按笛卡尔的说法称之为"离心力")。1666年,他接受科尔伯的邀请出任巴黎皇家科学院院士,并从此移居巴黎,直到1681年才彻底离开。

早在1661年，惠更斯就曾前往伦敦，专门考察成立不久的皇家学会。此后，惠更斯一直保持着同皇家学会的密切联系，并于1663年被推选为会员。而在新生的巴黎皇家科学院里，他实际上处于领袖地位。结果，他按照皇家学会的模式来规划科学院的工作，使这里的研究在很大程度上体现出培根式的理念。例如，科学院最初曾投入相当的力量，用于编写自然现象和技艺过程的"历史"，完成了一部博物史和一套机械发明的目录。此外，科学院成员在普通力学、流体力学、空气力学、热学、光学和化学等方面展开了不少实验研究，还进行了动物解剖学研究。惠更斯本人也继续保持着与皇家学会的联系，还曾经接受其指派的任务，对完全弹性碰撞进行实验研究，结果与皇家学会两位成员沃利斯（John Wallis，1616～1703年）和瑞恩（Christopher Wren，1632～1723年）同时独立发现了正确的碰撞规律。

巴黎皇家科学院对天文学观测也十分重视，并在观测技术上取得了重要进步。皇家科学院的天文学家开始把望远镜与刻度盘相配合，同时发明了新式测微计，可以在望远镜的视场里对微小的角度进行读取，使一些重要天文常数的高精度观测成为可能。1669年，科学院还正式建立了一座新天文台，并请意大利天文学家卡西尼主持其工作。他在巴黎天文台的重要工作之一，是根据自己的观测编制了标准的木星卫星动态表，为解决地理经度的测量问题提供了一种方便的途径。他的儿子和孙子后来一直掌管天文台的工作，形成了一个显赫的天文学家族。

事实上，对于法国政治家来说，皇家科学院的意义远远超出了一个普通政府部门的作用。在经历了一系列的战争之后，当时法国已经确立了欧洲强国的地位。路易十四以及他的宠臣柯尔伯对内正在强化专制主义统治，对外则加快了扩张的步伐。在这种情况下，科学院一方面被作为彰显"太阳王"光荣的标志，另一方面则被用做国家利益的工具。在这一时期法国政府组织的大规模海外科学探险的活动中，科学院的这种角色表现得极其充分。

为了绘制精密的世界地图，路易十四下令进行大规模的天文和地理研究工作，并为此派出大批专业人员，在大西洋、地中海、英国、

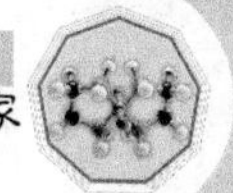

丹麦、非洲和美洲各大口岸进行测量。具体承担这些工作的主要是科学院,其中最著名的一次海外观测活动发生在1672年。这一年,皇家科学院派出了一支天文探险队,前往南美圭亚那的卡宴岛(Cayenne),对预计中的一次火星大冲进行观测。通过这次观测,巴黎天文台的天文学家不仅空前精确地测出了火星和太阳的视差值,而且还发现,同样长度的摆在卡宴摆得要比巴黎慢,从而为地球形状和重力变化的研究提供了重要依据。

为了扩大法国在印度和中国等远东地区的影响力,同时获得这些地区的自然资料,科尔伯在1681年提出了选派传教士前往东方传教、同时进行科学考察的计划。这一计划于1684年得到实施,法国政府选派了6名精通科学的耶稣会士,赋予他们“国王数学家”的名号,并将其中一些任命为科学院院士,一齐派往东方。他们中的5名来到了中国,进入了康熙皇帝的宫殿,一方面用欧洲科学向中国皇帝彰显法王的光荣,另一方面则趁为清廷进行天文大地测量之机,为法国政府搜集大量的有关中国的地理数据。

英国皇家学会与巴黎皇家科学院的成立产生了巨大的示范作用,继它们之后,其他一些具有官方或者半官方性质的常设科学学会开始在欧洲各地出现,其中包括1700年在柏林成立的普鲁士科学院,还有1724年成立的俄国圣彼得堡科学院,等等。对近代科学的发展来说,这种相对稳定的学会的成立具有重要的意义。首先,科学活动从此变成一种公众的努力,尽管其范围、方法和参与者都是有限的。其次,科学活动的有组织性由此得到加强,使人们认识到,只要适当地组织起来,一切都有可能被认识,而由此获得的知识也可以得到有效应用。再次,通过期刊的出版,建立了可靠的科学交流、监督和普及机制。最后,科学家现在开始以一个专家整体的形象出现在公众面前。总之,与新科学相适应的新建制终于以稳定的形式普遍地出现了。

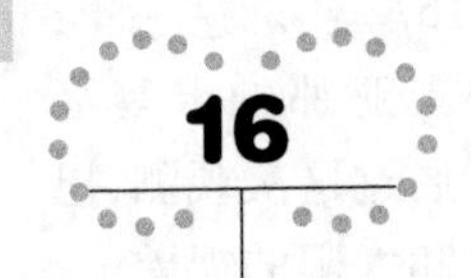

16 苹果与月亮——牛顿的综合

16.1 真理最好的朋友

1642年旧历的圣诞节(格里高利历1643年1月4日),一位男孩在英国林肯郡的沃斯托普(Woolsthorpe,本意是羊毛村)的一座农家庄园里呱呱坠地。男孩的父亲3个月前刚刚去世,而男孩也因早产而体质羸弱,小得可以放进一个夸脱杯中(1夸脱=1.101升)。家人给男孩取名伊萨克·牛顿(Isaac Newton),但他们并不知道,这个名字将会永垂青史。

男孩3岁时,母亲改嫁给一位富有的牧师。男孩只能与外祖母一起留在沃斯托普的农庄,直到他10岁时,再次守寡的母亲才带着3位异父弟弟回到农庄。这样的经历在男孩心灵中留下了深刻的阴影,以至于影响到他一生的性格。十二三岁时,男孩被送进寄宿学校,这时他显示出对化学实验和机械制作的兴趣和天赋。母亲原本只想让他学会识字算账,好帮助自己打理农庄。但她很快看出这孩子在这方面一无所用,只好接受了老师和小孩舅舅的劝说,让他继续读书,并在1661年以减费生的身份被录取到剑桥大学三一学院。

作为减费生,牛顿不得不通过给富裕学生干杂役来补贴学费,但这些并没有影响他的学业。牛顿入学的目标是学习法学,但他很快被最新的自然哲学和数学深深吸引,最迟在大二结束时,他就默默地开始了自学,阅读了哥白尼、开普勒、伽利略、笛卡尔、查理藤以及波义耳等人的"新科学",另外还有一些最新的数学著作,尤其是

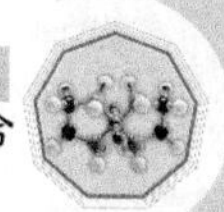

有关解析几何与符号代数学的著作。牛顿的阅读十分认真,并用笔记进行总结和评论。

对于前人的这些著作,牛顿并不盲从,而是带着一种分析和批判的眼光。所以,他在笔记中这样写道:“柏拉图是我的朋友,亚里士多德是我的朋友,但真理是我最好的朋友。”他对笛卡尔《哲学原理》就抱着这样的态度。该书在当时已经成为自然哲学的最高经典,牛顿接受了其中所讲的惯性原理、运动量概念以及运动量守恒原理,但明确指出,物体的运动量应该是有方向性的矢量,而非笛卡尔所说的无方向标量。另外,他还发现了笛卡尔对物体碰撞研究中的错误,并独立地总结出了正确的规则。

1665 年 4 月,牛顿获得学士学位,但仍然默默无闻。不久,一场来势汹汹的瘟疫迫使剑桥大学暂时关闭,牛顿不得不回到沃斯托普的农庄。不过,这正好有利于他继续自己的科学沉思。在不到两年的乡村生活中,他发现了二项式展开定理,发明了“正流数术”(微分)并开始研究“反流数术”(积分),又通过实验研究了光的颜色合成,同时开始研究与引力相关的问题,并取得了重要进展,从而使这一段时间成为他的“奇迹年”。

1667 年瘟疫结束,重返剑桥的牛顿开始让人刮目相看。他不但顺利地拿到了硕士学位,而且先后成为三一学院的初级和高级学者。1669 年,他又被指定为著名的卢卡斯数学教席的第二任教授(Lucasian Professor)。这一年,牛顿才 27 岁。1672 年,他因为反射望远镜的发明而当选为皇家学会会员。1679 年,牛顿重新开始研究引力的问题,于 1687 年出版了著名的《自然哲学之数学原理》(简称《原理》),从而一跃成为英国科学界的泰斗,并开创了人类自然研究史上的一个全新时代。

此后,牛顿一方面继续从事学术工作,其中包括大量宗教和炼金术方面的研究,另一方面则参与了不少社会活动,任过国会议员,又在 1696 年被指定为皇家造币厂的主管,并于 1699 年升任总管。其间,牛顿从炼金术研究中得到的化学知识在金币成色的提高等方面起到了重要作用。1703 年,牛顿当选皇家学会会长,并一直连任到他去世。为了表彰他的科学成就以及在造币厂的贡献,1705 年他被封为爵士。1727年牛顿去世后，英国政府为其举行了十分隆重的葬礼，他的遗体被安葬在著名的威斯敏斯特大教堂（Westminster Abbey）。著名英国诗人蒲柏（Alexander Pope，1688～1744年）以这样的诗句表示了同时代人们对他的崇敬：

自然及其律法被黑夜掩盖。
上帝说，让牛顿来！
于是光耀四海。

16.2 解密引力

牛顿年轻时，行星运动的力学机制已经成为一个备受关注的课题。笛卡尔试图通过以太涡旋解决这个问题，认为行星运动是以太涡旋带动的结果，行星到中心天体的距离则决定于两个力的平衡：一是行星圆周运动产生的离心力，一是以太涡旋加在行星上且指向太阳的压力，也就是引力；行星只能在这两个力正好相互抵消的距离上做圆周运动。在刚开始思考引力问题时，牛顿基本上接受这种解释，包括以太的观念。

传说，正当牛顿在自家农庄里对引力问题进行沉思时，一只苹果从树上落下，给了他极大的灵感：吸引月球在天上运动的力与吸引苹果从树上落下的力是不是一样的呢？不管这一传说是真是假，牛顿在1665到1666年之间确实在思考这样的问题：如果维持月球轨道运动的力就是与离心力相平衡的引力，那这个力究竟有多大？它与地球表面物体所受的重力是否是同一种力？后来，他把这个思考称为"月球测试"。

为了解决这些问题，牛顿首先分析了离心力的规律，并从理论上推导出了离心力的数学表达式：离心力＝物体运动速度^2/轨道半径。过了几年，惠更斯也独立地发现了同样的公式，但他的结果直到1673年才公开发表。通过把该公式与开普勒"和谐定律"相结合，牛顿进而得出结论：行星（或者卫星）所受的引力应该与其离心力相等，其大小与其到中心天体距离的平方成反比。根据这个关系，牛顿开始了他的"月球测试"：如果地球赤道上的重力与维持月球轨道运动的引力是同

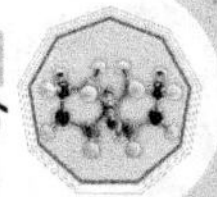

一个力，那么，地球赤道上一个物体的重力与它在月球轨道上所受的引力之比应该为(月球轨道半径)^2/(地球半径)^2。通过这个公式，牛顿得出了与实际测算结果相当接近的数据。

与此同时，惠更斯也在研究引力的问题，但其结论直到1690年才以《论重力的原因》为题出版。与当时众多的笛卡尔追随者一样，惠更斯把重力以及太阳与行星间的引力都归因于以太涡旋的作用。为证明此点，他完成了一个涡旋实验：将一个比重与水相同的物质小球放置在一只圆形容器的水中，并把它限制在一个直径方向的小槽里，使它只能沿直径方向运动；让容器快速旋转后突然停止，则会看到小球在水涡作用下向容器中心移动。惠更斯认为这就代表了重力的产生机制。他还进一步假定，物体的重力等于等体积以太在涡旋运动中所产生的离心力。借助自己前不久发现的离心力公式，他求出，在赤道附近，只有当以太涡旋的速度等于地球自转速度的17倍时，才能得到我们所观测到的物体的重量。

胡克对引力问题也十分关注，并在1674年出版的《通过观测证明地球运动的尝试》中提出了自己的一些思考结果，其中最重要的一点是：所有物体都会维持简单的直线运动，直到有其他作用力使它发生偏离，并把它的轨迹弯曲成圆形、椭圆形或者其他形状的曲线。换句话说，行星或卫星的轨道运动不是通过离心力与引力相平衡而维持的，而是在引力作用下偏离简单直线运动而形成的。这一观点改变了引力研究的思考方向，十分重要。不久，胡克也通过某种途径发现了引力的平方反比关系。在1679年与牛顿的通信中，胡克提出了重力作用下物体的运动轨迹问题，从而使牛顿回到了对这个问题的研究上。

1684年初，在同瑞恩爵士和年轻的天文学家哈雷(Edmond Halley, 约1656~1742年)的一次讨论中，胡克声称自己已经发现，在平方反比力作用下，行星将沿椭圆轨道运动。熟知胡克个性的瑞恩于是宣布，如果有谁能在两个月内提供这个问题的完整证明，他将以一本书作为奖励，但胡克一直都没有拿出自己的结果。同年夏天，哈雷在访问剑桥时向牛顿提出了同样的问题：在平方反比力的作用下，行星将沿什么轨道运动。牛顿一口回答：椭圆。但是，当哈雷向他索取他的证明时，他却没有找到，但答应尽快重新证明。

于是，牛顿大约在同年11月完成了《论物体的轨道运动》。其中第一次使用了“向心力”的概念，把它看成是维持行星圆周运动的要素。在此基础上他证明，在平方反比力作用下，物体的轨道必定是二次曲线。不过，这时牛顿并没有产生万有引力的概念，至少还没有明确提到天体之间的引力是普遍和相互的。但是，在不到一个月的时间里，牛顿就认识到这一点，并领悟到，在普遍和相互的引力的作用下，行星实际上并不是沿椭圆轨道运动，太阳系的中心也不是在太阳之内，而是在太阳附近。换句话说，开普勒的行星椭圆轨道运动定律只是近似的，或者说是平均的结果。结合作用力与反作用力大小相等、方向相反的规律，他最终导出了所谓的万有引力定律：两个物体间的万有引力与它们质量的乘积成正比，与它们之间距离的平方成反比。在此基础上，他写出了《论物体的运动》的手稿，并终于完成了《原理》的写作。

16.3 《原理》大意

尽管《原理》是因万有引力的发现而完成的，但是牛顿想通过该书表达的意思却远不止于这样一个具体的力学定律。

该书是以欧几里得式的公理化形式写成的，牛顿无疑是要以这种方式来表示自己理论体系的严密性。全书首先从“定义”开始，包括8条定义和1条长篇附注。定义包括物体的质量、运动量、惯性、作用力、向心力及其3种量度方式，附注则进一步定义了绝对时间、相对时间、绝对空间、相对空间、相对运动和绝对运动等概念。接着是“公理，或者运动定律”，给出了著名的牛顿三定律，并在随后的推论和附注中介绍了力的合成与分解原理、运动叠加性原理、动量守恒原理、伽利略相对性原理等，构成了全书的理论基础。全书正文分为3卷，所有结论都以命题的形式给出，并附有严格的证明过程。

尽管牛顿的三条基本运动定律构成了全书的基础，但他对于绝对时间和绝对空间的定义在其整个力学体系中也占有举足轻重的重要地位。他把绝对时间称作“绝对、真实和数学的时间”，认为它是均匀流逝的，而且“自含、自在并具有自己的本性，无需参照外在

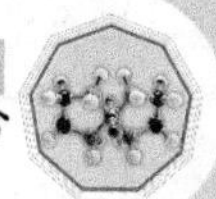

的任何东西”；时间又可以称作持续性，而“相对、表面和一般的时间则是通过运动对持续性所做的（准确或者不准确的）测量”。至于绝对空间，则是“具有自己的特性而无须参照外在东西的，永远保持各向同性以及不可以移动性”；而“相对空间则是对绝对空间的任何可动部分与大小”，也是由感觉而决定的。牛顿的绝对时间和绝对空间为他的力学提供了一个简单的终极时空参照系，其中的时间和空间是互不相干的。并且，在任何相对于绝对空间做匀速直线运动的参照系（也就是所谓的“惯性参照系”）中，物理定律全部会保持不变（这就是所谓的伽利略相对性原理）。

应该说，推求万有引力并用它解释太阳系各天体的运动，这是《原理》的中心。该书第1卷主要讨论质点在无阻力空间中的运动，尤其是在有心力作用下的运动，这可以看成是为宇宙体系的讨论而作的理论上的准备。第2卷主要讨论流体以及流体中物体的运动，看上去似乎与宇宙体系问题无关。但是，正是通过这一部分内容，牛顿最后证明，在均匀介质的涡旋中，物体的运动不可能遵守开普勒三定律，由此得出结论：“因此很清楚，行星们不是由物质涡旋带动的。”

最后，牛顿在第3卷中切入了宇宙体系的讨论。首先，他把开普勒第三定律作为一个通过反复观测得到的“现象”，在此基础上，利用第1卷中推导出的力学定理推出了万有引力定律。其次，他又根据这条定律证明，包括太阳在内的太阳系成员都必然地围绕整个系统的公共重心运转，而这个重心必然地处于质量最大的太阳附近——这是第一次从物理学上对日心体系的证明！最后，他又进一步用这条定律分析了太阳系天体的各种运动现象，尤其是月球运动、潮汐规律和彗星轨道这些十分复杂的现象，以显示其理论的强有力。最初他是以非数学化的语言写作这一部分，目的无疑是想让更多的人能理解其中的论点与论述方法。但是最后他还是决定改用数学性的版本，据说是由于胡克提出了引力发现优先权的要求，牛顿为了表示自己的发现远非胡克的非数学性理论所能相比的，所以才改变了主意。

毫无疑问，牛顿的《原理》实现了对欧洲近代早期自然研究的一次大综合与大发展。这种综合首先是知识上的:从哥白尼的日心地动说到开普勒的行星三定律,从伽利略对自由落体、匀加速运动、抛体运动、运动相对性以及单摆的研究到笛卡尔对惯性运动、运动守恒以及碰撞问题的思考,一直到惠更斯对摆、圆周运动以及碰撞等问题的研究,这些成果不但被充分地吸收到了牛顿自己的力学体系之中,而且在新的理论框架之下显示出了更加明确和重要的物理学意义。

与此同时,《原理》也实现了近代早期科学世界观和方法论上的一次大综合与大发展。首先,书中明确地体现了自然数学化的观念。在该书的序言中,牛顿明确指出:由于近代人们在自然研究中拒斥物质性的形式与神秘的性质,而努力把自然现象归结为数学定律,因此他在本书中也要集中讨论与自然哲学相关的数学。按照他自己的划分,这种数学的内容可分为三个层次:第一,是前两卷中提出的一些"数学地证明了的"一般命题;第二,是以这些命题为基础,从天体的运动现象中推出太阳与各行星之间的相互引力;第三,是从这些引力中演绎推导出有关行星、卫星、彗星和潮汐运动的数学命题。正是从这种意义上来讲,牛顿才认为,"本书提出了自然哲学的数学原理"。

当然,牛顿在《原理》中也极大地发展了自然的数学化观念。例如,除了空间、时间和运动这些前人已经用过的数学性范畴外,牛顿把力也作为自然结构中的一个基本要素,同时利用第二运动定律(牛顿将之表述为作用力与运动的改变量成正比)提出了它的量度方法,使之也成为一个数学性的范畴。此外,他还用质量作为物质的量度,取代了前人所用的重量或者广延等范畴。正是通过这些改进,尤其是通过力和质量概念的引进,牛顿实现了运动学与力学的结合,从而创立了真正的"动力学"(dynamics)。

其次,《原理》也继承和发展了机械论观念。在该书序言里,牛顿指出:"许多事情引导我怀疑,所有的现象都可能依赖于某些形式的力。由于现在还不知道的原因,物体的微粒在这些力的作用下或者被相互压在一起,聚合在规则的形体中;或者相互排斥而彼此分离。"这是一种典型的机械论观点,所不同的是,牛顿现在把物体间

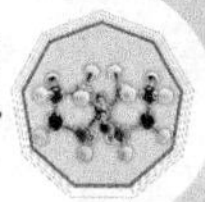

的作用力看成是机械作用中最关键的要素,认为"哲学最基本的问题就是首先从运动的现象中去发现自然的各种力,然后用这些力来对其他现象进行推演。"与此相应,牛顿提出了所谓的"理性力学"(rational mechanics)的概念,将它定义为"关于各种形式的力所产生的运动以及各种运动所要求的力的科学",并把它看成是自然哲学的主要基础。因此,可以说,牛顿建立或者至少是强化了一种以物质间作用力为中心概念的机械论。

最后,牛顿也强调经验知识和实验的重要性。尽管《原理》中给出的是一个高度数学化的抽象体系,但是牛顿却认为它是地地道道的"实验哲学",其中的"命题都是从现象中演绎出来,并通过归纳而加以一般化"。在"宇宙体系"前面的"自然哲学研究的规则"中,牛顿明确地强调了经过归纳得来的经验知识的权威性:"由于物体的性质只有通过实验才能为人所知,所以,那些被实验所普遍证实了的性质就是普遍的性质……不能用粗心编织的无用空想来取代实验的证据。"而在其中最后一条规则中,牛顿则明确规定:"在实验哲学中,通过归纳法从现象中搜集来的那些命题应该被认为是精密或者非常近似于真实的,即便是在存在相反的假说的情况下也应如此,除非有其他现象使这些命题变得更加精密或者受到排除。"也就是说,当经验与理论假说发生冲突时,必须遵从经验。

对于牛顿来说,《原理》既是对自己自然哲学理论的阐述和证明,同时更是一种方法论上的示范。这种方法就是:把经验所揭示的自然现象归结为力作用下的物质运动,首先根据力学的基本原理,借用数学方法,从现象中总结出力的作用规律,再反过头来利用这些力来解释和预测新的现象;当发现解释和预测同实际观测之间存在差距时,则说明其中还存在没有发现的力的规律;再通过类似的研究方法找出这些新规律,则可以使理论得到进一步的精确化。他在该书序言中明确表示:"我希望,这里所确立的这些原理可以对这种模式的哲学研究或者某些更加正确的哲学研究产生新的启示。"他殷切地期望,"如果我们能按照(与本书)同样的推理方法,根据力学原理推出其他自然现象(的原因),那该多好啊!"

16.4 流数术

谈到《原理》中的那些命题，牛顿曾经声称，自己常常是先通过“新分析法”推出它们，然后再对材料重新加工，用“综合法”证明它们。这里的所谓“综合法”，指的是欧几里得几何式的公理化方法；而所谓的“新分析法”，则是他发明的微积分。牛顿的这番话反映了一个重要事实，即他在“理性力学”上的成就在很大程度上得益于自己的新数学。

应该说，微积分的发明是近代早期数学在无限小求积、代数学、解析几何和极限等方面巨大发展的一个结果，是对这些领域中相关成果的一次综合性提升。牛顿对微积分的研究开始于1665年，并于1666年10月完成了《论流数》手稿。之后，他又相继完成了《运用无限多项方程的分析》（1669年）、《流数与无穷级数》（1671年）和《曲线求积术》（1676年），但是直到1711，1736和1740年，它们才陆续出版。

从总体上来看，牛顿的微积分思想带有明显的物理学色彩。例如，他把数学变量称作“流”或者“流量”（Flux），而把它们的变化率称为“流数”（Fluxions），也就是变量的关于时间的导数，他把它们分别记作 $\dot{x}$，$\dot{y}$，$\dot{z}$ 等。除此之外，他还把无限小的时间间隔称为“瞬”（Instant），用 o 表示，并把流的瞬间增量表示为 $\dot{x}o$，$\dot{y}o$，$\dot{z}o$。而所谓的“流数术”的基本问题则是：已知流之间的数学关系式（如 $x^2+y=0$），求它们的流数之间的关系（将 $x+\dot{x}$，$y+\dot{y}$ 代入前式，展开后略去 x^2+y，除以 o 后再略去带 o 的项，可得 $2x\dot{x}+\dot{y}=0$），或者反过来（如已知 $2x\dot{x}+\dot{y}=0$，由于 $2x\dot{x}$ 的流为 x^2，$\dot{y}$ 的流为 y，即可反求出 $x^2+y=0$）。前者对应于微分，后者则对应于积分。牛顿不但发展了两个问题各自的求法，还认识到二者之间的运算是互逆的。更重要的是，他明确认识到，这是一种具有普遍意义的简单方法，不仅可以用来作出任何曲线的切线，而且可以用来解决诸如曲率、面积、曲线长度和形体重心之类的复杂问题。

尽管《原理》中所用的数学工具在形式上还是欧几里得几何，但是，其中实际上也贯穿了牛顿的微积分方法。可能正是由于这个原

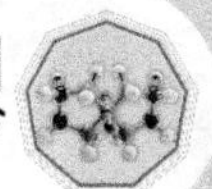

因,被牛顿称为“前辈中最杰出的几何学家”的惠更斯在最初读到《原理》时才会抱怨,说自己读不懂其中的数学。不过,微积分的发明却使牛顿与德国哲学家莱布尼兹(Gottfried Wilhelm Leibniz,1646~1716年)卷入了优先权之争。

莱布尼兹是学哲学出身,拿到博士学位之后,曾担任过宫廷炼金家,并一直在贵族圈中活动。1672年,他因外交事务来到巴黎,从而有机会开始在惠更斯的指导下系统自学数学和自然哲学。他很快就成为行家,并于1673年产生了微积分的思想。1677年,他曾在给皇家学会秘书奥登伯格和牛顿的信中谈到自己的这项工作。到1684年,他又远在牛顿之前正式发表了关于微积分的论文,即《关于求极大和极小以及切线的一种新方法》。这些使他后来认为,牛顿剽窃了他的思想,结果使牛顿不得不起来捍卫自己的发现。

事实上,莱布尼兹发明微积分的灵感来自于他1666年《论组合的艺术》中对数列的各阶差分的研究。在文章中他发现,对于一个给定的指数数列来说,其一阶差分(也就是该数列中相邻两项之差)的前 n 项之和总等于原数列中的第 $n+1$ 项[如平方级数(0,1,4,9,16,25,36…),其一阶差分为(0,1,3,5,7,9,11…)]。1773年,莱布尼兹把这一发现从离散的数列推广到连续的变量上,用 y 表示变量,用 l 表示其一阶差分,而将上述规律表示成 $omn.\ l = y$,$omn.$ 表示对 l 求和。不久,他用$\int$代替 $omn.$,用 dy 代替 l,则上述关系就可表示成 $y=\int dy$。可见,莱布尼兹与牛顿发现微积分的途径与表达方式都不一样。

16.5 光的“探询”

如果说引力的研究与《原理》的写作代表了牛顿的理论天才,那么光学研究则突出地显示了牛顿的实验才干。在大学念书期间,牛顿想制作一架高品质的望远镜,但是他总是无法消除玻璃镜片的色差,于是他把注意力集中到了折射颜色问题的研究上,于1666年开始了对光谱的实验研究。

牛顿之前的研究者早已注意到,三棱镜会将太阳光分解成一个颜色带,但是他们要么认为这些颜色是玻璃产生的,要么认为它们是光与黑以不同的比例合成的结果。牛顿通过精心设计的三棱镜分光实验得出结论,三棱镜折射所产生的颜色是太阳光中原本就有的性质。由于不同色光在媒介中具有彼此不同但却确定不变的折射率,因此,在太阳光穿过三棱镜时才会被分解成一个七色光谱。

牛顿在 1673 年把自己的实验及其结论写成《关于光和色的新理论》一文,并在其中提出了“光线可能是球形物体”的微粒论观点。不料,该文提交皇家学会后却备受争议,而且主要批评者是胡克和惠更斯,由此拉开了光学史上微粒说与波动说之争的序幕。其中,胡克把光看成是光源粒子的振动在均匀介质中的传播,并坚持,折射颜色是由于玻璃改变了振动特性而造成的。

为了回答波动论者的批评,牛顿于 1675 年向皇家学会提交了《关于光和色的理论与假说》一文,试图把微粒说与以太振动结合起来,以解释光的行为。牛顿指出,如果假定光线是由光源向四面八方发出的微粒,那么,当这些微粒碰到任何一个折射或者反射面时,都必然会在以太微粒中激发振动;而且,振动的特性是由光微粒的大小与速度决定的。可是,面对这篇新论文,胡克却指责牛顿剽窃了自己的观点。这使得性格孤傲的牛顿倍感愤怒,宣布从此不再向皇家学会公开自己的发现。

但是,争论并没有因此而结束。1678 年惠更斯出版了自己的《光论》,把波动说变成了一种系统的光学理论。惠更斯认为,整个世界都被以太所充满,以太由坚硬的弹性微粒组成;光源微粒的剧烈振动会引发以太微粒的振动,由此在以太中形成“光波”;在传递“光波”的过程中,每个以太微粒都会因振动而变成一个球面子波源,这些子波的波前则汇集成新的主波面向外扩散。借助于这样的理论模型,惠更斯很轻易地解释了光的直线传播、反射、折射和衍射等常见光学现象。但是在处理刚刚发现的方解石双折射现象时,这种波动说遇到了麻烦。

惠更斯发现,当一束光线沿某些方向穿过方解石时,会被折射成两束光。其中一束符合折射定律,也就是寻常光;另一束则不符合,成为非常光。为了解释这种现象,惠更斯设想,光线在经过方解石时会变成两种波:寻常光是球面波,非常光为椭球面波。借助于

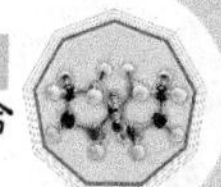

这种假说,他比较满意地解释了两种光的传播方向。但是,由于惠更斯认为"光波"是一种纵波,所以他无法解释寻常光和非常光在再次通过方解石时因偏振所产生的现象。

牛顿对光学的研究其实也没有停止,但他一直到胡克死后才在1704年出版了自己的《光学》,并先后在1717和1718年进行了对该书增订和补充。该书的结构与《原理》十分相似:一开始是8条定义(光线、折射、反射、入射角、折射角、反射角、复合光与单纯光、复合色与单色,等等)和8个公理(前5条公理是反射和折射定律,后3条公理是关于平面镜、球面镜和透镜的主要光学特点和性质),然后分3卷,以命题和定理的形式阐述相应的光学发现。其中,第1卷主要总结了他对光谱及其相关问题的研究,第2卷主要讨论薄膜颜色,第3卷则主要讨论衍射现象,并提出了31条"探询"。用牛顿自己的话来说,该书包含了"迄今为止光学中被讨论过的一切",是对当时光学知识的一次全面综合。

牛顿在全书一开始就宣称,"我在本书中的目标不是用假说来解释光的各种性质,而是用推理和实验来提出并证明这些性质"。所以,书中对命题和定理的证明主要是通过实验、观察和基于公理的推理来进行的。此外,还列出了一些纯粹的观察结果。所以,全书更多地展现了牛顿物理学研究的实验侧面。只是在第3卷中,牛顿才用"探询"的形式,以粒子说为主,以太振动说为辅,对一些光学现象的形成原因和机理进行了讨论。

例如,牛顿在光学上的重要发现之一是所谓的"牛顿环",也就是薄透镜与玻璃板之间的空气膜中所出现的明暗相间的同心条纹。牛顿对它进行了非常细致的定量研究,总结出了条纹半径同相应位置空气膜厚度之间的定量关系。但是,为了解释其形成原因,牛顿假定,由光微粒激发的以太振动会反过来对微粒本身产生加速或减速作用;当光微粒受到加速时,就容易穿过反射面,形成暗纹;相反则不容易穿过而被反射回来,形成亮纹。

根据粒子说观点,牛顿还对惠更斯的波动说提出了公开否定,尤其指出它无法全面解释双折射的问题。尽管他自己也没能提出一套更加完备的解释,但是却提出,光的粒子可能具有两个与寻常光相应的侧面，两个与非常光相应的侧面，而方解石晶体的微粒可能也具有相同的“双面性”，所以在折射中才会导致光线的分裂。他把光微粒中两种性质并存的现象比喻为磁石的极性，由此导致的光的极化概念的出现。

更重要的是，在《光学》所附的众多“探询”中，牛顿再次提出了以物质微粒之间的各种作用力来解释光学、化学、电学以及热学现象的观点，以更加明确和具体的方式重申了《原理》前言中所提出的那种机械论研究纲领。这种纲领最终被看成是牛顿自然哲学的重要组成部分，被牛顿追随者们继承和发展。

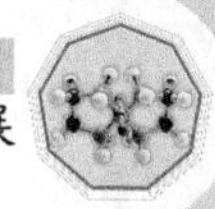

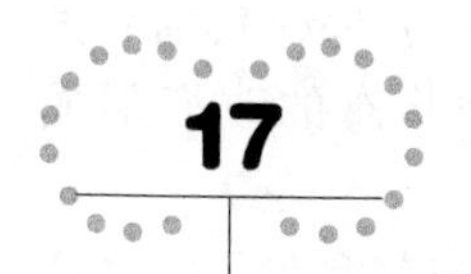

17 科学与启蒙——牛顿哲学的传播与发展

17.1 关于力的论战

17 世纪中期以后,随着动力学思想的发展,力日渐成为自然哲学尤其是机械论自然哲学中的一个中心概念。但是,在力的本质以及力与物质和运动之间关系的问题上,哲学家中却存在重大分歧,大致形成了三种观念。

第一种是"原教旨性"的笛卡尔式的观念,认为物质是僵死的,其本身不含有力(forces or powers);所以,在哲学上,只需借助运动中的物质就可以解释一切自然现象,而无需借助于力。这种观点被法国哲学家马勒伯朗士(Nicolaus Malebrache,1638 ~ 1715 年)推到了极端,以至于认为,即便是在相互碰撞中,两个物体也没有相互施力,其中运动的转移只是上帝作用的偶性表现而已,不是一种实在的变动。除了上帝作为宇宙存在和运动的终极原因之外,马勒伯朗士甚至完全否认自然现象因果性的存在,而把它看成是人们在认识自然的过程中赋予现象的一种想象的秩序。不过,这样的观念对动力学的发展不会有任何实际帮助,因此最后只是在哲学的讨论之中继续存活。

第二种是莱布尼兹在批判笛卡尔自然哲学的基础上发展起来的观念,提出的时间在 1686 年到 1700 年之间。莱布尼兹认为,物质并非僵死的,而是内在地就含有"原始力"(primitive forces)。不过这种力始终是隐含的,是通过"派生力"(derivative forces)而表现出来,并具体地决定着物体的运动与变化。而这两大类的力各自又分为两种,即“主动力”(active force)与“被动力”(passive force),前者为物体运动提供动力,而后者则总是对物体运动状态的改变形成抵抗。

第三种是牛顿在《原理》中建立起来的观念,也就是除了把物体的惯性定义为物质的“内在力”或者“固有力”(inherence force)以外,把其他改变物体惯性运动状态的力都称为“外加力”(impressed force)或者“施加于物体的作用”。牛顿承认这些外加力的多样性,承认有万有引力、弹力以及内聚力等类型的力的存在,但并不把寻求这些力的原因作为自然哲学的主要目标,而强调对力的规律和作用结果的研究。

随着《原理》的出版,尤其是1703年担任皇家学会会长之后,牛顿逐渐建立了自己在英国科学界的权威地位。皇家学会的绝大部分成员都把牛顿看成是自己的庇护者,自动地成为他的追随者和捍卫者。在这种情况下,牛顿的学说也占据了统治地位。最迟从18世纪的第一个10年开始,牛顿的力学和天体力学就已经进入牛津和剑桥大学的课堂。但是,在欧洲大陆,《原理》从一开始就受到了质疑,尤其是作为其核心成果的引力理论。包括惠更斯和莱布尼兹在内的大陆自然哲学家普遍认为,牛顿给出了引力的纯数学表达,却没有对它提供任何解释。惠更斯尽管对牛顿十分钦佩,但是仍然把万有引力斥为“荒谬的”。

在对牛顿的批判上,莱布尼兹走得更远,从1689年到他1716年去世之前,一直在同牛顿及其追随者论战。他指责牛顿把已经过时的超距作用思想重新引入自然哲学,并把他的万有引力赋予一种“神秘的性质”,认为在没有媒质推动的情况下,行星在轨道上的圆周运动就只能是一个“永久的奇迹”。

面对来自大陆的批评,牛顿及其追随者也组织了系统的反击。他们批评以太涡旋之类的对重力原因的解释是凭空编造的假说,因此在实验哲学中没有任何地位。相反,他们指出,《原理》中对物质、运动以及力的讨论,包括所有的运动定律与引力定律,都是借助实验哲学的方法,通过对现象的演绎与归纳总结出来的,因此是可信

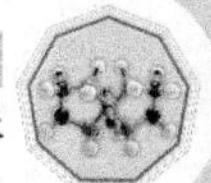

的。牛顿尤其强调,知道引力确实存在,确实遵从《原理》中提出的定律,并足以解释天体和大海的所有运动,这一点已经足够了;除此之外,是否了解引力的本质已经无足轻重。正是从这个意义上来说,牛顿宣布:"我不编造假说。"

不过,牛顿在内心也许并不满足于把引力说成是超距作用。所以,在1692年写给一位神学家的信中,他这样写道:"在既没有相互接触,又没有别的什么非物质性中介存在的情况下,难以想象没有生命的粗俗物质能相互作用和影响……重力必定是某种持续地按一定的规律产生作用的中介。但是,这种中介究竟是物质性的还是非物质性的,我已经将它留给读者们自己去思考。"

事实上,一直到他晚年对光学现象的讨论中,牛顿也一直没有放弃以太的概念。在《光学》增订版的"探询"中,他终于提出了这样一种可能的解释:也许以太是由比光微粒更小的粒子组成,粒子之间相互排斥,因而存在弹力;在质量越大的天体中,这种以太的密度越小,以太的弹力较小;而离质量中心越远,则以太的密度越大,以太的弹性也就越大;正是在这种弹力的压迫下,两个物体或者物质微粒才会相互靠近。当然,由于以太微粒之间相互排斥,所以这种以太的密度非常稀薄,因此在数万年的时间里都不会对行星的运动造成可感觉到的影响。不过,从更长期的时间跨度上来讲,这种影响则可能会导致明显的结果,以至需要上帝的干预才能恢复正常。除了借助于以太,据说牛顿也曾把引力及其作用归结为由全能的上帝所决定的。

17.2 "万有引力"的证明

不过,这些争论却不可能也没有实际阻断双方的知识交流,没有阻断大陆知识界对牛顿工作的了解。许多人虽然觉得牛顿的万有引力理论难以接受,但却仍然认为牛顿是一位伟大的数学家,著名的瑞士数学家约翰·伯努利(Johann Bernoulli, 1667~1748年)就是如此。他是著名数学家雅可布·伯努利(Jacob Bernoulli, 1654~1705年)的弟弟,丹尼尔·伯努利(Daniel Bernoulli,1700~1782年)的父亲。雅可布是巴塞尔大学的数学教授,约翰在那里学习医学期

间开始追随他学习数学，之后二人开始对微积分进行系统的研究与发展，很快成为该领域最重要的权威，也使巴塞尔大学成为数学和理论物理学研究的一个中心。雅可布去世后，约翰继承了他在巴塞尔大学的数学教席。约翰·伯努利在数学上与莱布尼兹有过师生之谊，所以在微积分优先权之争上，他为自己的老师进行了有力的辩护。而作为笛卡尔哲学的信徒，他也不能接受牛顿引力理论在原因解释方面的缺失。但是，作为一位数学物理学家，他却接受引力理论的数学结果，他在巴塞尔大学指导学生阅读的著作中就有牛顿的著作。

即便是在18世纪前半期，在巴黎皇家科学院大部分成员都对牛顿哲学抱着怀疑或者敌视态度的情况下，该科学院也仍然存在着一些牛顿的支持者。例如，坚持笛卡尔自然哲学的马勒伯朗士就是最早接受牛顿的科学院成员之一。从1617年前后开始，这些支持者们采取了一些看上去很有计划的行动，试图通过观测来验证牛顿的引力理论。天文学家迪理勒（Joseph Nicholas Delisle，1688～1768年）就反复建议科学院采用以引力理论推出的月亮运动表，通过观测与其他天文表进行精度的比较。1732年，又有人通过地球形状的问题向占统治地位的笛卡尔学说及其信徒们发难。

早在1672年对卡宴岛进行的科学考察中，法国天文学家就发现，同样长度的摆在这里摆得比在巴黎时慢。牛顿在《原理》中根据引力理论指出，地球由于自转会形成两极扁平、赤道突出的“橘子”状，因此，靠近赤道的引力会略小于远离赤道的地区，所以摆速会减慢。但是，按照笛卡尔的以太涡旋理论，地球在以太的压力之下却应该形成两极突出、赤道扁平的“橄榄”形。1718年，卡西尼的儿子雅克·卡西尼（Jacques Cassini，1677～1756年）公布了他父亲根据大地测量结果得出的结论，证明“橄榄”说是正确的。这一举动激起了英国的牛顿追随者们的反对，并发展成为另一场学术争论。在争论中，皇家科学院数学家莫佩尔蒂（Pierre-Louis Moreau de Maupertuis，1698～1759年）就公然站到了支持牛顿的立场上。

贵族出身的莫佩尔蒂于1723年加入巴黎皇家科学院，5年后曾访问伦敦，并被推选为皇家学会会员。他于1729年9月前往巴塞

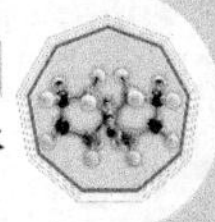

尔，追随约翰·伯努利学习笛卡尔涡旋理论和莱布尼兹力学理论，同时也在那里学到了牛顿物理学。但他却成为牛顿的信徒，并开始以万有引力讨论天体形状问题，于1731年在《皇家学会汇刊》上发表了自己的研究成果。在次年巴黎出版的《论行星的形状》中，他公开表明了自己对万有引力理论和牛顿地球形状观的支持。应他的要求，1735和1736年，法国政府先后派出两支探险队，分别前往赤道附近的厄瓜多尔和北极圈内的拉普兰（Lapland）进行大地测量，以检验两种地球观孰是孰非。测量于次年结束，结果证实了牛顿的结论，从而也对牛顿哲学进行了一次间接的证明。

在科学院内存在的一小群牛顿支持者中，有一位数学神童，名叫克莱饶（Alexis Clairaut，1713～1765年）。他是一位数学教师的儿子，由父亲亲自调教成才。据说他是以《几何原本》作为识字课本，9岁时已经能阅读当时最高等的数学教科书。12岁时他向巴黎皇家科学院报告了自己的第一篇数学论文，14岁时就被推选为科学院院士。此后，他开始钻研牛顿力学，并帮助自己的朋友开始了对该书的法文翻译。不久，他又开始利用新近发展起来的数学方法，通过万有引力来计算月球的运动。

计算进行到1747年底，克莱饶突然声称，根据自己的计算，牛顿理论存在着明显的偏差。同一时代的另外两位大数学家达兰贝尔（Jean le Rond d'Alembert，1717～1783年）和欧勒（Leonhard Paul Euler，1707～1783年）也发现了同样的问题，一时间引起了轩然大波。但是到了1749年底，克莱饶又突然宣布，牛顿理论最终还是对的，出现误差的原因是他在微分计算中忽略了一些重要的三阶小量；只要将它们考虑在内，则原来的误差会立即消失得无影无踪。克莱饶的工作得到了广泛认可，并于1752年获得了俄国圣彼得堡科学院的最佳论文奖。这一反一复之间，万有引力定律又得到了一次很好的证明。

牛顿在《原理》中曾经宣称，彗星可能是一些沿大偏心率轨道运动的天体，会按照一定的周期回归。按照他的理论，哈雷发现，1682年的大彗星与1531年和1605年的大彗星应该是同一颗彗星，并预言这颗彗星将在1758年底到1759年初再次回归。但是，由于数学

方法上的限制,哈雷无法确定具体的回归日期。克莱饶决定攻克这一难题,并在1758年宣布,哈雷彗星将在次年4到5月份之间回归。果然,1759年4月,哈雷彗星在他预报的时间区间内回到了近日点。克莱饶再一次成为英雄,牛顿也再一次征服了欧洲大陆。

17.3 分析力学

18世纪前期,尽管学术争议不断,但是那种以实验为基础的数学—物理研究方法在大陆上还是得到了巨大的发展。一批后起之秀开始涌现,他们在前代大师们的著作中找到了大片有待开垦的土地:引力中的多体问题,流体动力学和弹性介质力学,等等。但是他们同时发现,面对这些更加复杂的问题,牛顿等人原有的数学方法和动力学理论都存在较大的局限性,必须加以修正和扩展。

首先,他们试图克服牛顿和莱布尼兹微分中过分浓重的经验化色彩,使之具有更高的抽象性与一般性。许多一流数学家都为此作出了重要贡献,而欧勒则是其中最重要的一员。欧勒出生于瑞士巴塞尔,在巴塞尔大学求学期间受到约翰·伯努利的亲自指导,学习了当时主要的数学和力学大师们的全部著作,包括牛顿和伯努利家族的著作。毕业后,他先后在俄国的圣彼得堡科学院和柏林的普鲁士科学院任职。欧勒是一位数学天才,可以像小鸟飞翔一样毫不费力地计算。即便是在60岁完全失明的情况下,他仍然能继续写出杰出的数学论文。

欧勒在数学上取得了一系列重要成就,其中对物理学意义最大的是他对数学分析方法的系统发展。他直接用代数式来表示微积分变量之间的数学关系,从而形成所谓的数学函数(mathematical function),由此使微积分变成了一套完全符号化的数学语言系统。而为了处理物理学中常常涉及的多变量问题,欧勒又同其他数学家一起发明了所谓的偏微分,并把它广泛地应用于理论力学的研究之中。此外,欧勒还在前人工作的基础上建立了一般化的变分(calculus of variations)方法,为理论力学研究提供了另一个重要的数学工具。通过这种方法,数学物理学家就可以有效地处理他们经常会遇到的一个问题:当一个函数的自变量是另一个函数时,求能使主变量取

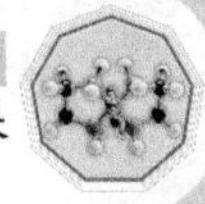

极值的自变量函数的形式。

分析方法的建立为力学研究提供了十分广阔的发展空间。1736年,欧勒完成了《力学或运动科学的分析解说》一书,将数学分析方法用于质点运动学和动力学的研究,以分析的语言对牛顿《原理》中的一些章节进行了精彩的重述,使之更加系统化和一般化。他以牛顿第二定律为基础,给出了质点运动方程的解析形式(用现代形式表达即$f_x = m\dfrac{\mathrm{d}v_x}{\mathrm{d}t} = m\dfrac{\mathrm{d}^2x}{\mathrm{d}t^2}, f_y = m\dfrac{\mathrm{d}v_y}{\mathrm{d}t} = m\dfrac{\mathrm{d}^2y}{\mathrm{d}t^2}, f_z = m\dfrac{\mathrm{d}v_z}{\mathrm{d}t} = m\dfrac{\mathrm{d}^2z}{\mathrm{d}t^2}$),并把它作为整个力学的基础,用以处理质点在各种情况下的运动问题。此后,欧勒又把这种方法用到天体运动的研究上,取得了很大的成功。可以说,所谓牛顿理论力学或者分析力学,其实是由欧勒首创的。

除了寻找更具一般性的数学方法,新一代数学力学家们还试图建立更加简单和更加普遍的力学原理,以便从整体和过程上来研究物体的运动。

早在1669年,惠更斯就在研究物体碰撞的过程中提出了一条法则,即碰撞物体的质量与其速度平方乘积的总和在碰撞前后保持不变。在1678年发表的一篇文章中,莱布尼兹把这个量称为"活劲"(*vis viva*),并认为它在整个宇宙以及物体的相互作用中是守恒的。1735至1750年间,约翰·伯努利和他的儿子丹尼尔分别在三篇论文中讨论了活劲守恒的问题。他们指出,一个系统在发生相互作用前和作用后其活劲总量不会消失,而只会相互转移和转化。由此,他们把活劲守恒称为一条"自然绝不会违背"的"伟大定律"。通过后来物理学家的发展,这条"定律"变成了所谓的机械能守恒原理。

1717年,约翰·伯努利提出了所谓的虚速度原理,其主要内容可以表述如下:当一个质点或者物体在一组力的作用下达到平衡状态时,假定让它通过一个微小的距离(约翰称之为"虚速度"),则所有力在这个位移上所做的功(约翰称之为"能量")之和必定为零。而早在1696年,约翰·伯努利在分析物体受重力作用的运动情况时还提出了最速落径问题:给出不在同一水平面上的两点的位置,一

质点在重力作用下由上方的点滑向下方的点,问:当质点沿着什么路径运动时所需要的时间最短。实际上,这是最早涉及变分的物理学问题。

另一条基本原理是由达兰贝尔提出的。达兰贝尔是一位法国军官同一位修女的私生子,从小被一对工人夫妇收养,但他的亲生父亲安排了他的早期教育,使他成为一位著名的数学家和哲学家。1743 年,他出版了《论动力学》一书,希望通过一些基本原理实现牛顿力学的系统化。他提出,如果把一个质点系的质量与加速度的乘积等效于一个力(他称之为"惯性力"),则有外力 = 惯性力;换句话说,通过这种方式,可以把一个质点系看成一个在平衡力和力矩作用下的系统加以处理,将动力学问题转化为静力学问题,从而使问题大大简化。这些观点被后来的力学家加以总结,成为所谓的达兰贝尔原理。而达兰贝尔自己则认为,整个力学都可以概括为惯性定律、运动合成以及力的平衡这三条最基本的原理。

到了 1744 年,莫佩尔蒂根据自然或者上帝不做无益之事的经济性原则断言,所有的作用量——他定义为质量、速度和距离的乘积——永远都会取最小值,这就是所谓的最小作用量原理。莫佩尔蒂根据这一原理推导出了碰撞定律、杠杆定律和光的折射定律,宣称这条原理是最普遍的自然法则,是对上帝的存在和智慧的科学证明。莫佩尔蒂赋予这条法则以宗教意义受到了强烈批评,但是这条法则本身却得到普遍承认。同一年,欧勒用变分法讨论了所谓的最速落径问题,指出,在有心力的作用下的无介质空间里,当物体以速度 v 从一点运动到另一点时,其运动轨迹对应于积分 $\int mv ds$ 的极大或者极小值。实际上,这是从变分角度对最小作用原理的一般表达。

在所有这些工作的基础上,数学家拉格朗日(Joseph Louis de Lagrange,1736~1813 年)对分析力学进行了第一次大综合。拉格朗日出生于意大利都灵(Turin),但其曾祖父是法国人。他主要靠自学走上了数学之路,于 1755 年成为都灵皇家炮兵学校的数学教授。他的才华受到欧勒和莫佩尔蒂等数学名家的赞赏,于 1759 年当选为柏林科学院院士,1772 年当选为巴黎皇家科学院院士,1776 年又被选

为圣彼得堡科学院名誉院士。他从1766到1787年在柏林科学院工作,1787年后定居巴黎,成为法国科学界的中坚力量,先后担任巴黎高等师范学校的数学教授,巴黎高等工程学院的第一任校长。他一生先后5次因天体力学方面的工作获得巴黎皇家科学院的论文大奖,成为获得该奖项最多的科学家之一。

1788年,拉格朗日出版了《分析力学》一书。书中把虚速度原理与达兰贝尔原理结合起来,导出了描述任何质点系统的动力学普遍方程$\sum_{i=1}^{n}(F_i - m_i a_i)\delta r_i = 0$,也就是所谓的达兰贝尔—拉格朗日方程。为了使这组方程的实际应用过程进一步简化,拉格朗日进而将加给系统的约束条件考虑在内,引入了所谓的广义坐标q_i、广义动量$\dot{q}_1$、广义力Q_i以及系统动能T,从而将上述方程变换成广义坐标的微分形式$\frac{\mathrm{d}}{\mathrm{dt}}\left[\frac{\partial T}{\partial_{\dot{q}_1}}\right] - \frac{\partial T}{\partial_{\dot{q}_i}} = Q_i$,也就是所谓的拉格朗日方程。而对于主动力为有势力(如引力)的情况,该方程还可以进一步简化为$\frac{\mathrm{d}}{\mathrm{dt}}\left[\frac{\partial L}{\partial_{\dot{q}_1}}\right] - \frac{\partial L}{\partial_{q_i}} = 0$,其中,$L = T - V$为所谓的拉格朗日函数,$V$为系统的势能。这样,整个力学系统就被建立在机械能守恒原理的基础之上。

拉格朗日方程不仅为解决复杂的受约束质点系统的动力学问题带来了极大的便利,而且可以推出最小作用原理,使之成为一条真正"科学的"定理。拉格朗日十分清楚自己工作的重要意义,并在该书序言中明确指出:"我们已经有了力学方面的各种专著,但本书的计划是全新的。我致力于将这门科学以及相关问题的解决技巧化归为一般性的公式,由这些公式的简单推导就可以给出解决每一问题所必需的全部方程……本书中找不到图形,我所阐明的方法既不必作图,也无须几何学或者是力学上的论证,而只需要遵循统一而规则程序的代数运算。"这些工作和思想使拉格朗日成为一种科学方法的代表,这种方法强调直接用数学描述关系,而不试图解释原因。

近半个世纪后,拉格朗日的分析力学引起了一位爱尔兰神童的强烈兴趣,这位神童名叫哈密顿(William Rowan Hamilton,1805~

1865年)。他14岁时就学会了12种语言,15岁时开始对数学入迷。17岁时,他就将数学分析应用到几何光学的研究中,导出了描述光线传播的一般方程,以至于在大学尚未毕业时就被聘任为都柏林大学的数学教授。他对拉格朗日的分析力学不仅充满钦佩,而且作了进一步的发展。他借鉴最小作用原理,以拉格朗日函数为作用量,于1753年提出了著名的哈密顿原理。该原理断言,在一个系统可能发生的一切运动中,真实运动的作用函数具有极值,即 $\delta\int_{t_0}^{t_1} L\mathrm{d}t = 0$ 。该原理将牛顿力学的所有基本定理和运动方程都隐含在内,从而成为力学的最高方程。至此,分析力学已经发展成为一个高度抽象的逻辑演绎体系,不论是力学体系还是其他体系,只要能写出其拉格朗日函数,就可以利用哈密顿原理求出体系的运动方程。

自其创立之初开始,分析力学就在一系列复杂的力学系统的研究中显示出了极大的威力。其中最具明显的领域就是天体力学,欧勒、达兰贝尔和拉格朗日等人在这方面都作出了开创性的贡献。最后,法国数学家拉普拉斯(Pierre Simon Laplace,1736~1827年)将分析力学系统地用到了天体运动的研究中。拉普拉斯出生于诺曼底的乡村,18岁时前往巴黎闯天下,并凭借一篇力学论文受到达兰贝尔的赞赏,并推荐他担任了巴黎高等军事学院的数学教师。拉普拉斯由此步入了专业的科学生涯,并于1799到1825年之间出版了5卷本的《天体力学》,成为一部完整的引力天文学巨著。该书不仅奠定了天体力学的理论基础,而且对太阳系天体的几乎全部运动都进行了系统的力学分析与推导。

通过与拉格朗日的密切合作,拉普拉斯解决了从牛顿时代以来便长期困扰人们的一个天文观测事实:土星的轨道偏心率在不断增加,而木星的则在不断减小,太阳系因此并不稳定,而最终会存在解体的可能。而拉普拉斯则证明:行星那些外表上似乎永恒的不规则运动实际上都是长短不一的周期性的变动, 所有天体的轨道偏心率也都在一定的限度内作周期性变化,而不会无限度地增大或者减小;整个太阳系实际上是一个能够自我调节的动态平衡系统,这种均衡不会像牛顿担心的那样会被打破,因此,无需借用他所说的上帝的重新干预就

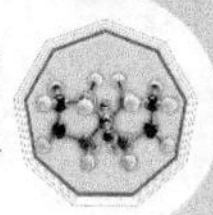

能维持稳定。因此,当拿破仑问拉普拉斯,为什么在他的著作中读不到上帝时,拉普拉斯回答:“陛下,我无须那样的假说。”

17.4 不可称量流体

在《原理》第二版“总注”的结尾,牛顿提出,所有的物体中可能都渗透着一种十分精细“电的精英”(electric spirit),它们是物质粒子之间的近距离吸引力、内聚力、带电物体的吸引与排斥作用、光的各种效应以及人的感觉与生理活动的决定因素。他建议,应通过实验对它的规律与作用作进一步的研究。他显然相信,自然界存在着一些极其精细的流体,就像电与磁一样。它们没有重量,因为物体不会因得到和失去它们而发生重量的明显改变。但是同时,它们却具有或者至少能够导致显著的物理效应。随着牛顿在力学领域里的胜利,他的这种思想也受到重视和发展,并首先体现在对静电现象的研究中。

古希腊人已经知道,琥珀(*electron*是琥珀的希腊词)经过摩擦可以表现出吸引细小物体 。吉尔伯特证明,有一大批物质都是这样。17 世纪中期,德国人盖瑞克发明了硫黄球起电机;奇门托学院进行过静电实验;波义耳探索过静电在真空中的行为,并把电解释为物体的一种释放物(Effluvium)。到了 18 世纪,电击、火花放电以及真空静电辉光等奇特现象激起了人们对电的广泛兴趣,以至于成为公众表演的时髦项目。各式起电机、验电器以及用于集电的莱顿瓶相继发明,使人们有可能在实验的基础上对电的本质进行探讨。

1733 年,法国化学家及皇家植物园主管杜 · 菲(Charles François du Fay,1698 ~ 1739 年)撰文指出,电实际上是一件关乎两种流体的事情,它们都不可称量,没有重量。它们可以通过摩擦相互分离,并因此按照自己的种类而排斥或者吸引。杜 · 菲称这两种电为玻璃电和琥珀电。

美国人富兰克林(Benjamin Franklin,1706 ~ 1790 年)不同意这种两分法,而相信只有一种电流体,而且所有物体均包含它;当一个物体具有正常量的电流体时,它就处于平衡或者是零状态;一个带电物体要么是因为拥有过量的流体而呈现“正态”,要么就是因为该流体不足而呈现“负态”；所有的电相互作用都是由于电流体的转移而造成。尽管这一认识不如双流体说合理，但是富兰克林却由此认识到，电流体既不能被创造，也不能被消灭，所有的电作用都符合守恒原理。不仅如此，他还用风筝将雷电引入莱顿瓶，通过一系列的实验证明，雷电也是一种电现象。因此他得出结论，电流体是自然的一部分，其守恒必定是普遍的。弗兰克林的静电研究主要完成于1747到1755年之间，并因此于1756年当选为皇家学会会员。

牛顿曾经从数学上证明，空心球不可能对其内部的物体产生平方反比的引力作用。而富兰克林也报告说，他不能检测到充电金属球内部所带的电。根据这一发现，英国教友教派的牧师、氧气的发现者之一普利斯特列（Joseph Priestley，1733～1804年）推测，静电作用也应符合平方反比规律。普利斯特列对静电现象进行过一系列的实验研究，并于1767年出版了著名的《电学研究的历史与现状》。按照他的思路，贵族出身的英国实验家卡文迪什（Henry Cavendish，1731～1810年）在1771年前后严格地测量了金属球内部的带电情况，由此推出了静电作用的平方反比定律，但天性害羞的他一直没有发表自己的结果。1784年，法国军事工程师库仑（Charles Augustine Coulomb，1736～1806年）用自己发明的扭摆天平进行了测量，结果证明，平方反比定律对静电作用是成立的。而且，两个电荷间的作用力与电荷量的乘积成正比——一种神秘的流体的行为就此被定量地掌握了。而通过使用类似的扭摆天平，卡文迪什在1797年对地球的平均密度和引力常数进行了精密的测量。

不可称量流体的概念还被运用到热现象的研究中，对热学的早期发展起了重要作用。对17世纪的大部分机械论者来说，热只不过是物质微粒的剧烈运动。但是，1731年，荷兰植物学家博尔哈维（Hermann Boerhaave，1668～1738年）在《化学基础》中明确提出，热是一种流体，任何物体中所含的热量与其温度和体积成正比。这种认为热是流体的“热质说”观点得到了苏格兰化学家布莱克（Joseph Black，1728～1799年）的赞同。但是布莱克也注意到，不同的物质对热的吸收能力大不相同，也就是说具有不同的热容量。他在1760年前后通过实验得出结论，物体所含的热量应该是由温度、质量和

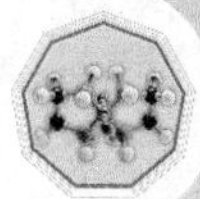

热容量共同决定的。这一发现意义重大,因为它使热的定量测量第一次成为可能,从而推动了量热学的迅速发展。与此同时,布莱克还经过实验发现,物体发生物态变化时存在潜热现象,就像在水的固、液和气三态转化过程中所能够观测到的那样。

电学与热学领域的这些发展对牛顿科学的信徒们来说无疑是很大的鼓舞,这一点在拉普拉斯身上得到了最好的体现。在引力天文学领域取得重大收获的同时,他也试图推进牛顿关于不可称量流体的研究纲领,使之进一步精细化和定量化,并在科学研究中广泛推广。在1796年的《论地球系统》和1802年的《天体力学》第4卷中,他把这种理念用到了对大气压强、大气折射、大气密度、重力的传播、毛细现象、双折射、声速、热以及地球的冷却与形状等现象的解释之中。他把热、光、电和磁等都归结为由微粒构成的不可称量流体,认为每种流体自己的粒子之间相互排斥,而流体粒子与普通的可称量粒子之间则存在引力;这些斥力与引力都作用于"不可感觉到的"短距离上,但却可以表示成系统的方程,其近似解既可以解释已知现象,甚至也可以预测现象。不难发现,这套方法与拉格朗日的方法论是完全相反的。实际上,拉格朗日本人就反对任何关于微观力的假说。

在1798年大革命之后以及波拿巴王朝执政时期,拉普拉斯成为法国科学界的领袖。于是,他充分利用这种机会,通过设立科学院大奖和新成立的高等工艺学院,大力推进自己所制定的这种研究纲领,形成了所谓的"拉普拉斯式科学",并使之赢得了相当多的追随者。后来随着王朝的复辟以及他本人的离世,这一传统才衰落下去。

17.5 "光的世纪"

与牛顿科学在欧洲大陆传播与发展相伴的,是在法国悄然发生的一场深刻的思想运动。这场运动所针对的目标是当时主导法国社会的君主专制、宗教蒙昧与社会的不平等,所使用的思想武器则是近代早期科学所代表的那种理性及其所揭示出的那些自然法则。换句话说,这场运动是近代科学发展的一个结果。领导这场运动的

思想家们认为,开始于前一个世纪的一场科学革命正在他们所生活的时代延续,并注定要把近代世界同蒙昧黑暗的中世纪截然分开,把人类带向一个按照自然法则构建起来的自由、平等、博爱和充满理性光辉的未来。而且,从这个意义上来说,社会注定是要进步的,而进步的动力就是来自于理性的发展,来自于科学。

1759 年,著名的法国数学家和哲学家达兰贝尔把自己所生活的时代称为"卓越的哲学世纪";1785 年,德国哲学家康德(Immanuel Kant,1724 ~ 1804 年)则把法国的这个时代称为"启蒙"(Enlightenment)时代,更多的法国人则称之为"光的世纪"。如果说在启蒙思想产生之初笛卡尔的"几何精神"曾经是理性的唯一化身,那么随着运动的发展,法国思想家们逐渐地发现了另一盏更亮的灯塔——牛顿。导致这一发现的主要人物之一则是伏尔泰(Voltaire,1694 ~ 1778 年,原名 François-Marie Arouet)。

伏尔泰出生于一个低级官吏家庭,在耶稣会学校接受基本教育后开始学习法律,但毕业后却以写作为生,从事诗歌、散文和戏剧方面的创作。由于激烈地抨击时弊,针砭专制,嘲笑贵族,他两次被关进巴士底监狱,最后在 1726 年被迫前往英国,度过了 3 年流亡生活。但是,伏尔泰在这里呼吸到了资产阶级革命后君主立宪制之下的自由空气,并目睹了英国的学术繁荣。他把英国开明与繁荣的原因归结为其科学的巨大发展,所以专门对以牛顿为首的英国科学家进行了考察,并将相关结果写入了著名的《关于英国的哲学通信》(简称《英国通信》)一书,于 1734 年在法国公开出版,为启蒙思想输送了精神燃料。

在伏尔泰看来,科学不仅仅告诉我们关于自然的事情,而且也告诉我们关于人类自身的本性。在《英国通信》中,他极力描述了过去的蒙昧,描述了培根尤其是牛顿等人的工作,描述了它们是如何帮助人类驱除了蒙昧。他认为,理性与进步是人类的遗产;人类具有天生的内力来耕种地球上的花园,从用自然法则滋养的社会和政府的庄稼中受益。但是,教会却通过黑暗的教育和布道剥夺了人类的这些宝贵遗产,使他们深陷愚昧和迷信。而人类一旦铲除了教会的精神控制,掌握了关于自然的知识,则会变成神一般的主人翁,会

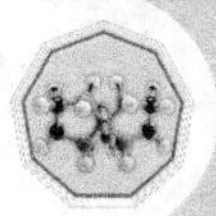

拥有主宰物质世界、改进自我生活的权利,社会也将由此而得到进步。因此,伏尔泰向牧师先生们发出警告:“颤抖吧,理性的时代已经到来!”

伏尔泰对牛顿充满钦佩,在《英国通信》里用了大量篇幅介绍其科学与哲学思想,为许多法国读者了解牛顿提供了入门读物。回国后,伏尔泰自然而然地同莫伯尔蒂和克莱饶等牛顿的信徒形成了一个松散的小组,其中还包括伏尔泰的女友夏特莱侯爵夫人(Marquise du Châtelet,1706~1749 年)以及暂居巴黎的意大利哲学家阿伽罗迪(Francesco Algarotti, 1712~1764 年)。1735 年,阿伽罗迪写成《牛顿哲学女士读本》,成为介绍牛顿光学的畅销读物。而伏尔泰则在夏特莱的帮助下完成了《牛顿哲学基础》,于 1638 年出版,成为二人在爱情和学术合作上最好的见证。夏特莱则在克莱饶的帮助下,于 1747 年开始了《原理》的法文翻译工作。可惜,在翻译工作即将完成时,她却因难产而去世,撇下了一个心碎的伏尔泰。

不过,这时牛顿哲学的权威已经逐渐在大陆上得到确立,并被变形成分析力学、天体力学以及不可称量流体的力学,等等。牛顿哲学最终取代了其他一切对立的哲学流派,成为自然哲学的最高范例,成为理性的唯一化身。人们普遍相信,牛顿哲学能够而且已经为他们揭示了最为确定的自然法则,因此,牛顿哲学本身也就成了自然法则的化身。

这样的思想在拉普拉斯那里得到了最好的表述。而作为牛顿哲学在 18 世纪的最高代表,他通过自己的《天体力学》向人们证实,自然界确实是受牛顿揭示的那些规律所控制的。所以,拿破仑在他的科学著作中找不到上帝,但是却可以读到这样一位“神圣计算者”:只要知道宇宙中每颗粒子在某一时刻的运动状态,他就可以根据这些规律推出它们在过去和将来任意时刻的运动状态。

除了推崇理性,推崇科学,启蒙哲学家们还感到有责任把新知识带给公众,向他们灌输理性与科学的理念。可以说,正是启蒙思想家向欧洲的公众普及和宣传了科学,使科学进入西方主流的社会意识形态,从此变成其中密不可分的组成部分。确实,在科学的普及和宣传上,启蒙思想家们付出了极大的努力。除了建立传播科学的博物馆，他们还组织了《百科全书，或者关于科学、艺术和工艺的大辞典》的编纂。该书出版于1751到1772年之间，是一部具有17卷正文、11卷插图和4卷补充的巨著，其中的许多条目都是由当时法国的一流科学家撰写的。该书最初的主编是达兰贝尔，但后来改由狄德罗(Denis Diderot，1713～1784年)一人承担。

在“百科全书”这一条目中，狄德罗告诉我们，该书的目标是把散布在全世界的科学知识汇编起来，形成一门描述统一自然的统一科学，并将它传给后代，使他们在受到良好的训导的同时，变得更加具有美德和更加幸福，并可以进一步探寻社会、人类精神和经济的规律，也就是采用业经证明的科学方法发展出社会科学的哲学，以改善人类的条件。

从这段文字中，我们不仅听到了培根理想的回音，而且看到了启蒙思想家在社会科学方面的追求。他们认为，如果让社会规则与自然规律相符，那么政府、经济和社会的运作都可以转变成和谐的工具，用于所有人的利益和道德的改进。正是本着这样的思想，启蒙哲学家们纷纷投入了以自然法则为模式的社会哲学、经济哲学与道德哲学的研究，批判了封建专制主义的腐朽与没落，论证了法制和自由社会的合理性，揭示了自由经济的必然性和支配其发展的基本力量，树立了自由、平等和博爱的道德理念，导致了欧洲社会思想和意识形态的近代化。

启蒙并不仅仅是纸面上的思想运动，而是欧洲近代社会诞生的催化剂。1789年，人们看到了启蒙运动第一个直接的社会成果的出现——以反封建反专制为主要目的的法国大革命终于到来。

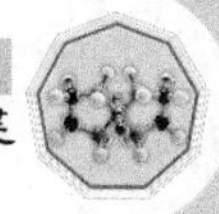

重建元素
——近代化学体系的创建

18.1 从微粒到燃素

波义耳否定了元素概念的必要性,而代之以微粒说,这对17世纪后期的机械论者颇具吸引力。微粒论思想被用到对一些化学现象的具体解释之中,其中包括对燃烧过程的解释。

早在1630年,法国医生瑞伊(Jean Rey,1583~1645年)就发现,金属经过焙烧,重量会增加。在《关于焙烧使锡和铅重量增加原因的研究论文》中,他指出,空气是有重量的,而加热会使空气变密,并在煅烧中同金属微粒结合,形成灰渣。波义耳对这个问题进行过研究,并认为,金属灰渣的重量增加是有重量的火粒子渗入金属的结果。通过抽气机实验,他还认识到,空气是燃烧和呼吸所必需的,但在燃烧和呼吸中起作用的只是空气中的某一部分。

胡克在1665年出版的《显微学》中进一步提出,维持生命和燃烧的空气其实是统一的。由于看到硝石(硝酸钾)制成的火药在没有空气时也能燃烧,所以他认为这部分空气具有硝的性质,并称之为亚硝气。在他看来,火焰只是亚硝气所引起的燃烧物的融化。同时代的英国医生梅奥(John Mayow,1641~1679年)把波义耳与胡克的观点综合起来,于1668到1672年之间撰文提出,空气中存在一种亚硝精微粒,在燃烧中与燃烧物微粒结合的就是这种微粒,而在呼吸中对生命起维持作用的也是它。

波义耳的化学微粒论观点对机械论者具有很大的吸引力,牛顿就接受了这种观点,并在《光学》的“探询”中进行了发展。与波义耳一样,牛顿认为物体可以分解成各种级别的粒子。第一级粒子是最小粒子,除了有大小、形状和运动外,还有质量和不可入性。粒子之间存在着各种力,包括吸引和排斥等,力的强度随粒子之间的距离等因素而变化;引力是粒子相互结合的原因,引力与斥力在一定条件下可以相互转化。除第一级粒子外,其他各级粒子之间都存在空隙,它们决定着粒子团的化学稳定性。化学反应是高级粒子(粒子团)的空隙被溶酶(或另一种反应物)的粒子侵入,导致分解,并组合成新的粒子。而决定两种物质能否反应的因素包括粒子与粒子间空隙的大小以及吸引粒子进入空隙的力。

不过,在相当长的时间里,这种机械论化学并没有成为主流的化学理论。相比之下,大部分化学家更乐意用所谓的燃素说来解释一般的化学现象。燃素说脱胎于德国医学家与炼金家贝契(Johann Joachim Becher,1635 ~ 1682 年)的化学元素观。在 1669 年出版的《地下的物理学》中,他提出存在三种化学要素,也就是三种土:玻璃状土、流质土和油质土。其中,油质土是湿而油的物质,是决定植物气味、味道和可燃性等特点的原因,燃烧就是油质土的释放。

德国医学家和化学家施塔尔(George Ernst Stahl,1660 ~ 1734 年)接受了这种观点。在 1703 年出版的《贝契理论举证》以及随后的几部著作中,他用希腊文 *phlogios*(火的)来表示贝契的油状土,并在此基础上发展出了一套化学理论,认为物质(包括可以被烧成灰渣的金属)都是物质基质与燃素的合成物,燃素决定着物质的性质(如金属性、酸性、颜色与气味等),可以以不同的形式出现(如火质、烟炱、油质等),可以从一种物体转移到另一种物体。空气含有“燃素中和剂”部分,燃烧就是燃素溢出与“燃素中和剂”相结合的过程。例如,当铅在空气中燃烧时,燃素以火焰和热的形式逸出,最后只剩下灰渣;但是,当把灰渣与富含燃素的木炭混合加热时,灰渣会从木炭中重新获得燃素,因而可以被还原成铅(实际过程是:$2Pb + O_2 = 2PbO$,$2PbO + C = 2Pb + CO_2\uparrow$)。

燃素说提出后,得到了化学家们的广泛采用,在 1750 年之后的法国尤为盛行。当然,这种学说还存在许多明显的问题。例如,既

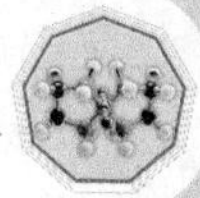

然燃烧是放出燃素的过程,那为什么金属煅烧后会增加重量?当时的燃素论者认为,金属在燃烧中虽然失去了燃素,但却获得了更多的空气,所以会增加重量。还有人认为,这是由于燃素具有“负重量”,或者能够通过减少物质粒子与以太粒子间的斥力而使引力减小。但问题是,为什么木头燃烧后没有重量上的增加?在很长时间里,这种问题似乎无人过问。

18.2 “新空气”

在18世纪前期,由于两位英国人的工作,气体研究开始成为化学研究的一个热门。1727年,毕业于剑桥大学的英国生理学家黑尔斯(Stephen Hales,1677～1761年)发表了《植物静力学》一书,其中包含了他对动植物中所含气体的研究。黑尔斯发现,许多固体和液体物质(如各种植物和猪血等)中都含有气体,而且可以通过干馏加以分离和提取。为此,他发明了排水集气法,用以对这些气体进行隔离。黑尔斯还不知道这些气体与普通空气的区别,但他的实验表明,似乎空气也可以被“固定”在物体内部。

1752年前后,正在爱丁堡大学作硕士论文的布莱克证实了这一现象的存在。他发现,在对白镁氧石(即碳酸镁)进行煅烧后,会得到一种类似于石灰的物质,溶于水,但碱性减弱。而且,在加热后,白镁氧石明显失去了一部分重量。而当把这种物质放入酸性溶液(如盐酸)中时,会产生大量气泡。在用等量的白镁氧石进行实验时,两种情况下失去的重量相等;而如果把经过煅烧的白镁氧石放入酸性溶液中,则不再会看到气泡冒出。通过进一步实验,他发现石灰石和类似的碱性物质都具有同样的特点。这些实验不仅证明气体确实可以被固定在物质中,而且证明,这种固定气体具有与一般空气不同的性质。例如,它可以改变物质碱性的强弱,可以熄灭火焰,等等。

布莱克的论文于1754年完成,并于两年后以《关于白镁氧、石灰石和其他碱性物质的实验》为题发表。这极大地激发了人们对物质内部所含特殊气体的兴趣。在他之后,对实验充满兴趣的卡文迪什也投入了对固体中各种气体提取的工作,并于1766年前后发明了水银集气法。他不仅成功地提取了“固定空气”以及“海盐空气”（氯化氢），而且通过金属与酸的反应得到了“可燃空气”（氢气）。他借用波义耳的空气模型，认为物体中的这些空气都是失去弹性的气体，而“可燃空气”对他来说就是金属中的燃素。

1771 年前后，研究过静电学的普利斯特列也投入了气体的化学研究。他不仅通过对固定气体的研究发明了苏打水，而且还通过精心设计的实验证明，植物有将人与动物呼出的“毒化”空气变为可呼吸空气的功能。通过实验，普里斯特利收集并区分了许多新的气体，包括所谓的“亚硝空气”（氧化氮）、“海盐空气”（氯化氢）、碱质空气（氮）、“矾酸空气”（二氧化硫）、一氧化碳以及笑气（二氧化氮）等。

1774 年，普利斯特列用透镜聚焦太阳光的方法对一些“水银烧渣”（氧化汞）进行加热，结果得到了一种气体。经过反复试验，他发现这种气体更加有利于呼吸，能够让封闭容器中的老鼠活得更长，能够让蜡烛和金属更加剧烈地燃烧，等等。但是，最后，他选用了燃素说的语言来解释自己的发现，认为空气是通过吸收燃烧物放出的燃素来助燃的，而他新发现的这种气体具有最强的助燃性，因此是完全不含燃素的“脱燃素空气”。最后他得出结论：普通空气是“脱燃素空气”与“燃素化空气”组成的；燃烧中，“脱燃素空气”由于吸入燃素而变成“燃素化空气”。

1781 年，普利斯特列和卡文迪士还分别通过放电研究了“脱燃素空气”与“可燃空气”之间的爆炸反应，发现得到的产物是水。卡文迪士把可燃空气看成是燃素，所以顺理成章地把水看成是燃素与“脱燃素空气”的化合物。普利斯特列则不同意把可燃空气看成是燃素，而是反过来把它看成是水与燃素的化合物；在与“脱燃素空气”的反应中，可燃空气由于失去燃素而变成了水。其实，普利斯特列所说的“脱燃素空气”就是氧气。

与普利斯特列差不多同时发现氧气的还有瑞典人舍勒（Carl Wilhelm Scheele，1742 ~ 1786 年）。他是一位木匠之后，从 14 岁开始在药铺学徒，并把自己培养成为一名顶尖的药剂师。鉴于当时在燃烧等问题上存在诸多问题，舍勒在 1768 到 1773 年之间开展了一系

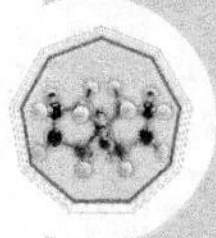

列实验研究与缜密的思考。在此期间，他先后通过焙烧二氧化锰、硝石以及氧化汞得到了一种具有极强助燃性的特殊空气，他称之为“火空气”，并发现这种空气比普通空气轻，而普通空气则是“火空气”与“浊空气”以1∶3到1∶4的比例形成的。他的研究结果直到1777年才出版，书名为《论空气与火的化学》。舍勒也是燃素说的信徒，认为热是由“火空气”与燃素结合产生的。

18.3 有计划的革命

正当普利斯特列和舍勒忙于新空气的实验研究时，一位法国青年也开始涉足化学领域，他的名字叫拉瓦锡（Antoine-Laurent de Lavoisier，1743～1794年）。拉瓦锡出生于一位富豪家庭，大学主修的是法律，但在自然科学方面进行过系统的学习。1763年大学毕业后，他开始投入科学研究。1765年，他提交的城市照明解决方案获得巴黎科学院的大奖，3年后当选为科学院院士，成为专业的科学家。此外，他还担任了包税官和硝石与火药总监，为税收与度量衡制度的改革以及法国火药品质的提高作出了贡献。

1772年年初，巴黎皇家科学院出版了化学家德莫卧（Guyton de Morveau，1737～1816年）的《科学院以外的话题》，报告了不同金属在经过煅烧后重量增加的现象。不久，拉瓦锡审阅了一位药剂师关于磷的论文，其中提到磷在燃烧后的重量增加，并认为这是空气作用的结果。为了检验这些观点，拉瓦锡自己做了磷、硫和铅的煅烧实验。实验结果表明，磷和硫在燃烧中确实吸收了部分空气，而且因此而导致酸性出现。为了检验铅是否是因为吸入了空气而变成铅灰，他用木炭进行了还原试验，结果发现，在铅灰变成铅的一刹那，确实有大量的气体排出。很显然，金属煅烧过程中的确有空气被固定到金属灰渣之中，并在还原过程中被重新释放出来。

拉瓦锡显然敏感地意识到，这些实验是对占主导地位的燃素说的潜在挑战。因此，他在当年11月初将实验的初步报告提交给科学院备案。其中提到，这些实验“是自施塔尔完成的实验之后最有趣的实验之一”。在1773年2月的实验日记中，他更加明确地写道：“我认为它们肯定会给物理学和化学带来革命。”也就是说，他正在有意识地推进一场科学上的革命。

与同时期的其他研究者不同，拉瓦锡一向重视对化学反应前后质量变化的监控。为了这个目的，他决定在密闭的玻璃容器内进行对铅和锡的煅烧，结果发现，煅烧前后整个容器重量没有改变，这就否定了那种认为燃烧中有火微粒渗入的观点。而在温度恢复后打开容器的密封时，会听到空气进入的声音，并且整个容器的重量立刻增加。这明显表明，原来容器内的一部分空气确实在煅烧中被"固定"到金属灰渣中。拉瓦锡在1774年11月12日向科学院报告了这些研究结果，但是他仍然不清楚，煅烧中被"固化"的是空气中的哪一部分。

就在同年9月，舍勒写信给拉瓦锡，透露了自己发现"火空气"的一种方法。次月，普利斯特列陪同他的资助人访问巴黎，会见了包括拉瓦锡在内的法国化学家，报告了自己通过加热水银烧渣而得到的一种新空气。拉瓦锡立即重复了他的实验，并且通过对照实验证明，这种新空气确实只是普通空气的一部分。

现在的问题是，如何解释所有这些现象。普利斯特列仍然固守燃素说传统，把新空气成为"脱燃素空气"。而拉瓦锡1777年在《燃烧通论》中则认为，把燃素看做是燃烧物组成部分的观点是完全错误的，燃素（他称之为火质）实际上就包含在新发现的这种"纯粹空气"中，因此，物质只能在这种空气中才能燃烧。用他的话来说，"纯粹空气"是一个物质基与热质或者光的化合物。在燃烧中，"纯粹空气"被分解，火质变成光和热，同时其中的物质基则同燃烧物结合，形成新的化合物。

1779年，他在《酸的性质及其组成要素论》中把这种新空气命名为氧（oxygen），意思是"酸化者"，并把它称作"气体"（gas），而不是空气。1783年，他正式向科学院提交《对燃素说的反思》一文，指出燃素说应该予以抛弃。为此，他还特地在家里举行了一个仪式，让装扮成女祭司的拉瓦锡夫人当众焚毁施塔尔等人的著作，以此宣布燃素说的终结——一场革命就此完全公开。

针对当时化学术语混乱的局面，也为了巩固自己发动的这场革命，并将它推向深入，拉瓦锡发起并领导了化学术语的标准化工作，

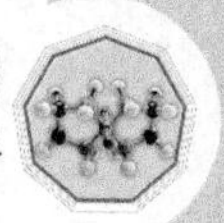

于 1787 年完成了《化学命名法》,试图建立一套全新的化学语言系统。他坚信:“这种语言建立后,必然会迅速地在化学教学上带来革命。”

新的命名体系把化学物质分为元素以及化合物,并把元素定义为“简单物质,亦即迄今为止化学家还不能分解的物质”,这就使元素概念在新语境中得到了复活,并且获得了全新的含义——元素不再限于少数几种,而是达到化学分析极限的物质,也就是我们今天所说的单质。而对化合物,拉瓦锡等人则抛弃了原来那些五花八门的俗名,而采用了能够反映其化学组成的标准化的方法,如硫形成的两种酸一称为“硫酸”,一称为“亚硫酸”;它们的盐称为“硫酸 ×”和“亚硫酸 ×”;金属的煅烧灰渣都是氧化物,因此都称为“氧化 ×”。整套命名体系清晰而合乎逻辑,成为现代化学命名法的基础。不过,拉瓦锡当时还是把热质和光都看成是实际存在的元素。

1789 年,拉瓦锡完成了著名的《基础化学论》(中文也译作《化学纲要》),建立了一个全新的、以氧化理论和新术语为基础的化学理论体系,其中尤其把化学反应前后的物质质量守恒作为一条定律。

除了极少数顽固的老化学家外,拉瓦锡倡导的新化学得到了广泛的接受。拉瓦锡发起并完成了化学上的革命,但是肯定没有料到,自己有一天会成为政治革命的牺牲品。

就在《基础化学论》完成的当年,法国大革命爆发,并逐渐转入由雅各宾党执政的恐怖时期。1794 年 4 月,拉瓦锡由于同保税局的联系而被捕,并最终被送上了断头台。在法庭上他曾请求赦免,以便继续他的实验,但却被法官粗暴地打断:“共和国既不需要科学家,也不需要化学家。正义的进程不能被耽搁。”在他被处决后,拉格朗日悲愤地评论道:“他们一瞬间就砍下了他的头,但是法国在一个世纪之内也未必能产生出一个同样的来。”

18.4 原子论的复活

就在拉瓦锡推进化学理论革命的同时,定量分析技术在化学研究中得到了进一步的发展,并导致了化学反应中的一些定量定律的发现,从而为原子论的复活提供了经验基础。

1792 到 1794 年之间,德国化学家李希特(Jeremias Benjamin Richter,1762 ~ 1807 年)出版了 3 卷本的《化学计量学或化学元素测量初阶》,正式创立了所谓的"化学计量学","以探讨决定物质结合成化合物的数学定律"。他发现,如果 A 与 B 两种物质可以形成一种化合物,则它们参与反应的质量会形成一个固定的比例;而且,两种中性的盐在发生复分解反应后,形成的产物必定仍然是中性的;同时,如果 β 份的 B 与 γ 份的 C 都正好同 α 份的 A 反应,β 份的 B 也正好同 δ 份的 D 反应,则 γ 份的 C 也会正好同 δ 份的 D 反应。

根据这样的认识,李希特通过滴定测定了不同的碱和碱土在分别与 1 000 份硫酸、盐酸和硝酸中和时所需要的分量。1802 年,德国化学家费舍(Ernst Gottfried Fischer,1754 ~ 1831 年)以 1 000 份硫酸为标准,对李希特测出的所有酸、碱和碱土的分量进行了归类,从而编出了最早的化学当量表,使原来默默无闻的李希特的发现广为流传。

李希特的发现实际上已经暗示,两种物质只能以固定的比例形成化合物。但直到 1794 年,在西班牙工作的法国化学家普劳斯特(Joseph Louis Proust,1754 ~ 1826 年)才将它总结成为一条定律:"我们必须承认,化合物生成时,有一只不可见的手掌握着天平。化合物就是造物主指定了固定比例的物质。"这就是所谓的定组成(或者定比例)定律。

这些经验定律不仅对化学研究具有重要的指导作用,也为英国化学家道尔顿(John Dalton,1766 ~ 1844 年)提出化学原子论铺平了道路。道尔顿出生于不信国教的教友派平民家庭,没有上过受国教控制的正规大学,而是在盲人哲学家高夫(John Gogh)的指导下走上科学与学术之路。他主要以教授自然哲学为生,同时还是曼彻斯特(Manchester)文哲学会的成员。

道尔顿早年主要研究气象学,1800 年当选为文哲学会秘书后,开始了气体物理性质的系列研究。1802 年,他与法国化学家盖—吕萨克(Joseph Louis Gay-Lussac,1778 ~ 1850 年)同时独立总结出了气体压强与温度成正比的定律。同时,他还对两个现象进行了深入研

究:第一,如果大气真的像新化学所揭示的那样是由不同气体组成的,那么为什么在重力作用下,这些气体却能够均匀混合,而不是分成不同的层次?第二,为什么不同的气体溶于水的能力会互不相同?

据道尔顿自己的工作笔记以及他在1810年的追述,他最初是从牛顿那里获得解决这些问题的启发的。在《原理》第2卷中的命题23中,牛顿提出空气的压强是由空气微粒之间的相互斥力形成的,并以此定量解释了波义耳的气体定律。道尔顿发展了牛顿的模型,认为只有同种气体的原子之间才存在牛顿所说的相互排斥,不同气体的原子之间则不存在这种作用;所以,在引力场或者给定容器内,不同气体可以互不干扰,并在各自斥力的作用下自由扩散,彼此交融。由此,道尔顿在1802年总结出了所谓的气体分压定律:若干气体混合后的总压强等于它们各自单独存在时压强的和。

为了解决第二个问题,道尔顿假设不同气体的粒子具有不同的重量,并开始对它们进行测算。而在这个过程中,他参照了分析化学方面的最新成果,并总结出所谓的倍比定律:当一种元素可以形成多种化合物时,它在这些化合物中的含量会形成简单的整数比例。在此基础上,道尔顿在原子说的基础上建立起了一个化学理论体系,并在1808年出版的《化学哲学新体系》第1部分中予以公布。

道尔顿化学原子论的要点可以总结如下:①无论固体还是流体,一切物体均由大量极小粒子或者原子组成,由吸引力而结合在一起;②物质中的原子都被热的媒质所围绕,从而形成与原子间吸引力相抵抗的斥力;③同种物质的原子彼此相同,不同物质原子的大小和重量互不相同;④物质的化合与分解只不过是原子的彼此分离与重组,不会导致原子的创生和毁灭;⑤原子在结合时不会被分割,不同物质的原子只能以固定的整数比例相互结合,形成化合物。

道尔顿把重量作为不同物质原子的区别性特征,这就把原子量的测量提到了一个重要的高度。但是,为了利用化合物元素成分的重量比来测定原子量,就必须了解化合物的组成方式。在难以找到合适的解决方法的情况下,道尔顿提出了一条人为的规定,也就是所谓的简单化规则。例如,如果A物质与B物化合,则只能从最简单的形式开始，首先通过 1A + 1B 形成原子 C，再通过 1A + 2B 形成原子 D，再通过 2A + 1B 形成原子 E，再通过 1A + 3B 形成原子 F，再通过 3A + 1B 形成原子 G，如此以往。道尔顿把新生成的这些原子称为复合原子，并把它们命名为二元的、三元的和四元的，等等。还规定，如果两种物质只能形成一种产物，则必定是二元的；如果产物是两种，则必定一种是二元的，一种是三元的；如果产物有三种，则必定一种是二元的，其他两种是三元的；如此等等。推到复杂处，他甚至认为，复合原子还可以进一步形成复杂的复合原子。

根据这条原则，道尔顿测算了一些原子的原子量。但由于他对许多化合物组成原子的比例估计不准，所以得出了许多错误的结果。

18.5 原子量与周期律

道尔顿的原子说不但解释了当时已经发现的几个定量的化学定律，而且与牛顿的物质观一脉相承。在牛顿科学的统一世界里，人们自然很容易对它加以接受。但是，道尔顿的简单性原则在实用中却存在明显的问题，因此也引发了争议。

1808 年，盖—吕萨克在对气体化学反应的实验中发现，参与反应的气体体积总是呈现简单的整数比。而且，如果产物仍然是气态的，那么其体积也呈现出固定的整数比。例如，两个体积的氢气正好与一个体积的氧气发生反应，生成两个体积的水蒸气，等等。利用当时已有的不同气体化合物重量组成的分析结果，通过相关气体的密度换算出它们对应的体积，他得出了相同的结果。结合道尔顿原子说中关于不同原子以固定的整数比例组成化合物的观点，盖—吕萨克认为，他找到了一条以实验为基础的原子量测定方法：只要假定等体积气体中的原子（无论是简单原子还是复合原子）数目相等，那么不同气体的原子量之比就等于它们单位体积的重量之比。盖—吕萨克没有用自己的方法去复查道尔顿所测量的原子量，但却认为，自己为原子说提供了有力的支持，自己提供的原子量测定方法也不像道尔顿的规定那么随意和武断。

盖—吕萨克提出的原子量测定方法得到了一些化学家的采用，

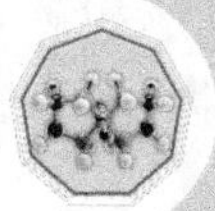

包括瑞典化学权威贝采留斯(Jons Jacob Berzelius,1779～1848年),但却遭到道尔顿的强烈反对。其理由,第一是认为等体积的不同气体中的原子数目不可能相等;第二是如果承认盖—吕萨克的实验结论和假说,那就会带来与原子说完全相矛盾的结果。例如,在氢气与氧气的反应中,要想得到如盖—吕萨克所示的结果,那就不得不假定,在反应中每个氧原子都将被一分为二,以便与两倍数目的氢原子结合,形成两倍数目的水蒸气原子。

1811年,意大利物理学家阿伏伽德罗(Amedeo Avogadro,1776～1856年)发表《原子相对质量的测定方法和原子进入化合物时数目比例的确定》一文,提出了一种调和上述矛盾的方法。他指出,从物理上来说,物质的常态粒子应该是由原子构成的分子;在同温同压下,等体积的气体中含有相等数目的分子;因此,对于单质气体来说,只要假定其分子是由双原子组成,且在反应过程中均分裂成单原子参加反应,则上述争端便可迎刃而解。

尽管阿伏伽德罗认为自己的理论为探索化合物的原子构成提供了一条很好的道路,但其理论却同样遭到道尔顿的坚决反对,因为按照道尔顿的气体分压定律,相同气体的原子不可能通过相互吸引结合成分子。而也就在1811年,贝采留斯又创立了盛行一时的"电化二元论",认为化合物都是由具有不同电性的原子对或者基团对在静电吸引下组成的。按照这种观点,同种气体的原子是同电性的,根本不可能相互结合成双原子的分子。在这种情况下,阿伏伽德罗的观点完全受到忽视。

受到原子说的鼓动,从19世纪的第2个10年开始,原子量测量成为化学研究的一个重点而全面展开。然而,由于大部分化合物的原子比例问题无法得到切实解决,大家的测量也就缺乏统一的规范,有人采用道尔顿的简单化法则,有人使用盖—吕萨克的气体体积比例关系,有人利用物质的一些特殊的物理和化学特性,还有人提出一些替代的原理和法则。测量工作虽然卓有成效,但也极度混乱:不同的化学家可以使用彼此完全不同的相对原子量,同种物质在不同的化学家那里有不同的化学式(例如,醋酸出现了19种不同的表达式),同一个化学式在不同的化学家那里也可能表示完全不同的物质（如 HO 既可能是水，也可能是过氧化氢），并且，持不同方法和观点的人还往往会彼此攻讦。这种局面使化学家开始怀疑原子说的实用性。从 19 世纪 40 年代开始，大部分化学家都开始抛弃原子量，而广泛使用当量，甚至有人呼吁直接把当量称作原子量，只有少部分顽强的化学家还在继续坚持原子说以及进行原子量的测定。

但是，随着有机化学的兴起和发展，原子说在化合物组成与结构的解释方面表现得不可或缺。于是，原子说的研究通过有机化学家的介入而得到继续和深化。1852 年，研究金属有机化学的英国化学家弗然克兰（Edward Frankland，1825～1899 年）发现，每种金属原子只能同一定数目的有机基团结合，如钠原子只能结合一个，而锌则可以有两个，等等；类似的现象在无机反应中也同样存在。于是他得出结论：每种元素的原子都有一定的化合力，需要用一定数目的其他元素的原子来满足。按照这种理论，他把元素分成单原子元素和多原子元素，用以区别他们与其他元素结合时的价位差别。

1857 年，著名德国有机化学家凯库勒（Friedrich August Kekule，1829～1896 年）和英国化学家库珀（Archibald Scott Couper，1831～1982 年）发展了弗然克兰的理论，并用"原子数"或者"亲和力单位"来表示不同原子的化合力，认为原子在相互结合中必须相互达到"亲和力单位"上的饱和。到 1864 年，德国化学家迈耶尔（Julius Lother Meyer，1830～1895 年）建议以原子价代替"原子数"等称呼，从而使原子价学说得以定型。但是，由于不同的人对不同物质的化学式认识不同，所以，在原子价的确定上也不可避免地出现了与原子量测定一样的争论与混乱。

面对这种局面，来自欧洲各国的 140 多位化学家于 1860 年 9 月在德国卡尔斯儒厄（Karlsruhe）聚会，试图在化学式、原子量、原子价和元素符号等问题上取得一致。但是，会议期间仍是争论不休，最后只能得出结论："科学上的事很难强求一致，只能各行其是"。但是，就在会议的最后一天，意大利化学家康尼扎罗（Stanislao Cannizzaro，1826～1910 年）散发了他在 1858 年完成的《化学哲学课程纲要》的油印本，文中指出，只要不固执坚持化合物分子可含多个

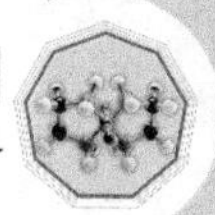

原子,而单质分子却只能含一个或者多个相同原子的意见,那么阿伏伽德罗的理论就与所有的实验事实不相矛盾。

在此基础上,康尼扎罗提出了一套通过气体密度测量分子量,并根据分子量进一步测量原子量的方法:先将尽可能多的含有待测元素 X 的物质气化,用阿伏伽德罗定律求出它们的分子量;再通过分析手段测出 X 在每种物质中百分含量;将得出的百分含量乘以相应物质的分子量,则可得到一组 X 的含量值;基于原子假说,这些值应该成整数比,而其中最小的应该就是 X 的原子量。

康尼扎罗德的小册子思路清晰,论证有力,提出的方法也可行而有效,所以,几乎是在一夜之间就将此前的迷雾一扫而光。化学式的难题被巧妙地克服,以原子—分子概念为基础的化学物质观从此得到确立。

化学原子论的建立导致了人们对元素周期律的发现。从 1817 年到 1829 年之间,德国化学家丢伯莱纳(Johann Wolfgang Döbereiner, 1780 ~ 1849 年),把类似 Ca、Sr、Ba 之类的元素三三排列,则中间元素的原子量大致等于两端元素原子量的平均值。此后,不少化学家注意到原子量与元素化学性质之间存在的某种联系,并试图予以解释。1864 年,英国化学家欧德林(William Odling, 1829 ~ 1921 年)发表了第一份元素周期表,并在其中为未发现的元素留出了空位。次年伦敦化学学会秘书纽兰兹(John Alexander Reina Newlands,1837 ~ 1898 年)也发表了自己的周期表,把元素排成 7 行 8 列的阵列,其中各列元素按照原子量从小到大连续排列,从其中任何一个元素开始,按顺序数到第 8,则会得到另一个性质相似的元素。由于这个原因,纽兰兹把这个表称为“八度音律”。

基本成熟的周期表是由俄国化学家门捷列夫(Dmitri Ivanovich Mendeleev,1830 ~ 1895 年)率先完成的。门捷列夫是西伯利亚的一位中学校长的儿子,13 岁时由于父亲去世和家庭工厂失火,他的家庭陷于彻底的贫困。门捷列夫在母亲坚定不移地支持下辗转求学,最后进入了圣彼得堡高等师范学院。1859 至 1861 年,他前往德国海德堡大学研究毛细现象和光谱学,并一举成名,回国后担任了圣彼得堡技术研究院和圣彼得堡大学的化学教授。

1869 年 3 月，门捷列夫完成了第 1 张周期表，列出了 63 种元素，并为未发现元素留下了空位。他明确地提出，原子量决定元素的性质；元素按照原子量排列起来后，其化学性质（主要原子价）呈现出明显的周期性变化。同年 12 月，德国化学家迈耶尔也以德文编制了一份大致相同的周期表，只不过包含的元素较少，而且没有预留空位。之后，门捷列夫对自己的周期表进行了修改，把元素性质随原子量的周期变化总结为周期律，并大胆地根据这种周期律来修改当时化学家测定的一些元素的原子量。1871 年，他用德文发表了第 2 张周期表和相应的论文，从而引起了人们的注意。1875 年和 1879 年，门捷列夫周期表预言的镓和钪被发现，从而引起了化学家对周期律的兴趣，并将它发展成为现代化学的基础。至此，化学元素概念的近代重构终于圆满完成。

18.6 统一的王国

19 世纪初，尽管机械论观点已经通过化学原子论而开始在化学中扎根，但是化学世界仍被一条深不可测的壕沟分割为两个部分：无生命物质的化学（也就是无机化学）与有生命物质的化学（也就是有机化学）。而在当时的许多化学著作中，后者还被进一步分为动物的化学与植物的化学。许多人都像瑞典化学家贝采留斯一样，认为有机物含有某种活力，因此只有在动物和生物体内的生命力的作用下才能形成；并且，这种生命力与重量、不可入性以及电极性这些在无机领域起作用的因素完全不同。

不过，随着化学合成技术的提高，这种界线开始逐渐消失。1828 年，贝采留斯的学生、柏林多种工艺学校的化学教师富勒（Friedrich Wöhler，1800 ~ 1882 年）通过蒸发氰酸铵溶液制成了尿素。这一发现虽然意义重大，但是并没有像以前的历史学家们所相信的那样，立即将活力论观点从有机化学中驱除出去。因为当时的化学家认为，尿素只不过是通过动物排泄物而得到的，与真正复杂的有机物仍有区别。贝采留斯就认为，尿素只是介于无机物与有机物之间的过渡性化学物质。用富勒自己在 1835 年说的一番话来说，有机化学在此后仍然足够使人发疯，“就好像是一片充满了最神奇

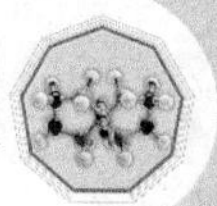

事物的原始热带森林，一片无边无际的狰狞丛莽，使人没法逃得出来，也让人非常害怕踏进。”

这一时期真正的突破，是对有机物中一些相对固定的化学基元的认识，以及据此对有机物进行的分类研究，而李比希（Justus von Liebig，1803～1873年）和富勒这一对化学家挚友则在这方面作出了决定性的贡献。李比希从小就对化学着迷，后来进入波恩（Bonn）大学学习，并在爱尔兰根（Erlangen）大学获得博士学位。之后曾到巴黎，在盖—吕萨克指导下进行研究，并于1624年成为吉森（Giessen）大学的化学教授，使那里成为重要的化学研究中心。1832年，他和富勒在相关系列的有机化合物中发现了苯甲酰基（C_7H_5O），两年后李比希又确认了乙基（C_2H_5）的存在。差不多同时，法国化学家杜马（Jean-Baptiste-André Dumas，1800～1884年）等人则确认了甲基（C_2H_3）的存在。

1838年，李比希明确提出了基必需满足下面三个条件中的两个：①它们是一系列化合物中的不变组分，②它们在化合物中可以被元素置换，③它结合的元素可以被分离或者被等当量的其他元素取代。1837年到1843年之间，德国化学家本生（Robert Wilhelm Bunsen，1811～1899年）分离出了自由的二甲胂基（$C_4H_{12}As_2$），从而宣布了有机基团理论的胜利。对于这时的化学家们来说，基团的发现似乎为有机化学与无机化学的统一性提供了证明。因此，杜马与李比希在1837年联袂撰文指出，基团理论在无机和有机化学中同样成立，只不过无机物的基是简单的，而有机物的基则是化合物。换句话说，“化合规律和反应规律在化学的这两个分支中都是完全一样的”。

沿着李比希等人所指示的大方向，有机化学在接下来的二三十年中取得了长足的进步。首先是通过有机分子中主要官能团的特点，实现了对主要有机物的分类；其次是通过原子价与同分异构现象（即相同数目的元素原子构成不同性质化合物的现象）的研究认识到，决定化合物性质的不光是其组成元素，更主要地要看其分子的结构形式；最后是通过把上述理论认识与实验结合，实现了大量有机物的人工合成。在这些进步的基础上，尤其是通过最后一方面

的进步，有机物的活力概念最终被人们抛弃。

例如，法国化学家贝特罗（Marcellin Berthelot，1827～1907 年）就曾成功地合成了碳水化合物、自然脂肪和糖类。在此基础上，他于 1860 年出版了《以人工合成为基础的有机化学》，对活力论观点进行了坚决批判。他指出，有机物完全可以通过普通的化学方法加以合成，因此遵从与无机物相同的法则；这使化学成为一个具有创造性的学科，可以把理论和分类中的抽象概念变成现实；随着化学分类理论研究的进步，所有的有机化合物都有可能被合成。

与此同时，发现了苯环分子结构的凯库勒也认识到，有机化合物与无机化合物所含的元素相同，都服从相同的规律，因此，无论在物质方面还是在有关力的方面，或者是在原子的数目和排列方面，都不存在本质的区别；所有的分界线只能是人为的，而非自然实际所有。与贝特罗不同的是，凯库勒是从原子间化学作用力的一致性来强调化学的统一性的。

就这样，横亘在化学有机界与无机界之间的这堵墙最终被推倒了。

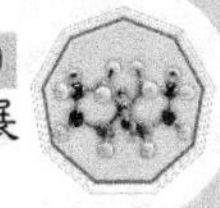

19 秩序与演进——自然史的新发展

19.1 星云与宇宙

自然史(Natural History,中文也译作博物学或自然志)在欧洲是一门古老的学科,原本是指对自然界现象和相关信息的研究与记录。到了17和18世纪,自然史变成了一个十分热门的学科。除了实验哲学的兴起与欧洲海外扩张所带来的大量新发现的刺激外,还与近代人们开始越来越多地以历史的眼光看待问题的趋势有关。从文艺复兴以来,欧洲人心目中就开始形成社会发展从黄金的古代到黑暗的中世纪,一直到复兴的近代的历史观,而到了18世纪,社会进步更与理性一起成为启蒙运动的关键词。这种历史的眼光很快也被用于对自然的思考之中,并具体体现在对宇宙、地球以及生物的研究之中。在不断揭示自然稳定的秩序的同时,研究者们也越来越关注其演进的历史。正是从这个时候开始,"自然史"一词才开始并越来越多地具有现代意义上的"历史"的意味。

早在17世纪上半期,笛卡尔就已经按照自己的机械论原则提出了一套宇宙起源的理论。但是,随着牛顿哲学的胜利,人们开始按照新的力学原理来思考宇宙的起源。1755年,德国哲学家康德匿名出版了《自然通史与天体论》一书,书的副标题极好地归纳了全书的中心和意图:"按照牛顿原理讨论整个世界的结构与力学起源的尝试"。书中把整个宇宙和太阳系的形成描述为一个力学法则控制的演化过程,认为最初弥漫于整个空间的是一些星云状物质微粒,它们在万有引力的作用下会形成一些物质团；大的物质团会将小的微粒和物质团吸引过去，形成越来越大的物质团；它们在运动中相互碰撞，有的被撞碎，有的彼此结合为更大的团块，最后在弥漫的物质云中心形成一个最大的中心天体，也就是太阳，太阳周围的物质与物质团则在万有引力作用下朝中心坠落。

除了引力，康德认为物质间还存在着牛顿所说的那种斥力，但他认为这种斥力不是别的，而是由于物质碰撞而形成的机械力。康德指出，在这种碰撞的作用下，落向太阳的微粒与位置团会发生偏离，并形成一个围绕太阳的扁盘状物质涡旋，就像我们所看到的恒星周围的星云；最后，行星和卫星也在这些星云中通过同样的机制逐次形成。在康德看来，太阳系中的所有一切都可以从这个形成过程中得到解释，从行星的轨道特性、自转与密度到彗星的形成，从土星环的成因到黄道光与太阳系的质量分布，一切都逃出不牛顿力学规律的历史应用。

1796 年，拉普拉斯在《宇宙体系论》附录 7 中也提出了与康德理论类似的太阳系起源说。拉普拉斯认为，太阳系及其所有成员都起源于一个炽热的球形星云。该星云体积巨大，且一开始就处于自传之中。随着其不断冷却，星云开始逐渐收缩。由于角动量守恒，收缩过程中自转速度加快。在离心力和密度较大的中心部分的引力的联合作用下，星云逐渐被压扁为盘状。在离心力与引力达到平衡时，一部分物质就停留在相应的距离上作涡旋运动，从而围绕中心天体形成一系列物质环。最后，中心物质继续收缩形成太阳，而物质环则朝内部质量大的地方集中，形成原始行星。原始行星进一步冷却和收缩，其中有些会在自己周围形成新的物质环，从而导致了卫星和气状环的出现。

当然，从严格的牛顿力学意义上来看，拉普拉斯的上述理论仍然存在着诸多问题。例如，那些围绕太阳的物质环是如何收缩为行星的，还有，太阳实际所有的角动量也远远小于拉普拉斯太阳系起源学说的预期。不过，由于拉普拉斯的科学声望以及牛顿力学的崇高地位，拉普拉斯的上述观点很快就被广泛接受。康德的《自然通史与天体论》出版之初很少有人注意，但是借助于拉普拉斯著作的影响，

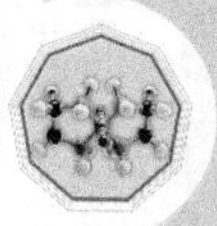

该书也于1899年得以再版。他们的工作实际上包含了这样的潜台词:牛顿科学不仅在稳定的现实宇宙中是正确的,在宇宙演化的历史进程中也同样成立。

19.2 地神对海王

在宇宙演化说的大背景下,地球的形成自然也就被看成是一个演化的结果。笛卡尔在《哲学原理》中曾经指出,地球是从一个炽热的球体冷却而来,因此内部封存有大量炽热液体。1693年,莱布尼兹在一篇文章中发展了笛卡儿的地球形成说,并且指出,在基本成型后,地球将主要在内部的热力和表面的水的作用下发生改变,依次形成火成岩和水成岩等。

随着近代矿业的巨大发展,人们也开始以经验知识为基础,对地球的结构与历史进行探索。1669年,丹麦籍意大利医生斯坦诺(Nicolas Steno,1638~1686年)出版了《关于一篇论固体中自然含有的固体的论著的初步讨论》一书,把化石同古生物以及地史联系起来,以历史的眼光讨论了地层、化石以及晶体的成因,并初步总结出地层形成的几条最基本的原理,即叠加原理:地层是通过流体状物质沉积而成,下老上新;原始水平原理:那些与水平面垂直或者倾斜的地层最早都是水平的;侧向连续原理:所有的沉积地层都会顺着地球面延展,直到被其他固体物质阻断。

斯坦诺的工作奠定了地层学研究的基础,同时也把人们的眼光引向了水力在地层形成中的作用。在1695年出版的《地球与土中物体的自然历史试探》中,英国博物学家武德沃德(John Woodward,1665~1728年)把《圣经》中的摩西洪水与现在的地壳形成联系起来,认为在大洪水中,原始地球表面的一切都被冲毁和溶解,并按照比重的不同沉积成不同的地层,化石就是在这个过程中迈入不同地层的动物遗存。伍德沃德的观点既解释了化石的成因,又与《圣经》的说法一致,所以在18世纪初变得十分流行。

但是,意大利地质学家莫罗(Anto Moro,1687~1764年)在1740年出版的《山上发现的甲壳和其他海洋物体》中却指出,摩西洪水不可能解释海洋物体何以会跑到山顶。他断言,地球表面最初都是水平的,并被淡水所覆盖。由于地球内部火的作用,才将原始水平的陆地和山岭拱出原始海洋。又由于一次次的火山喷发,这才由熔岩流在地表上形成了新的地层,而化石则是每次火山爆发时被掩埋的生物。莫罗并不否认摩西洪水的地质作用,但认为它只处于次要地位。

这样,在地层成因上就形成了两派分立的观点。人们用罗马神话中海王的名字 Neptune 来命名洪水主导说,称之为 Neptunism,中文翻译为“水成论”;而用罗马神话中地神 Pluto 来命名火山主导说,称之为 Plutonism,中文翻译为“火成论”。

18 世纪晚期,德国地质学家维尔纳(Abraham Gottlob Werner,1750~1817 年)成为水成论的最大代表。维尔纳出生于德国东南部的一个矿主家庭,并在莱比锡大学学习法律和矿产学。他对矿石的认定和分类十分感兴趣,于 1774 年出版了《论化石或者矿物的外在特征》,并在次年被聘任为弗莱堡(Freiberg)矿产学院的教师和督导。维尔纳一生出版的著作不多,但他的地质学教学不仅简洁明了,而且视野开阔,涉及矿产及与矿产相关的众多方面,甚至包括矿产对民族迁徙、民族特性以及人类文明各个方面的影响等讨论。因此,他的课程名满欧洲,吸引了各地大批的学生,从而使他的学说广为流传,并在一段时间内占据了主导地位。

尽管维尔纳在课堂上任由思辨的野马驰骋,但他却公开表示了对“地球成因学”这种思辨性研究的蔑视,而号称自己研究的是“地球构造学”,目的不在于讨论地球的起源和成因,而在于根据实际经验讨论地球的构成、各种岩层中的矿物分布以及矿物的相互关系。不过,维尔纳虽然以尊重事实而自豪,但由于身体原因,他自己的地质考察范围仅限于他所在的萨克森(Saxon)地区。尽管他对思辨性研究表示蔑视,但是却把根据局部知识建立起来的水成论加以扩展,试图使它变成普适的理论。

维尔纳认为,主要的地层都是在原始大洋以及此后海水与陆地的循环消长中,经过结晶与沉淀等作用形成的,而各种火山岩则是最后才产生的。他相信,地球中不含有原始的熔岩,火山是后生的煤层发生燃烧的结果,因此,它的地质作用是派生和次要的。他还

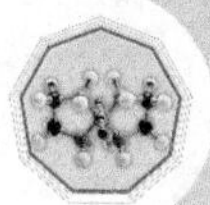

接受了法国地质学家盖塔尔(Jean-Étienne Guettard,1715～1786年)提出的一个错误观点,即认为玄武岩是水成岩。

水成论的观点虽然盛行,但却受到了苏格兰地质学家赫顿(James Hutton,1726～1797年)的挑战。赫顿生于爱丁堡,在巴黎和莱顿学习过医学,但一生并没有行医。他通过制造卤砂赚了一大笔钱,然后就全身心投入了不赢利的地质学和气象学研究,还为研究农业经营过一个农场。同时,他也成为苏格兰启蒙运动的重要推动者,并与哲学家休谟(David Hume,1711～1776年)、经济学家斯密(Adam Smith, 1723～1790年)以及化学家布莱克相友善。1785年,他向爱丁堡皇家学会提交了两篇地质学论文,并发表在学会会刊上。在受到爱尔兰皇家科学院院长的猛烈批评后,赫顿对文章进行了修改和扩充,写成《地球理论,附证明与插图》,于1895年由伦敦地质学会出版。

在地层成因上,赫顿接受原始海洋说,但认为仅凭沉淀和水的压力不足以形成坚硬的岩层。他提出,地球内部存在被热融化了的流动物质,它们一方面通过自己的热力促成了沉积岩的形成,另一方面则会挤入和流出地壳,形成新的岩石。他认为,玄武岩实际上就是这样形成的,而不是沉积的结果,因为可以看到它们侵入其他岩层的明显迹象。它们之所以具有晶状结构,主要由于它们是在地下,是在上层地壳的重压下形成的。

尽管是一个火成论者,赫顿却承认沉积作用的重要性。实际上,他已经提出并在亲身实践地质学上的自然主义方法,也就是认为,地球的历史必须借助于晚近和现在仍然可以观察到的自然作用来解释,而不诉诸超自然的因素。而在研究中,自然也应该被看做一个不受超自然因素干扰的整体。换句话说,就像决定行星运动的力量一样,支配地球变化的力量及其规律也是恒定不变的。在他所列举的地质营力中,除了有大洋和火山,还包括风化与侵蚀。可见,赫顿这里实际上已经包含了地质学上的渐成论观点。

赫顿的学说得到了他的朋友霍尔(James Hall, 1762～1831年)的大力支持。他把系统的实验方法引入了地质学研究,并为证明赫顿的观点作了数百次实验。例如,为了证明赫顿关于玄武岩成因的论断,他利用炼铁炉融化了取自维苏威火山的熔岩样品,结果发现,如果让熔岩缓慢冷却,则可以得到结晶体;而如果快速冷却,则会得到玻璃质的非结晶体。他还在一只锅里装上海水和砂,结果证明,只要把它加到赤热,就会形成坚实的砂岩。

尽管如此,赫顿的学说在很长时间里并没有被广泛接受,主要原因显然是其中对超自然作用的否定。例如,早在1789年,爱丁堡的一位名叫威廉斯(John Williams)的地质学家就在《矿物界的自然史》一书中攻击赫顿的地球学说,认为它将把人们导向怀疑论以及反正统信仰的无神论。

19.3 生物的谱系

早在古希腊时期,亚里士多德就按照三级灵魂的划分,把动植物进行了分类,使之成为宇宙阶梯中的一个巨大的生物链条,以此反映宇宙中存在的阶梯式的秩序。随着人们活动范围的增大,尤其是近代的海外扩张,新的动植物被源源不断地带到欧洲人的眼前。而与此同时,以目的论为基础的亚里士多德阶梯式宇宙观却被逐渐抛弃。所以,根据新的标准来对所有生物进行新的分类就变成了一个有待解决的问题。

早在16和17世纪,就已经有不少学者为生物的分类进行了可贵的探索。其中,大部分人都用他们认为最重要的动植物器官和形状作为分类标准,这属于人为分类。例如,在1583年出版的《论植物》中,意大利医生和植物学家契沙尔比诺(Andrea Cesalpino,1524~1603年)就把生殖灵魂看做植物最重要的特征,提出了以根、花以及果实为标准的植物分类体系。而意大利医生和显微生物学家马尔比基则把呼吸器官作为动植物的标志性器官,认为呼吸器官在生物身体中所占比例的大小反比于生物的完善程度,由此把生物从低级到高级分成植物、昆虫、鱼类和高等动物。

除了人为分类法,英国植物学家雷伊(John Ray,1627~1705年)在《植物史》(1684~1704年)和《四足动物分类纲要》(1693年)两书中分别提出了最早的动植物自然分类体系,也就是尽量考虑生物体的各种形状和亲缘性进行分类。在前一部著作中,雷伊提出了明确

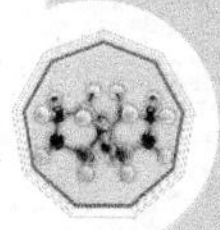

的种的概念，认为“不同物种的形态会始终保持它们的特殊本性，一个物种决不会从另一个物种的种子里生长出来”。

近代早期最伟大的植物分类学家无疑是瑞典人林耐（Carolus Linnaeus，1705～1778年）。他出身于农民家庭，从小家里希望他将来能成为一位牧师。可是，直到他进入大学预科，他在神职训练方面仍然进步甚微。但是，他的生物学的兴趣和特长引起了当地一位医生的注意，于是他说服林耐的家人，把他送入了大学。经过挑选，他最终进入乌帕萨拉（Uppsala）大学。在这里，林耐的天赋得到了极好的发挥，不仅成为该校植物学教授的助手，而且开始讲授植物学课程。

1732年，受乌帕萨拉科学院的资助，他参加了对拉普兰的考察，并完成了《拉普兰花系》。1735年，他来到荷兰，用了6天时间从哈德维克（Harderwijk）大学获得医学博士学位，并在莱顿出版了《自然系统》的第1版。这是他第一次公布自己的分类系统，但这时这本书还只有12页。经过一番周游，林耐于1738年回到瑞典行医，并在斯德哥尔摩教书。1741年，他被聘为乌帕萨拉大学教授，此后一直在那里工作。其间，他对《自然系统》进行了持续的扩充，先后再版11次。当最后一版于1766年推出时，该书已经变成了一部长达1 732页的巨著。

在林耐之前，欧洲植物学家在植物有性繁殖的研究上取得了重要进展。1676到1692年，英国植物学家格鲁（Nehemiah Grew，1641～1712年）发现了植物的有性繁殖，并指出雄蕊为雄性生殖器官。不久，德国植物学家卡默拉留斯（Rudolph Jakob Camerarius，1665～1721年）对雄蕊和雌蕊的结构及其在植物生殖过程中的作用进行了研究，发现雄蕊含有花粉囊和花粉，而雌蕊则含有卵细胞。

林耐充分吸收了这些研究成果，并把花的性状尤其是雄蕊和心皮的数目与排列作为分类标准，建立了自己的植物分类体系，将他所知道的植物划分成24纲（由雄蕊的数目决定）、116目（由雌蕊的数目决定）、1 000属和10 000多个种。林耐继承了雷伊对种的定义，并一直坚持种的不变性，并把这作为生物界稳定秩序的基础。

作为分类学家，林耐清醒地认识到，最理想的分类方案应该是以生物亲缘关系为基础的自然分类系统。为此，他在1738年出版的

《植物的纲》中提出了一个关于植物自然排列方法的片断。1751年，他又在《植物学哲学》中细致而又系统地阐述了自己对植物自然分类的设想，还对某些纲的名称下了定义。

林耐还认识到科学统一的命名系统对于生物学研究的重要性，为此，他用7年时间写成了《植物的种》，于1753年正式出版，奠定了现在生物命名法的基础。林耐建议，以中古拉丁文作为基础，采用双命名制。也就是说，每个生物的正式名称必须含有两个拉丁词：一个是名词，用以指示属；一个是形容词，用以指示种。如Felis Domestica，前者为名词"猫"，后者系形容词"家养的"。尽管林耐不是这种命名原则的首创者，但正是由于他的工作，这种命名法才得到公认，并被1906年的《国际植物命名规则》所采用。

除了植物分类，林耐也尝试提出了一个动物分类系统，并且把双命名制用到了这一领域。林耐有一句口头禅："上帝创造，林耐组织"。显然，对他来说，面对这纷繁多样的芸芸众生，最重要的一点就是要找出其中的秩序，就像一位将军管理自己的士兵一样，否则就会造成混乱。尽管他一直强调这种秩序，但他的分类系统并未对生物演变思想形成障碍。相反，却为人们认识物种的变化提供了重要的参照系。

19.4 物种的演进

在近代博物学家中，最早和最系统地提出物种可变思想的应该是布丰伯爵(Comte de Buffon，1707～1788年)。布丰出生于法国的一个贵族家庭，原名勒克勒尔(Georges-Louis Leclerc)，10岁开始进入耶稣会学院，之后进入大学学习法律，同时学习数学与科学。由于卷入一场决斗，他被勒令退学，并像一般贵族子弟一样进行出国大游学。其间他来到英国，被那里的科学传统所深深吸引，尤其成为牛顿科学的倾慕者，并开始参与科学研究，于1730年被推选为皇家学会会员。

回到法国后，布丰开始全身心投入数学与自然的研究，并结交了伏尔泰等著名学者。1734年他当选为皇家科学院院士，5年后担任皇家植物园园长，并把它由一所皇家花园变成一个研究和展示中

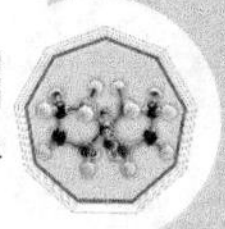

心。他自己从此也把主要精力投入博物学研究,完成了卷帙宏大的《普遍与特殊的自然史》(简称《自然史》),包括1749~1788年出版的36卷,以及他去世后出版的增补8卷,对当时所知道的关于自然的博物学知识进行了全面总结,而且包括了电磁学知识。另外,他还出版了《地球学说》(1749年)以及《自然世代》(1778年)。

布丰第一次构建了一幅宇宙与生物共同演进的图景。他认为,太阳系起源于彗星从太阳上冲击出的炽热物质,地球也是如此。通过冷却铁球的实验,他估算出地球的年龄应该为75 000年,并进一步划分成7个世代:世代Ⅰ长3 000年,炽热的熔岩生成地球;世代Ⅱ长32 000年,地表冷却出现皱褶,形成山脉海床;世代Ⅲ长25 000年,炽热的水汽冷却下注,形成海洋,活性微粒形成水生生物、鱼类等;世代Ⅳ长10 000年,海水冲蚀地壳,形成沉积层;世代Ⅴ长5 000年,活性微粒作用出现,陆地与陆上植物与动物出现;世代Ⅵ长5 000年,大陆分离为东西两大板块;世代Ⅶ长5 000年,人类诞生。而地球未来还有93 000年的历史,之后地球将进一步冷却到所有的生物都无法生存的状态。

布丰认为,动物最早产生在较热的地球两极,而且最初产生的是河马、大象和犀牛等大型动物。随着两极的逐渐冷却,产生出体积逐渐变小的各种动物,这些动物开始朝赤道方向迁徙。布丰已经注意到不同大陆上的同种哺乳动物之间存在差异,例如,美洲豹与非洲豹就具有明显的不同。他把这些不同归之于生活条件改变对生物结构的影响,提出造成生物变化的因素有气温、食物数量以及奴役的不幸。他认为,不同动物对于环境改变的抵抗性存在着一个由强到弱的序列:兽类→鸟类鱼类→昆虫→植物。

根据生物间存在的亲缘关系,布丰还导出了原始类型说,认为只要有足够的时间,自然就能从一个原始的类型中发展出其他一切生物。他注意到一些动物身上存在着已经失去实际功用的器官(如一些有蹄动物的侧趾),基于上帝不会创造无用器官的假说,他认为这是那些器官退化的结果,并提出了一种普遍的退化论,例如猿猴是退化的人,驴和斑马是退化的马等。而归根结底,人与动物也许是一家,可能有共同的祖先。

在林耐的分类体系得到科学界一致接受的情况下，布丰成为该体系最有力的反对者。他把一切人为的分类都看成是形而上学的错误，并认为，其错误的根源就在于不了解自然的过程总是循序渐进的，可以使人无法觉察地逐渐从最完善的生物逐渐下降到最不具备形状的东西；而且，会发现许多中间物种以及一半属于这一类、一半属于那一类的物种。布丰相信，这种不可能指定一个地位的东西，必然使得建立一个普遍体系的企图成为徒劳。

布丰的自然演化说严重违背了《圣经》创世纪的说法，因此受到法国天主教会的斥责，他的著作也遭到焚毁。但是，他的著作却撒播下了物种可变思想的种子，因此被达尔文称为"近代第一个以科学精神对待它（物种可变思想）的作者"。继他之后，法国博物学家拉马克（Jean-Baptiste Lamarck，1744 ~ 1829 年）提出了系统的物种进化理论。

拉马克出生于一位军人世家，自己也是士兵出身，在第一次参战时就因表现勇敢而被提升为上尉。1768 年，他因身体原因不得不离开军队，开始在巴黎学习医学与植物学，很快成为专家。在布丰的帮助下，他于 1778 年出版了《法国植物志》一书，并因此当选为巴黎皇家科学院院士，不久成为皇家植物园助理管理员。但在很长的时间里，他因为得不到充足的薪水而生活在贫穷之中。大革命爆发之后，拉马克推动了皇家植物园的改组，使之成为国家自然史博物馆，并设立了 12 个教授席位，他自己则担任了无脊椎动物学教授，开创了该领域的系统研究。他不但首创了"无脊椎"一词，而且在 1715 和 1722 年出版了两卷本的《无脊椎动物自然史》，在无脊椎动物的分类上作出了重要贡献。

拉马克最早在 1800 年就公开提出了自己的生物进化概念，又在多部著作中进行了系统讨论，其中最主要的是 1809 年出版的《动物哲学》。他认为，所有生物最初都产生于微小的生命体。而在漫长的时间里，这些微小生命都将沿着由低级到高级、由简单到复杂的阶梯向上发展；这种发展不是沿着直线进行，而会出现分叉，形成谱系树。导致生物进化的力量有二：一是内在的向复杂和高级形式发展的驱动力，二是外部环境的变化。他认为，环境的变化会引起生

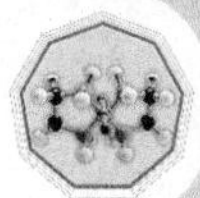

物生活习性的变化,使它们的某些器官由于反复使用而得到较大发展,某些器官则由于少用和不用而不断退化。拉马克把这一点总结为他的"第一定律",即用进废退定律。他的"第二定律"则指出,生物的所有这些变化都可以遗传给后代,也就是获得性遗传定律。

拉马克认为,在这两条定律的作用下,生物在同环境相适应的过程中将处于连续和缓慢的进化之中。以长颈鹿为例,当低处的食物逐步消失时,它们就不得不从越来越高的树上获得食物,于是就产生了把脖子伸得更长的心理推力。结果,它们的脖子就在反复伸长的努力推动下不断伸长,并成为一种固定的性状。

尽管拉马克晚年受到政府不公正的待遇,最后在穷困中去世,并因无钱购买墓地而被葬在贫民墓地中,但他在近代进化论的发展中起到了重要作用。正如达尔文后来指出的那样,在提出生物进化论的人中,拉马克第一个激发了人们对于该问题的高度注意;他不仅让人们注意到有机界和无机界一切变化的可能性,而且使他们认识到,这些变化不是由于神力的干预,而是自然法则作用的结果。

拉马克的进化论得到了他的同事圣提雷尔(Étienne Geoffroy Saint-Hillaire,1772~1844 年)的支持和扩充。圣提雷尔早年在巴黎大学的诺瓦拉(Navarre)学院学习博物学,并进入皇家植物园担任保管员。1793 年成为国家自然史博物馆的 12 位教授之一,讲授动物学。通过比较解剖学、古生物学和胚胎学方面的大量证据,他提出了所谓的"结构统一性"原则,认为有机体的构造图案背后有着基本的统一性,并相信物种存在随着时间而出现变化的可能性。

19.5 地球的革命与均变

拉马克的观点虽然受到圣提雷尔等人的赞同,但是却遇到了一位最强有力的反对者的反对,此人就是曾经受到过他举荐的居维叶(Georges Cuvier,1769~1832 年)。

居维叶出生在法国东部边境上的蒙特贝拉(Montbéliard),曾在德国的斯图加特(Stuttgart)的卡尔高等学校(Carlschule)接受过一些实用教育。他主要靠自学而成为一位博物学家,并经朋友推荐认识了拉马克以及圣提雷尔等著名博物学家。在他们的帮助下,居维叶于1795年被任命为国家自然史博物馆的比较解剖学教授,同年当选为巴黎科学院院士。1799年,他担任法兰西学院自然史教授,3年后成为皇家植物园名誉教授,又于1806年当选为英国皇家学会外籍会员。后来,他还成为巴黎科学院的终身秘书。

居维叶是一位富有洞察力的比较解剖学家,并以提出动物"器官相关律"而闻名。该定律指出:"构成动物身体某一部分的骨骼在数目、方向和形状上同其他所有部分之间总是存在着某种必然的关系。"例如,长着锋利牙齿的动物必定是肉食动物,必定会长着用于捕食的利爪和一个适于消化肉质的胃肠系统,等等。这一发现对于古生物学尤其重要,因为根据这一发现,古生物学家在观察过一块骨头之后,常常就可以确定一种动物的属甚至种,并可以从动物任何一个部分的骨骼推论出其整体的大致情况。

正是凭着这样的知识,居维叶平息了当时古生物学中的一场争论:地球上的物种是否存在灭绝现象。当时的大部分人都相信,这种灭绝是不存在的,因为上帝的创造是完美的。例如,布丰就否认灭绝的可能性。他把当时人们在西伯利亚冻土中发现的长毛犀牛以及长毛象的化石看成是生活在热带的犀牛与大象的先祖,认为后者是在地球两极变冷的过程中从欧洲和亚洲迁徙到非洲的,并由于环境的变化而出现了一些变异。

但是,1796年,居维叶对印度和非洲大象的骨架、欧洲长毛象化石以及一种被称为"俄亥俄(Ohio)兽"的化石(发现于美国的俄亥俄河边)进行了对比研究。结果发现,非洲大象与印度大象根本不属于同一个种,而长毛象与这两种大象也属于完全不同的种类。他因此推论,长毛象是一种已经灭绝的动物,他称之为猛犸(Mammoth)。至于"俄亥俄兽",则在现存物种中更找不到任何相似的对应者,所以是另一种已经灭绝了的动物,他后来称之为乳齿象(Mastodon)。同年,他还分析了人们在巴拉圭(Paraguay)发现的另一种巨兽的化石,结果认定它是另一种已经灭绝的动物,并称之为大地獭(Megatherium)。这些研究令人信服地表明,物种的灭绝是确实存在的。

为了维护灭绝说,就必须否认物种连续进化的可能性。可能正是由于这个原因,居维叶从一开始就对拉马克的进化说表示了强烈

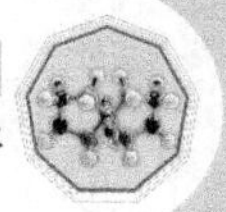

的反对。即便是在为拉马克所写的公开悼词中，他也不忘对进化论进行攻击。他把拉马克的两条进化“定律”说成是“任意的假定”，并且声称：“在这样的基础上建立起来的系统也许会愉悦一位诗人的想象，一位形而上学者也许还会从中推导出一系列新的体系；但是，它一刻也无法经受任何一位曾经解剖过一只手、一副内脏或者甚至是一片羽毛的人的检验。”

为了给物种灭绝说提供理论上的解释，居维叶试图从地球史上寻找依据。早在1796年他就指出，在我们的世界之前可能还存在着另一个世界，但被某种灾难所毁灭，并同时杀死了其中所有的生物。在1812年出版的《四足动物化石研究》一书的导言中，他又对这种观点作了系统说明。明显是受法国大革命的影响，他把这种灾难称为“革命”，并认为这种“革命”可能是水灾。后来，他在巴黎附近的石膏矿里发现了多次洪水的遗迹，由此推论，类似的革命发生过很多次。不过他强调，这些革命似乎都是局部的，而不是全球性的，因此并没有把它们与摩西洪水联系起来。1832年，喜欢造新词的英国哲学家惠威尔（William Whewell，1794～1866年）创造了“灾变论”（Catastrophism）一词，用来指居维叶的地质“革命”说。

居维叶还发现，不同地层中发现的不同生物化石具有不同的复杂程度。例如，虽然沙砾岩中发现的哺乳动物与今天存在的哺乳动物很不一样，但沙砾岩之下的石膏层中所发现的哺乳动物的差别则更大。还有，在第三纪地层发现的主要是哺乳动物化石，第二纪地层中发现的主要是蜥蜴类的化石，而在第一纪地层中则什么都没有。因此，居维叶得出结论，每次地质“革命”之后，生物都会得到某种进步。这种观念再次折射出了当时法国和欧洲大陆上流行的观念——社会革命推动社会进步。

居维叶的观点受到了水成论地质学家的欢迎。英国爱丁堡大学的博物学教授、英国水成论的最大代表詹姆森（Robert Jameson，1774～1856年）不但将《四足动物化石研究》的导言翻译成英文，而且还在翻译序文中明确地把居维叶的地质革命同摩西洪水联系起来。不过，在英国之外，大部分地质学家还是按照居维叶的思路，较少在宗教背景下讨论地质灾变与生物灭绝的问题。他们更加关注的是不同地质阶段生物的进步现象，并认为造成每次动物灭绝的力量要远远大于今天还能看到的所有自然力量。

这种地质灾变论的观点受到了英国地质学家赖尔（Charles Lyell，1797～1875年）的坚决反对，他尤其反对把地质学与摩西洪水挂钩。赖尔出生于苏格兰的一位富有的律师家庭，在牛津大学期间曾学习过地质学。毕业后，他原本以律师为业，但却因视力问题改行成为地质学家，并很快担任了伦敦国王学院的地质学教授。从1830到1833年，他出版了3卷本的《地质学原理》，从而奠定了他的地质学权威的地位。此后，他不断对该书进行修改和扩充，到他去世时该书已11次再版，成为19世纪最具影响力的地质学经典。

赖尔的地质学主要沿袭了赫顿所开创的传统，但是却补充进了更加丰富的地质学和古生物学材料。根据对西西里蒙特纳（Mount Etna）火山的研究，他发现该地区山谷的地层是由火山熔岩流逐渐形成的，其中的生物化石也显示了该地区生物缓慢灭绝的历史。同样的现象在法国的火山地区也可以看到。因此，他得出结论：借用缓慢和累积性的地质变化，完全可以解释化石记录中所反映的生物的灭绝和进步。而通过人们在更新世地层（Pleistocene，当时被认为是最后一次灾变中形成的）之上的地层中发现的巨型麋鹿化石，他进一步指出，灾变不是生物灭绝的唯一原因，而且那种全球性的灾变在历史上可能根本就不存在，否则人们既无法解释这些大型动物在所谓的灾变之后的存在，也无法解释它们在此之后的灭绝。

赖尔的地质学理论主要包括两个基本原理：第一，现实主义（Actualism），即认为创造世界的力量是现在还在起作用的那些力量；第二，均变主义（Uniformitarianism），即认为从过去到今天直至将来，地质作用力的强度是基本相同的，过去的世界并不比今天更加极端和充满暴力，大的地质改变是微小变化长期积累的结果。根据这两条原则，赖尔最终得出结论，认为世界永远处在一种稳固的状态之中——可供居住的陆地不断被局部地区的沉降和侵蚀慢慢毁坏，而新的陆地则在其他地方通过沉积、熔岩喷发和地震而缓慢形成。在这个过程中，一连串的物种遭到逐一灭绝，并被新一代的物种逐一取代。整个变化缓慢而永恒，但却不存在确定的方向，因此

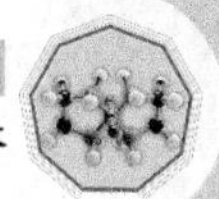

也就不存在所谓的“进步”。

基于这样的观点，赖尔反对生物进化。在《地质学原理》第2卷中，他对拉马克的进化学说进行了长篇讨论，但最终否定了它。他的结论是，尽管那些易于变化的物种在短时间内或者前几代中会出现较大改变，但此后它们就会固定下来，不再变化；但是，随着一个地区自然环境的变化，这些物种会因不适应而遭到灭绝，而新来的适应物种则会得到生存。因此，对赖尔来说，每个物种应该都有其独立的起源；而且，从时间上来说，所有物种的起源不是一次性的，而是各自分散的。当然，至于新物种究竟是如何在特定的时间和地点出现的，他则没有提供答案。

赖尔的地质均变论一经提出，即在英国被广泛接受。而赖尔的地位也随之飙升，先后成为伦敦地质学会的成员和主席、皇家学会会员以及英国科学促进会的主席，还先后获得科普利(Copley)奖章和沃赖斯顿(Wollaston)奖章，这反过来也加强了其均变论地质学的影响力。此外，他的地质学说也在很大程度上迎合了当时英国流行的政治保守主义，与主流政治家们反对通过法国式革命推进社会进步的观点相合拍。

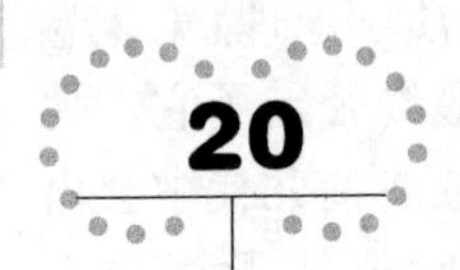

20 “乱七八糟定律”——达尔文进化论的建立

20.1 不务正业者的正业

赖尔学说在英国的高度流行给了我们这样一个暗示：在这样一个国家的这样一个时期，要想提出和捍卫物种进化的观点可能相当不容易。而这件不容易的事情恰恰就被比赖尔年轻的一位英国绅士做到了，他的名字叫达尔文(Charles Darwin，1809～1882年)。

达尔文出生于一个在财富和知识上都较为显赫的家庭，他的父亲是一位十分成功的医生，母亲来自一位实业家家庭。祖父伊拉姆斯·达尔文(Erasmus Darwin，1731～1802年)是一位医生、自然哲学家和诗人，对生物学很有兴趣，曾经为翻译林耐的著作组织过一个植物学会。他在《生物名目，或有机生命的法则》(1794～1796年)中预见了拉马克的获得性遗传理论，而他的长诗《自然之庙》(1803年)则描述了自然界从微生物到文明社会的进步过程，这些观点日后都对达尔文产生了影响。达尔文从小聪敏好动，并对园艺和各类标本的收集深有兴趣，以至于父亲说他成天“只关心打鸟、遛狗和抓老鼠”，“总是用无尽的垃圾把屋里搞得一团糟”。

上语法学校时，达尔文对化学实验的兴趣远远大过对古典诗文的兴趣，以至于他的老师曾当面训斥他不务正业。有趣的是，这句话成了达尔文整个学生生涯的一个写照。1825年，达尔文进入爱丁堡大学学医，但却对手术和解剖感到恶心。结果他第一年醉心于化学课，并向一位黑奴学习了标本制作；第二年加入了该校学生组织

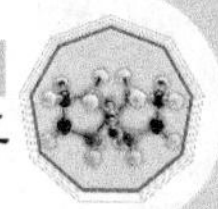

的自然史学会，并跟随生物学家格兰特（Robert Edmond Grant，1793～1874 年）研究无脊椎动物，又同詹姆森学习了地层学知识，并尽情地享受在博物馆和田野调查的乐趣。

詹姆森是一位水成灾变论者，并致力于同火成论者争论。但是，他在 1826 年曾匿名著文，对拉马克认为最高级的生物是从最低等的蠕虫进化而来的观点给予了高度评价。他的地层学课程的最后一部分讨论的则是物种起源的问题。格兰特是圣提雷尔的朋友，信奉拉马克的进化论，在自己的博士论文中还引用过达尔文祖父的进化论观点。他认为，正像化石的进步序列所表明的那样，随着地球的冷却，变化的环境会促使生物向高级形式发展。他还发展了圣提雷尔的统一图案原理，认为所有的动物都具有相似的器官，差别只在于这些器官的复杂程度不同。他由此推论，所有的动物都具有共同的祖先。尽管达尔文对他理论中的无神论倾向感到不安，对他的物种可变论也没有什么好感，但却由此认识到，生物学家或许能解开生命世界起源和进步的神秘面纱。

由于主业进展不佳，达尔文的父亲在 1827 年将达尔文转到剑桥大学学习神学，想把他培养成一名收入丰厚的国教牧师。但达尔文一到那里就狂热地迷上了甲虫收集比赛，并因此结识了植物学家亨斯娄（John Stevens Henslow，1796～1861 年），参加了他为博物学学生所组织的一个俱乐部，并追随他学习生物学。直到大学最后一年，达尔文才在亨斯娄的指导下集中于自己的专业学习，并以优异的成绩通过了神学学位的考试，在 178 名考生中名列第 10。此后，他并没有急于去取得可以担任牧师的圣职，而计划前往热带进行自然史研究，为此选修了地质学家塞奇维克（Adam Sedgwick，1785～1873 年）的地质学课程，还在暑假中协助他进行威尔士（Wales）的地层调查工作。

此时，皇家贝格尔号军舰的舰长菲兹洛伊（Robert FitzRoy，1805～1865 年）正在组织一次环球探险，进行水文调查。经亨斯娄推荐，达尔文成为没有报酬的随行博物学家，于 1831 年年末开始了为期 5 年的航行。该舰绕行南美大陆沿岸，穿越太平洋，经澳大利亚南部，过印度洋，绕过好望角，最后于 1836 年 10 月回到英国。在 5

年的时间里，达尔文有2/3的时间是在陆地上度过的，他搜集了大量的生物学和地质学资料。出发时，菲兹洛伊将刚刚出版的赖尔的《地质学原理》的第1卷交给达尔文。在考察中，达尔文发现，赖尔的地质均变论确实可以说明他观察到的许多现象。但是，当他在旅途中接到该书的第2卷，读到其中对进化论的反对时，却发现自己观察到的一些事实似乎与之不太相符，并逐渐与赖尔的思想相背离。

例如，在厄瓜多尔以西太平洋上的加拉帕戈斯（Galápagos）群岛，他发现来自不同岛屿上的嘲雀（mockingbirds）之间具有明显的区别。而当地的西班牙人告诉他，他们可以根据乌龟的形状说出它们来自哪个岛屿。这些事实表明，同类动物会因不同的环境而发生结构上的改变。在贝格尔号返航英国的途中，达尔文在整理自己的这部分笔记时写下了这样的话："这些事实似乎否定了物种的稳定性。"而据他事后回忆："对我来说，这些事实似乎为物种起源的问题提供了某种启示。"

在贝格尔号航行期间，达尔文时常写信向亨斯娄报告自己的地质学发现，而亨斯娄则热情地将这些通信发表出来。所以，当贝格尔号满载着地质和生物标本回到英国时，达尔文作为一位著名博物学家的声誉已经传播开来，一时成为地质学和动物学界的热门人物。亨斯娄答应为他整理植物标本，赖尔热切地邀请他共进晚餐，并推荐比较解剖学家欧文（Richard Owen，1804～1892年）等人帮他整理大型动物化石。此外，鸟类学家高尔德（John Gould，1804～1881年）放下手头的工作，开始分析达尔文带回的鸟类标本。欧文用自己的分析支持了赖尔关于地质均变已经使一些物种逐渐灭绝的观点，而高尔德则解决了困惑达尔文的鸟类疑团。

高尔德宣布，达尔文从加拉帕戈斯群岛带回的鸟类标本实际上属于雀科的12个不同的种；它们身体的大小虽然基本相同，但是在结构上却存在细微差别，尤其是在鸟喙的大小与形状上。不久，他又告诉达尔文，从这些岛屿上带回的那些嘲雀不光是雀科的一些变种，而且实际上已经形成了彼此独立的种；而所有这些岛居雀类与南美大陆上的同类之间既有联系，又有区别。根据这些分析结果，达尔文得出结论，认为这些雀类起源于少数几种祖先，并由于不同

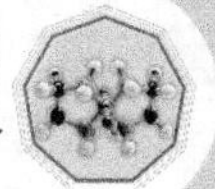

岛屿上生存条件的不同而出现了相应的结构改变,形成了新的种。这一结论同赖尔关于区域物种灭绝和替换的观点完全相反。

看到儿子在几年内由一个冥顽少年变成了一位沉稳的博学之士,老达尔文十分欣慰。在他有力的经济支持下,达尔文开始全身心投入对自己考察报告的整理,先后出版了《航海日志》、《地质报告》以及《贝格尔号航行的动物学报告》。另外,他还按照地质均变论完成了一篇关于珊瑚岛成因的论文,题为《珊瑚礁的结构与分布》。这些使他声誉大增,于1839年1月被推选为皇家学会会员。

20.2 "秘密中的秘密"

当贝格尔号到达好望角时,达尔文见到了正在那里进行南天恒星测量的大天文学家约翰·赫舍尔(John Herschel,1792～1871年)。赫舍尔的父亲韦廉·赫舍尔(William Herschel, 1738～1822年)是海王星的发现者,同时开创了对星云、银河系以及恒星天文学的研究。约翰子承父业,但对生物学研究也很有兴趣,尤其关注物种起源问题的研究。就在之前不久,他刚刚写信给赖尔,提出必须揭示支配物种形成的自然法则,并把它说成是"秘密中的秘密"。达尔文对赫舍尔充满尊敬,并称他为"我们最伟大的哲学家之一"。他不但了解赫舍尔的上述想法,而且把这作为自己探索物种起源问题的原因之一。现在,他就要设法去探索这个"秘密中的秘密"。

此时,英国科学界早已对物种可变的思想议论纷纷。欧文认为,胚胎中的"组织能"不仅决定了物种的生命长度,而且排除了物种变化的可能性;但植物学家布朗(Robert Brown,1773～1858年)则提出,胚种中的大量原子会允许生物的自由发展;而已经成为伦敦大学院教授的格兰特则继续自己拉马克式的进化观,认为生物界存在着从低级到高级的进步。达尔文认同物种的可变性,但却不同意一种生物形式比另一种更高级的观点。在他看来,生物完全是由于生存环境的变化而不断改变自己,因此,不是简单地形成一种从低级到高级的进化阶梯,而是形成一种复杂的进化分支谱系,而这些谱系则应该是进行分类的真实标准。可是他还不清楚,物种适应环境变化的具体机制究竟是什么。

1838年夏天，达尔文在消遣中读到了英国人口学家马尔萨斯(Thomas Malthus，1766～1834年)《论人口法则》的第6版。该书是为了回应当时英国所面临的人口危机而写的，中心思想是，社会的食物供应最多是按照算数级数增加(如1，2，3，4，5，…)，而人口的自然增加却是按照几何级数增长(如1，2，4，8，16，…)，而且是每25年就会翻一番；为了保证社会的均衡发展，必然会发生死亡、疾病、战争和饥荒，以控制人口的增长。早在爱丁堡大学念书时，达尔文已经读到法国植物学家康多莱(Augustin Pyrame de Candolle，1778～1841年)在1824年前后提出的“自然斗争”的概念，康多莱以此来描述物种之间为争夺生存空间而出现的彼此争斗。

将这两种观念结合起来，达尔文隐约看到了控制物种繁衍和变化的无形之手：物种的繁衍总量总是会超出可资利用的资源总量，因而会出现为争夺生存资源的种间与种内竞争；在这种情况下，有利的变异会使生物体更好地适应变化的环境，并被遗传给后代，而不利的变异则会消失；于是，新的物种就通过这种有利的变异在后代中的长期累积而得到产生。达尔文把这种机制称为楔子作用，它把适应的结构楔入自然机体的空隙之中，而把不适应的结构从自然机体中排挤出去。由此，达尔文在1838年9月基本形成了生存斗争和自然选择的概念。

在接下来的几个月中，达尔文开始把人类对作物和家畜的人工选择同马尔萨斯式的自然选择进行比较，并认识到：前者是有目的地使适应于人类需要的变异得到保存和累积，并最终产生人们最想要的新种；而后者则通过自然力对随机产生的变异进行选择，使那些新近得到的有利结构的每一部分得到充分的使用与完善。他后来认为，这一类比是他物种起源理论中最精彩的部分。

1839年1月，几经犹豫的达尔文终于同自己的表姐艾玛(Emma Wedgwood)喜结良缘，并搬入了他们在伦敦的新家。除了博物学方面的其他工作之外，达尔文仍在继续从事他在物种起源研究上的“业余爱好”。他进行了大量的植物实验，还在畜牧者中进行动物饲养的问卷调查，以搜集他们淘汰和选择动物后代的方法的信息。他的目的是想尽量多地搜集关于物种可变的证据，以说服那些固执的

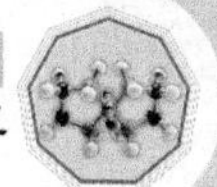

反对者。从1842年开始,他开始小心翼翼地同自己的朋友谈论自己的想法,并笑称"这好像承认自己是谋杀者"。结果,得到的反应有支持,但更多的是怀疑与反对。赖尔在接到达尔文介绍自己观点的信后公开表示了自己的沮丧,但这并没有影响两人之间的关系。这一年7月,达尔文草拟出了一份30多页的大纲,正式开始了对新理论的书面写作。

此后10多年中,达尔文一方面将大量精力投入其他新课题的研究,一方面不断对自己的手稿进行补充与反复修改,同时也试图说服一些学者和朋友接受自己的观点。在此期间,生物进化的观念在英国社会似乎变得有些难以压制了。1844年,对地质学深感兴趣的苏格兰作家和出版商钱伯斯(Robert Chambers,1802~1827年)匿名出版了《创世的自然史遗迹》一书。书中认为,宇宙中的一切——从太阳系到地球,从岩层到各种生物,一直到人——都是从较原始的形态中发展而来。该书刚刚面世,就受到主流科学界的激烈批评。达尔文最初也对书中的地质学和生物学水平的低劣与论断的不经表示了轻蔑。但此书在中下层社会中却极受欢迎,尤其是在那些想通过革命手段推翻现有社会秩序的政治激进派别中间。而对于一些科学家而言,该书的危害性正在于其在信仰、道德与社会哲学等方面的反正统性。

不过,随着英国社会危机的缓解,许多上层人士也开始阅读此书。这使该书变得极为畅销,到1884年,该书一共推出了12版,在很大程度上为进化论的传播铺平了道路。正是在读过这本书后,一位年轻的英国博物学爱好者接受了物种可变的思想,并立志通过田野调查来对之进行探究和论证,结果与达尔文差不多同时提出了生存竞争、适者生存的理论。这位年轻人名叫华莱士(Alfred Russel Wallace,1823~1913年),出生于威尔士的一个中产阶级家庭。由于家庭经济原因,他并没有接受过正规的高等教育,只在伦敦接受过一些专业培训,并以测绘为生。受博物学家们自然探险经历的启发,他先后在马来半岛、印度群岛和美洲进行广泛的自然史考察,并且像达尔文那样经由马尔萨斯的人口论认识到了物种起源的机制。

1856年9月,华莱士在伦敦的《自然史杂志与年报》上发表了一篇题为《论支配物种出现的法则》的论文，报告了自己对物种地理与地质分布的考察结果，并得出了物种通过累积变异而起源的结论。这篇文章引起了赖尔的注意，甚至开始动摇了他对物种可变论的反对。赖尔在第二年初将这个消息告诉了达尔文，但达尔文似乎并没有太在意，因为他把这篇文章中的观点误解为神学式的累进创造论。可是在次年10月，达尔文收到了华莱士寄来的一封信和上述论文的印本，发现他的思路和结论与自己的都基本相同。达尔文在1857年5月的回信中向华莱士坦白了这一点，并告诉他，自己的相关著作将在两年内出版。在同年12月的另一封信中，他对华莱士的工作表示高兴，同时指出自己的研究走得比他要远。

华莱士相信达尔文的说法，并在1858年2月给达尔文寄来了他的论文《论变种不确定地远离原型的趋势》。达尔文吃惊地发现，文中虽然没有使用"自然选择"这样的说法，但是基本上概括了自己20余年以来一直在加以思考和改进的学说，许多地方的用词都完全一样。华莱士请达尔文对这篇文章进行审阅，并在认为值得的情况下送交赖尔。达尔文对此略显激动，但无意压制这位年轻人，并将此事交由赖尔处理。经过赖尔等人的安排，当年7月，这篇文章与达尔文的《一部未出版的物种论著的摘要》一文同时在伦敦的林耐学会上联名宣读，并突出了达尔文的优先权。华莱士对这一安排毫无异议，并为自己能够名列其中而感到高兴。此后，达尔文与他一直保持着良好的关系，成为科学史上的一段佳话。

这件事过后，达尔文加紧工作，最终在1859年11月出版了《论通过自然选择的物种起源，或者有利种类在生存斗争中的保存》（简称《物种起源》）的第1版。此后，达尔文不断对全书进行补充和修改，在有生之年里共重版了6次。用达尔文自己的话来说，该书是"一个长篇论证"，包含了大量对人工和自然条件下物种进化的精细观察和推理，以及对预期的各种反对意见的分析。除了论证自己的物种起源学说，达尔文还特别突出了生物存在共同起源（common descent）的思想，并在全书的结尾写道："从这里可以看到生命的伟大，借助于各种力量，它最初被输入几种或者一种形式的存在；然后，在这颗行星遵循固定的引力定律而运转的过程中，从如此简单

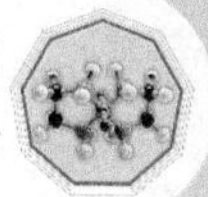

的开端中进化出了无限多的形式;它们无比美丽,无比奇妙,并且仍在进化之中。"

在讨论生物的共同起源时,有一个问题无法回避,它就是人类的起源问题。在达尔文内心,自己的进化论对这一重大主题的研究具有重要意义。因此,他在《物种起源》的导言中暗示,自己的研究"将会对人类的起源及其历史予以启发"。他曾经鼓励华莱士将进化论用于这方面的研究,但华莱士却认为,人类复杂的大脑不可能用缓慢的进化来加以解释,并越来越多地滑向一种唯灵论的进化观。

失望之下,达尔文只好亲自动手,于1871年出版了《人类的由来与性选择》一书,明确提出,人与某些较低等的古老物种是从一个共同的祖先进化而来的,人类的这些近亲现在已经灭绝了。达尔文不仅强调了人类在身体结构上与动物之间的相似性,而且指出,高等动物中存在基本的推理能力、相互间的沟通乃至情感,这些与人有关的精神活动只有程度上的差别,没有本质上的不同。全书内容已经涉及一些重要的社会科学论题,包括进化心理学、进化伦理学、人种差别、性别差异以及进化与社会发展的相关性,等等。可以说,此书的出版使达尔文进化论开始走出生物学的狭小领域,显现出与人类和社会研究之间的广泛联系。

20.3 "恶狗"与"斗犬"

《物种起源》的出版在社会上引起了轩然大波,其第1版的1 200多本在一天之内就销售一空,次年元月推出的第2版的3 000多本也很快销售一空。随之而起的是各种不同的反应,有人严厉指责,有人挺身辩护,更多的人则在阅读和思考。

在该书正式推出的前四天,伦敦权威杂志《雅典娜之庙》上就发表了一篇匿名评论。作者从神学立场对达尔文进行了攻击,并单刀直入地把达尔文理论同"人来自猴子"的观点联系起来,说达尔文的信条就是"人是昨天产生的,明天就将走向消亡"。实际上,自钱伯斯《创世的自然史遗迹》发表以来,"人来自猴子"的论题已经在英国社会中引发了激烈的争论。书评作者将达尔文理论与这一论题联系起来,无疑是想把论辩的战火引向达尔文的著作。

达尔文愤怒了，认为该文作者简直就是要把他送上教士们的火刑柱而后快。

坏消息接踵而至，达尔文在剑桥的老师亨斯娄和塞治威克现在都站到了他的对立面，他以前的学术伙伴欧文也成为他最强劲的论敌。大天文学家约翰·赫舍尔在读到《物种起源》时，也轻蔑地把自然选择斥责为“乱七八糟定律”。当然，达尔文也听到了好消息。著名植物学家胡科（Joseph Dalton Hooker，1817～1911年）终于被他的理论说服，赖尔对他著作的出版“绝对心满意足”，而年轻的赫胥黎（Thomas Henry Huxley，1825～1895年）则在1859年12月26日的《泰晤士报》发表了匿名述评，不仅极力赞扬达尔文的理论，而且警告，他已经把自己的“牙齿和爪子”磨得飞快，等着对付“那些将要吠叫和咆哮的恶狗们”。在给达尔文的信中，他重复了同样的意思，并让达尔文不要忘了自己还有一些善斗的朋友。

赫胥黎出生于一个有知识的中产阶级家庭，父亲是一位教师。但是，赫胥黎在10岁时就辍学，并开始做医药学方面的学徒。凭着极强的自学能力，他硬是将自己培养成为一名动物学专家，并最终当选为皇家学会成员，成为19世纪英国著名的科学家之一。他很早就成为达尔文的朋友，是最早了解达尔文进化思想的人之一。尽管他并不完全接受达尔文的所有观点，对自然选择过程的均衡性和漫长性也不无疑义，但却全心全意地支持进化学说，并在1860年创造了“达尔文主义”（Darwinism）一词。继上述评论之后，他又在一系列的文章和讲演中对达尔文理论表示了公开的支持和辩护，并自称：“我是达尔文的斗犬”。

确实，达尔文的后半生大多深居浅出，而机敏好斗的赫胥黎则在四处为进化论呼号论辩，其中最著名的就是他与国教派的牛津主教威尔伯福斯（Samuel Wilberforce，1805～1873年）之间的论战。故事发生在1860年牛津举行的英国科学促进会的年会上，达尔文的劲敌欧文安排了一场报告会，并让亨斯娄主持，希望让达尔文失败得更加彻底一点，但达尔文因病没有到会。会议的主要议程是听取美国纽约大学的一位教授作关于欧洲知识现状的报告，其中重点提到了达尔文的工作。报告结束后，亨斯娄点名让一些学者发表评论，

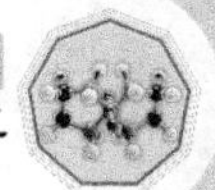

最后点到了威尔伯福斯。

威尔伯福斯是当时英国最有名的公众演说家，人称"油嘴的山姆"。在对达尔文的理论进行了一番攻击之后，他把话锋转到两天前刚刚同他辩论过的赫胥黎身上，问他究竟是通过祖父还是祖母而具有猿猴的血统的。赫胥黎听到此话并不生气，而是跟坐在边上的同行耳语了一句："主教大人终于落在我手里了。"他从容地站起来，先很有绅士风度地回答了威尔伯福斯对进化论的攻击，最后说道："如果你问，我是想要一只可怜的猿猴作为祖父，还是想要一个人，他天生聪慧并深具影响，但却只知道滥用这些资质与影响，将奚落和嘲笑引入庄严的科学讨论，那么，我会毫不犹豫地告诉你，我宁愿要那只猿猴。"此话让威尔伯福斯哑口无言，却让听众为之振奋，据说有一位女士就因为兴奋过度而当场晕倒。

就广大的公众而言，达尔文进化论中最富争议的是其在宗教上的潜台词。自17世纪中期以来，自然神学的观点在英国社会上层得到广泛接受。这种观点的核心就是相信上帝对万物的创造以及宇宙中存在的神圣设计，并把揭示上帝创造和神圣设计看成是博物学研究的重要目标。但是，达尔文的物种起源观不仅与上帝创造说之间存在对立，而且他的自然选择说还把物种的形成说成是对随机变化的选择结果，这也与神圣设计的观念显得格格不入。由于这个原因，受自然神学支配的英国国教会变成了反对达尔文的主要宗教派别，而不少持自然神学观的科学家也因此站到了反对达尔文的阵营中。例如，欧文和塞治威克等人主要就是从这样的立场来反对达尔文的。欧文认为，达尔文理论违背了他提出的关于生物按预定法令持续产生的原理；而塞治威克则指出，达尔文学说关闭了通过创造物来理解上帝的一切门户，带有浓重的唯物主义气息，因此是完全错误的。

不过，达尔文的理论却受到了一些自由主义政治理论家的拥护，其中最著名的就是斯宾塞(Herbert Spencer，1820～1903年)。在《物种起源》出版前两年，斯宾塞发表了《进步：它的法则与原因》一文，开始把拉马克式的进化论用到社会学的研究中，指出整个社会与人的思想都同自然界与生物一样，遵从由低级到高级、从简单到复杂的进化过程,而这种进化代表的就是进步。《物种起源》发表后,斯宾塞变成了达尔文的支持者,并创造了"适者生存"(Survival of the fittest)这一短语来概括他的理论。尽管斯宾塞的进化观更多地来自拉马克,但是后来的一些社会学家追随他的脚步,把生存竞争和适者生存的进化论原理用于社会学理论的构建,形成了所谓的"社会达尔文主义",而斯宾塞也因此而被视为这种理论的重要始祖。

实际上,社会达尔文主义最终也发展成一个十分庞杂的体系,其中一些人主要用进化论观点来为资本主义、自由经济以及国家的非福利性进行辩护,另外一些人则强调种族与国家之间的竞争,以此为欧洲正在开展的军事与工业竞争张目。极端的观点甚至认为,为了人类整体的进步,弱小的民族应该被滤除,而战争就是达到这一目标的有效途径。还有人宣扬,"力量就是正义",认为弱小民族就应该被剥削和控制,从而形成了帝国主义的强盗逻辑。还有人从个体发展的角度提出了所谓"优生学"理论,认为政府有责任控制那些适应力不强的国民的繁衍,并鼓励那些具有优势者的增殖。不幸的是,这种理论后来成为希特勒种族灭绝政策的借口。

从"社会达尔文主义"的种种劣迹来看,塞治威克当初给达尔文的忠告似乎不无道理:"自然除了有一个物质的部分,还有一个道德或者形而上的部分。一个拒绝承认这一点的人会深深地陷入愚蠢的泥潭。"他警告,打破这种区别就会造成人性的堕落与兽性化。看来,形形色色的社会达尔文主义者所打破的正是这种区别。

20.4 科学问题

除了基于宗教和政治背景的批评和拥护外,达尔文进化论更多地受到来自科学上的挑战。首先,按照当时最成熟的科学——牛顿力学——的标准,进化论根本算不上是好的科学,因为它明显缺乏牛顿力学那样严密的因果性和可验证性。例如,在任何特定条件下,人们都无法根据自然选择这一理论的本身

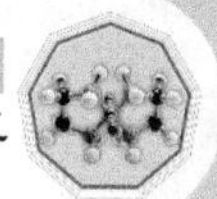

来决定自然选择的结果；而且，也很难把这些结果与物种已经发生过的变异进行直接比较，因为毕竟这些变异是不能被直接看到的；而从古生物学上来讲，也根本找不到反映各个物种连续变异的化石遗存；此外，达尔文也只能用化石发现的有限性来进行自我辩护。天文学家赫舍尔之所以对自然选择学说表示蔑视，原因恐怕就在这些方面。

除此之外，进化的时间也是一个难以解决的问题。当时著名的物理学家汤姆森(William Thomson，1824～1907年)根据物理学计算指出，地球的年龄在2 000万到4亿年之间。汤姆森是一位神童，10岁时毕业于格拉斯哥(Glascow)大学，从1846到1895年担任格拉斯哥大学的自然史教授，在当时的英国科学界和社会上具有强大的影响力。他在热力学和电磁学领域里都作出了十分杰出的贡献，并领导了第一条横跨大西洋的电报电缆的铺设，因此在1892年被封为开尔文爵士(Lord Kelvin)。在1851年出版的《论热的动力学理论》中，他假定地球最初是一个熔融的岩石球。借用热力学理论，他计算了这样一个球体冷却到目前状态所需要的时间，得出了上述结论。1856年，德国物理学家赫尔姆霍兹(Hermann von Helmholtz，1821～1894年)计算了太阳从星云收缩成当前大小和温度所需的时间，得出了2 200万年的结论，证实了汤姆森的计算。

但是，对达尔文的进化论来说，要想从单一生命形式发展出目前如此丰富多样的生命世界，这个时间仍然显得远远不够。按照一些科学家的建议，这个时间至少应该是200亿年。尽管汤姆森在计算中忽视了地球内部的热量，而赫尔姆霍兹也还不知道太阳中的核聚变为何物。但在当时，他们的计算还是从物理学上对进化论提出了挑战，使赫胥黎不得不在1869年对此作出回应，批评汤姆森的计算貌似精密，但实际是以错误的假说为基础的。

达尔文进化论面临的另一个问题是，动物在结构上的变异是如何产生和遗传的，这一点引发了遗传学上的讨论。达尔文清楚地意识到问题的存在，并试图想办法找到答案。为此，他不得不求助于拉马克的两条进化定律，并在1868年出版的《家养条件下动物与植物的变异》中提出了所谓的泛生说(Pangenesis)。这种学说认为，生物的体细胞都会释放一种胚粒，并散布在血液中；在受精之前，所有体细胞的胚粒会集中到生殖细胞中，由此决定后代的形成。因此，胚粒中出现的任何异常或者其他变化，都会通过这种途径遗传给后代。达尔文试图通过这种理论解释隔代遗传、融合遗传、拉马克的用进废退以及肢体再生等现象。例如，隔代遗传是由于唤醒了原来在沉睡的胚粒，而肢体再生是因为断肢胚粒的活动结果，等等。

但是，长于遗传统计研究的人类学家噶尔顿（Francis Galton，1822～1911年）则做出了一项不利的发现。噶尔顿是伊拉姆斯·达尔文的外孙，达尔文的远房表弟，优生学的创立者。他通过实验证明，给一只兔子输入另一只兔子的血后，并没有看到后代性状的明显改变。而当时流行的融合遗传理论则认为，后代的性状总是父本与母本性状的平均结果。按照这一理论，少部分生物个体获得的变异可能会在整个种群的快速繁衍过程中迅速消失，根本无法满足为缓慢的自然选择过程提供充足的时间。其实，达尔文并不知道，当时已经有实验证明，融合遗传理论是错误的，这些实验是由一位名叫孟德尔（Gregor Mendel，1822～1884年）的摩拉维亚（Moravia，今捷克城市）修士做出的。

孟德尔出生于一个农民家庭，从小做过园丁，学过养蜂，因表现出较高的智力而被家人送入学校。在本地一所哲学学院完成大学教育后，他成为布尔诺（Brno）的圣托马斯修道院的修士，并于1851到1853年之间进入维也纳大学进一步学习数学、物理学、化学、动物学、昆虫学、植物学以及古生物学，之后回到自己的修道院，并担任中学教师，讲授自然科学。在他那个时代，已经有不少园艺家和植物学家开始了植物杂交实验，但并没有发现什么规律性。孟德尔不仅对此充满兴趣，而且试图揭示其中的定律。在1856到1863年之间，孟德尔对豌豆进行了杂交实验，并把精密的数学统计用于杂交结果的分析，终于有了重要发现。

孟德尔首先收集了34个具有显著形状差别的豌豆品系，并通过两年的种植挑选出22个明显属于纯种的品系。也就是说，在不进行

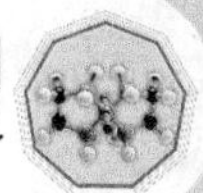

异种品系杂交的情况下,这些品系的后代都不会发生性状改变①。然后,他对它们进行杂交(如高株与矮株的杂交、豆粒圆同皱粒的杂交,等等),以观察每一对性状在子代中变化的情况。经过对28 000多株豌豆的研究,他发现如果把仅有1对互异性状的品系(如高株与矮株)作为父本和母本进行杂交,那么子1代杂种只出现亲本一方的性状(如只有高株)。如果再对子1代进行自交,那么在得到的子2代中就会同时出现分别具有父本和母本特征的个体,而且呈现和不呈现第1代性状的个体之间基本上成3比1的比例(如高株与矮株数目之比为3比1)。通过对7对性状的杂交研究,孟德尔都得出了同样的结果。

为了解释自己的统计结果,孟德尔把子1代中出现的性状称为显性性状,没有出现的性状称为隐性性状,并假定豌豆的每个纯种性状都由一对因子所决定。如高株为显性性状,由HH因子决定;矮株为隐性性状,由hh因子决定,等等。通过杂交,子1代会从父本和母本中各获取1个因子,于是得到Hh,并显示出显性性状,如高株。但是,当子1代进行自交时,则会出现3种结果:HH,Hh,hh。其中Hh出现的几率为另外两者的2倍,而显性与隐性之比则为3比1。为了验证自己假说的正确性,孟德尔还进行了一些验证性实验。例如,他预测,如果将子1代与隐性亲本进行测交,则后代中具有显性和隐性形状的个体数目之比将为1比1。果然,这样的预言得到了试验结果的证实。由此,孟德尔认为,他已经发现了支配遗传过程的自然定律。

孟德尔的发现实际上否定了融合遗传的可能性,而说明,遗传因子在遗传过程中虽然可以相互分离和重组,但是它们却不会相互融合成新的中间形式,而会保持自己的独立性。1865年,孟德尔将自己的发现写成《植物杂交》一文,在布尔诺自然史学会上宣读,并于次年发表在《布尔诺自然史学会会议录》上。该会议录在当时的欧洲流传颇广,而孟德尔还曾将该文单行本寄给了40多位生物学

① 由于豌豆属于闭花授粉植物,在纯自然的条件下很难实现这种跨品系的杂交,因此比较容易保持纯种特性。

家。但可惜的是,在很长的时间内,没有人真正理解其重要意义,也许在许多人眼里,这只不过又是一些“乱七八糟定律”。其实,孟德尔在进行实验时已经知道拉马克的进化论以及当时科学界对物种起源问题的关注。他在自己论文的导言中也明确指出,自己的发现“对于研究生物形态的进化历史的重要性是无可估价的”。可惜,无论是达尔文还是其支持者都没有人注意到他的工作。而自 1868 年担任了修道院主持后,孟德尔也就停止了自己的研究。

尽管孟德尔的发现化解了融合遗传说给达尔文进化论所带来的困境,但自然选择学说的遗传学基础仍然是人们接受该学说的一大障碍,而这个问题的最终解决,则取决于人们在细胞层次上对遗传过程的研究。

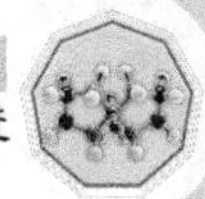

21 场、波与能量——经典物理学的突飞猛进

21.1 从青蛙电到电磁场

从19世纪早期开始，物理学开始逐渐发展成类似于今天这样含义的学科。力学构成了人们研究电、磁、光和热等各类物理现象的基础，拉格朗日式抽象的力学研究方法与理论模式成为物理学研究的最流行范本，拉普拉斯式科学也继续在一些物理学家的工作中发挥作用。而在对不同物理现象的研究中，建立在力学基础上的统一和联系的观点占据了主导地位，场、波与能量等概念成为物理学研究中的核心概念。

1780年9月的一天，意大利生理学教授、博洛尼亚大学校长伽伐尼(Luigi Galvani，1737～1798年)在解剖青蛙时偶然发现，当切割下来的青蛙腿接触到静电时会发生剧烈的抽动。这一发现激发了他的兴趣，并对之进行了系统的实验研究。结果发现，用不同金属同时接触蛙腿会观察到同样的现象。于是他在1791年发表了相关的研究论文，并得出结论，认为蛙腿上存在生物电；通过将生物与一种以上的金属连接，则可以将这种生物电激发出来。

伽伐尼的发现引起了帕多瓦大学物理学教授伏打(Alessandero Volta，1745～1827年)的注意。多年来，伏打对电现象情有独钟，进行过大量的研究。他重复了伽伐尼的实验，并得出结论，实验中所得到的电不是来自青蛙，而是相互接触的不同金属刀具，青蛙只是起到了传导电流的作用。因此，他称这种电为“接触电流”，并用伽伐尼的名字命名它,称之为“伽伐尼电流”。通过进一步的系统实验,他发现两种金属接触,则一端会带正电,另一端会带负电,并确定了1个杰出序列:锌、锡、铅、铁、铜、银、金,人称伏打系列。他还发现,当几种金属接触时,产生的电只与两端的金属有关,与中间金属无关,人称伏打定律。根据这些发现,他于1800年发明了最早的电池——“伏打电堆”,并向伦敦皇家学会写信报告了自己的发明。伏打电堆提供了产生持续电流的工具,使人们有可能对电荷运动进行研究,从而揭示电流的性质,使电学进入了新的发展阶段。

19世纪之前,关于电和磁的研究是各自独立进行的,人们没有发现这两种现象之间存在内在的联系。德国哲学大师康德曾经提出,自然界“基本力”可以转化为其他各种具体形式的力,这种观点在一部分科学家和工程师中产生了重要影响。丹麦哥本哈根大学物理学教授奥斯特(Hans Christian Ørsted,1777~1851年)深受康德自然哲学的影响,认为物理学不应该是关于运动、热、空气、光、电、磁以及其他现象的零散的描述,而应当把整个宇宙包容在一个理论体系中。美国学者富兰克林曾经发现,莱顿瓶放电后钢针被磁化了。奥斯特据此认为,电与磁之间存在某种必然的联系,在适当的条件下,电可以转化为磁。根据直径较小的导线通过电流时会发热的现象,他推测,如果通电导线的直径小到一定程度,电流或许会产生磁效应。如果电流产生磁效应,这种效应很可能像电流通过导线时产生的热和光那样向四周散射,是一种侧(横)向作用。1820年春天,他为一个研讨班学员讲授关于电学、伽伐尼电流和磁学的课程。备课过程中,他深入思考了电力与磁力的一致性问题,并企图通过实验检验自己的想法。在一次课堂表演实验中,他把导线和磁针沿着地球磁子午线方向平行放置,接通电源后,发现小磁针向垂直于导线的方向偏转过去。这一现象说明电流确实可以产生磁效应,电与磁之间存在某种联系。奥斯特立即将这一发现写成简短的论文,在杂志上发表。

当时法国物理学家阿拉果(François Jean Dominique Arago,1786~1853年)正在瑞士的日内瓦访问,他得到这一消息后立即返回法国。在1820年9月4日法国科学院的例会上,阿拉果宣读了奥

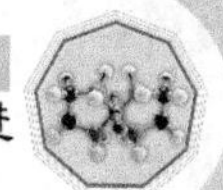

斯特的论文,并于9月11日又做了演示实验,电与磁存在联系的新发现使法国的物理学家们大为震惊。安培(André-Marie Ampère,1775~1836年)、阿拉果、毕奥(Jean-Baptiste Biot,1774~1862年)、萨伐尔(Félix Savart,1791~1841年)等人都对此作出了迅速的反应,全力以赴地投入了研究,并做出了重要的新发现。9月25日,安培向科学院提交论文,阐述了两根平行载流导线之间的相互作用力;10月30日,毕奥和萨伐尔提出了直线电流对磁针作用的定律,即毕奥—萨伐尔定律。从1820年10月开始,安培花了几年时间,全力寻找"电流元"之间的作用力公式。直到1827年,他才提出了著名的安培定律。这是一个类似于质点引力公式的电动力平方反比关系式,安培因此而被称为"电学中的牛顿"。

奥斯特的新发现传到英国的时间稍晚。伦敦皇家研究院的化学家戴维(Humphry Davy,1778~1829年)在获得消息后立刻重复了奥斯特的实验,并认为,小磁针向导线垂直方向偏转的原因是"导线在电流通过时本身变成了磁体"。英国皇家学会会长沃拉斯顿(William Hyde Wollaston,1766~1828年)也进行了相同的实验,并猜测导线通电时体内的电流是沿着一个螺旋式的路径从导线的一端运动到另一端,同时会在导线周围形成圆周形的电磁流,这些电磁流构成了圆周力,对磁针产生了作用。沃拉斯顿的这种观点,对法拉第随后发现电磁旋转现象产生了启发作用。

奥斯特发现的电流磁效应说明电可以产生磁,据此,安培等人即把所有的磁现象都归结为电的本质。不过,也有人提出相反的问题:既然电能够产生磁,那么磁能否产生电?沿着这条思路,戴维的助手法拉第(Michael Faraday,1791~1867年)开始了对电磁现象的研究。法拉第是伦敦南部一个铁匠的儿子,在接受了一些基础教育之后,14岁时开始成为书籍装订与出售方面的学徒,这使他有机会大量阅读自己感兴趣的著作。在学徒生涯结束时,20岁的法拉第开始旁听戴维在皇家研究院的化学讲座,并获得了戴维的好感,从此成为他的秘书与助手,并长期从事电化学研究,发现了著名的法拉第电解定律:①电解中,电极上离解出的物质质量与通过电解质的电量成正比;②给定电量,能够离解出的元素质量与元素的当量成

正比。

戴维和沃拉斯顿的电磁学实验激发了法拉第的兴趣，并据此发明了所谓的法拉第电磁转子，成为电动机的萌芽形式。从1823年开始，法拉第做了一系列实验，企图找到由磁产生电的方法。他年复一年地进行各种可以设想到的实验，经历了无数次的失败，终于在1831年8月29日取得了突破性进展。这一天，他在一个软铁圆环的不同部分绕上了两组铜线圈，一组线圈与电池相接，另一线圈与一个闭合回路相连。结果他发现，在一组线圈与电源接通与切断的一瞬间，放置在另一个线圈回路附近的磁针发生了摆动——说明第一个线圈中的磁场变化在另一个线圈中产生了电效应。兴奋之下，法拉第又进行了一连串的实验，最终揭示了磁生电的条件。他把这种现象称为“电磁感应”，于11月向皇家学会提交了报告，指出磁确实可以感生出电，但是只有变化的电流、变化的磁场、运动着的稳恒电流、运动的磁铁以及在磁场中运动的导体中才可能产生感生电流。

为了描述电磁作用，法拉第构想出“力线”图像。他认为，在电荷和磁极周围空间充满了电力线和磁力线，电力线将电荷联系在一起，磁力线将磁极联系在一起，电荷和磁极的变化会引起相应的力线变化；电力线和磁力线在空间形成连续分布的“场”，电磁感应现象是由磁力线对导体发生作用而引起的。1851年，法拉第发表了《论磁力线》一文，强调磁力线、静电的力线、动电的力线都是物理力线，它们都是通过媒介传递的近距作用力。而在电磁感应中，产生感生电流的力正比于导体切割磁力线的条数。

法拉第虽然具有高超的实验技巧和丰富的想象力，提出了“力线”和“场”等重要概念，但由于数学能力的限制，未能将其成果表示成精确的定量理论。但是，他的理论受到了苏格兰物理学家汤姆孙(William Thomson，1824～1907年)的赞赏。汤姆孙从法国物理学家傅里叶(Joseph Fourier，1768～1830年)的热传导理论受到启发，认为法拉第描述的电磁作用的传播与热传递具有类似性，可以用类似的数学方法加以描述。1842年，他发表论文描述了法拉第的电力线与热流线的类似性。5年后，他又发表文章论述了电磁现象与流体

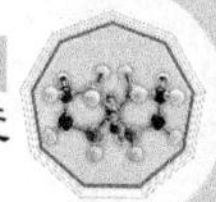

力学现象的类似性。

将电磁场理论数学化的历史重任最终落到了苏格兰物理学家麦克斯韦(James Clark Maxwell,1831～1879年)的身上。麦克斯韦出生于爱丁堡的富有的家族,自幼对一切所表现出来的强烈好奇心使家人认识到他的潜力,并开始有计划对他进行培养。他在10岁时就被送入寄宿的爱丁堡学院学习,在校表现优异,对几何学兴趣尤浓。14岁那年,他向爱丁堡皇家科学院报告了自己的第一篇论文。由于个子太小,报告不得不由他的私人教师代做。16岁时,他进入爱丁堡大学,3年后转到剑桥大学,毕业后经过一段时间的工作,他最终于1860年来到伦敦,担任伦敦大学国王学院的自然哲学教授。在伦敦,麦克斯韦与长他40岁的法拉第结成忘年交,彼此相互敬重。

麦克斯韦进入剑桥大学读书时,汤姆孙是该校教授。1855年,麦克斯韦开始学习电学,认真阅读了法拉第和汤姆孙的相关著作。大学毕业后,麦克斯韦即开始研究法拉第的电磁理论,企图以严密的数学形式将法拉第描绘的电磁力线和场的图像表示出来。关于电磁现象,当时有两种解释,一种是以安培和德国物理学家韦伯(Wilhelm Weber,1804～1891年)为代表,用粒子图像和超距作用进行解释;另一种是以法拉第和汤姆孙为代表,用力线和场图像表现的接触作用进行解释。麦克斯韦认识到两种观点都有局限,但认为法拉第的“力线”和“场”的图像是建立新的电磁理论的重要基础。

1856年,麦克斯韦发表了《论法拉第的力线》一文。像汤姆孙一样,他运用类比的方法,把力线看成是不可压缩的流体的流线,把正负电荷看成是流体的源和汇,把电力线看成流管,电场强度看成是流速,在此基础上,他写出了微分方程组,并推出了当时已经发现的一些经验性定律,将法拉第的学说转写成了数学形式。1862年,他发表《论物理力线》一文,提出了一种“蜜蜂窝”模型(见图21－1)。其中,每根力线的截面都像是一个蜂窝,其中充满相对于轴向作涡旋运动的以太,其离心力产生对临近涡旋的径向压力,由此形成磁效应;而以太涡旋管之间则存在轴承一样的“自由轮”,使以太的轴

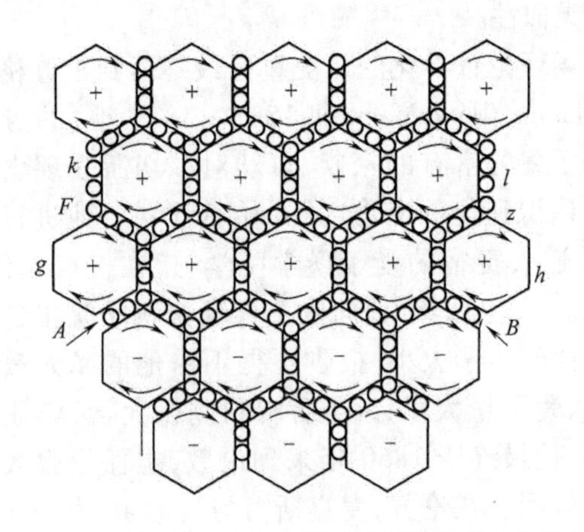

图 21-1　麦克斯韦的以太涡旋模型

向涡旋成为可能，同时是产生电效应的原因。

但麦克斯韦很快便发现，上面的这些模型既非必要，也并不能反映电磁现象的真正特性。因此放弃了这种方法，转而采用拉格朗日的分析力学，用不受任何力学模型限制的数学理论来研究场，于1865年完成了《电磁场的动力学理论》一文，写出了由20个分量方程构成的方程组，涵盖了当时已经发现的所有电磁学基本定律，确定了电荷、电流、电场、磁场之间的普遍联系，统一描述了电磁运动的基本规律。经过德国物理学家赫兹（Heinrich Rudolf Hertz，1857～1894年）等人的努力，这组方程被简化为四个方程，成为我们今天所知道的麦克斯韦方程组的标准形式。在这部著作中，麦克斯韦明确提出了"电磁场"的概念，认为变化的电场产生磁场，变化的磁场产生电场，从而预言了电磁波的存在。麦克斯韦并不否认以太的存在，而仍然坚持以太作为传播电磁波的媒介。

1888年，赫兹通过实验证明了电磁波的存在，从而也证实了麦克斯韦理论的正确性，使之得到普遍的接受。麦克斯韦建立的电磁场理论实现了经典电磁学的大综合，因此，他被人们公认为继牛顿之后物理学史上又一个里程碑式的人物。

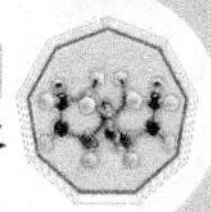

21.2 光与电磁波

麦克斯韦从自己的电磁理论中还得到了另一个意想不到的结果:他发现电磁波和光在各自以太中传播的速度居然完全相同。这使他提出了所谓的“光的电磁理论”,即认为,光实际上以太中的电磁振荡,光学与电磁学实际上是统一的。不过,这一理论的建立主要得力于光的波动说在19世纪的复兴。

最早复兴光的波动说的是英国医生托马斯·杨(Thomas Young, 1773~1829年),据说此人也是一位神童,两岁时已经能流畅地读书,14岁时已经掌握了14门外语。1796年,他从德国哥廷根(Göttingen)大学获得了物理学博士学位,之后回到英国,并在伦敦成为开业医生。他介入过皇家研究院和皇家学会的一些学术工作,但最终还是回到自己医生的职业上。

杨年轻时认真学习过牛顿的力学和光学理论,学医时研究过眼睛的构造及其光学性质。由于眼睛的视觉与颜色有关,他对光学研究很有兴趣。1802年,他发表论文《论光和颜色的理论》,提出光是发光体在以太中激起的波动,认为光的颜色取决于波动的频率。根据这一假说,他还初步提出了光的干涉原理,指出同位相光波相互加强,反位相光波相互抵消。为此,他还设计了著名的双缝干涉实验,用以说明干涉原理,并以此解释了牛顿环的成因。1803年,他发表了《物理光学的实验与计算》一文,利用干涉原理解释了衍射现象。可惜,他的观点在很长时间内并没有得到重视,甚至有人把他讥笑为“口出狂言的梦呓者”。不过,他仍然像惠更斯那样,把光波看成是纵波。

在杨提出波动说的同时,拉普拉斯及其追随者正在法国积极推行所谓的“拉普拉斯科学”,并开始在科学院悬赏征集采取这一研究纲领的物理学论文。拉普拉斯的得意门徒马吕斯(Étinne Malus, 1775~1812年)就是推行这一方法论的得力干将之一,他用粒子说对双折射现象进行了研究,并因此于1810年赢得了科学院在1807年发布的第一次征文大奖。1817年3月,巴黎科学院又把衍射作为1818年的征文题目。有趣的是,法国工程师菲涅耳(Augustin-Jean Fresnel, 1788~1872)最终却以一篇波动说的论文荣获了这一奖项。

菲涅耳是一位建筑师的儿子,小时候智力发展较为迟缓,8 岁时还不识字。不过,在 16 岁半进入多种工艺学院之后,他表现优异,毕业后成为一名地方政府的工程师。他于 1814 年前后开始研究光学,并通过一系列实验证实了波动说的合理性。按照这一理论,他首先对小缝衍射现象进行了系统的实验研究和数学分析,独立提出了光的叠加定律。在 1815 年底发表这项研究结果后,他进一步通过实验研究了干涉现象,由此证明了自己的理论在衍射问题上的适用性。之后,他开始努力总结代表自己波动理论的数学公式,并于 1816 年得到了一个暂时的结果。1817 年科学院的征文为他提供了一个很好的机会,他努力工作,终于在论文截止日期之前顺利地完成了应征论文,在其中总结出了用半波带法计算圆孔、圆板等形状的障碍物的衍射条纹的方法。

科学院组织了有 5 人参加的论文评审委员会,其中包括支持粒子说的拉普拉斯、毕奥和泊松(Siméon-Denis Poisson,1781 ~1840 年),这对坚持波动说的菲涅尔自然很不利。但是,菲涅尔的数学模型却激发了泊松的兴致。根据这一模型,泊松断言,如果在光束的传播路径上放置一块不透明的圆板,由于光在圆板边缘的衍射,在离圆板一定距离的地方,圆板阴影的中央应当出现一个亮斑。泊松认为这不可思议,因此判定菲涅耳的波动理论是错误的。作为评委之一的阿拉果要求进行实验检验,结果发现被圆板遮挡的阴影中心确实出现了一个亮斑。这使得大家不得不接受菲涅耳的波动理论,而这个亮斑后来则被戏称为“泊松亮斑”。

1816 年,菲涅尔发现杨早已提出过与自己的波动说类似的理论,并写信同他沟通。杨在得知菲涅尔的工作后并没有同他争夺优先权,而是予以了高度的评价和感谢。不过,直到此时,这两个人仍然相信光的纵波说,所以对马吕斯在 1808 年发现的光的偏振现象仍无法作出解释。马吕斯用冰洲石晶体观看落日在巴黎卢森堡宫玻璃上的反射现象时,惊奇地发现只出现一个太阳的像,而不是一般双折射时的两个像,从而意识到反射光的性质发生了某种变化。他进一步用晶体观察烛光在水面上的反射现象,发现当光束与水面成某一角度反射时,晶体中的一个像就会消失;而在其他角度时,两

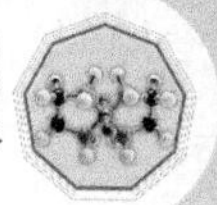

个像的强度一般是不同的。当晶体转动时，较亮的像将会变暗，较暗的像将会变亮。

作为粒子说的支持者，马吕斯把这种现象归结为“光的极化”。他认为，光的粒子不是球形的，而是像磁石那样具有两极。一般情况下，它们在空间的趋向是杂乱无章的。但是，在经过反射后，光粒子会自动分类。而在某一特定角度，这种分类是最彻底的，以至于所有被反射的光粒子都是用一种取向，因而就出现了完全“极化”的光束。由于当时无人能用波动说解释这一现象，因此它被视为是对波动说的否决性事实。1814 年，杨曾经试图用自己的波动干涉原理解释这一现象，但并未成功。

1817 年，菲涅耳已经开始研究光的“极化”现象。在获得科学院大奖后，他和阿拉果一起试图将波动说应用到对这一现象的解释上，并自信能够解决问题。他首先假定光波是一个纵向振动与一个横向振动合成的结果，而偏振是纵向分量小时的结果。到 1821 年，他正式提出了光的横波理论。根据这种理论，他合理地解释了偏振面的旋转、晶体全反射引起的消偏振等现象，这些现象都是用光的粒子说和光的纵波说无法理解的。但是，光的横波性质与传播光的以太介质存在矛盾。因为以前人们普遍认为以太是一种流体介质，纵波可以通过流体介质传播，而横向振动只能在固体物质中产生。如果光是横波，那以太就应该是固体。很难设想一种能传播横波的固态以太却能让天体在其中自由通过。由于这个原因，连支持波动说的阿拉果现在都站在了菲涅尔的对立面上，成为横波说的反对者。而菲涅尔本人的看法则是，问题出在现有的以太模型上，而不是出在光的横波说上。

当光的弹性以太理论遇到许多困难时，电磁学的一系列新发现揭示了光与电磁的内在联系，证明了光是电磁波，从而摆脱了光以太的困境。1845 年，法拉第发现了光的振动面在强磁场中的旋转，这表示光学现象与磁学现象之间存在内在的联系。1865 年，麦克斯韦提出了电磁场方程组，表明电场和磁场以波动形式传播，并求出电磁波的传播速度恰好等于光在以太中的传播速度，由此说明光是一种电磁波。1886 年 10 月，德国物理学家赫兹在实验中证明了电磁波具有类似于光的性质，能够被反射、折射、衍射，还存在偏振现象。并且，光的电磁波的直线传播速度与光速具有相同的量级。由此，麦克斯韦光的电磁理论得到证实，而光的横波理论也被物理学家们普遍接受。然而，直到这时，以太的问题仍然困扰着物理学家们。

21.3　能量的科学

从18世纪末到19世纪上半叶，人们在实践活动中发现了各种自然现象之间的相互联系和转化。蒸汽机实现了热向机械运动的转化。拉瓦锡则发现，化学反应过程中所放出的热量等于它的逆效应中所吸收的热量。他还证明，动物发出的热量与动物呼出的二氧化碳量之比，大致等于蜡烛火焰产生的热与二氧化碳量之比。德国化学家李比希由此认识到，动物的体热和动物进行活动的能量，可能都来自食物的化学能。到了19世纪，人们陆续揭示了电力与化学亲和力、电与磁、磁与光、热与电之间的相互关联性。诸如此类的大量现象，使科学家们逐渐意识到，有一种自然力把各种不同的自然现象相互联系起来。

1837年，德国化学家摩尔（Karl Friedrich Mohr，1806～1879年）在《论热的本质》中指出："除了已知的54个化学元素外，在事物的本性中还有一个因素，那就是力。它在不同的环境中可以表现为运动、化学亲和力、内聚力、电、光、热和磁，而且从这些形式的任何一种，都可以引发出所有其他的形式。"1843年，英国物理学家格罗夫（William Robert Grove，1811～1896年）在《力的关联》中也指出："我在本文中力图确立的论点就是，各种不同的、不能称量的因素……即热、光、电、磁、化学亲和力和运动……其中（任何一种）作为一种力，都能产生或转化为其他那些因素；因此，热可以通过介质或不通过介质而生电，电可以生热；其他亦然。"通过对电化学和电磁学的研究，法拉第对自然力统一、相互联系和相互转化有着更加坚定的信念，并且相信，不同的力在发生相互转化时还具有一定的"等价性"。

正是由于19世纪的一系列新发现，使得自然中那些以前看上去彼此分离的部分结成了一个相互联系的网络，这些部分既可以被单独掌握，也可以从整体上去理解。科学家们相信，在各种自然现象

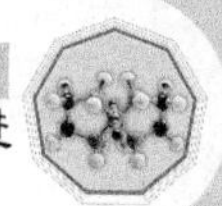

的背后深藏着一种不可毁灭的力量。他们把这种力量叫做“活力”、“功”或“能”。作为热力学第一定律，能量守恒与转化定律正是在这一背景下被不同的科学家总结出来的，其中最有代表性的是三个人的工作。

1840年，德国青年医生迈尔(Julius Robert von Mayer,1814～1878年)在一艘从荷兰驶往爪哇的船上做随船医生时发现，从患肺炎的船员静脉血管中抽出的血像动脉血一样鲜红。由此他推测，热带气温比较高，人体只需从食物中吸收较少的热量，因此食物的氧化程度减弱，静脉血中留下了较多的氧，血液的颜色就比在寒冷地区鲜红。船员们说，暴风雨过后海水的温度会有所升高。据此他推测，雨滴降落时具有的活力会产生热，从而使海水升温。迈尔由这些现象得出了机械能、热和化学能可以相互转化并且数量不灭的结论。

1842年，迈尔发表了论文《论无机界的各种力》，明确指出：“自然界存在两类原因：第一类是具有可称量性和不可入性这种性质的原因，即各种物质；第二类则是不具有上述性质的原因，这就是力。由于力缺乏前一类原因的特性，所以又可称为不可称量的原因。因此，力是不灭的、可转换的、不可称量的对象。”1845年，他又发表了《论与有机运动相联系的新陈代谢》一文，其中考察了五种自然力，即“下落力”、“运动力”、“热力”、“电磁力”和“化学力”，并用25个实验对这5种力之间的相互转化过程作出了证明。这篇论文把力的守恒推广到有机界，用化学作用解释生物能的来源，探索了无机界与有机界的统一性。迈尔的成果发表后不但没有受到重视，反倒遭到了一些人的反对甚至讥笑。再加上生活上的压力，他曾一度精神失常，直到晚年才声名鹊起，受到人们的尊重。

在能量守恒与转化定律的发现过程中，英国实验家焦耳(James Prescott Joule,1818～1889年)作出了独特的贡献。他对热功当量进行了系统的测量，为该定律得以确立提供了重要的实验基础。焦耳出生在一个富足的酿酒商家庭，早年曾与他的哥哥一起追随道尔顿和另一位知名的物理学家学习，培养起对电现象的浓厚兴趣。从1838年开始，焦耳开始对磁电机进行研究，注意到电机电路中的发热现象。他认为，这与电机运转过程中的摩擦生热一样，都是导致

动力损失的原因。于是,他开始了对电流热效应的研究,并在1840年发现了反应电流发热规律的焦耳定律。

为了进一步探讨磁电机中的热损耗问题,焦耳进行了大量的热功当量测定的实验。1849年,焦耳发表了《磁电的热效应和热的机械值》一文,通过测量推动磁电机的外力所做的功以及电机线圈温度升高的方法,对热功当量进行了系统的测量。此后,他又设计了桨叶搅拌法和铸铁摩擦法,用以进行这项测量。1849年,他向英国皇家学会提交了《论热功当量》一文,全面总结了他几年来测量热功当量的实验结果。他写道:“由于创世主的决定,大自然的全部动因都是不灭的;因此,有多少机械力被消耗掉,就总有完全等当量的热被得到。”他所得到的热功当量为4.16焦耳/卡,与现在使用的标准值4.18焦耳/卡已极为接近。

德国生理学家赫姆霍兹(Hermann von Helmholtz, 1821~1894年)是大学医学专业毕业生,在生理学方面做过专门研究。不过,他早年受过良好的数学训练,读过牛顿、达朗贝尔、拉格朗日等人的物理学著作,对力学的进展也相当熟悉。他的父亲是一位哲学教授,他自己也成为康德哲学的信徒,这对于他从事能量守恒原理的研究产生了积极作用。和迈尔一样,他也是从动物生理学问题开始研究能量守恒定律的。通过对动物热的分析,他相信生命现象也服从物理和化学规律。1847年7月,赫姆霍兹在柏林物理学会上宣读了著名论文《论力的守恒》,提出了能量转化与守恒定律的哲学基础、数学公式和实验根据,并把它演绎到物理学的各个分支。通过这篇文章,赫姆霍兹几乎概括了当时自然科学各个领域中关于能量守恒方面的重要认识,论述了能量守恒定律的普遍正确性。在论文的结尾处他强调说:“上述内容可以证明,这一定律与自然科学中任何一个已知现象都不矛盾,而大量的现象倒很明显地证实了它。”

18世纪蒸汽机发明以后,在工业和交通运输中发挥了重要作用。但其效率很低,绝大部分热量都没有得到合理利用。因此,如何提高蒸汽机的效率是科学家和工程师们共同关心的问题。法国工程师萨迪·卡诺(Sadi Carnot, 1796~1832年)投入了大量精力对这一问题进行研究。1824年,卡诺发表了在热力学史上具有奠基意

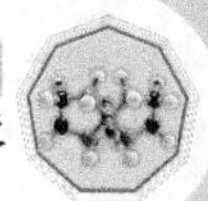

义的论文《关于热动力的思考》。他在文章中指出，蒸汽机必须工作于高温热源与低温热源之间，两个热源之间具有一定的温度差是热机产生机械功的关键因素。在建立热机的一般原理时，卡诺提出了理想热机模型和理想循环过程。根据热质守恒思想和关于永动机不可能实现的认识，卡诺论证了他的理想循环热机获得的效率最高。在这篇文章中，卡诺不仅论证了理想循环热机所产生的动力最大，而且认识到"热动力的产生与所用的工作物质无关，它的量完全决定于两个热源的温度。"这就是"卡诺定理"的初期表述。

德国物理学家克劳修斯(Rudolf Clausius，1822～1888年)对卡诺的热机理论进行了分析研究，并在1850年的一篇论文中指出，卡诺理论有一部分是正确的，但卡诺认为热机工作"没有损失热量"则是错误的。他认为，根据活力守恒原理和热功当量的研究，应该把卡诺的结论修正如下："功的产生不仅要求热的分布有所变化，而且确实耗用了热。反过来说，热也可以因功的耗损而再生。"克劳修斯指出，提供给系统的热量，一部分转化为功，另一部分变为系统内部的热量。他把这个关系称为"热力学第一定律"，并用微分方程的形式表示为 $\mathrm{d}Q=\mathrm{d}U+\mathrm{d}W$。式中，$Q$ 表示传递给物体的热量，W 表示物体所做的功，U 是克劳修斯引进热力学的一个新函数，被后人称为系统的内能。

在对卡诺的热机循环过程进行重新分析之后，克劳修斯指出："热总是表现出这样的趋势，它总要从较热的物体转移到较冷的物体而使温度差趋于消失。"1854年，他在另一篇文章中再次强调："热永远不能从冷的物体传向热的物体，如果没有与之联系的、同时发生的其他变化的话。"他把这一结论称为"热力学第二定律"。

此外，英国物理学家汤姆孙也对卡诺的热机理论进行了研究。为了证明卡诺定理，他提出了一个公理："我们不能从物质的任何部分，用冷却到低于其周围物体最低温度的方法，借助于非生物的媒质来产生机械效应。"这个公理后来被叙述为："从单一热源吸取热量使之完全变为有用的功，而不产生其他影响是不可能的。"此即热力学第二定律的汤姆孙表述。如果这个公理不成立，原则上就可以设计一种永动机，它可以从单一低温热源吸取热量而无限制地对外做功。这就是所谓的第二类永动机。根据这个公理，汤姆孙证明了卡诺定理。

早在17世纪末，法国人阿蒙顿（Guillaume Amontons，1663～1706年）在观测空气状态变化过程时就发现，温度每下降1个等量份额，气压也随之下降等量份额。由此推测，随着温度的不断降低，会达到气压为零的状态，所以，温度的降低必定有一个限度。阿蒙顿认为，达到这个温度时，所有的运动都将趋于静止，因此，任何物体都不可能冷却到这一温度以下。18世纪末到19世纪初，法国物理学家查理（Jacques Alexander Cesar Charles，1746～1823年）和盖—吕萨克建立了气体定律，从气体压缩系数 $\alpha = 1/273$，可以得到温度的极限值为－273℃。1848年，汤姆孙提出了绝对温标理论。在解释绝对零度时，他指出，当我们仔细考虑无限冷，相当于空气温度计零度以下的某一确定温度时，如果把温标分度的严格原理推延至足够远，我们就可以达到这样一个点，在这个点上，空气的体积将缩减到无，在刻度上可以标以－273°；所以，空气温度计的－273°是这样一个点，不管温度降到多低，都无法达到这点。他所说的这一温度即绝对温标的零度。由此使人们形成了绝对零度无法达到的认识。1912年，德国物理学家能斯特（Walther Hermann Nernst，1864～1941年）通过严格证明得出结论："不可能通过有限的循环过程，使物体冷却到绝对零度。"这个绝对零度不可能达到的结论，即被称为热力学第三定律。

热力学是关于热现象的宏观唯像理论，要从微观上解释热现象，则需要运用分子运动论和统计物理学。分子运动论以两个基本概念为根据，一是物质由大量分子和原子组成，二是热现象是这些分子无规则运动的表现。18世纪，瑞士物理学家丹尼尔·伯努利对分子运动论作出了重要贡献。在1738年出版的《流体力学》一书中，他用专门的篇幅讨论了分子运动论，从分子运动推导出了压强公式，得到了比波义耳定律更普遍的公式。遗憾的是，他的理论被人们忽视了整整1个世纪。19世纪上半叶，英国人赫拉帕斯（John Herapath，1790～1868年）和焦耳等都发表过分子运动论的文章，但没有引起人们的重视。

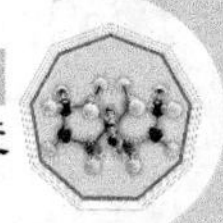

1857 年，克劳修斯推进了分子运动理论的发展。他不仅明确提出分子速率无规则分布的概念，用统计学方法解释了分子运动的现象，而且引进了平均自由路程的概念，严格推导出了理想气体状态方程。在此基础上，麦克斯韦提出了分子运动速度分布规律，并据此很好地解释了气体扩散、热传导和黏滞性。麦克斯韦等人的工作为奥地利年轻的物理学家波尔兹曼（Ludwig Boltzmann，1844～1906 年）建立统计物理学铺平了道路。1868 年，刚从大学毕业两年后的波尔兹曼发表了论文《运动质点活力平衡的研究》，明确指出研究分子运动必须运用统计学方法，并且证明了麦克斯韦速度分布律的普遍适用性。经过进一步的工作，波尔兹曼运用自己的方法推导出了气体分布律，提出了 H 定理，给出了热力学第二定律的统计解释。在麦克斯韦和波尔兹曼等人工作的基础上，美国耶鲁大学数学物理教授吉布斯（Josiah Willard Gibbs，1839～1903 年）建立了系综统计平衡和统计涨落理论，实现了统计物理学的全面综合。

物质与生命——生物学的深入发展

22.1 细胞联邦

17 和 18 世纪物理学与化学的巨大发展导致了 19 世纪乐观主义的流行。乐观主义者们认为,世界可以分成简单物质、生命以及社会几个层次;尽管这几个层次的复杂程度不同,但支配它们的自然规律应该是统一的;既然人们已经成功地揭示了支配简单物质现象的物理和化学规律,彻底驱除了以前笼罩在这些现象上的神秘主义的形而上学的迷雾,那么,通过这些规律与研究方法的推广,人们一定可以逐步揭开其他两个层次上的秘密。随着达尔文进化论的提出和广泛流传,一种关于生物以及人类作为整体在自然中的地位的全新理解开始逐渐被建立起来。而与此同时,人们也开始了对支配个体生命活动的有关规律的探讨,从而形成了对生命过程的全新看法。其中,第一个重要的突破点出现在对生命体组织基元的认识上。

早在 1665 年前后,英国实验家胡克就发明了放大率在 40 到 140 倍左右的显微镜,并用它观察到软木片盒荨麻叶表皮上的蜂窝似的结构,他称之为细胞(cell)。与之同时,意大利医生马尔比基把显微镜广泛用于动植物结构和胚胎发育过程的观察,成为显微解剖学和器官组织学的创始人,他证明了细胞的存在,并把活细胞称为小泡。紧接着,荷兰商人列文胡克(Antonie Philips van Leeuwenhoek, 1632 ~ 1723 年)制成了放大率在 275 倍以上的显微镜,以此对肌肉

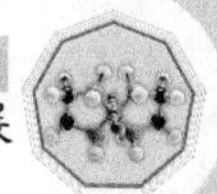

结构、细菌以及精子进行了观察,并描绘了骨细胞和横理肌的细胞。

生物的显微研究在 18 世纪曾一度沉寂下去,但到了 19 世纪前 30 年,却又突然变得十分热门,观察者又开始成倍增加,积累了大量的观察结果。例如,1802 年,法国植物学家米尔贝(Charles-François Brisseau de Mirbel,1776 ~ 1854 年)通过对植物细胞的大量观察指出,细胞在生物体中可能无所不在,并且可以在某种原始的液体中不断地产生。1831 年,英国生物学家布朗(Robert Brown,1773 ~ 1858 年)在兰科植物表皮细胞中发现了细胞核。不久,人们发现了细胞核在动植物细胞中的普遍存在。

不过,在很长的时间内,没有人真正理解细胞在生命现象中的地位和作用,更无人理解细胞核的作用。但是,在当时德国盛行的自然哲学中,关于生命具有基本单元的思想却开始盛行。例如,在 1805 年的《关于发生》一书中,德国自然哲学家奥肯(Lorent Oken,1779 ~ 1851 年)提出,最初的生物是从原始黏液中产生的球状囊泡,每个囊泡就是一个"纤毛虫",或者最简单的生物;通过"纤毛虫"的积聚,形成了更加复杂的物体;由于这个原因,这种最简单的生物也是组成现有生命的基本单位。尽管有不少生物学家批评奥肯,认为他的理论缺乏显微解剖学基础,但还有不少人受到这种思想的影响。正是在这样的背景下,德国植物学家施莱登(Matthias Jacob Schleiden, 1804 ~ 1881 年)以及动物学家施旺(Theodor Schwann, 1810 ~ 1882 年)提出了细胞为生物体解剖学的基本单元的观点,导致了古典细胞学说的建立。

施莱登出生于汉堡的一个医生家庭,最初在海德堡大学学习法律,但毕业后庭审律师的职业使他患上了抑郁症,并差点自杀。于是他重新进入哥廷根大学学习医学,不久后转到柏林大学学习植物学,并开始胚胎学和植物显微结构的研究。1838 年,他发表了《植物发生论》一文,提出细胞不仅是一种独立的生命体,而且是构成一切复杂植物体的基本单元。不仅如此,他还认识到细胞核对于细胞的重要性,并把它们看成是新植物细胞产生的母体。1839 年,施莱顿把自己的想法告诉了施旺,并谈到细胞核的重要作用,引起了施旺的强烈兴趣。

施旺出生于一个金匠和印刷商家庭，早年在耶稣会大学里学习，后来来到柏林，在著名德国生理学家缪勒(Johannes Peter Müller，1801～1858年)指导下研究神经和肌肉组织，并发现了神经纤维。同时，他还研究了消化过程，发现了胃蛋白酶及其在消化中的重要作用。当他听到施莱登的观点时，很快想到自己在动物脊索细胞中发现的类似结构，并马上意识到这种相似性的重要性。通过对动物组织的进一步观察，他很快证实了细胞核在动物细胞中普遍存在。于是，他在1839年发表了《动植物生长与结构一致性的研究》一文，指出一切动物组织都是由细胞组成的。由此他认为，分隔动物与植物的巨大屏障已经被推倒，动物与植物组织的基本结构是完全统一的；动、植物的细胞在结构上基本一致，都是由细胞膜、细胞质和细胞核等组成。

施旺也接受了施莱登关于植物细胞产生的学说，认为原始细胞是从一种无定性的细胞形成质中产生的，首先产生的是细胞核，细胞核上再产生出一层层的细胞质，最后才形成细胞。施旺和施莱顿都相信，生物体中的新细胞也是经由相同的过程产生。只不过施旺认为这个过程发生于已有细胞之外，而施莱顿则认为发生于已有细胞之内。因此，在两个人的眼中，细胞产生的过程与无机物的结晶过程相同。也就是说，生物学研究完全可以建立在物理和化学的基础之上，而无须借助生命力之类的形而上学解释。

施莱登和施旺的细胞学说很快得到了生物学家们的普遍接受，但他们关于细胞增殖方式的观点则受到挑战。1844年，缪勒的学生、瑞士解剖学家科里克(Albert von Kölliker，1817～1905年)就强调，卵主要是通过细胞分裂而发育的。而到了1852年，缪勒的另一名学生、德国胚胎学家瑞马克(Robert Remak，1815～1865年)等人则观察到小鸡胚胎血球的平均分裂，由此得出结论，正常细胞总是按照“一分为二”的比例进行分裂。不久，德国医学家菲尔寿(Rudolf Virchow，1821～1902年)将这一发现总结为一句名言：“一切细胞都生自细胞”。所以，施莱登和施旺将生命现象归结为理化过程的观点仍然需要新的实验证据。但是，这并没有妨碍细胞理论对生物学及相关领域的巨大影响。例如，菲尔寿就将细胞学说用于疾病原因

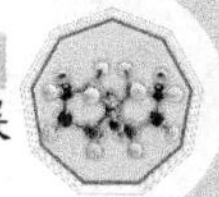

的解释，并于1858年出版了著名的《细胞病理学》一书。

菲尔寿毕业于柏林的普鲁士军事学院医学专业，是当时德国著名的医学家，白血病的最早确认者。在病理学上，菲尔寿反对那种对病因的一般性推论（如把疾病归因于体液的失衡等），而强调必须将疾病的原因落实到具体的器官和组织上。与此同时，他又把所有的生物体看成是由细胞组成。作为一位自由主义的政治家，菲尔寿把政治概念用到了细胞学说的描述上，认为每个生物体相当于一个“社会”，其中每个细胞相当于一个向往自由和自主的独立王国，各自独立地完成它们的职责，而生物体则是一个“细胞联邦”。因此，他认为，对病因的分析应该最终落实到一个或者是一群细胞上。基于这样的认识，他倡导让医学专业的学生使用显微镜，鼓励他们要“显微镜般地思考”。这些思想，为欧洲近代病理学的研究指示了方向，从而使菲尔寿成为细胞病理学的创立者。

在生物学领域内，细胞层次上的探究很快也结出了丰硕的成果，尤其是在生物繁殖和遗传问题的研究上。1876年，德国耶拿(Jena)大学动物学教授荷特维希(Oscar Hertwig，1849～1922年)在研究海胆的受孕过程中，发现了精子穿入卵细胞，并与卵细胞核发生融合的现象；而他的同事、瑞士动物学家傅尔(Hermann Fol，1845～1892年)则在对海星受孕过程的研究中观察到了同样的现象。他们发现，在受精过程中，只有一个雌性原核能保留在卵中，并且也只有一个精子能够进入卵子；精子进入卵子后，首先同细胞质相融，形成雄性原核，然后与雌性原核相融合，形成受精卵。由此，动物的受精过程第一次得到了清楚的说明。

19世纪70年代末，生物学家对细胞的有丝分裂过程进行了深入观察，并在细胞核中发现了一种可以被染上很深颜色的丝状物质，发现它们在细胞分裂过程中有规律的分配。1875年，耶拿大学植物学教授斯特拉斯伯格(Eduard Strasburger，1844～1912年)出版了《细胞组成和分裂》一书，统一了人们对植物细胞分裂过程的认识。1882年，德国基尔(Kiel)大学生物学教授弗莱明(Walther Flemming，1843～1905年)出版了《细胞物质、细胞核与细胞分裂》，书中把已染色的物质命名为染色质(chromatin)，又把伴随着染色质重新分配的细胞分裂命名为有丝分裂(mitosis),并强调细胞核分裂在细胞分裂过程中的核心地位。弗莱明还模仿菲尔寿,总结出“一切细胞核均生自细胞核”的名言。

1888年,弗莱明一位同事把染色质命名为染色体(chromosom)。而差不多与此同时,动物学家魏斯曼(August Weismann,1834～1914年)则假定,这种物质与遗传有关。魏斯曼毕业于哥廷根大学医学专业,但发现从事动物学研究比行医更有趣,于是决定转行,并最终成为弗莱堡(Freiburg)大学的动物学教授。他最初主要研究红虫生活史以及水螅和水母生殖细胞的发生,40岁之后因视力严重减退,不得不放弃实验工作而从事理论研究,并作出了真正重要的贡献。

魏斯曼是达尔文进化论的坚定信徒,于1868年出版了《关于达尔文理论的辩护》,其中的一些观点受到达尔文的重视。魏斯曼思考了达尔文之后生物学家应该研究的重大问题,发现变异和遗传是急需解决的问题。他感觉到,达尔文进化论强调了生物的变异,但却忽视了稳定的遗传对于进化过程的意义;而且,遗传现象的研究必须先从细胞水平上开始,而不是从它在种群产生中的表现开始。

在对红虫、水螅和水母生殖细胞的研究中,魏斯曼发现,在胚胎发育的早期阶段,生殖细胞和体细胞二者的前身就是可以相互分离的。受此启发,他在1885年出版的《作为遗传理论基础的种质连续性》中提出了自己的遗传学说,其核心是种质连续性理论。该理论认为,任何生命个体都由体质与种质组成;前者是组成身体器官的体细胞,后者则是生殖细胞的一部分;种质含有一定的化学成分,并具有一定的分子结构与性质;正是在种质的化学和物理特性的决定下,细胞才能在适当的条件下成长为同一个物种的新个体;但是,种质不是从亲代身体上衍生出来的,而是以独立的形式在世代个体中一脉相承地延续;而且,由于生殖细胞的胚芽形成于胚胎的最早阶段,并从一开始就同体细胞相分离,所以,成熟生物个体上所发生的任何改变都不足以引起生殖细胞中的种质变化,并因此影响遗传。

魏斯曼还富有启发性地把种质与染色体联系起来,并天才地预言:由于体细胞的分裂(有丝分裂)中总是要保持染色体数目的恒

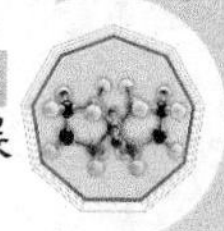

定,所以在精子和卵子的成熟过程中,必然会有一个特别的减数分裂过程,使各自的染色体数目减少到一半;而在受精过程中,精子和卵子的细胞核相互融合,从而使染色体恢复正常的数目。魏斯曼的理论和预言为人们研究细胞核以及细胞分裂提供了理论框架,也极大地激发了人们对细胞、受精、细胞分裂和生殖问题的进一步研究。1888 年,他关于生殖细胞染色体的减数分裂和重新配对的预言就得到了观察结果的证明。

22.2 微生物与达尔文小池

围绕细胞产生机制问题的讨论,一个古老的话题再次成为19 世纪生物学家们关注的热点,即生命究竟是如何产生的。自古希腊开始,就出现了关于生物起源于无生命物质的观点,也就是所谓的自然发生说。亚里士多德就认为,蚜虫生自落在植物叶子上的露水,跳蚤生自腐烂的物质,老鼠生自烂草,而鳄鱼则是从河底腐烂的木头中产生的。但是,到了 17 世纪,自然发生说受到了明显的挑战。例如,1668 年,意大利医生瑞狄(Francesco Redi,1626 ~ 1697 年)通过实验发现,与当时人们的印象相反,肉里之所以会长出蛆虫,不是因为生命可以自然发生,而是因为早先苍蝇在肉里产下了卵;如果阻断苍蝇产卵,则肉就不会生蛆。由此,他批判了自然发生说,提出了“生命只能产生于生命”的名言,形成了所谓的生源说。

但是,到了 1676 年,列文虎克又做出了相反的发现。通过显微镜,他在雨水、泥土甚至人的牙垢里发现了大量“生活的动物,比一个王国里的居民还多”,这实际上就是我们今天所说的细菌。他还注意到,虽然封闭容器中的肉不能生蛆,但是,其表面在短时间内也会长出类似的显微“动物”。他的发现使人们再次相信,各种生物是由微生物形成,而微生物又是从无生命的物质中形成的。这就使自然发生说再次复活起来,并在 18 世纪得到广泛流传。包括狄德罗、达兰贝尔以及拉马克在内的许多科学家都是其信奉者。

到了 19 世纪上半期,在围绕细胞产生机理的讨论中,自然发生说受到了新的批判。施旺虽然提出了细胞生于细胞生成质的观点,但是却反对自然发生说,因为他发现,像酵母这种可以自我增殖的物质实际上是一种具有细胞的微小生物。菲尔寿也是自然发生说的坚决反对者,尽管他无法解释最早的细胞是如何产生的。但是,自然发生说并没有因此而消失。相反,他们的支持者不断挑起新的争论。面对这种局面,巴黎皇家科学院在1860年决定以有奖征文的形式来解决这个问题,而该奖项最后被著名的法国微生物学家巴斯德(Louis Pasteur,1822~1895)收入囊中。

巴斯德出生于一位穷困的退伍军人家庭,最初准备学习艺术,但后来放弃了这一想法,转而学习自然科学,并于1843年进入巴黎高等师范学院。毕业后,他研究了令当时化学家困惑的酒石酸和酒石酸盐的旋光性问题(也就是这些有机物使偏振光的偏振方向发生改变的特性),发现了旋光方向同这些有机物结晶晶型之间的联系,从而证明有机物的旋光性确实反映了同分异构化合物在分子结构上的差别,为立体化学的建立提供了直接的基础。这一发现奠定了巴斯德在科学界的地位,他先后担任斯特拉斯堡(Strasbourg)大学(1849年)、里勒(Lille)大学(1854年)以及巴黎高等师范大学(1857年)的化学教授。

在里勒期间,当地制酒商请巴斯德解决长期困扰法国酿酒业的葡萄酒变酸的问题。通过显微镜观察,巴斯德发现使酒变酸的是一种酵母菌,并发现发酵不需要氧气,从而否认了李比希等化学家把发酵看成是化学过程的观点。在此基础上,巴斯德提出,只要将这些细菌杀死,则可防止酒变酸。通过实验,他发明了低温消毒法,即把酒密封后加热到54度左右并保持一段时间,从而彻底解决了葡萄酒变酸的问题。一个新的生物领域也由此诞生,这就是微生物学。

基于这些研究,巴斯德开始探讨所谓自然发生的问题。他指出,微生物不可能是短时间内从无生命的物质中自发产生的,而是从预先存在的胚种中发育出来的。这一观点受到了发生论者的强烈反对,导致了激烈的争论。通过一系列精心进行的实验,巴斯德最终向巴黎科学院证明,空气中存在大量的细菌,只要认真灭菌,则发生论者所认为的自然发生现象就不会产生。这使科学院在1864年作出正式结论,认为巴斯德扫清了笼罩在自然发生问题上的疑云。

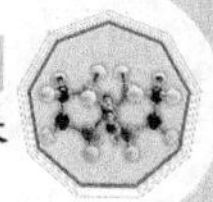

之后,巴斯德又用同样的方法解决了困扰法国养蚕业的丝蚕病问题以及困扰畜牧业的炭疽病问题。此外,他还揭示了导致天花、鸡霍乱以及狂犬病发生的病毒,并根据当时已经发现的病毒接种免疫法发明了疫苗,从而导致了病毒学和免疫学的建立。他的成果还很快被推广到外科学领域,导致了外科消毒技术的出现。总之,巴斯德的发现导致了医学上一系列的深刻革命。

不过,尽管巴斯德在自然发生问题的争论中赢得了胜利,但他的微生物研究实际上只揭示了微生物的即时产生。在生命终极起源的问题上,他的理论并未让人们彻底抛弃自然发生的梦想。尤其是随着人工合成有机物的成功,人们似乎找到了实现这一梦想的一扇小门。所以,在1871年写给胡科的信中,达尔文就设想,生命的火花最初出现于一个“温暖的小池,其中充满了氨水、各种磷酸盐以及光、热与电等,并通过化学过程形成复杂的蛋白质,它们又都易于接受更加复杂的变化。”达尔文认为,在今天的条件下,这些物质会被迅速地吞噬或者吸收;但是,在上古的条件下,情况则不会如此。

22.3 个体发育

自古以来,生物个体的发育一直是一个令人迷惑的现象。1651年,哈维发表了《论动物的发生》一书,指出复杂的生命个体是从受精卵中逐步发展出来的。哈维对鸡卵的发育过程进行了长期观察,后来他又在母鹿卵巢中发现了卵细胞,并认为它在生殖过程中的作用与鸡卵无异。哈维的观点被后人称为卵源论和渐成论,也就是认为生命个体主要是由无定形的卵经过缓慢的发展和分化而形成的,雄性的精子只起到触发发育过程的作用。

随着显微镜的出现,哈维的观点开始受到挑战。1672年,意大利医生马尔比基向皇家学会报告,他通过显微镜在初生的鸡卵中发现了一种根状突出物,并认为,其中必定含有小鸡的所有组成部分,从而提出了所谓的预成论,即认为生物的各个部分早在卵中已经具备,发育只不过是生物个体从微而著的生长过程。同年,荷兰人斯旺麦丹(Jan Swammerdam, 1637~1680年)在一本关于昆虫研究的著作中宣布，他发现蝴蝶的蛹已经具备了成虫的体形，并进而宣称，第一代生物的卵中已经具备了其所有后代的胎体。由此他提出，自然界里没有发生，只有增殖与各个部分的增长；人类的后代早已存在于夏娃的卵中，当这些卵在一代代的繁殖中穷尽时，人的增殖即告结束。这就是著名的"胎体匣套"理论。

1677 年，列文虎克宣布了他对人类和动物精液中精子的发现，并提出精子才是生物个体的真正来源，由此导致了所谓精原论的出现。而 1694 年，另一位荷兰人哈索克（Nicolas Hartsoeker，1656～1725）则声称，他在人类精子里看到了一个完备的小人，由此把预成论同精原论结合起来。

到了 18 世纪，精原论并没有得到进一步的发展。而在卵发育过程的研究中，胚胎学家则围绕预成论和渐成论形成了争论。1764 年，德国生理学家沃尔夫（Kaspar Friedrich Wolff，1734～1794 年）在《发生论》一书中批驳了预成论观点。他发现，在植物种子中同样可以看到一些小的突起，但其构造极及简单，完全是未经分化的物质。据此，他对预成论观点提出了否定。

但是，瑞士解剖学家哈勒（Albrecht von Haller，1808～1877 年）却提出了反对意见，他认为，鸡雏及其血管一开始就存在，也就是那些覆盖在卵黄上的网状组织，只不过在一开始细小得无法看见。为了反驳哈勒的观点，沃尔夫在 1768 年开展了对鸡卵发育过程的认真观察，发现了胚层在发育过程中的重要作用，并证实，鸡的主要器官都是由不同胚层的物质经过缓慢发展而形成的。例如，神经系统最初是一个薄薄的胚层，在发育过程中先经过凹陷形成神经管，然后其前端鼓大，形成脑泡，并进一步发育成大脑；而消化系统则来自另一个胚层的类似过程。基于这些发现，沃尔夫得出结论，认为渐成论完全是一种杜撰的观点。

转而进入 19 世纪，渐成论通过德国比较胚胎学家贝尔（Karl Ernst von Baer，1792～1876 年）的努力而得到普遍接受。贝尔出生于波罗的海边上的皮贝（Piibe，现爱沙尼亚共和国境内），毕业于多帕特（Dorpat）大学，之后曾到柏林、维也纳和威尔兹堡（Würzburg）等地访学，并曾以医生身份参加抵抗拿破仑入侵的战争。1718 年，他

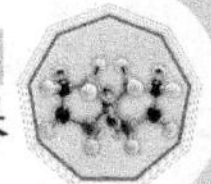

开始担任科尼斯堡(Königsberg)大学教授,1834 年任教于圣彼得堡科学院,1867 年后回到他的母校多帕特大学,在那里度过了余生。

1816 年,贝尔在威尔兹堡大学开始同德国生物学家潘德尔(Heinz Christian Pander,1794 ~ 1865 年)一起研究鸡卵发育问题。次年,潘德尔像沃尔夫那样,发现了胚层及其在小鸡器官形成过程中的变化与作用,并证明存在3 个主要的胚层:最里面的一层发育成消化道,次一层产生肌肉、骨骼和排泄系统,最外一层里则形成皮肤和神经系统。在此基础上,贝尔进一步把研究范围扩展到所有的生物体尤其是脊椎上,并进行了相互比较,结果发现了位于最内层胚层之外的一个胚层,指出它就是心血管系统的来源。此外,他还提出,宏观解剖学上发现的动物同源器官产生于胚胎发育过程中的同一胚层。1823 到 1837 年,贝尔发表了著名的《论动物的发育史》,该书不仅阐述了生物发育研究的普遍原理与方法,描述了比较胚胎学的主要发现,而且还以渐成论为基础,总结了动物胚胎发育的一般规律。

随着细胞学说的建立,尤其是细胞分裂的发现,人们形成了对脊椎动物胚胎发育的统一解释。1855 年,雷马克指出,卵的发育过程实际上是一个细胞分裂过程;而且,在任何发育阶段,生物个体的最终细胞都是原有细胞通过累进的分裂而产生的、在形态学上相似的生命元素。至此,胚胎学终于同细胞学达成了统一,同时也等于宣告了渐成论的彻底胜利。

不过,从发育机理的角度来看,在遗传学和生物化学尚未得到充分发展的情况下,渐成论实际上还面临着一个巨大的理论疑团:是什么力量决定了特定生物胚胎发育的方向?显然,物理学家所建立的那些理论在这里是不起作用的,所以活力论就成为胚胎学家们的最佳选择。早在 1759 年,沃尔夫就提出,胚胎发育是受一种基本力控制的,只要弄清它,就可以解释一切发育过程,但是,这种力无法加以检测和研究,而只能从它的结果中看出。贝尔对发育的这种机械论解释持反对态度,而认为发育过程是受动物形态的本质控制的。这种观点在一段时间内受到了广泛的赞同。

随着生物进化思想的产生,一些胚胎学家试图以此为发育过程

提供某种理论上的解释，由此提出了胚胎发育的重演说，即认为生物个体胚胎的发育过程实际上是整个种群进化历史的重演。早在1821年前后，曾经给居维叶担任过助手的德国解剖学家梅克尔(Johann Friedrich Meckel, 1781～1833年)就与法国胚胎学家塞尔(Étienne Serres, 1786～1868年)一起提出了所谓的"梅克尔—塞尔定律"，认为高等动物个体胚胎发育的早期阶段与低等动物的成年形态之间存在着类似性。事实上，梅克尔就是拉马克进化论的信徒。他和塞尔都相信，所有的动物在结构上都存在某种统一的形态。

但是，这种观点受到了贝尔的强烈反对。他认为，尽管动物胚胎发育的早期阶段存在相当大的相似性，但是在整个发育过程中，它们彼此之间的距离会越拉越大，表现出极大的多样性。在他看来，生物大体上可以分为四个大群，每个群内的生物都遵从大体相同的发育模式。

不过，贝尔的批判作用似乎并不大。在达尔文进化论提出之后，德国生物学家海克尔(Ernst Haeckel, 1834～1919年)不仅变成进化论在德国的有力辩护者和积极普及者，而且在1866年重新提出了胚胎发育重演律，认为个体发育的过程、尤其是高等生命个体的发育过程会以相当精确的次序重演地球上生命循序演进的进化历史。由于达尔文进化论所面临的一大困难是无法从化石遗存上找出生物进化的连续记录，而海克尔的观点却似乎能够从胚胎学上弥补这一不足，所以重演律在19世纪后半期受到了较为广泛的接受，以至于成为达尔文之后进化论中的一个核心思想。

直到1875年之后，对这种学说的批评才开始由弱转强，并最终被主流生物学家抛弃。新一代的胚胎学家对这类理论上的思辨失去了兴趣，而主张将严格的实验方法引入胚胎研究，从中寻找胚胎发育的物理学和化学解释。例如，瑞士籍的莱比锡(Leipzig)大学解剖学教授西斯(Wilhelm His,1831～1904年)就指出，关于重演律之类问题的研究与个体发育胚胎学的研究主题与方法完全不同，也对我们理解个体发育的原因毫无用处；而对胚胎发育研究来说，重要的是了解发育期间各阶段的物理和化学条件，并从中总结出相关的规律。

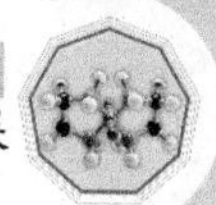

西斯所提倡的这种实验胚胎学思想一开始并没有引起太大的注意，但却得到德国动物学家儒克斯(Wilhelm Roux,1850～1924 年)的发扬光大。儒克斯最早在海克尔指导下在耶拿大学习医学，但后来却转入实验生物学的职业研究，成为实验胚胎学的先驱。在实验研究中，他采用了对发育胚胎进行人为干预的做法，然后观察发育结果，试图以此探讨个体变异的机制。在这个过程中，他还发明了利用营养基培养细胞的组织培养法，并对青蛙的发育进行了可控性研究。在青蛙受精卵分裂成二细胞和四细胞阶段，儒克斯用热针杀死其中一半的细胞，结果发现只能得到半个完整的成熟胚胎。由此他提出了所谓的渐成嵌入理论，并于 1888 年正式发表。该理论指出，在经过最初的细胞分裂阶段之后，胚胎中的各个细胞都开始起着各自独特的作用。

在 19 世纪的最后 10 年中，儒克斯所开创的这种实验胚胎学研究迅速兴起，并逐步发展成熟，从而使胚胎学进入一个全新的活跃时期。

22.4 人与机器狗

早在 17 世纪中期，笛卡尔就试图把一种彻底的机械论观点引入对生命的探讨，试图以机械论取代泛灵论与活力论。尽管这种观点指示了用理性方法研究生命的新方向，但真的要用它来解释复杂无比的生命现象却并非易事——即便是生命体真的都可以归结为机器，那么这种机器恐怕也与普通机器有所不同。法国著名的笛卡尔派哲学家丰特内勒(Bernard de Fontenelle,1657～1757 年)就明显具有这样的思想。在 1683 年的一封信中，他按照动物是机器的思路这样写道：如果把一只公机械狗和一只母机械狗放到一起，那么我们迟早会看到会出现一只机械狗崽；但是，把两只时钟放在一起，却永远也不会有小时钟的产生。也就是说，作为动物的机器与作为机器的机器可能还是有区别的。

但是，到了 18 世纪，人是机器的观点却被法国医生和哲学家拉美特利(Julien Offroy de la Mettrie,1709～1751 年)推到了极致。在 1748 年发表的《人是机器》中他强调：人这种机器虽然比动物这种机

器多几个齿轮，多几条弹簧，但两者之间只存在位置和力量程度的差别，而绝没有性质上的不同；因此，人的机体组织是类似钟表那样的自动机，纯粹由物质的机械性规律支配。不仅如此，拉美特利还认为：思想与电、运动、不可入性和广延等一样，都是有机物质的一种特性；因此，人的高级精神活动，也不过是大脑这一高级物质器官的作用。就这样，拉美特利彻底否定了笛卡尔的二元论观点，否认了灵魂的存在。

尽管拉美特利的唯物主义倾向让一些人觉得难以接受，但是以物理和化学的方式来理解生理过程的努力却一直没有停止，并成为18和19世纪生理学研究中的一个重要潮流。例如，拉瓦锡就曾把呼吸看做是一个燃烧过程。1780年前后，他同拉普拉斯合作设计了一种专门的测热器，对豚鼠呼吸和燃料燃烧产生等量二氧化碳时所释放的热量进行了测量，发现二者基本一致。他由此得出结论，认为呼吸作用是发生在肺中的一种燃烧或者氧化，只不过过程非常缓慢；其间，氧气在肺中与血液中的碳结合，形成二氧化碳并放出热质；二氧化碳被呼出，以避免碳在人体内富积而产生有害的结果，而热质则随血液传遍全身，补充人体不断散发掉的热量。

拉瓦锡的研究被大革命的屠杀所终结，他的具体结论也很容易受到置疑。例如，人们既未观察到肺部有燃烧过的痕迹，也从未发现肺部的温度高于身体的其他部分。不过，它的还原论思想和示范却被保持下来。到了19世纪上半期，以物理和化学来解释生理现象的思想在德国甚为流行，柏林大学的著名生理学和比较解剖学教授缪勒就是这一运动的积极倡导者。在1833年到1840年间出版的《人类生理学手册》中，他倡导把人体解剖学、比较解剖学知识同化学以及其他物质科学的研究结合起来，进行生理学研究，指出："尽管有些生命现象似乎是无法用力学、物理学和化学定律加以解释的，但很多现象确实可以如此解释。我们应该尽可能大胆地将这些解释向前推进，只要我们严格遵循观察和实验的结果。"

缪勒的观点在当时的柏林大学得到了支持。例如，1837到1845年前后，柏林大学的化学教授马格努斯（Gustav Magnus，1802～1870年）对血液中的气体含量进行了分析，发现氧和二氧化碳两种气体在血液

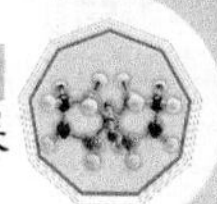

中同时存在,只不过动脉血中的氧含量远远高于静脉血,由此证明,燃烧/氧化不是发生在肺部。

更为重要的是,缪勒在柏林大学培养了一批出色的生物学家,其中包括施旺、海克尔、赫尔姆霍兹、波伊斯—瑞蒙德(Emil du Bois-Reymond,1818~1896年)以及路德维希(Carl Ludwig,1816~1895年)等,其中后面三位都是生理还原论的坚定支持者。赫尔姆霍兹检测了肌肉中的热量变化,并以此作为提出能量守恒定律的出发点。波伊斯—瑞蒙德成为电生理学的创立者,并指出,生理学如果要变成科学,必须把自己限制在已知的物理和化学定律之上。路德维希和他的学生们则继续了马格努斯的工作,认为生物体内的氧化现象不是发生在肺内或者血液内,而是发生在身体组织之内。最后,缪勒和波伊斯—瑞蒙德的学生普夫吕格(Eduard Pflüger,1829~1910年)在1872到1875年发表文章,提出细胞是通过氧化发生新陈代谢的主要场所,血液则是向全身输送氧气并带走废弃物的媒介。

缪勒及其学派的工作只是19世纪生理还原论思想的一个缩影,除了他们之外,还有不少科学家在沿着这个方向努力,著名的有机化学家李比希也对这一科学运动作出了重要贡献。他在1842年出版了《动物化学,或者有机化学在生理学和病理学中的应用》,试图"引起人们对化学与生理学相互交叉点的注意"。他认为,化学方法的应用将为生理学家提供一种知识工具,帮助他们发现肉眼所无法见到的原因。他把身体看成是一个化学反应装置,并根据化学反应中的质量守恒原理,试图分析摄入物质与各类产物之间的关系。按照他的看法,呼吸和消化是一个交互的化学过程,它们从体外摄入氧气和食物;食物中的脂肪和碳水化合物同氧气发生氧化,从而产生生命所需的热量,而摄入的蛋白质则通过降解而决定肌肉的运动。

另一个曾经令生理还原论者头疼的问题是消化过程,因为单纯的机械作用无法解释食物中的养料是如何被分离和分解的。贝采留斯曾指出,人体内存在着无数的无机催化剂,生命过程中的化学反应都是在它们的作用下发生的。本着这样的思想,他把消化解释

成酵素作用下的发酵过程。尽管贝采留斯和李比希等化学家倾向于把酵素看成是无机催化剂,但还是有不少人认为它们是有机物。例如,巴斯德就发现发酵过程无需氧气,因此不是简单的氧化过程,而是一种生命行为。但到了90年代,人们在一些酵素中发现了无机的酶,从而证明了李比希等人当初的观点。

在同时代的法国,机械论指导下的生理学研究也得到了迅速的发展,从而导致了所谓的实验生理学的建立,而贝尔纳(Claude Bernard,1813~1878年)则成为其最重要的奠基者。贝尔纳大学毕业后曾作过助理药剂师,但却把大量时间花在戏剧作曲上,并创作了一部历史剧。1834年,他带着这部剧作来到巴黎,会见了著名的文艺批评家吉拉丹(Marc Girardin,1801~1873年)。吉拉丹打消了他以剧作家为生的想法,使他回到了医药学学习上。于是,他开始在一家医院做实习医生,并于1841年成为著名生理学家马让迪(François Magendie,1783~1855年)在法兰西学院的助手,显示出过人的才华。6年后,他成为马让迪的助理教授,最后于1855年接替他成为教授。

马让迪是一位机械论的生理学家,坚持以物理和化学原理解释生命现象,反对活力论思想,并强调实验的重要性。作为马让迪的助手和继任者,贝尔纳不仅在生理学上作出了一系列重要的发现(如对十二指肠消化功能以及糖原在肝脏中合成与分解的过程与功能的认识,等等),而且在思想上也很好地继承了自己导师的衣钵。1865年,他出版了《实验医学研究导论》一书,结合自己的实验和思想,系统地阐述了以实验为基础的生理学方法论。在对人体生理过程的认识上,他旗帜鲜明地反对活力论,认为用活力解释生命现象就像在自然中寻找神圣设计的痕迹,注定是没有结果的。

不过,贝尔纳同时也反对极端的生理还原论观点,而强调,人体内与人体外的化学作用虽然受相同的自然定律支配,但二者之间并没有确定的相互关联;生命体是化学作用的一个独特的动态平衡系统,其中每一个化学变化和每一个器官都与体内的其他变化和器官相关联;因此,有机体确实会表现出在无机物中看不到的现象,幼稚

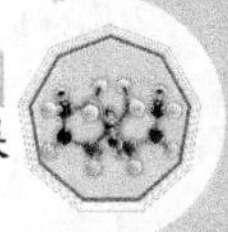

的还原主义者可能会使生命的奇迹从自己手中漏掉;但是,这个被称为生命的特殊事物却可以用生理化学加以解释,并通过实验加以研究,但必须注意相同自然定律的不同作用环境——借用丰特内勒的话来说,作为狗的机器狗与作为机器的时钟确实既有联系,也有差别。

贝尔纳的一句名言是:“自然已经是一名化学家很长时间了。”尽管生理学的进一步发展仍有待一代代科学家的继续努力,但贝尔纳等人所倡导的这种以实验为基础的理性研究纲领却已经为他们指明了方向。

重构时空
——相对论的建立

23.1 捕捉以太

在19世纪普遍流行的乐观主义浪潮中，物理学这位近代科学发展中的“带头大哥”也被认为已经发展到登峰造极的程度，以至于被一些物理学家称为一门“已经完成了的学科”。从理论上讲，一切物理现象——从力学现象到热学现象以至于电磁场——似乎都可以被统一到牛顿所开创的动力学框架之中。然而，就在世纪之交，这种乐观主义态度开始消失。1900年4月27日，已经被封为开尔文勋爵的英国物理学家汤姆森发表了《19世纪热和光的动力理论上空的乌云》的演讲，提出在物理学的天空中正漂浮着两朵乌云，也就是新近出现的实验现象同经典物理学之间的矛盾。其中之一涉及牛顿力学中最基本的假说，也就是绝对时间和绝对空间的存在。揭示出这种矛盾的，是物理学家对以太的一系列研究。

以太在西方近代早期自然哲学和光学中已经出现，而随着光波动说在19世纪的复兴，以太作为光的传播媒介变得更加重要。然而，从波动说重振大旗的那一时刻开始，物理学家们就面临着一些事实上的难题，其中之一来自天文学的发现。

1728年，英国天文学家布拉德雷(James Bradley，1693～1762年)发现恒星的视位置以1年为周期在天顶上画出一个小椭圆，这种现象叫做光行差。他意识到这是由于地球绕太阳作椭圆轨道运动和光的传播速度有限造成的。布拉德雷信奉光的粒子说，因此对他

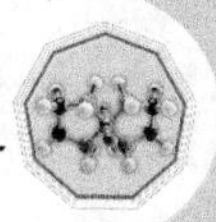

来说，这一现象并不难解释：由于光速 c 有限，对于垂直于地球轨道射来的光来说，地球在公转过程中就像在迎面而来的光的雨滴中穿行，因此，相对于地球上的观测者来说，光的传播方向会出现一个偏离。

然而，对于 19 世纪的光波动说者来说，光行差的存在则另有深意：似乎无所不在的以太是一个绝对静止的存在，不会受到地球运动的干扰。因为如果以太受到这样的干扰，则恒星光线的传播方向必然会出现新的变化；如果以太完全和地球一起运动，那就根本不会产生光行差。这样，绝对静止的以太岂不是牛顿绝对空间的绝好代表吗？

1818 年，法国物理学家阿拉果进行了一个“一流的”实验，试图测量地球相对于以太的运动速度 V。他认为，当地球从迎着一颗恒星运动转向背离它的运动时，地球上透镜的折射率会因为光在其中速度 c' 的变化而出现变化（$c' = c \pm V$）。但是，实验所得到的却是“零结果”。为了解释这一实验，刚刚复兴了波动说的菲涅耳假设，当透明物体随地球运动而“穿越”静止以太时，以太在穿过该物体的过程中会有一部分被该物体“捕获”，并滞留其中，被捕获以太的多少取决于透明物体的折射率；这样，当该物体以速度 v 相对于以太运动时，其中滞留的以太会以 $(1 - 1/n^2)v$ 的速度作相对于周围以太的拖曳运动，因此才导致阿拉果实验的“零结果”。1851 年，法国科学家斐索（Armand Fizeau，1819 ~ 1896 年）通过实验证实了菲涅耳提出的公式，从而也支持了他的以太静止和局部以太拖曳说。

随着麦克斯韦电磁学理论的建立，以太再次成为解释电磁场传播过程所不可缺少的媒介，地球在以太中运动的问题也再次成为物理学家所关注的重要话题。麦克斯韦自己就讨论过这一问题，并提出，通过检测沿相反方向传播的光线在速度上的变化，就可以测量到光传播速度的变化，从而检测到以太。

波兰裔美国物理学家迈克耳逊（Albert Abraham. Michelson，1852 ~ 1931 年）受到这一观点的启发，希望通过实验证明静止以太的存在。1881 年，他利用自己设计的干涉仪（图 23 - 1）进行了以太测量实验。实验原理是，来自光源 S 的一束光经过半透光镜 M 分成两束,并分别被平面镜 M_1 和 M_2 反射($MM_1 = MM_2$),回到 M 处会合,并被同时反射到 E。假定 MM_1 是地球运动的方向,则按静止以太说,光线在 MM_1 之间的光程要略大于 MM_2 之间的光程,两束光的干涉条纹会出现移动。而且,如果将整个装置旋转 90°,也应该会看到条纹的变化。但是,实验结果没有看到干涉条纹的移动。由此,迈克耳逊得出结论,静止以太的假说是不正确的。

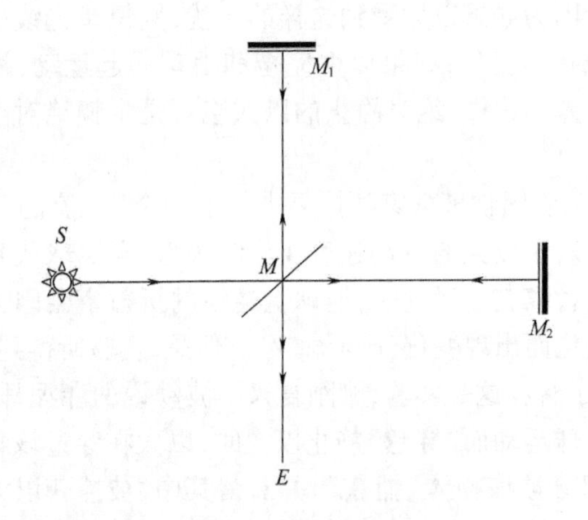

图 23-1　万克耳逊—莫雷实验

此论一出,引发了一些物理学家的批评。于是,迈克耳逊和莫雷(Edward Moley,1838~1923 年)在 1887 年做了更加深入的实验研究。他们首先重复了斐索的实验,证实该实验确实可以证明以太拖曳和静止的假说。随后,他们又更加精细地重复了迈克耳逊 1881 年的实验,结果还是迫使他们宣布,静止以太理论是难以成立的。

尽管如此,包括麦克斯韦和赫兹等人在内的主流物理学家还是相信以太的存在,并把它作为建立动体电动力学的重要基础。为了挽救静止以太理论,爱尔兰物理学家菲兹杰拉德(George Francis Fitzgerald,1851~1901 年)在 1889 年给英国《科学》杂志寄去一封信。他认为,物体相对于以太运动时,沿运动方向的长度会缩短;缩短的程度"和物体穿过以太的速度与光速之比的平方成正比";这种效应会使迈克耳逊干涉仪中与地球运动平行的光路部分发生长度

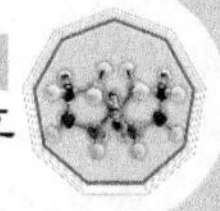

收缩，从而抵消了干涉条纹的移动。而在1892年，荷兰物理学家洛伦兹(Hendrik Lorentz，1853～1928年)也独立地提出了类似的假说。

自1872年成为莱顿大学物理学教授开始，洛仑兹就把主要精力用到了对电、磁与光的相互关系的研究上。作为静止以太说的信奉者，他早在1886年就批判过迈克耳逊的实验。到了1892年，他又想出了长度收缩假说来解释迈克耳逊—莫雷实验结果，并提出了其定量表达：当长度为 L 的物体以速度 v 相对于以太运动时，其长度会变为 $L'=L(1-v^2/c^2)^{1/2}$。1899年，洛仑兹又发现，为了保持麦克斯韦方程在坐标系转换过程中的形式不变，除了考虑长度收缩，还必须引入一个小小的时间因子，并把这称为"局部时间"。由此，他最终提出了静止坐标系与匀速直线运动坐标系之间的完整变换关系。不过，洛仑兹并不理解长度收缩和"局部时间"的物理学含义，而把前者看做是由分子力变化造成的真实现象，而把后者作为一种富有启发的工作假说。

然而，带有哲学头脑的法国数学家彭加勒(Henri Poincaré，1854～1912年)却认识到"局部时间"所蕴涵的深刻意义，因此称之为"奇妙的思想"。彭加勒当时正在法国国家经度局从事世界时区的建立工作，非常关注相对于地球以不同速度运动的时钟的对时问题。他认为，所谓的"局部时间"，是两个相对运动的坐标系之间通过光信号来对时的结果；由于光信号的传播需要时间，所以就一个绝对静止的人看来，这两个坐标系之间的时钟不是等时的。同时，他对绝对空间的概念也抱怀疑态度。早在1895年他就指出，从各种经验事实得出的结论是：要证明物质的绝对运动，或者更确切地说，要证明物体相对于以太的运动是不可能的。1900年，他在巴黎大学国际物理学会议的报告中说，为了解释测量以太的实验结果，某种新的原理必须引入物理学；这一新的原理很像热力学第二定律，它断言某些事情是不可能的，在这里就是确定地球相对于以太运动的速度是不可能的。

1902年，彭加勒出版了《科学与假设》一书，其中对牛顿的绝对时空理论提出了质疑。他写道："没有绝对空间，我们能够设想的只是相对运动；……没有绝对时间，说两个持续时间相等是一种本身

毫无意义的主张，只有通过约定才能得到这一主张。我们不仅对两个持续时间相等没有直接的直觉，而且我们甚至对发生在不同地点的两个事件的同时性也没有直接的直觉。”

1904年，彭加勒在美国圣路易斯科学和艺术会议讲演中首次使用了“相对性原理”这一概念。他说：“按照相对性原理，物理现象的规律对于一个固定的观察者像对于一个相对于他作匀速平移运动的观察者一样是相同的。所以，我们没有也不可能有任何方法来辨别我们是不是处于这样一个匀速运动系统中。”在这次讲演中，他还预见到将有一门新的力学出现。他猜测说：“也许我们应该建立一门新的力学，对这门力学我们只能窥见它的一鳞半爪，在这门新力学中，物体的惯性随着速度增加，光速将会成为一个不可逾越的极限。”

没想到，次年，这门新力学就由一位初出茅庐的青年物理学家建立起来了，他的名字叫爱因斯坦(Albert Einstein，1879～1955年)。他的新力学不但宣布了以太和牛顿绝对时空观的死亡，而且建立了全新的时空观。

23.2 物理学中的新太阳

爱因斯坦出生于德国乌尔姆(Ulm)镇，父母都是犹太商人。他3岁时才会说话，但智力上并未表现出异常。尽管他在语言课程上表现平平，但在自己感兴趣的理科课程上则有不俗的表现。他叔叔是一位电气工程师，在电工技术上有不少创新。受他的启迪和引导，爱因斯坦从小就对数学很感兴趣。10岁以后，他受一位医科大学生塔耳穆德(Max Talmud)引导，读了一些数学、科学和哲学书籍。1895年夏天，中学时代的爱因斯坦写了一篇论文《关于磁场中以太状态的研究》送给舅舅指教，虽然其中有不少错误，但已开始思考光的传播速度问题。

1896年中学毕业后，爱因斯坦进入瑞士苏黎世联邦理工大学数理师范系A组学习。A组共有5位同学，3人学习数学，其中包括后来对爱因斯坦创立广义相对论给予重要帮助的格罗斯曼(Marcel Grossmann，1878～1936年)，还有后来成为爱因斯坦第一任夫人的玛丽琦(Mileva Marić，1875～1948年)。在大学期间，爱因斯坦对听

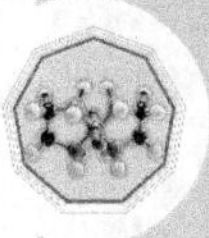

课没有多大兴趣,大部分时间在实验室里度过,其余时间是自己阅读亥姆霍兹、洛伦兹和玻耳兹曼等大师的著作,了解了当时物理学发展的一些前沿问题。为了应付数学考试,他不得不向格罗斯曼借来听课笔记进行复习。

1900 年 7 月,爱因斯坦大学毕业后未能及时找到工作。1901 年 9 月,他在瑞士北方一个小镇找到一个家庭教师工作,但 3 个月后又失业了。1902 年,爱因斯坦搬到瑞士首都伯尔尼(Bern)居住。他在报上刊登了“私人讲授数学和物理学”的广告,结果招来了一些志同道合的学子,他们一起阅读各种科学和哲学书籍,并进行深入的讨论。这项被他们戏称为“奥林比亚科学院”的读书活动持续了 3 年多时间,对爱因斯坦早期的科学创造活动起了重要的启迪和推动作用。

1902 年 6 月,经过考试,爱因斯坦被瑞士专利局聘任为三级技术员。在专利局工作的 7 年期间,是爱因斯坦科学创造活动最辉煌的时期,尤其是 1905 年,他完成了 5 篇论文,在光电效应、分子运动论和狭义相对论 3 个不同领域都取得了历史性的成就,创造了牛顿之后科学史上的又一个奇迹年。

1909 年,爱因斯坦被苏黎世大学聘任为理论物理学副教授。1912 年 8 月,他应老同学、苏黎世联邦理工大学数理系主任格罗斯曼的邀请,回母校任教授。格罗斯曼专门研究非欧几何,他们合作进行创建广义相对论的研究工作,于 1913 年合作发表了《广义相对论纲要和引力论》一文。1913 年 7 月,德国著名物理学家普朗克(Max Planck,1858 ~ 1947 年)专程去拜访爱因斯坦,邀请他回德国工作。1914 年 4 月,爱因斯坦应邀去柏林普鲁士科学院工作,任筹建中的威廉皇帝物理研究所所长,兼任柏林大学教授。

1914 年 8 月 1 日,第一次世界大战爆发,爱因斯坦积极投身于反战斗争。他在反战宣言——《告欧洲人书》上签名,成为 4 个签名者之一。他并且参与发起组织了反战团体“新祖国同盟”,积极参加这个组织的各项活动。这些行为是他后来不断受到德国右翼势力攻击的重要原因,其中包括一些科学家,并形成了一场所谓的“反犹太物理学”的逆流,但这并未影响物理学界对爱因斯坦成果的接受。

1915 年,爱因斯坦完成了广义相对论的建立。1916 年,他提出了受激辐射的概念,为 50 年后出现的激光技术提供了理论先导。1917 年,他将广义相对论应用于宇宙学研究,发表了第一篇宇宙学论文,标志着现代宇宙学的创立。广义相对论推断,光线经过引力场时会发生弯曲。1919 年,英国天文观察队对日全食的观测结果证实了这种预言。同年 11 月 9 日的伦敦《泰晤士报》以《科学中的革命》为题报道了这一结果,世界各地的报刊也都作了相应的报道,于是爱因斯坦成了全世界家喻户晓的著名人物。

爱因斯坦青年时代受到社会民主主义思想的影响,自称是社会主义者。1917 年俄国爆发十月革命时,爱因斯坦热情支持,认为这是一次伟大的社会实验。1918 年 11 月,德国工人和士兵起义,推翻了威廉二世的统治,结束了第一次世界大战。爱因斯坦对此赞扬道:"运动正以真正壮丽的形式发展,这是可能想象到的最惊心动魄的经历。"1922 年,爱因斯坦应邀去日本讲学。在往返途中,他两次路过上海,对中国人民的生活状况表示了深切的同情。1931 年,日本侵略军占领中国东北三省,爱因斯坦一再呼吁各国政府对日本实行经济制裁。1932 年,为了结束战争,爱因斯坦到处演讲,发表文章;在世界裁军会议期间,他代表"反战者国际"列席会议。1933 年 1 月,希特勒当上德国魏马共和国总理,纳粹组织开始公开迫害犹太人,爱因斯坦被列为重点迫害对象。同年 3 月 10 日,他发表声明,表示放弃德国国籍。10 月 17 日,爱因斯坦移居美国,任普林斯顿高等学术研究院教授,直至 1945 年退休。

1939 年,铀原子核裂变链式反应的发现者、流亡美国的匈牙利物理学家西拉德(Leó Szilárd,1998 ~ 1954 年)获悉纳粹德国正在加紧研究链式反应,可能企图制造原子弹。于是他与匈牙利物理学家维格纳(Eugene Wigner,1902 ~ 1995 年)一道去找爱因斯坦商量,希望他给美国总统写信,敦促美国赶在德国之前造出原子弹。8 月 2 日,爱因斯坦签发了由西拉德起草的给美国总统罗斯福的信。

1945 年 7 月,美国研制出第一颗原子弹。爱因斯坦是原子能基本原理($E = mc^2$)的发现者和制造原子弹的倡议者,被人们称为"原子弹之父"。但是,原子弹在日本爆炸所造成的巨大伤害,使他感到

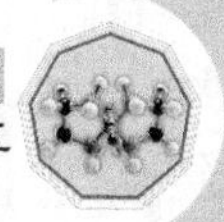

痛苦和矛盾。1946 年 5 月,爱因斯坦发起组织“原子科学家非常委员会”,出版《原子科学家公报》,呼吁科学家开展保卫世界和平运动。1955 年 4 月 11 日,爱因斯坦在罗素(Bertrand Russell,1872 ~ 1970 年)起草的关于反对核战争和呼吁世界持久和平的宣言上签名。两天后,他因动脉瘤破裂而住进医院,于 4 月 18 日凌晨逝世于普林斯顿医院。遵照爱因斯坦的遗嘱,死后不举行任何丧礼,不建坟墓,不立纪念碑,骨灰撒向天空,以免有任何地方成为“圣地”。

23.3 狭义相对论

早在 1895 年,爱因斯坦就想到一个追随光波运动的悖论:如果一个人以光的传播速度运动,他看到光线就应当是在空间里振荡而停滞不前的电磁场;可是,无论是依据经验,还是按照麦克斯韦电磁理论,看来都不会有这样的事情。爱因斯坦凭直觉认为,从这样一个观察者来判断,一切都应当像一个相对于地球静止的观察者所看到的那样按照同样的定律进行,也即一个以光速运动的观察者看到的光波运动情况,仍然像静止的观察者看到的一样。这个悖论揭示了麦克斯韦电磁理论与牛顿力学之间存在着矛盾。按照牛顿力学的速度合成法则,一个人以光速运动时,他看到的光波应当是静止的;但是麦克斯韦电磁理论则告诉人们,光的传播速度是个常数,与光源的相对运动无关。

在 1905 年之前,爱因斯坦读过彭加勒的一些论文。在 1902 年至 1905 年爱因斯坦组织的“奥林匹亚科学院”读书活动期间,彭加勒的《科学与假设》是重点研读对象。由此,爱因斯坦知道彭加勒等人对于绝对时间和绝对空间的批判,了解其关于同时性的看法和地球相对于以太运动不可观测的见解。彭加勒在美国圣路易斯的讲演稿被收入其 1905 年出版的《科学的价值》一书中,因此,爱因斯坦创立狭义相对论时并不知道彭加勒关于相对性原理和新力学的观点。

1905 年 6 月和 9 月,狭义相对论的建立以爱因斯坦发表的两篇论文为标志。第一篇论文《论动体的电动力学》,分为运动学和电动力学两个部分。在论文的开头,爱因斯坦描述了麦克斯韦电动力学应用到运动物体时引起的不对称性,指出这种不对称性似乎不是现象所固有的。然后爱因斯坦写道:“诸如此类的例子,以及企图证实地球相对于光媒质(以太)运动的实验的失败,引起了这样一种猜想:绝对静止这个概念,不仅在力学中,而且在电动力学中都不符合现象的特性;倒是应当认为,凡是对力学方程适用的一切坐标系,对于上述电动力学和光学的定律也一样适用。对于第一级微量来说,这是已经证明了的。我们要把这个猜想(它的内容以后称之为‘相对性原理’)提升为公设,并且还要引进另一条在表面上看来同它不相容的公设:光在空虚空间里总是以一确定的速度 V 传播着,这速度同发射态的运动状态无关。由这两条公设,根据静态的麦克斯韦理论,就足以得到一个简单而又不自相矛盾的动体电动力学。光以太的引入将被证明是多余的,因为按照这里所要阐明的见解,既不需要引进一个具有特殊性质的‘绝对静止的空间’,也不需要给发生电磁过程的空虚空间中的每一点规定一个速度矢量。”

在这篇论文的“运动学部分”,爱因斯坦首先运用理想实验方法定义了两只处于不同地点的时钟的同步性,然后根据狭义相对性原理和光速不变原理论证了长度和时间的相对性。接着,他从光波的传播方程出发,推导出了洛伦兹坐标变换式,得出了运动物体的长度缩短 $[L = L_0(1 - v^2/c^2)^{1/2}]$ 和运动的时间变慢 $[t = t_0/(1 - v^2/c^2)^{1/2}]$ 的结论。论文的第二部分是将第一部分推导出的结论在电动力学中付诸应用。爱因斯坦证明了不同坐标系中的麦克斯韦电磁场方程在洛伦兹坐标变换下具有协变性,得出了不同坐标系中的电磁场量的变换方程,从而消除了磁体和导体因相对运动而出现的不对称性。

在同年9月发表的论文《物体的惯性同它所含的能量有关吗?》一文中,爱因斯坦在6月论文的基础上,推导出了著名的质能关系式:$E = mc^2$,其中 m 是质量,c 是真空中的光速。这篇文章得出结论:“物体的质量是它所含能量的量度;如果能量改变了 ΔE,那么质量也就相应地改变 $\Delta E/c^2$。”

1948年,爱因斯坦在为《美国人民百科全书》撰写“相对论”条目时,对狭义相对论的意义进行了总结:“狭义相对论导致了对空间和时间的物理概念的清楚理解,并且由此认识到运动着的量杆和时

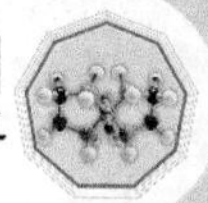

钟的行为。它在原则上取消了绝对同时性概念,从而也取消了牛顿所理解的那个即时超距概念。它指出,在处理同光速相比不是小到可忽略的运动时,运动定律必须加以怎样的修改。它导致了麦克斯韦电磁场方程的形式上的澄清,特别是导致了对电场和磁场本质上的同一性的理解。它把动量守恒和能量守恒这两条定律统一成一条定律,并且指出了质量同能量的等效性。从形式的观点来看,狭义相对论的成就可以表征如下:它一般地指出普适常数 c(光速)在自然规律中所起的作用,并且表明以时间作为一方,空间坐标作为另一方,两者进入自然规律的形式之间存在着密切的联系。"

23.4 广义相对论

狭义相对论不仅解决了物理学中一些旧的矛盾,而且得出了一些新的结果,在各方面都取得了很大成功。但是,这种理论却存在两大局限:

一是它给予惯性坐标系特别优越的地位,却无法说明其优越的理由。狭义相对论只适用于惯性参考系,它把惯性系的适用范围从力学扩大到物理学的各个领域,但并没有说明为什么惯性系比其他参考系优越。马赫在批判牛顿力学的绝对时空框架时,即对惯性系的优越性提出过质疑。狭义相对论同样回答不了马赫的问题:"为什么惯性系在物理上比其他坐标系都特殊?"

二是狭义相对论无法正确描述引力现象。狭义相对论建立之后,爱因斯坦试图修正牛顿的引力理论以满足狭义相对论,结果认识到"在狭义相对论的框子里,是不可能建立令人满意的引力理论的"。在引力场中,一切物体都具有同样的加速度,或者说物体的惯性质量与引力质量相等,这种现象说明了什么?牛顿力学无法回答这个问题,狭义相对论也同样回答不了这个问题。爱因斯坦认为,这是一个极不寻常的实验定律。他为这个定律的存在感到极为惊奇,猜想其中必定有一把可以更加深入地了解惯性和引力的钥匙。

狭义相对论的局限使得爱因斯坦认识到,"它不过是必然发展过程的第一步"。为了克服这些局限性,合理描述引力现象,爱因斯坦继续探索,于1915年建立了广义相对论。1922年,爱因斯坦回忆广义相对论的建立过程时说:“有一天,我正坐在伯尔尼专利局办公室的椅子上,忽然闪现出一个念头:‘如果一个人自由下落,那他就不会感觉到自己的重量了。’我惊呆了,这个简单的想法给我留下了深刻的印象,它把我引向了引力理论。我继续想下去:下落的人正在作加速运动,可是在这个加速参考系中,他如何判断面前发生的事情?于是我决定把相对性原理推广到加速参考系。”正是狭义相对论的局限性和惯性质量与引力质量相等的实验事实,引导爱因斯坦由狭义相对论出发,进一步创立了广义相对论。

广义相对论的理论基础是广义相对性原理和等效原理,前者认为所有的参考系对于描述物理定律都是等价的,后者认为引力场同相应的加速参考系在物理上完全等价。广义相对性原理认为,不仅惯性坐标系对于描述所有的物理现象是等价的,而且非惯性坐标系对于描述物理现象也是等价的。这个原理实际上是取消了惯性参考系在物理学中的优越地位。物体的惯性质量与引力质量相等是人们司空见惯的事实。像在狭义相对论中爱因斯坦将光速不变的实验事实提升为物理学的基本原理一样,在广义相对论中,他将惯性质量与引力质量相等这一实验事实也提升为基本原理,以此作为广义相对论的物理事实基础。

根据一切物体在引力场中都具有同样的加速度,爱因斯坦提出假设:引力场同对应的加速参考系在物理上完全等价。这个假设把相对性原理扩展到参考系作均匀加速平移运动的情况。这个假设的启发意义在于,它允许用一个均匀加速参考系代替一个均匀引力场。这就是等效原理。根据这个原理,在均匀的引力场中,物体的一切运动都像不存在引力场时对于一个均匀加速的参考系发生的一样,也即物体在均匀引力场中相对于惯性参考系的运动,可以用该物体在引力场不存在时相对于一个非惯性参考系的运动所取代。这样就取消了惯性系在物理学中的优越地位。爱因斯坦认为:“物理学的定律必须具有这样的性质,它们对于以无论哪种方式运动着的参照系都是成立的。”

广义相对性原理和等效原理的提出,奠定了广义相对论的理论基础,但要建立引力场方程,需要运用适当的数学工具。要建立

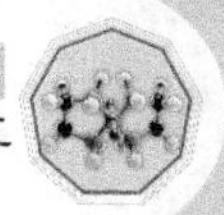

既反映惯性质量与引力质量相等的本质，又具有广义协变性的引力理论，需要采用坐标的非线性变换。这件事耗费了爱因斯坦几年的精力。在老同学格罗斯曼的帮助下，爱因斯坦学习了非欧几何学。他用黎曼几何的度规函数 $ds = g_{\mu\nu}dx^{u}dx^{v}$ 表示非线性坐标变换下的空间性质，式中 $g_{\mu\nu}$ 为四维度规张量。这样一来，引力问题即变成了几何学问题。经过进一步探索后，爱因斯坦认识到，所要建立的引力场方程是由度规张量 $g_{\mu\nu}$ 关于坐标的二阶导数的线性组合所构成的二秩张量方程，它对于任何连续的坐标变换都应当是协变的。

1913 年，爱因斯坦与格罗斯曼合作撰写了《广义相对论纲要和引力论》一文，提出了引力的度规场理论。爱因斯坦撰写其中的物理学部分，格罗斯曼撰写数学部分，文中第一次提出了引力场方程。不久，爱因斯坦发现这个方程不满足广义协变性要求。又经过一年多的探索，1915 年 11 月 25 日，爱因斯坦向普鲁士科学院提交了论文《引力场方程》，建立了真正广义协变的引力场方程，宣告了广义相对论的最终建立。爱因斯坦给出的引力场方程是：

$$R_{\mu\nu} = -\kappa(T_{\mu\nu} - 1/2 \cdot g_{\mu\nu}T)$$

其中，$R_{\mu\nu}$是黎曼曲率张量，$T_{\mu\nu}$是物质系统的能量动量张量，T 是物质系统的能量动量标量。这个等式的一端描述了一定空间范围的物质和能量的存在状况，另一端描述了空间的弯曲情况。由此把引力理论变成了黎曼空间的几何学。

1916 年春天，爱因斯坦发表了《广义相对论的基础》一文，对新的引力理论进行了全面的论证和总结。在该文中，他证明牛顿引力理论可以作为相对论引力理论的一级近似，并从引力场方程出发推导出了引力场中量杆和时钟的性质、光谱线红移、光线弯曲和行星轨道近日点进动等具体结论。广义相对论预言，在引力场中，光行进的路径会发生弯曲，光谱线会发生红移；根据广义相对论计算的行星轨道进动值也与牛顿引力理论计算的结果不同。这些预言后来都被实验观测结果精确地证实。

爱因斯坦在为《美国人民百科全书》撰写“相对论”条目总结广

义相对论时说:“这些方程以近似定律的形式得出了牛顿引力力学方程,还得出一些已为观察所证实的微小的效应(光线受到星体引力场的偏转,引力势对于发射光频率的影响,行星椭圆轨道的缓慢转动——水星近日点的运动)。它们还进一步解释了各个银河系的膨胀运动,这一运动是由那些银河系所发出的光的红移表现出来的。可是广义相对论还不完备,因为广义相对性原理只能满意地用于引力场,而不能用于总场。”爱因斯坦所说的总场,是指他所追求的统一描述各种物理现象的场理论。他所说的各个银河系的膨胀运动是指宇宙膨胀现象。

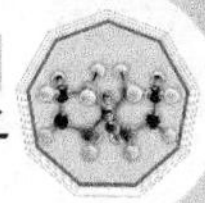

24 粒子与波——量子力学的建立

24.1 荒唐的量子

开尔文勋爵在1900年所说的另一朵乌云出现在热学领域,是由热的运动理论得出的能量均分原理对于高频热辐射现象解释的失败。与前一朵乌云一样,这朵乌云也酝酿了物理学上的另一场革命,并最终导致了量子力学的建立。

1859年,德国物理学家基尔霍夫(Gustav Kirchhoff,1824～1887年)提出了物体热辐射定律,即任何物体热辐射的发射本领和吸收本领的比值与物体的特性无关,是一个由波长和温度决定的普适函数。后来,他把吸收能力为100%的理想物体定义为“绝对黑体”。1896年,德国物理学家维恩(Wilhelm Wien,1864～1928年)提出假设,认为温度为T的黑体辐射能量随波长的分布遵循麦克斯韦速度分布律,由此导出一个黑体辐射能量表达式。实验表明,这个公式在波长较短、温度较低时才与事实相符;而对于长波辐射,则与事实有较大的偏差。

英国物理学家瑞利勋爵(Lord Rayleigh,1842～1919年,本名John William Strutt)对这一问题进行了研究。他假定,辐射空腔处于热平衡时,电磁谐振的能量可以用能量均分原理来处理,并在1900年导出了辐射能量函数的另一种表达式。经过实验,证明瑞利提出的能量函数在长波情况下是正确的,但在短波部分,理论预期数值趋于无穷大,但实验结果却趋近于零。这一偏离标志着经典物理学

的失败，以至于被后来的物理学家称为“紫外灾难”（紫外也就是短波部分）。

德国柏林大学的普朗克（Marx Planck，1858～1947年）被基尔霍夫辐射函数的普适性所吸引，从1894年起即开始研究黑体辐射问题。当他得知维恩公式只适用于高频率辐射和瑞利公式只适用于低频率辐射后，意识到这两个公式都有合理的成分，只要把二者的正确部分结合在一起，就会得到一个完整而全面的辐射公式。于是，普朗克采用内插法得出了一个新的辐射公式。1900年10月19日，他在德国物理学会上宣布了这一研究结果。不久，实验物理学家发现，无论在短波部分还是在长波部分，普朗克的辐射公式都与实验数据保持着惊人的一致性。

既然这个公式与事实一致，就说明它具有内在的合理性。如何解释它的合理性？这是普朗克需要面对的问题。受波尔兹曼关于熵与概率统计理论的启发，普朗克假定，系统辐射的总能量可以表示为某个能量单元 ε 的整数倍，并且认为 ε 与辐射振子的频率 ν 成正比，即 $\varepsilon = h\nu$，h是个普适常数，后来被称为普朗克常数。此即著名的普朗克能量子假说。由于 $h\nu$ 的引入，使得普朗克黑体辐射公式具有普遍性。不过，无论是普朗克本人还是他同时代的物理学家，谁也没有预料到能量子假说的重要理论意义。但是，这种意义很快就在光电效应的研究中得到了充分体现。

1887年，德国物理学家赫兹发现了光电效应现象，即物质在受光照后会激发出自由电流的现象。1905年之前，人们发现了光电效应的三个基本事实：①对于各种金属，产生光电效应的照射光频率具有一个临界值，当照射光的频率低于该临界值时，无论光的强度多大，都不会产生光电效应。②光电效应是瞬时的，光照射到金属表面时，立即有光电流产生。③在单位时间内，单位金属表面积上发射的光子数与照射光的强度成正比，与照射光的频率无关。对于这三条性质，光的电磁波理论无法给出合理的解释。

爱因斯坦分析了光电效应的特性后，给出了新的解释。1905年3月，他在德国《物理学年鉴》上发表了《关于光的产生和转化的一个试探性观点》。爱因斯坦在文中写道：“关于黑体辐射、光致发光、

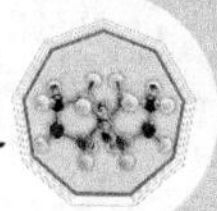

紫外光产生阴极射线以及其他一些有关光的产生和转化的现象的观察,如果用能量在空间中不是连续分布的这种假说来解释似乎就更好理解。按照这里所设想的假设,从点光源发射出来的光束的能量在传播中不是连续分布在越来越大的空间之中,而是由个数有限的、局限在空间各点的能量子所组成,这些能量子能够运动,但不能再分割,而只能整个地被吸收或产生出来。"受普朗克能量子假说的启发,爱因斯坦认为,物体的光辐射是由一些互不相关的、大小为 $h\nu$ 的能量子所组成;在辐射的发射和吸收过程中,只有这样大小的能量子才会出现。此即爱因斯坦的光量子假说。根据这个假说,爱因斯坦推导出了光电效应方程,合理地解释了光电效应现象。

1906 年,爱因斯坦又把普朗克的能量子假说用到固体比热的研究上,导出了表示固体比热随温度变化的方程,第一次用量子论揭示了固体比热的温度特性,与当时已有的实验结果基本相符。1910 年,德国物理学家能斯特(Walther Nernst, 1864 ~1941 年)发表了自己多年来对低温比热的测量结果,并证实这些结果与爱因斯坦的理论完全相符。能斯特原本不怎么相信量子论,但当他发现爱因斯坦理论是解决比热问题的唯一途径时,马上就"被量子理论强大的力量所说服,因为这个理论一下子澄清了所有的基本特征"。

量子论虽然取得了一个又一个重要的胜利,但却与当时人们对能量和光的认识完全相悖。就拿爱因斯坦来说,他的光量子理论明显意味着光是粒子,而不是杨等人所证实的波。但是,就在同一年发表的相对论论文中,同一个爱因斯坦却在使用麦克斯韦的电磁波方程。在一个物理学家眼里,这无疑是一件十分荒唐(silly)的事情。所以,连爱因斯坦都不得不承认,量子理论的每一次成功都只有使量子显得更加荒唐。然而,这似乎才是一个开始。随着人们对原子认识的深入,更大的胜利还在等待着量子论。

24.2 开启原子

19 世纪上半叶,道尔顿的原子论在化学领域得到确立。但是,道尔顿基本上继承了自古希腊以来人们对于原子的基本看法,认为它是不可进一步分割的。然而,早在 1815 年,伦敦的一位医生和生物化学家普儒特(William Prout, 1785~1850年)就提出了一种大胆的假设,认为所有的原子都是由最轻的氢原子组成的。这种观点得到了杜马等少数人的支持,但却遭到贝采留斯和李比希等大部分化学家的反对,因为精确的测量表明,其他元素原子的重量并不是氢原子重量的整数倍。然而,普儒特并没有就此放弃原子可分的观念,而是指出,包括氢原子在内的所有原子可能都是由某种更加基本的物质基元所组成的。随着元素周期律的发现,普儒特的观点对许多化学家产生了强大的吸引力,因为周期律显然证明了某种更加基本的物质基元的存在。可是,作为周期律的发现者,俄国化学家门捷列夫却始终反对这种设想。然而,19世纪最后10多年中出现了一些重要的发现,从而决定性地改变了人们对原子不可分性的主流看法。

第一个这样的发现是从阴极射线中找到了电子。早在19世纪30年代,法拉第就发现,在稀薄气体中放电时会产生辉光。到了50年代,德国科学家制成了真空度更高的放电管,在随后的20多年中,人们又发现了由放电管的阴极所产生的一种射线,并将之命名为阴极射线。在此后的20多年中,物理学家们又通过实验表明,这种射线不但会在磁场中发生偏转,同时还能够推动叶轮转动,因而是某种带电的粒子流。为了澄清这种射线的本质,剑桥大学物理学教授J. J. 汤姆孙(Joseph John Thomson,1856~1940年)在1897年开展了一系列卓有成效的实验,结果不仅证明了带电粒子说,而且还发现,该种粒子的电量与氢离子处于同一量级,而其质量则只有氢离子质量的1‰。换句话说,人们第一次找到了一种比氢原子还轻的粒子。事实上,早在公元1891年之前,物理学家们就怀疑,所有的带电粒子都存在一个最小的电量单元,并称之"电元"(electrine)。1899年,J. J. 汤姆孙决定采用这一名词来命名新发现的这种粒子,由此产生了"电子"(electron)一词。与此同时,他还公开提出,电子普遍存在于所有的原子之中。

对阴极射线的研究还相继引发了另外两个重要发现。1895年,德国威尔兹堡大学的物理学教授伦琴(Wilhelm Conrad Röntgen,1845~1923年)也在进行阴极射线的研究。11月的一天,他在一个

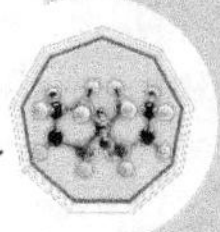

黑暗的实验室里将一根放电中的真空管用黑纸包严,结果发现不远处桌面上的一块荧光屏上居然随着放电的节奏放出了荧光。令他惊奇的是,当他用不同的物体挡在射电管与荧光屏之间时,看到的荧光亮度很不相同。最奇特的是,这种射线穿透力极强,居然可以透射人体,并在荧光屏上显示出骨骼和一些器官的特征。经过6个多星期的精心研究,他在同年年底发表了自己的研究结果。由于对该射线的本质一无所知,他将之命名为X射线。

X射线在当时无疑是一种十分奇异的物理现象,而且在医学和金属检测上具有巨大的应用前景,因此很快就成为一个研究热点。1896年初,法国物理学家贝克勒尔(Antoine Henri Becquerel,1852~1908年)也投入了这项研究。贝克勒尔出生于一个矿物化学世家,自爷爷一辈起就以研究磷光物质而知名。起初他设想,X射线是真空管壁上的荧光物质发出的,其产生机理与磷光的产生相同;因此,只要对能产生磷光的铀盐进行暴晒,就可以得到这样的射线。但机缘巧合,他最终发现,未经暴晒的铀盐同样会产生射线,射线的强度与铀的含量成正比,并且产生的射线还会使气体发生电离,成为导体。由此他肯定,自己发现了一种新的射线,该射线是由铀产生的。

很快,正在巴黎攻读博士学位的居里夫人(Marie Curie, 1867~1934年)通过实验证实了贝克勒尔的发现,并推论,这可能是元素原子中存在的一种普遍现象。为此,她首次使用了放射性(radioactivity)一词,用以描述这一现象。经过艰苦的努力,她同丈夫居里(Pierre Curie,1859~1906年)在1898年成功地从沥青铀矿中提炼出了一种新的元素,并将之命名为钋(Polonium),以纪念居里夫人的祖国波兰。钋的放射性是铀的400多倍,它的发现是证明放射性普遍存在的关键一步。接着,居里夫妇又预言,在钡盐中似乎也存在一种新元素,其放射性是铀的900倍以上,这种新元素被他们命名为镭(Radium)。经过长达4年的奋斗,他们终于从重达8吨的矿渣中提炼出了0.1克的纯镭盐。他们的工作证明,放射性的普遍存在是一个不争的事实。

在居里夫妇致力于放射性元素搜索的同时,J. J. 汤姆孙的学生卢瑟福(Ernest Rutherford,1871~1937年)则把注意力投向了放射性射线本身。他在1899年通过实验发现,这些射线中实际上包含有不同的成分,它们穿越铝箔的能力各不相同,可依次命名为α射线和β射线。其中,后者的穿透性明显强于前者。与此同时,包括贝克勒尔和居里在内的一些物理学家则开始观察放射线在磁场和电场的偏转,结果从偏转性的巨大差异中证明了两种射线的不同。1900年,贝克勒尔还进一步发现,β射线的电荷与质量之比与电子处于同一量级,从而肯定,β射线的成分就是高速电子。同年,法国物理学家威拉尔(Paul Villard, 1860~1934)在研究镭的放射性射线的性质时发现,除了已知的两种射线外,还有另外一种射线。它在穿越较厚的铝箔时既不像α射线那样被完全吸收,也不像β射线那样发生偏转,而会直接贯穿铝箔,并使放置在铝箔后的底片曝光。这种射线被卢瑟福命名为γ射线,后来证明它是一种比X射线波长还短的高频电磁辐射。

从1901年开始,卢瑟福就开始了对神秘的α射线的系统探究,并于1903年成功地观察到了它在磁场中的偏转,并通过电场与磁场的共同作用,测出了其电荷与质量之比,并进而发现其带正电,电量是电子的2倍,而质量则是氢原子的4倍,从而证明,这种射线是带正电的原子类粒子。到了1909年,他巧妙地将含有这种粒子的气体装入放电管,通过放电发现其特征谱线与氦完全一致,从而证明,这种粒子失去正电荷后就是氦。

电子、X射线和放射性是19世纪末期物理学的三大重要发现,它们宣布了原子不可分论的终结,为物理学家打开了通向微观领域的重要大门,从而成为物理学新时代的曙光——现在,物理学家们已经有充足的材料来构想原子的内部结构,并提出了一系列的原子模型。

24.3 原子与光谱

早在1897年,J. J. 汤姆孙就设想,原子是由带正电的流体和在该流体中做圆周运动的电子组成。他甚至一度把电子作为原子的唯一组成基元,而把正电解释成电子的某种表现。但物理学家们不久就意识到,原子中的正电物质也是一种必然的存在。1901年法国物理学家佩兰(Jean Perrin,1870~1942年)提出,原子中心是一些带

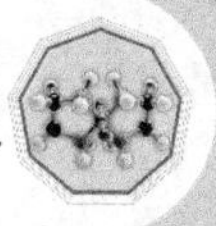

正电的粒子,而电子则围绕其运动;并且,电子的运行周期对应于原子发射光谱的谱线频率。1902 年,开尔文勋爵提出了著名的葡萄干面包模型,即认为原子的主体是一个带正电的球体,而电子稀疏地分布在这个球体之中。而日本的长岗半太郎则认为,正负电荷不可能出现这样的分布,因而在次年提出了所谓的"土星型模型",认为原子中心是一个具有较大质量的正电球,而电子则均匀分布在其外部的一个环上。

1909 年,卢瑟福领导的实验小组开始对 α 粒子穿过薄铝箔之后的散射进行研究,试图以此揭开原子结构之谜。结果他们发现,有些散射的角度远远大于根据开尔文原子模型所预言的角度。根据实验结果,卢瑟福于 1911 年提出了一种与佩兰和长冈模型类似的原子有核结构模型:"原子的全部正电荷集中在原子中心的一个非常小的区域内,电子则像行星一样围绕着原子核作椭圆运动。"根据这一模型,卢瑟福从理论上推导出了 α 粒子的散射公式,并得到实验结果的证实。但是,根据经典电磁理论,这一模型却存在两个矛盾。其一,电子围绕原子核做椭圆轨道运动时,在加速运动过程中会不断辐射能量,使其能量逐渐减少,轨道半径也随之变小,最终使电子被原子核俘获,发生原子坍缩;但是,实际上并未发生这种现象。其二,在原子坍缩之前,电子运动的轨道是连续的,频率的变化也是连续的,因此,辐射的光谱应该是连续光谱;但是,实际的光谱却是非连续的线状光谱。

1912 年 3 月,丹麦年轻的物理学家玻尔(Niels Bohr,1885 ~ 1962 年)来到英国曼彻斯特大学,在卢瑟福的实验室学习。当时卢瑟福刚刚提出有核原子模型,并且继续进行相关实验研究以支持这个模型。玻尔与卢瑟福共同开展相关实验,一起讨论了原子结构问题,对于有核模型的优点及其面临的困难十分清楚。1912 年夏天,玻尔回国后在哥本哈根大学工作。他继续进行原子结构方面的研究,企图建立一种更加合理的原子理论。玻尔坚信卢瑟福的有核模型是正确的,认为要克服其面临的理论困难,就必须运用普朗克的量子理论为这个模型提出新的解释。1913 年 7 月、9 月和 11 月,他在《哲学杂志》上连续发表了 3 篇题目为《论原子和分子的结构》的论文,

提出了量子化的原子理论。

玻尔企图在卢瑟福原子模型和普朗克量子理论的基础上说明原子的构造,而前人关于原子光谱的研究则为他提供了帮助。他把瑞士物理学家巴尔末(Johann Balmer,1825~1898年)的光谱公式同德国物理学家斯塔克(Johhanes Stark,1874~1957年)关于电子跃迁产生辐射的思想结合起来,提出了5个重要假设:"①原子辐射的能量并不像通常电动力学所认为的那样,是以连续的方式放射(或吸收),而是只有当体系在不同'定态'之间进行转移(或过渡)时才会发生。②原子体系在定态中的力学平衡服从普通的力学定律,但这些力学定律对于体系在不同定态之间的转移则不适用。③体系发生二个定态之间的转移时将辐射单色光,辐射的频率 ν 与发射出的能量 E 有 $E=\mathrm{h}\nu$ 的关系,其中 h 为普朗克常数。④电子绕核沿圆形轨道运动时,其角动量是 $\mathrm{h}/(2\pi)$ 的整数倍。⑤任何原子系统的'持久'状态,将由每一电子绕其轨道中心的角动量等于 $\mathrm{h}/(2\pi)$ 这一条件来决定。"

这些假设提出了三个重要概念:"定态"、不同定态之间的"转移"(后来称为"量子跃迁")和"角动量量子化"。通过这些假设,玻尔把量子概念引入了原子理论,成功地解释了原子的稳定性问题,并对原子光谱的规律性给予了系统的论证。不仅如此,玻尔的原子理论还对海森伯建立矩阵力学有重要启发。

24.4 矩阵力学

矩阵力学是由德国年轻物理学家海森伯(Werner Karl Heisenberg,1901~1976年)首先提出,并由海森伯、玻尔(Max Born,1882~1970年)和约丹(Jordan)共同完成的。

1920年,海森伯进入德国慕尼黑大学,跟随索末菲(Arnold Sommerfeld,1868~1951年)和维恩学习理论物理。1922年6月,玻尔应邀到哥廷根讲学,索末菲带领海森伯和泡利(Wolfgang Ernst Pauli,1900~1958年)去听讲演。在讲演后的讨论过程中,海森伯发表的意见引起了玻尔的注意。玻尔向海森伯和泡利表示,欢迎他们去哥本哈根物理研究所做研究工作。此后海森伯去玻尔研究所学

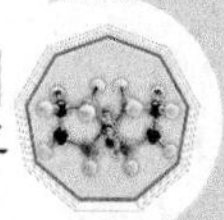

习了半年。1924 年,他又去哥本哈根跟随玻尔和克拉默斯(Hendrik Anthony Kramers,1894～1952 年)合作研究光的散射问题,这是引导他创建矩阵力学的契机。

在海森伯建立矩阵力学的过程中,玻尔的对应原理和爱因斯坦的可观察量思想都对他产生过启发作用。玻尔在考察量子理论与经典理论之间的关系时发现,随着量子数的不断增大,量子理论与经典理论之间有某种程度的对应性或渐近一致性。这使得玻尔形成了对应原理的思想。对应原理有三层含义;一是要求在大量子数的极限状态下,量子理论的描述要和经典物理的描述趋于一致;二是把量子理论看成经典理论的合理推广,即面对微观物理事实,可以类比有关经典理论特征而建立量子理论;三是可以运用经过再诠释的经典物理语言描述微观量子现象。

1924 年,为了用波动理论解释康普顿散射现象,玻尔和荷兰物理学家克拉默斯等人提出了一种"虚振子"理论,认为在原子周围存在着一种辐射场,其中具有能吸收和发射辐射的"虚振子"。尽管这种理论很快被实验证明是错误的,但其基本思想却被克拉默斯保留下来,继续用于色散研究。1925 年 4 月,海森伯开始用克拉默斯等人的方法研究氢光谱的强度问题,但不久即遇到难以克服的数学困难。这使海森伯意识到,在未给出氢原子的运动方程之前,要合理地计算其光谱强度,似乎是不可能的。如何才能建立正确的原子运动方程?选择哪些量才能有效地描述微观客体的运动状况?这时,爱因斯坦创立狭义相对论时所提倡的物理量具有可观察性的思想对他有很大启发。爱因斯坦认为,只有可以用观测事实检验的物理量才是有意义的。海森伯发现,玻尔等人的原子理论所依赖的是电子的轨道和绕行周期等一些不可观察的量,这或许正是已有的理论遇到重重困难的根本原因。因此,他认为,应当以原子辐射频率和辐射强度等可直接观测的物理量为基础,建立新的量子理论。

1925 年 7 月,海森伯完成了第一篇开创性的量子力学论文《关于运动学和动力学关系的量子论新解释》。他强调:"本文试图仅仅根据那些原则上可观察的量之间的关系来建立量子力学的理论基础。"海森伯的论文由"运动学"、"动力学"和"应用举例"三部分组

成。在每一部分中，他都根据对应原理，从经典的电子描述出发导向量子论的描述。根据对应原理，他假定电子运动的经典公式在量子论中经过适当改造后仍然有效；问题在于如何从经典表示式中引出与辐射频率和强度有关的量子表示式，而且频率必须满足光谱的并合原则。考虑到原子中电子跃迁时，其辐射频率与两个定态能量有关，他认为量子理论中的频率应该是两个变量的函数。在经典的频率组合关系启发下，海森伯假定了量子论的频率组合关系式。

然而，要合理地描述原子的辐射，不但要有频率，而且还要有振幅。求解经典力学运动方程，将其解展开成傅里叶级数，可以得出一个经典的振幅表达式。根据对应原理，海森伯假定在量子理论中也有类似的形式。考虑到频率组合关系式，他认为："虽然在经典理论中 $x(t)y(t)$ 总是等于 $y(t)x(t)$，但在量子论中未必是这种情况。"这正是海森伯发现的乘法不可交换规则。根据对应原理，他将玻尔等人提出的量子条件进行了改写，得出一个描述原子辐射频率和能量的表达式，但他无法判断这个式子是否正确。

海森伯将这篇论文的手稿送给导师玻恩审查，玻恩立刻看出了其中的价值。玻恩一方面将论文推荐给《物理学年鉴》发表，一方面邀请数学家约尔丹合作，力图为海森伯的新理论建立一套严格的数学基础。在约尔丹的协助下，他们于 1925 年 9 月完成了《关于量子力学》一文。该文的开头即表示："本文借助于矩阵数学方法，把最近发展的海森伯的理论探讨发展成一门系统的量子力学理论。在对矩阵方法作了简要的考察之后，就能由变分原理推出运动的力学方程，并且当采用海森伯的量子条件时，能量守恒定律以及玻尔的频率条件就能从这些力学方程中得到。"他们以海森伯的乘法规则为根据，将正则方程的坐标 q 和动量 p 看成两个独立矩阵，并从量子条件出发，根据对应原理，推导出了 p 和 q 的对易关系 $pq - qp = \mathrm{h}I/2\pi i$。从这一关系式出发去处理谐振子和非谐振子问题，就很自然地得出了海森伯的结果。

1925 年 11 月，海森伯、玻恩和约尔丹三人合作完成了《关于量子力学Ⅱ》一文，全面阐述了矩阵力学的原理和方法，引进了正则变换，建立了定态微扰和含时微扰理论的基础，讨论了原子角动量、谱

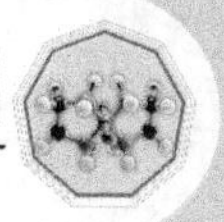

线强度和选择定则，推广了矩阵力学的应用。至此，描述原子现象的矩阵力学诞生了。

量子力学的研究表明，微观物理现象具有一系列与宏观现象截然不同的特性，其中之一就是不能同时精确测定两个共轭量。海森伯以测不准原理的形式指出了这种特性。1927 年，他在《量子论中运动学和动力学的形象化内容》一文中写道："量子力学的基本方程式的直接结论就是告诉我们，改变运动学和动力学的某些概念是十分必要的。用原来的观点来看，具有一定质量 m 的物体，它的重心位置和速度具有单一的、直观的意义。然而，在量子力学中，物质的位置与速度之间却存在着 $pq - qp = \mathrm{h}I/2\pi i$ 这种关系。根据这种关系，我们有理由怀疑在量子力学中不加考虑地使用'位置'和'速度'这些概念的合理性。"他指出，对于微观物理现象，要同时精确地确定一个粒子的"位置"和"速度"是不可能的；其中一个量被确定得越准确，另一个量就越无法准确地确定，二者的精确性由普朗克常数 h 确定。此即测不准原理的基本内容。这个原理说明，用经典力学方法描述微观物质状态的准确性是有限度的，微观客体既不是经典的粒子，也不是经典的波，而是具有波粒二象性。

量子力学揭示了微观客体的波粒二象性，而如何解释这种二象性则成为物理学家众说纷纭的话题。测不准原理虽然对波粒二象性给予了很好的解释，但这个原理本身也让人感到难以理解。海森伯提出测不准原理后，玻尔虽然同意其结论，却不同意这一原理的思想基础。玻尔认为，这个原理并不表示粒子概念和波动概念的不适用性，而是表明同时使用它们是不可能的，只有把它们结合起来，才能完备地描述微观物理图像。为此，1927 年 9 月，玻尔在纪念伏达逝世 100 周年的国际物理学会议上提出了"互补原理"。他认为，微观现象的本质特征是量子性，对原子现象的任何观察，都将产生一种不可忽视的与被观察对象之间的相互作用。因此，人们既不能赋予被观测现象也不能赋予观测手段以一种通常物理意义上的独立实在性。要合理描述微观客体的本质特征，就必须把相互矛盾的经典概念结合起来使用。两个概念既相互排斥又相互补充，二者缺一不可。例如，粒子与波是经典物理学中两个相互排斥的概念，但

它们在量子力学中则是相互补充的。这就是互补原理的基本含义。互补原理是哥本哈根量子力学学派的基本哲学观点，号称“哥本哈根精神”。

24.5 波动力学

量子力学的波动力学是在路易斯·德布罗意(Louis de Broglie，1892～1987年)物质波理论的启发下，由奥地利物理学家薛定谔(Erwin Schrödinger，1887～1961年)建立的。

德布罗意出生于法国贵族家庭，早年在巴黎大学学习历史，专攻法学史和中世纪政治史，1910年获得文学学士学位。后来他对科学产生了兴趣，集中精力学习物理学，1913年获得理学学士学位。路易斯的兄长莫里斯·德布罗意(Maurice de Broglie，1875～1960年)是研究X射线的专家，对他的科学研究生涯有很大影响。路易斯开始从事物理学研究时，就能够紧跟前沿领域。他熟悉普朗克、爱因斯坦和玻尔等人的研究工作，思想活跃，富于创新精神。

路易斯后来回忆道：“在我的年轻时代，也就是在1911～1919年间，我满腔热情地钻研了那个时期理论物理的一切最新成果。我了解彭加勒、洛伦兹、郎之万……的著作，也了解玻耳兹曼和吉布斯关于统计力学方面的著作。但是，特别引起我注意的是普朗克、爱因斯坦、玻尔论述量子的著作。我注意到爱因斯坦1905年在光量子理论中提出的辐射中波和粒子共存是自然界的一个本质现象。在随我哥哥莫里斯做了X射线谱的研究后，我觉察到电磁辐射的这种二重性具有十分重要的意义。在研究了力学中的哈密顿—雅可比理论后，我进一步在其中发现了一种波粒统一的初期理论。最后，在深入地研究了相对论后，我深信它一定是一切新的假设的基础。”这段回忆简单概括了他的早期的科学探索之路。

1895年伦琴发现X射线以后，关于X射线性质的研究成了一个热门课题。当时形成了两种对立的观点，一部分人认为X射线是一种物质粒子，另一部分人则认为它是一种波动。这两种看法都有事实根据。X射线时而像波，时而像粒子，使得物理学家感到困惑。能否寻求一种理论把它的两种性质都表示出来，这是物理

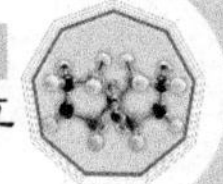

学面临的新任务。莫里斯·德布罗意等人都把X射线看做波和粒子的一种结合,但却没有人能提出合适的理论来描述它。莫里斯把几次国际物理学会议上关于X射线的讨论资料带回家给弟弟路易斯·德布罗阅读,使他了解了这方面的研究动态。1919年,第一次世界大战结束后,路易斯与莫里斯合作进行X射线和光电效应方面的实验研究,同时在巴黎大学跟随朗之万(Paul Langevin,1872~1946年)攻读博士学位。

由X射线的研究所引起的对波粒二象性的思索,只是引导德布罗意前进的一个因素。此外,普朗克的量子论、爱因斯坦的相对论和光量子学说对他的物质波概念的形成起着更大的作用。他后来回忆道:"我怀着年轻人特有的热情对这些问题发生了浓厚的兴趣,我决心致力于探究普朗克早在10年前就已引入理论物理、但还不理解其深刻意义的奇异的量子。"朗之万的相对论讲演和对时间概念的分析对德布罗意也产生了影响。德布罗曾写道:"时钟频率的相对论性变化及波的频率之间的差异是基本的,它极大地引起了我的注意,仔细地考虑这个差异,决定了我的整个研究方向。"德布罗意很早就读过爱因斯坦关于光量子假说的文章。这些文章和对X射线的研究使他接受了光的波粒二象性思想。

1922年1月,德布罗意发表了《黑体辐射和光量子》一文。在论文中,他把光子当做具有能量$h\nu$和动量$h\nu/v$的光粒子处理,并且运用狭义相对论的质能关系式将光的波动性与粒子性联系起来,给出关系式$W=h\nu=\frac{m_0c^2}{\sqrt{1-v^2/c^2}}$,其中,$v$是光量子的速度,它低于但又无限接近于真空中的光速$c$。同年11月,他又发表了《干涉与光量子》一文。在此文中,他认为可以用光量子假设来解释干涉现象。"从光量子的观点来看,干涉现象与光原子的集合有关。这些光原子的运动不仅不是独立的,而且是相干的。因此,如果有一天光量子理论能够解释干涉现象,那么采用这种量子集合的假定就是十分自然的。"光的干涉现象反映了波动性,德布罗意认为它也可以用光量子的集合效应来解释。这实际上是企图用粒子性解释波动现象。

19 世纪 30 年代，英国物理学家哈密顿发展了达兰贝尔和拉格朗日等人建立的分析力学微分形式，提出了哈密顿原理。由这个原理，可以推导出力学所有的基本定理和运动方程。1834 年，哈密顿指出，力学运动方程和几何光学方程具有相似的数学结构，在力场中质点的运动与光射线的传播受同一形式的规律所支配。由此启发人们思考：既然与几何光学对应的有波动光学，那么与描述物质粒子运动的力学方程相对应，有没有一种描述物质波动性质的方程呢？哈密顿的光学与力学类比的思想给了德布罗意很大的启发。

1923 年 9 到 10 月，德布罗意在《法国科学院导报》上连续发表了 3 篇论文，提出了物质波理论。他在第一篇论文中写道："一个在静止的观察者看来，速度为 $v=\beta c(\beta<1)$，静质量为 m_0 的运动质点，一方面根据能量的惯性原理，它具有一个等于 m_0c^2 的内在能量；另一方面，根据量子原理，又把这一内能看做是一种频率为 ν_0 的简单周期性现象，即 $h\nu_0=m_0c^2$。这里，c 为真空中的光速，h 为普朗克常数。"他认为，一个质量为 m_0 的质点对应有一种频率为 ν_0 的波动。在第二篇论文中，德布罗意设想了物质粒子的衍射实验。类比于光的小孔衍射现象，他作出预言："从很小的孔穿过的电子束能够呈现衍射现象，这或许就是人们能借以寻找关于我们的想法的实验证据的方向。"1924 年，德布罗意在博士论文《量子理论研究》中对物质波理论进行了系统阐述和全面总结，给出了著名的德布罗意波长公式：

$$\lambda=\frac{c^2/\nu}{m_0c^2/h}=\frac{h}{m_0\nu}$$

德布罗意的博士论文得到了答辩委员会的高度评价，认为其思想具有独创性。由于当时物质波理论还没有任何实验证据的支持，所以答辩委员对其真实性存在疑虑。答辩委员会主席佩兰（Jean Baptiste Perrin，1870 ~ 1942 年）问道："这些波怎样用实验来证明？"德布罗意回答说："用晶体对电子的衍射实验是可以做到的。"1927 年 4 月，实验物理学家戴维孙（Clinton Joseph Davisson，1881 ~ 1958 年）和革末（Lester Halbert Germer，1896 ~ 1971 年）通过电子衍射实验证实了

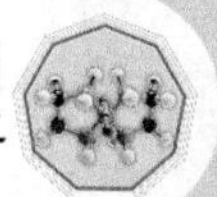

德布罗意预言的物质波现象。与此同时，汤姆孙（George Paget Thomson，1892～1975年）也完成了电子衍射实验。他们的工作令人信服地证实了电子的波粒二象性。

爱因斯坦对德布罗意的工作给予了高度的评价，称其“揭开了大幕的一角”。在爱因斯坦的促使下，奥地利的薛定谔阅读了德布罗意的论文，由此出发建立了波动力学。1926年4月，薛定谔在给爱因斯坦的信中说：“如果不是你的关于气体简并的第二篇论文硬是把德布罗意的想法的重要性摆到了我的鼻子底下，整个波动力学根本就建立不起来，并且恐怕永远也搞不出来。”

1910年，薛定谔在维也纳大学物理系获得博士学位后，在维也纳大学第二物理研究所从事实验物理研究工作。1921至1927年，他受聘到瑞士苏黎世大学任数学物理教授。苏黎世大学与苏黎世理工学院经常联合举行学术讨论会。在一次讨论会后，化学物理学家德拜（Peter Joseph William Debye，1884～1966年）要求薛定谔下次介绍一下受到物理学家广泛关注的德布罗意的工作。在下一次讨论会上，薛定谔全面介绍了德布罗意的物质波理论。他做完报告后，德拜评论说，讨论波动现象而没有一个波动方程，这太幼稚了。受德拜的刺激，薛定谔决心为物质波理论建立一个波动方程。几个星期后薛定谔又做了一次报告，他开头即说：“我的同事德拜提议要有一个波动方程，好，我已经找到了一个。”

1926年1～6月，薛定谔在德国《物理学年鉴》上发表了4篇题目均为《量子化是本征值问题》的论文。论文建立了微观客体的波动方程，求解方程得出的本征值给出了微观客体的分立能级，同时也给出了其他一些与实验一致的理论结果。在第一篇论文中，薛定谔引入了波函数ψ，由经典力学哈密顿—雅可比方程和变分原理建立了氢原子的定态波动方程，解方程得出的能量是量子化的。在第二篇论文中，薛定谔从经典力学保守系统的哈密顿—雅可比方程出发，采用力学与光学类比的方法，建立了含时间的氢原子波动方程。作为实例，薛定谔求解了普朗克谐振子的能级和定态波函数，得出的结果与海森伯矩阵力学的结果相同。根据波动理论，薛定谔对德布罗意的物质波概念给出了新的解释。德布罗意认为，微观粒子的波动性伴随着粒子的运动路径。薛定谔指出，波动力学不能赋予电子路径以特定的含义，更不能给电子在此路径上的位置以任何确定的意义，必须否认原子中电子的运动具有真实的意义，人们绝不能断言在一个确定的瞬间，电子会在量子路径的任何确定的地方被发现。因此，我们必须放弃“电子的位置”和“电子的路径”这样的概念。

薛定谔的论文发表后，得到了物理学家的高度赞扬。普朗克在收到薛定谔的第一篇论文后回信说：“我像一个好奇的儿童听人讲解他久久苦思的谜语那样聚精会神地拜读您的论文，并为我眼前展现的美丽而感到高兴。”爱因斯坦也去信大加赞赏：“我相信你以那些量子条件的公式取得了决定性的进展”，“你的文章的思想表现出真正的独创性。”

1926 年 4 月，薛定谔发表了《关于海森伯—玻尔—约尔丹的量子力学与我的波动力学之间的关系》的论文。在论文中，他证明了海森伯的矩阵力学与自己的波动力学的等价性，指出可以通过数学变换从一种理论转换到另一种理论。至此，量子力学的两种理论得到了统一。

在波动力学中，波函数 ψ 是个重要概念，如何理解其物理意义？薛定谔并未给出明确的表述。1926 年 6 月，玻恩在《散射过程的量子力学》一文中提出了波函数的概率解释。他认为，波函数 ψ 表示一种场，这种场按照薛定谔的微分方程式进行传播，它决定粒子的运动，粒子是能量和动量的承担者，粒子的轨道和路径遵照由这种场决定的几率法则，即粒子在空间某处出现的概率与波函数 ψ 的平方成正比。玻恩对波函数的概率解释很快得到了哥本哈根学派的赞同，不久也得到了绝大多数物理家的认可。只有爱因斯坦等少数人反对量子力学的概率解释。1926 年 12 月 4 日，爱因斯坦在给玻恩的信中说：“量子力学固然是堂皇的，可是有一种内在的声音告诉我，它还不是那真实的东西。这个理论说得很多，但是一点也没有真正使我更加接近‘上帝’的秘密。我无论如何深信上帝不是在掷骰子。”爱因斯坦认为，波函数描述的不是单个体系而是体系的系综，量子力学是一种统计性理论；单个粒子的运动状态必然是决定

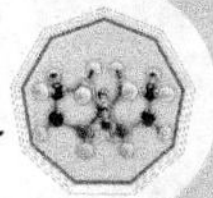

论的,而不可能是统计性的。薛定谔也反对量子力学的概率解释,认为玻恩误解了他的理论。他觉得如果电子像跳蚤一样跳来跳去,那真是令人毛骨悚然。量子力学建立之后,围绕如何理解其本质的问题,形成了观点鲜明的两派,一派是以玻尔为首的哥本哈根学派,另一派则是以爱因斯坦和薛定谔为代表。尽管当年展开争论的两派物理学家现在都已过世,但两派争论的问题至今仍然无法得出最后的结论。

25 寻找终极——粒子物理与宇宙学

25.1 新炼金术

自古希腊以来,物质组成和宇宙的来源与结构一直是自然哲学家们所关心的"终极"问题。不同时代的学者都会以自己时代的哲学与科学知识为基础,试图对它们作出解答。20世纪一开始,随着实验和观测技术的迅猛发展,再加上相对论和量子力学的建立,科学家们第一次掌握了有史以来最有力的工具,使他们在这两个领域达到了前所未有的深度,并最终奇迹般地发现了两大领域之间的本质性联系,从而大大改变了人类对物质世界的认识。而在这方面,放射性的发现与研究则起到了核心的作用,该领域的研究集中了众多科学家和研究机构的努力和成果;而卢瑟福则是其早期发展的领军人物。

1899年,居里发现镭和钍会使周围的物质获得暂时性的放射性,他把这种现象称作感生放射性。次年,又有物理学家发现,类似的现象同样与铀相伴。而卢瑟福等人的进一步研究则表明,镭、铀和钍等元素在放射活动中除了发出射线,还会产生一系列新的化学物质,这些物质仍然具有放射性;它们附着在周围的物质上,因而产生了居里所观察到的那种"感生放射"。在此基础上,卢瑟福等人在1902到1903年总结出了放射性衰变规律,指出:在放射过程中,一部分原子会自发地衰变为不同性质的新原子;如果新原子仍然具有放射性,则会进一步发生衰变,从而前后相继地产生出一系列的新

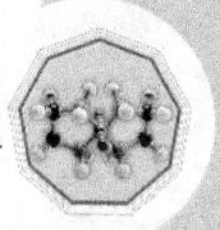

原子，形成一个放射性系列；对于同种原子来说，单位时间内发生衰变的原子数不是任意的，而与在场的未衰变的原子数成正比。不久，人们又发现，在一些放射性系列中，存在两个或者三个化学性质相同的原子，它们在周期表中处于相同的位置，特征光谱也没有差别，但其原子量和放射性质却迥然不同。后来，这种类型的原子被命名为同位素。

放射性衰变规律表明，道尔顿式的化学原子不仅不是物质组成的最终基元，而且还可以转变成其他原子。换句话说，元素是可以嬗变的。到了 1913 年，卢瑟福的合作者索迪（Frederick Soddy, 1877 ~ 1956 年）等人联合提出了位移定律，揭示了元素嬗变的基本规律。该定律指出，发射 α 粒子的衰变是原子在周期表中后移两格（原子序数减少 2），而发射 β 粒子的衰变则使原子的位置前移一格（原子序数增加 1）。

那么，元素的嬗变是否可以在人工控制下发生呢？1919 年，卢瑟福用 α 粒子轰击碳原子，成功地得到了氢和氧的原子核。两年后，他和英国物理学家查德威克（James Chadwick, 1891 ~ 1974 年）进一步发现，硼、铝和磷都可以产生类似的变化。到了 1933 年，居里夫妇的女儿和女婿约里奥—居里（Frederic Joliot-Curie, 1900 ~ 1958 年；Irene Joliot-Curie, 1897 ~ 1956 年）用 α 粒子轰击铝原子，结果使铝产生了真正的感生放射性，放射出正电子，形成磷 30；磷 30 又进一步放射出电子，最终形成稳定的硅 30。借用同样的方法，他们相继在其他 10 余种元素中发现了同样的现象。这一切都说明，元素的嬗变不但可以自然发生，而且可以通过人工获得；不仅如此，人们还可以在实验室里制造出自然界没有的新原子——古代炼金家的理想居然最终得到了实现！于是，卢瑟福在 1937 年完成了一部介绍放射性物理学的著作，并将之题名为《新炼金术》（The Newer Alchemy）。

不过，新炼金术给人们带来的并不单单是比金子还要贵重的各种新物质。在卢瑟福著作发表后的两年时间里，核物理学家们发现了重核裂变的链式反应，同时预见和证明了热核聚变的可能性，从而使人类找到了一种全新的能源——核能。当然，新炼金术的诞生只不过是人们对物质基本结构不懈探索的一个副产品。从理论上来说，这个探索过程的最大收获则是对物质基本结构认识的空前深化，使人类探索自然的触角决定性地伸向了原子核内部。

25.2 解剖原子核

1911年之后，卢瑟福的原子有核模型基本上得以确立。由于原子核外只有电子存在，所以放射性现象就只能归结为原子核的变化。也就是说，原子核应该是由一些更加基本的物质单元组成的，应该具有某种结构。为了探索这一结构，物理学家首先把目标瞄向了最轻的原子——氢。1914年，卢瑟福用阴极射线轰击氢原子，打掉了其中的电子，从而得到了正电性离子，也就是氢核，其电量和质量都为一个单位。卢瑟福借用希腊文中"基础"(*protos*)一词，将之命名为"质子"(proton)，同时也与最早提出氢为原子基元的普劳特的名字谐音。在接下来的10年中，卢瑟福又从其他许多氢元素的核中打出了质子。于是，物理学家开始普遍相信，原子核是由质子和电子组成的。但是，实验结果却表明，原子核中所含的质子数与元素的原子序数相等，但却只是原子量的一半。

为了解决这个矛盾，卢瑟福在1920年提出假设，认为可能存在一种由1个电子和1个氢核紧密结合而组成的中性"双子"，由于其对外的带电为零，所以能够自由地穿透物质，并且进入原子核，成为核"必需"的组成部分。为了探索这种预言中的粒子，人们开始了长期的探索。1930年，德国物理学家玻特(Walther Bothe, 1891~1957年)用钋发射的α粒子轰击铍，结果得到一种比α粒子能量更大的辐射，并将它认定为γ射线。1932年1月，约里奥—居里夫妇用玻特发现的这种射线轰击含有氢离子的石蜡，接受到高速的质子流。他们认为，这些质子是玻特射线中的光子从氢离子中打出的。但他们却忽视了一个重要的事实，那就是高速质子所具有的能量远远大于光子冲击所能提供的能量。

在获知这一实验结果以后，卢瑟福和他的学生查德威克(James Chadwick,1891~1974年)敏锐地注意到了其中的问题所在。查德威克立即着手重复了实验，并在石蜡中分别加入了氦和氮等不同原子，结果发现，在被打出的粒子中含有一种质量与质子相同的中性

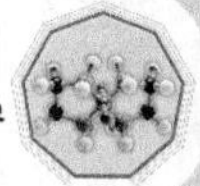

粒子。经过对反应中各种射线能量的测算，他得出结论，玻特所发现的射线不是γ光子。查德威克在1932年2月公布了自己的实验结果，并且把新发现的这种中性粒子命名为“中子”(neutron)。这项工作证实了卢瑟福当初的猜想。不过，事实表明，中子并不是卢瑟福说的那种中性“双子”，而是一种稳定的粒子。

由于中子不带电荷，不会受到原子内部电子和质子电荷的影响，因此它取代了α粒子，成为科学家“轰击”原子的得力武器，极大地推动了人工放射性和核裂变的研究，并最终成为开发核能的“钥匙”。更重要的是，它的发现终于驱除了笼罩在原子核主要组成上的神秘面纱。就在查德威克公布中子发现后的几个月内，俄国物理学家伊凡宁柯(Dimitri D. Iwanenko，1904～1994年)否定了原子核内存在电子的可能性，并先后与海森伯各自独立地提出了原子核是由质子和中子组成的观点。其中，质子对应于原子在周期表上的序数，而质子数与中子数之和则等于原子量。在此基础上，物理学家们开始探讨原子核的组成方式，并提出了多种不同的模型。例如，费米在1932年提出，质子和中子是几乎没有相互作用的气体粒子，原子核则是一团气体；1935年，玻尔等人根据核子密度为常数的事实，提出原子核像液滴一样，具有不可压缩性；等等。这些模型各有成败，但是，它们都没有回答这样一个基本问题：质子和中子是如何相互结合，从而形成稳定性超强的原子核的？

原子核的稳定性说明，核子之间结合极其紧密；另外，中子不带电荷，质子之间又存在同性相斥的电力，而且核子之间的作用力显然也不会在原子核以外——所有这些性质都不是当时已知的各种作用力能解释的。针对这些特点，海森伯于1934年设想，核子之间可能是通过交换一个电子而相互结合的，就像两个原子之间通过交换点电子而形成化学键一样。而在电磁场的量子理论中，电磁作用也是通过交换光子而实现的。根据这样的思想，日本物理学家汤川秀树(Hideki Yukuwa，1907～1981年)提出了所谓的介子场理论，即认为核子之间是通过交换介子(meson)而相互结合的。而且，从理论上来说，介子应该具有一定的静止质量，相当于电子质量的200倍。

介子理论提出后几乎无人问津，连汤川秀树自己都对它几乎丧失了信心。但是，1947 年，英国物理学家鲍威尔（Cecil Powell，1903 ~ 1968 年）在宇宙射线中捕捉到了汤川介子，测出其质量为电子的 273 倍，并被命名为 π 介子。π 介子的寿命只有 2 微秒，其衰变的产物是一种带电粒子；该粒子早在 1936 年就被美国物理学家从宇宙射线中捕获，质量为电子的 200 倍，寿命 2 微秒，被人们命名为 μ 子。核子之间的这种作用的距离在 10^{-15} 米以内，但强度却是电磁相互作用的 100 倍，因而被称为强相互作用。

25.3 基本粒子

中子和介子的发现显示了 20 世纪初物理学家所具有的某种“魔力”，即通过写写算算就可以在毫无踪迹的情况下预言某种物质的存在——物理学家们似乎真的成了当代的魔法师。当然，这种“魔力”并不神秘，而是来自于物理理论的威力。而同样能显示理论物理的“魔力”的，还有正电子和中微子等新粒子的发现。

1928 年，英国理论物理学家狄拉克（Paul Dirac，1902 ~ 1984 年）为了研究电子的半整数自旋问题，将量子力学与狭义相对论结合起来，导出了相对论电子波动方程。该方程共有 4 个解，其中的两个正好描述了当时已经观察到的普通电子的两个正能态自旋，但另外两个解却暗示电子可能还具有负能态。按照量子理论，这意味着电子会不断地从正能态跃迁到负能态，同时释放出光子。这种情况在实际中并没有出现，因为果真如此，则电子就会经常性地处于一种不稳定的状态。

为了解决这一矛盾，狄拉克于 1929 年末进一步假定，真空实际上由正能态和负能态组成，但其中的所有的负能态都已经被电子完全占据。这样，对于多出来的电子来说，就不可能再占据负能态，而只能永远处于正能态范围内，由此保持基本的稳定。但是，当一个原本处于负能态的电子因吸收了足够的能量而约迁到正能态时，真空中就会出现一个负能态的“空穴”。当再有正能态电子落入这种“空穴”时，该电子就会同“空穴”一齐湮灭，并转变成光子释放。这种“空穴”的行为具有粒子的特征，而且显示出正电性，其电量与电

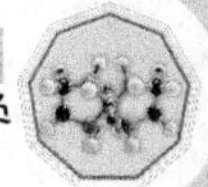

子相等。

起初,狄拉克设想这种粒子就是带正电的质子。但 1931 年,德国物理学家外耳(Hermann Weyl, 1885 ~ 1955 年)和美国物理学家奥本海默(Robert Openhaimer, 1904 ~ 1967 年)分别指出,这种粒子的质量也应该与电子相同。狄拉克立刻接受了他们的观点,认为自己的"空穴"是一种新的粒子,他称之为"反电子"。他同时认为,由于质子也有其负能态,所以,也存在自己的反质子。

1932 年 8 月,美国物理学家安德孙(Carl Anderson, 1905 ~ 1991 年)从宇宙射线中找到了一种质量和电量与电子相等、但电性为正的粒子,并将它命名为"正电子"(positron)。次年,约里奥—居里夫妇等人分别观察到正负电子相遇共同湮灭并产生光子的现象。同年,他们还同安德孙等人分别观察到 γ 射线(光子)消失并产生正负电子对的情况。这些都证明了狄拉克的理论推想。1955 年,物理学家们利用高能加速器相继发现了反质子、反中子,中国物理学家王淦昌(1907 ~ 1998)更于 1959 年发现了反西格玛负超子 $\bar{\Sigma}^-$。这些发现显示了反物质的存在,预示着物质的存在遵循一种基本的对称性,即物质与反物质可以成对地产生,也可以成对地共同湮灭,并转变成能量。

中微子的发现与人们对 β 放射的研究有关。元素衰变中所产生的 α 和 γ 射线一般具有确定的能量,但 β 衰变中发射的电子的能量却在一定范围内呈现出连续的变化,以至于玻尔等人怀疑能量守恒原理在该发射中不成立。不过,1930 年,奥地利物理学家泡利(Wolfgang Pauli, 1900 ~ 1953 年)提出了一种新的解释,认为在 β 衰变中,有一部分能量被一种粒子带走;这种粒子质量极小,不带电荷,具有与电子相同的自旋。泡利把这种粒子称为"中子"。1932 年,海森伯进一步推测,β 衰变是一个中子发射出一个电子变成质子的过程。

根据泡利和海森伯的理论,意大利物理学家费米(Enrico Fermi, 1901 ~ 1954 年)在 1933 年提出,存在两种 β 衰变。其中一种是一个中子转变成一个质子、一个电子和一个中微子(Neutrino);另一种则是一个质子转变成一个中子、一个正电子和一个反中微子(约里奥—居里夫妇在 1933 年的人工辐射中观察到了正电子的发射)。不过,其中放出的电子和中微子事先并不存在。就像电磁作用会产生光子一样,导致它们出现的是一种新的相互作用,费米称之为弱相互作用。1942 年,王淦昌通过间接方法证明了中微子的存在。1956 年,人们在铀裂变中直接发现了它。两年后,人们又从太阳射线中捕捉到了中微子。这样,中微子和弱相互作用的猜想最终得到了证明。

电子、质子、中子、介子、中微子以及它们的反粒子等都与物质的基本组成和微观行为有关,因此被称为基本粒子。它们的相继发现不断激发着人们对于基本粒子研究的兴趣,使基本粒子的探索和研究成为一个热门。到了 20 世纪 50 年代末期,人们已经发现了 30 余种基本粒子。而借助于粒子加速器,物理学家们又发现,用一些高能粒子轰击核或者其他亚核粒子后,能够形成一些新粒子;它们寿命极短,会很快衰变成稳定的末态粒子。这些新粒子被称为共振态粒子,到目前为止已经发现了 300 多种。根据基本粒子的质量、寿命、自旋和参与的相互作用,物理学家们把它们分为三大类:①轻子(lepton):不参与强相互作用的费米子[①],成员包括电子、中微子等以及它们的反粒子。②重子(baryon):参与强相互作用的费米子,成员包括中子、质子和四种超子($\Lambda,\Sigma,\Xi,\Omega$)。③介子:参与强相互作用的玻色子[②],成员包括 π 介子、K 介子和共振态介子。其中,重子和介子又因为参与强相互作用而被称作强子(hadron)。

20 世纪 50 年代初,物理学家通过核子对高能电子流散射作用的研究,发现质子和中子内部的电荷与磁矩存在一个分布范围。也就是说,核子内部仍然存在结构。与此同时,一大批强子被相继发现,从而激发了人们对这类粒子的分类及其组成的研究。1949 年,

---

① 指那些自旋均为半整数,遵守泡利不相容原理(一个量子态只能由一个粒子占据),因而满足费米统计分布规律的粒子。

② 指那些自旋为零或者整数,不遵守泡利不相容原理(一个量子态可以有多个粒子占据),因而满足玻色统计分布规律的粒子。

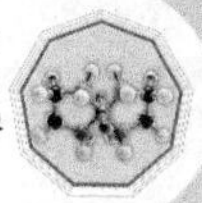

费米和杨振宁提出，π 介子就是由质子与中子组成的。1956 年，日本名古屋大学的物理学家坂田昌一提出，所有强子都是由质子、中子和 Λ 超子和它们的反粒子组成的。不过，这种理论在解释重子的性质方面遇到了较多的问题，还预言了许多并不存在的重子的存在。

1961 年，美国物理学家盖尔曼（Murray Gell-Mann, 1929 ~ ）等开始从理论上对强子进行分类排列，并根据排列特征预言了 Ω^- 粒子的存在，而这在两年后就得到了证明。1964 年，盖尔曼等人进一步从理论上断言，只要引入 3 种基础粒子，就可以对强子的组成作出统一的解释。他把这种基础粒子称为夸克（quark），包括上（up）夸克、下（down）夸克和奇（strange）夸克 3 种，依次记作为 u，d，s。1970 年，美国物理学家格拉肖（Sheldon Glashow, 1932 ~ ）等人又提出存在第 4 种夸克，也就是所谓的粲（charm）夸克，记作 c。1977 年发现 Υ 介子后，物理学家推测，组成它的可能是第 5 种夸克，即底（bottom）夸克，记作 b。此后，人们一直在寻找与之对应的第 6 种夸克，即所谓的顶（top）夸克，记作 t。1995 年，经过来自全世界的数百位物理学家的通力合作，美国费米实验室的两个分隔工作的实验小组分别捕捉到了顶夸克。这 6 种夸克被形象地认为具有 6 种“味”，而每“味”夸克又具有 3 种不同的特性，人们分别以红、绿、蓝三种颜色予以区分。总之，目前知道的夸克共有 18 个类型，均属于费米子。

自从注意到弱相互作用之后，物理学家们就开始借用量子规范场理论探讨它与电磁相互作用之间的统一性。1961 年，温伯格建立了第一个弱电统一理论。在此基础上，1967 到 1968 年，美国物理学家温伯格（Steven Weinberg, 1933 ~ ）和巴基斯坦物理学家萨拉姆（Abdus Salam, 1926 ~ 1996 年）完成了这种统一模型的建立。这一理论的基础是 4 种作用量子，即 W^+，W^-，Z^0 和 γ。其中前三种被称为中间矢量玻色子，是传递弱相互作用的媒介，而光子 γ 则是传递电磁相互作用的。就这样，不同的两类相互作用在量子规范场理论中达到了统一。

最后，人们把弱电理论与量子色动理论结合起来，建立了关于基本粒子的所谓“标准模型”。尽管这一模型还不够完美，但至少暂时地将强相互作用、弱相互作用以及电磁相互作用纳入了一个统一的系统。它激励人们进一步努力，去探寻更加基本的物质结构和相互作用，以期有一天会实现引力相互作用、电磁相互作用、强相互作用和弱相互作用之间的大统一。没有谁知道，在这个方向上，人类将会达到怎样的终极。

25.4 宇宙大爆炸

1915 年，爱因斯坦建立了广义相对论的引力场方程。1917 年，他首次将广义相对论应用于宇宙学研究，在《普鲁士科学院会议报告》上发表了论文《根据广义相对论对宇宙所作的考查》。在论文中，爱因斯坦认为，用泊松方程（$\Delta\phi = 4\pi\kappa\rho$）描述牛顿的宇宙模型存在一些原则性困难；为了从根本上解决这些困难，可以用广义相对论引力场方程描述宇宙。为了在有限的宇宙图景中克服单纯引力的作用，而使宇宙物质的准静态分布成为可能，他在引力场方程中加入了一个宇宙常数项“$-\lambda g_{\mu\nu}$”，给出了如下宇宙方程：

$$R_{\mu\nu} - \lambda g_{\mu\nu} = -\kappa(T_{\mu\nu} - 1/2 \cdot g_{\mu\nu}T)。$$

爱因斯坦在论文中写道：“我将引领读者重走我走过的道路，这条路相当崎岖蜿蜒，但是如果不这样的话，我认为读者不会对路那头的结果有太多的兴趣。将要得到的结果是我一直支持的引力场方程，不过这个方程还需要做一点小小的修改。”他所说的修改是指引入了宇宙常数项。爱因斯坦认为，宇宙常数项可以起到抵抗引力的作用，使宇宙空间曲率不受引力的影响。爱因斯坦给出的宇宙学方程描述的是一个静态的、有限的、封闭的宇宙，可以看做四维空间中的一个三维超球面。为了便于理解，通常以一个二维球面作比喻，球面的总面积是有限的，但沿着球面没有边界，也没有中心。由于这是有限宇宙模型，所以不存在奥伯斯佯谬问题。

爱因斯坦发表宇宙学论文之后，苏联列宁格勒大学数学系教授弗里德曼（A. Friedmann）通过求解广义相对论引力场方程，得出一个均匀的各向同性的演化宇宙模型。他认为，爱因斯坦在 1917 年发表的那篇宇宙学论文中引入宇宙常数项的做法是错误的。弗里德曼写信给爱因斯坦，把自己更一般的处理方法和得出的结果告诉了

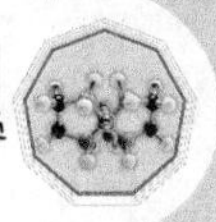

他,但没有得到回音。直到一个同事去柏林访问时,弗里德曼才得到爱因斯坦一封措辞粗鲁的回信,表示赞同他的结论。之后,弗里德曼于 1922 年在德国《物理学杂志》上发表了论文《论空间的曲率》。1924 年,他又在同一本杂志上发表了论文《论恒定负曲率空间存在的可能性》。这是两篇重要的宇宙学论文。弗里德曼的研究表明:宇宙的演化“一个可能的情况是,宇宙曲率半径从某一值开始,随着时间的流逝而一直增大;更可能的情况是,曲率半径周期性地改变:宇宙收缩到一点(成为无),然后,从一点重新达到某一数值的半径,进而再减小其半径返回一点,等等。”前一种情况描述的是一个膨胀宇宙,即宇宙从某个时刻开始永远膨胀下去;后一种情况描述的是一个振荡宇宙,即宇宙呈周期性的膨胀和收缩状态,永远交替变化。我们生活的宇宙究竟以哪种方式存在,取决于宇宙中物质的密度。为了对宇宙的状况进行必要的简化,便于描述,弗里德曼还提出假设:从任何方向上看宇宙都是相同的,在任何地方观看宇宙都是相同的,即宇宙在大尺度上是均匀的、各向同性的。这种假设后来被称为宇宙学原理。弗里德曼没有像爱因斯坦那样引入宇宙常数项,而是直接从爱因斯坦引力场方程得出了宇宙动态演化的结论。

1927 年,比利时天文学家勒梅特(G . Lemaitre)通过求解广义相对论引力场方程,也得到一个动态宇宙模型。他把当时已观测到的河外星云普遍退行的现象解释为宇宙膨胀的结果。他在《考虑河外星云视向速度的常质量增半径均匀宇宙》的论文中指出:“河外星云的退行速度是宇宙膨胀的一种效应,”但是,“宇宙膨胀的原因尚待寻找。”

弗里德曼和勒梅特发现,爱因斯坦的宇宙模型是不稳定的,只要出现扰动,就会破坏平衡,宇宙会一直膨胀下去。1930 年,英国天文学家爱丁顿也证明,爱因斯坦宇宙模型所描述的宇宙是不稳定的。这个宇宙好像立在刀刃上:轻轻地向这边推一下,引力就占了上风,宇宙即开始坍缩,一个循环周期后发生大爆炸;轻轻地向那边推一下,排斥性的宇宙常数项即占了上风,宇宙会一直膨胀下去。这些研究表明,根据广义相对论建立的宇宙学模型显示宇宙是膨胀的,而不是静态的。基于这些认识,爱因斯坦承认自己引入的“宇宙常数项”是错误的。爱因斯坦引入“宇宙常数项”,与马赫思想的影响有关。1880 年,奥地利物理学家恩斯特 · 马赫(Ernst Mach,1838~1956 年)出版了《力学发展史》,其中对牛顿力学的绝对时空观提出了批评。马赫指出:"如果我们立足于事实的基础上,就会发现自己只知道相对空间和运动,绝对空间是个没有用处的形而上学概念。"马赫反对牛顿把惯性参考系、惯性质量和惯性力与绝对空间联系起来,认为一切运动都是相对的,根本不存在绝对空间和绝对运动。牛顿认为,物体相对于绝对空间作加速运动时即产生惯性。马赫则认为,物体的惯性起源于其相对于周围物体的加速运动。他把惯性归结为物体的相互作用。爱因斯坦非常赞同马赫的这种观点,将马赫关于惯性起源的思想称为"马赫原理"。受马赫原理的影响,1917 年爱因斯坦在其宇宙学方程中加入了"宇宙常数项"。

宇宙中恒星的视亮度取决于其发光强度及距我们的距离,而恒星的发光强度是可以间接测定的。因此,根据恒星的视亮度可以求出它离我们的距离。1842 年,奥地利物理学家多普勒(C. Doppler)发现了波动现象的多普勒效应。利用光谱分析方法,可以准确测定恒星的多普勒红移情况。根据这些知识和天文观测数据,1929 年美国天文学家哈勃(P. Hubble)发现了恒星光谱红移现象,这说明宇宙中的恒星在背离地球而退行,并且发现恒星背离地球退行的速度与其离地球的距离成正比。这个结论被称为哈勃定律。哈勃定律揭示了一个重要现象——宇宙正在不断的膨胀。

基于哈勃的发现和广义相对论宇宙学的推论,1932 年勒梅特提出一种假设:人们现在生活的宇宙是由一个极端高热和极端压缩状态的"原始原子"大爆炸而产生的。他并且根据宇宙中引力与斥力的平衡关系,推测宇宙的膨胀经历了快速、慢速和加速三个阶段。尽管这一假说过于粗略,存在不少问题,但还是引起了人们的思考。

1948 年,美籍苏联物理学家伽莫夫(G. Gamov)发表了《宇宙的演化》一文,随后他又与美国的阿尔弗(R. A. Alpher)和贝特等共同发表了论文《化学元素的起源》。他们进一步发展了勒梅特的宇宙爆炸思想,提出了大爆炸宇宙学说,并对早期宇宙中元素的合成作了猜测。伽莫夫预言,现今宇宙应有大爆炸残留下来的背景辐射。阿尔弗与赫曼(R. C. Herman)进一步推测,早期宇宙遗留下来的背

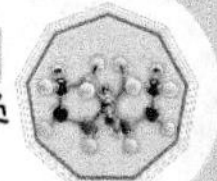

景辐射相当于温度为5K的黑体辐射。1956年，伽莫夫又发表了《膨胀宇宙的热物理学》，更清晰地描绘了宇宙从原始高密状态演化和膨胀的概貌。他指出："可以认为，各种化学元素的相对丰度，至少部分的是由在宇宙膨胀的很早阶段、以很高的速率发生的热核反应来决定的。"

1965年，美国贝尔实验室工程师彭齐亚斯（A. Penzias）和威尔逊（R. W. Wilson）用一套喇叭形天线装置测量银河系外围气体的射电波强度时，发现天空存在着无法消除的背景辐射，它以波长7.35厘米的微波噪声形式存在，相当于3.5K的黑体辐射。这种微波背景辐射是各向同性的、非偏振的，且没有季节的变化。他们的这一发现也得到了其他人的进一步证实。1975年，美国伯克利加州大学伍迪（D. P. Woody）领导的研究小组通过观测发现，宇宙中从0.25厘米到0.06厘米的短波段背景辐射也处于2.99K温度。宇宙背景辐射的发现，验证了伽莫夫等人的预言，为大爆炸宇宙论提供了有力的证据。从此，大爆炸宇宙论得到了越来越多人的赞同。1978年，彭齐亚斯和威尔逊因发现微波背景辐射而获得诺贝尔物理学奖。

在伽莫夫等人宇宙爆炸理论基础上，人们经过不断完善和发展，建立了现代宇宙学的大爆炸宇宙模型。这种模型对宇宙演化过程的解释是：宇宙大爆炸开始于约150亿年前，在大爆炸时刻，宇宙的大小为零，密度无限大，处于无限高温状态；大爆炸后10^{-43}秒，宇宙从量子背景中产生；大爆炸后10^{-35}秒，宇宙统一场分解为强力、电弱力和引力；爆炸后10^{-5}秒，质子和中子形成；爆炸后1秒，温度下降到100亿度，产生光子、电子和中微子以及它们的反粒子，有少量质子和中子存在；爆炸后100秒，宇宙温度下降到10亿度，质子和中子结合成氘原子核，氘与质子和中子结合生成氦核，也可生成锂和铍；大爆炸30万年后，温度下降至3 000度，化学结合作用使中性原子形成，宇宙主要成分为气态物质，并逐步在自引力作用下凝聚成密度较高的气体云块；大爆炸后10^{16}秒，星系、恒星和行星开始形成。大爆炸后，大约有1/4的质子和中子转变成氦核，同时还有少量的重氢和其他元素，剩下的中子会衰变为质子，即氢原子核。

25.5　无尽的挑战

大爆炸宇宙模型提出后,逐步得到下列观测事实的检验:

一是河外天体谱线红移的进一步发现。从哈勃定律建立以来,大量的天文观测事实进一步证明了天体谱线红移的存在,说明宇宙正在继续膨胀着。

二是宇宙背景辐射的发现。对于证实大爆炸宇宙论来说,宇宙背景辐射的发现与天体退行(天体谱线红移)的作用不同。天体退行现象既可以认为天体随着空间膨胀而退行,也可以认为先有静止不动的空间存在,宇宙原始物质在空间中爆炸,然后生成的物质向四面八方飞散出去(退行)。微波背景辐射的存在说明,宇宙的膨胀只可能是前一种情况。如果是后一种情况,则看不到宇宙背景辐射。因为辐射会比物质更快地向外飞散,物质周围不会有辐射存在。所以,宇宙大爆炸不是一团原始物质在已有空间中的爆炸,而是物体随着空间的膨胀而飞散。

三是宇宙年龄的测算。根据大爆炸理论推测,我们生活的宇宙的年龄上限约在150亿年左右,而宇宙中所有的天体都是在宇宙大爆炸后经历一段时间才产生的,因此,任何天体的年龄都应小于这个年龄。各种天体年龄的实际测量结果证实了这一推论。

四是氦丰度的测定。元素丰度是宇宙中各种元素重量的百分比。宇宙观测发现,各种天体的氦丰度都是25%左右,而大爆炸宇宙论推测宇宙初期形成的氦丰度也是这个数值。

近年来,大爆炸宇宙论与粒子物理学的电弱统一理论、量子色动力学和大统一理论相结合,对于宇宙早期的物质粒子生成过程作出了不少有意义的解释和预言。

虽然大爆炸宇宙论取得了很大成功,但也存在一些难以克服的困难。其中,宇宙奇点问题是大爆炸宇宙模型遇到的困难之一。宇宙膨胀有一个开端,在开端处宇宙的时间和空间缩为一点,物质密度为无限大,温度为无限高,这一点在数学上称为奇点。关于宇宙的最初状态,爱因斯坦曾说过:“人们不可能假定这些(引力场)方程对于很高的场密度和物质密度仍然有效,也不可下结论说‘膨胀的

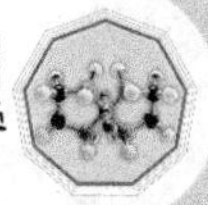

起始'就必定意味着数学上的奇点。总之,我们必须明白,这些方程不可能推广到那样的一些区域中去。"也就是说,广义相对论引力场方程不适用于描述宇宙大爆炸最初的状态。20 世纪 60 年代,英国科学家霍金(S. W. Hawking)和彭罗斯(R. Penrose)经过严格证明后得出结论:在广义相对论引力理论的逻辑框架内,宇宙奇点是不可避免的;亦即只要广义相对论是正确的,宇宙奇点就不可避免。这被称为奇点定理。奇点定理实际上揭示:在宇宙奇点处,广义相对论是无效的。20 世纪 80 年代,霍金将量子场论引入宇宙学,试图把量子力学与广义相对论结合起来说明宇宙的开端情况。根据量子理论,人类原则上不能测量比普朗克长度(10^{-35}米)更小的空间范围,也不能测量比普朗克时间(10^{-43}秒)更小的时间间隔,即小于这个限度的长度和时间是没有意义的。尽管普朗克长度和普朗克时间出奇的小,但它们并非为零。因此,根据量子理论,即使我们把大爆炸模型推到宇宙开始时最极端的极限,仍然必须接受宇宙在创生时已经具有相对于普朗克时间的年龄和相对于普朗克长度的空间大小。它们虽然极小,但不是零。从这种意义上说,宇宙奇点也就不存在了。当然,这种理论尽管可以避免宇宙奇点问题,但也存在一些新的困难。

除了大爆炸宇宙模型之外,比较著名的还有稳恒态宇宙模型。为了合理地解释宇宙现象,20 世纪 40 年代后期,邦迪、戈尔德和霍伊尔提出了"完全宇宙学原理"。这个原理除了采纳宇宙均匀性和各向同性假设之外,又增加了宇宙不随时间变化的假设,在此基础上建立了稳恒态宇宙模型。这个模型认为,宇宙是无限的,既没有开端,也没有终结,一直保持同样的状态。由于大爆炸宇宙模型无法解释宇宙发生原始爆炸的理由,稳恒态宇宙论者认为这是其不符合科学精神的表现。由于稳恒态模型认为无论何时何处看到的宇宙总是相同的,因而回避了大爆炸宇宙模型的"原始火球"来源、大爆炸起因等问题。为了使宇宙膨胀的观测事实与宇宙状态保持不变的假设一致,稳恒态宇宙论者认为,宇宙中必定有新物质不断产生,其产生的速率与由于宇宙膨胀而使宇宙中物质密度减小的速率相等,这样就可以使宇宙保持不随时间变化的状态。

他们认为，新物质并非按照爱因斯坦的质能关系式由能量转换而来，而完全是从虚无中产生的。由于质量和能量的守恒定律早已成为科学家普遍认同的宇宙法则，因此，许多科学家强烈反对物质可以从虚无中产生的观点。据稳恒态宇宙模型推算，宇宙中新物质的产生速率为每立方米体积内每10亿年产生一个氢原子，这个数值太小，无法由观测予以检验。而且，这个模型也不符合一些宇宙观测事实，如无法解释宇宙背景辐射现象。稳恒态宇宙论者认为，由于宇宙模型的定义包含了对所有可见现象的研究，所以可以认为物理定律也作为宇宙模型的一部分以某种方式确定了。如果宇宙以前的状态与现在有非常大的差别，那么，我们有什么理由认为以前的物理定律与现在的相同？只有在永恒不变的宇宙里，我们才能确信自然规律是不变的。这是稳恒态宇宙论者坚持自己观点的基本理由。

除了一些老问题之外，现代宇宙学面临的宇宙暗物质和暗能量问题，是人类现代科学文明遇到的重大新挑战。所谓暗物质，指的是无法直接观测的物质。多年来，暗物质的存在及其特性一直是天体物理学和宇宙学的一个难解之谜。早在20世纪30年代，荷兰天体物理学家奥尔特(L. H. Oort)就曾指出：为了说明恒星的运动，需要假定在太阳附近存在着看不见的物质。1933年，兹维基(F. Zwicky)发现，大型星系团中的星系具有极高的运动速度，除非星系团的质量是根据其中恒星数量计算所得到的值的100倍以上，否则星系团根本无法束缚住这些星系。之后几十年的观测分析证实了兹维基的观点。根据天文观测数据推测，宇宙星系团中存在大量看不见的物质。人们把这一现象称为“质量短缺”。1978年，在华盛顿卡内基研究所工作的鲁宾(V. Rubin)等人经过研究推测，在一些星系晕中存在大量看不见的暗物质。尽管人们对暗物质的性质仍然一无所知，但是到了20世纪80年代，宇宙中存在占宇宙能量密度大约20%的暗物质的结论已被科学家们广为接受。1983年，天文观测发现，距银河系中心20万光年距离的R_{15}星的视向退行速度高达465公里/秒。要产生这样大的速度，银河系的总质量至少要比我们现在知道的质量大10倍，这一事实

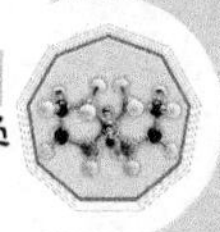

表明，银河系及其周围存在大量的暗物质。1987 年，天体物理学家研究分析了红外天文学人造卫星(IRAS)对 2 400 个星系的观测数据，并结合对银河系所受合引力的分析，也得出了宇宙中至少有 90% 或更多的暗物质存在的结论。2003 年，美国国家航空航天局(NASA)根据威尔金森微波各向异性探测器的观测数据，第一次清晰地绘制了一张宇宙早期(大爆炸后不到 38 万年)的图像。精确的数据表明，宇宙中普通物质只占 4%，有 23% 的物质为暗物质，还有 73% 是暗能量。这是迄今为止关于暗物质存在的最有力的证明。如此巨大数量的暗物质是如何形成的，其基本构成基元是什么？这些是已有宇宙演化理论无法解释的。

近年来，天文学家对遥远的超新星进行的大量观测表明，宇宙在加速膨胀。根据爱因斯坦引力场方程推测，宇宙加速膨胀是由于其中存在着一种压强为负的暗能量，这种能量的总量占据全宇宙能量的 73%。科学家们知道暗能量的存在是由于它对现有物质世界产生的影响，但目前还没有任何理论可以给暗能量以合理的解释。暗能量和暗物质的唯一共同点是它们既不发光也不吸收光。暗物质像普通的物质一样，是引力自吸引的，而且与普通物质成团并形成星系；而暗能量是引力自相斥的，并且在宇宙中几乎均匀地分布。宇宙正在加速膨胀说明暗能量对于决定宇宙的结构起着主导作用。暗能量同时也改变了我们对暗物质在宇宙中所起作用的认识。按照爱因斯坦的广义相对论，在一个仅含有物质的宇宙中，物质密度决定了宇宙的几何结构，以及宇宙的过去和未来。暗能量的发现使情况完全不同了。首先，是宇宙中总能量密度(物质能量密度与暗能量密度之和)决定着宇宙的几何特性；其次，宇宙已经从物质占主导的时期过渡到了暗能量占主导的时期。宇宙学家推测，宇宙在“大爆炸”之后的几十亿年中暗物质占据了总能量密度的主导地位，但这已成为过去。现在我们宇宙的未来将由暗能量的特性所决定，它目前正在使宇宙加速膨胀，而且除非暗能量会随时间衰减或者改变状态，否则这种加速膨胀态势将持续下去。

暗物质和暗能量都具有一些不为我们所知的奇特性质，它们是目前宇宙学研究的热门领域，但人类已有的科学理论在它们面前都显得苍白无力。宇宙学发展的历史表明，在每一个时代，人们都相信他们终于发现了宇宙的真面目，但他们每次都不过是给未知的宇宙设计了一张面具。爱因斯坦曾经说过："在漫长的一生中，我曾学到一件事，就是：我们所有的科学，如与现实相较量，都是原始的，幼稚的，然而它在我们所拥有的一切中，却是最珍贵的。"暗物质和暗能量的发现说明，继20世纪相对论和量子力学带来的宇宙学革命之后，物理学和宇宙学可能面临着一次新的重大突破。

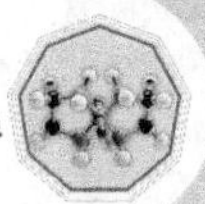

生命密码
——现代生物学

26.1 发现孟德尔

1900 年,三位从事植物杂交研究的科学家几乎同时宣称,他们发现了孟德尔(Gregor Mendel,1822 ~ 1884 年)在 35 年前关于豌豆(*Pisum sativum*)杂交实验的工作,史称孟德尔的“再发现”。这三位发现者是德弗里斯(Hugo de Vries,1848 ~ 1935 年)、柯伦斯(Carl Correns,1864 ~ 1933 年)和切尔马克(Erich von Tschermak,1871 ~ 1962 年)。

德弗里斯出生于荷兰,早年在德国接受教育。1889 年,他出版了著作《细胞内的泛生论》。在此书中,他论证了把性状看做各自独立的单位来研究的必要性,认为细胞核内的“泛生因子”是遗传的基础。这种“泛生因子”存在于细胞内部,而非“在整个身体内循环”。德弗里斯关注的是大的不连续的变异,而非达尔文所重视的小的连续的变异。他选用雪白麦瓶草(*silene alba*)做材料进行杂交试验,观察到了性状分离现象并统计得出了 3∶1 的分离比。随后,他选用更多的物种进行杂交试验,希望获得更加完备的数据。直到 1899 年,德弗里斯偶然发现了孟德尔的原始论文,才意识到了事情的紧迫性。已经掌握了 30 多个不同物种杂交试验数据的他不愿放弃自己“应得”的声誉,因此选择了隐瞒孟德尔的成果。可是事与愿违,孟德尔的成果还是先于他的工作得到了广泛传播,他的辛劳“被迫”成为孟德尔理论的补充证明,而没有获得“如此高的声誉”。德弗里斯

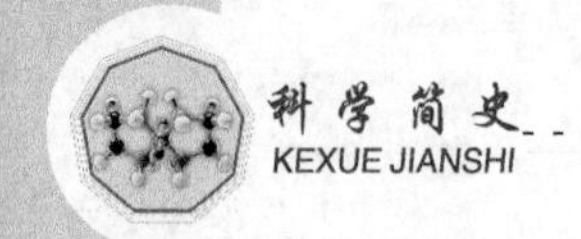

无可奈何地承认：孟德尔的工作“在当时是十分优秀的”，但他拒绝为1906年出版的《孟德尔纪念册》签字。

与德弗里斯相比，柯伦斯和切尔马克似乎要坦诚多了。柯伦斯是一位植物学家，他把玉米和豌豆种植了许多代，实验结果接近了孟德尔对于遗传规律的解释。在他从事植物杂交研究4年后的一个夜晚，他“闪电”般地想起了“3∶1”比例的解释，由此受到启发去读孟德尔的论文，读后他才发现自己的结论完全不是新的。然而恰在此时，德弗里斯抢先公布了自己的发现。1900年4月21日早晨，柯伦斯收到了德弗里斯关于杂交试验论文的单行本。第二天，他便将题为《孟德尔定律》的论文寄给了德国植物学会，并于次月发表。柯伦斯后来回忆道：“为这些研究找到了一种解释后，我，如同德弗里斯相信他自己一样，也相信自己是一个创新者。然而，后来我发现，在布隆，60年代时的孟德尔院长，许多年来投身于最广泛的豌豆试验，不仅得到了同德弗里斯和我相同的结果，实际上还作出了与我们十分相近的，在1866年时可能作出的最好解释。孟德尔的论文……在所有已知的关于杂交种的论文中是最优秀的。”

切尔马克也是一位植物学家，曾在维也纳大学和商业种子农场工作，受过专业训练。由于对豌豆中胚乳来源问题感兴趣，他开始了豌豆杂交试验。经过试验，切尔马克发现豌豆杂交种中黄色子叶的种子和绿色子叶的种子以及光滑种子和皱缩种子的比例都是3∶1。他将F1代的杂交种与绿色子叶的亲代豌豆进行回交时，得到黄绿两种颜色子叶豌豆的比例为1∶1。之后，他通过德国植物学家福克（Wilhelm Olbers Focke，1834～1922年）书中的引语知道了孟德尔，并阅读了他的论文。令切尔马克感到震惊的是，原来这位名叫孟德尔的僧侣早已广泛而深入地进行了豌豆杂交试验，并对3∶1的性状分离比例作出了合理的解释。1900年3月，切尔马克收到了德弗里斯的论文《论杂交种的分离定律》。这篇论文用了“显性”和“隐性”等术语，却没有引用孟德尔的原始论文。切尔马克推想德弗里斯可能知道孟德尔的工作，只是由于某些原因故意避而不谈。在自己的论文发表在《奥地利农业研究杂志》之前，他又收到了柯伦斯的论文。于是他一面抓紧准备发表他的论文摘要，一面将论文《论

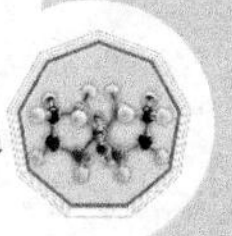

豌豆的人工杂交》的复本寄给德弗里斯和柯伦斯，以示自己是重新发现孟德尔定律的参与者。后来，在一次会议上，切尔马克和柯伦斯友好地确定了他们在重新发现孟德尔定律中的同等地位。

26.2 两个学派的争论

也许人们会认为，孟德尔的理论被重新发现后会立刻被生物学家们接受，并用来解决遗传学遇到的复杂问题。但是，曾经有一段时间(1900～1910年)，许多生物学家对这个"新生"的遗传定律公开表示过怀疑甚至反对。孟德尔的工作带有数学色彩，因此被人认为不适合解释生物学现象，连英国的生物统计学家们都成为孟德尔理论的强烈反对者。他们反对的主要原因是长久以来有关连续变异与不连续变异在遗传中所起作用的争论。孟德尔的颗粒遗传理论强调遗传的"单位因子"概念，是一种不连续变异学说；而作为新达尔文主义者的生物统计学家们却强调连续变异在遗传中的重要作用。在当时的英国，生物统计学派的影响力很大，因此，他们的反对几乎可以将孟德尔理论扼杀在摇篮中。就在这危急时刻，一位勇猛的"斗士"出现了。在英国他有时几乎是孤军奋战，不断回应生物统计学家们的攻击。他就是孟德尔学派的代表人物——贝特森(William Bateson，1861～1926年)。

贝特森曾经在剑桥大学学习动物学，他的父亲是那里的圣约翰学院的院长。他曾到过美国，在著名生物学家布鲁克斯(William Keith Brooks，1848～1908年)的指导下研究海洋生物的发育，并受其影响，从而对遗传学产生了兴趣。1894年，贝特森出版了《变异研究的材料》一书，强调了不连续变异的重要性："如果亲本在几个性状上有差别，那么对其后代必须要进行统计性的考察，并且分别按其亲本这些有差别的性状而各个罗列出来。"他在书中写道："不连续变异以某种未知方式成为动植物变异本质的一部分，而完全不是直接依赖于自然选择。"在一次前往出席皇家园艺学会会议的旅途中，贝特森第一次看到孟德尔的论文。当时他便为孟德尔论证的清晰透彻所折服，称之为"清晰性和叙述技艺的楷模"。他还因此修改了自己题为《论园艺研究课题中的遗传问题》的讲演稿，将对孟德尔工作的说明也包括进去,并告诉他的听众们,孟德尔的理论"将在今后所有进化问题的讨论中都会起到显著的作用"。从此以后,他便成为一名"孟德尔主义的传道者"。

贝特森刚开始支持孟德尔,就遭到了他以前的朋友,也是一位颇具影响力的生物统计学家——韦尔登(Walter Frank Raphael Weldon,1860~1906年)的攻击。作为一名忠实的达尔文主义者,韦尔登根本就不重视不连续变异,其根源还是受到达尔文"不连续变异与进化没有什么关系"观点的影响。1902年,为了回应韦尔登的攻击,贝特森出版了《孟德尔的遗传原理:一个回击》,在书中回应了几乎所有生物统计学家的异议。这本书引发了孟德尔学派和生物统计学派之间一系列激烈而苦涩的论战。1904年,在英国科学促进协会的会议上,这场论战达到了高潮,贝特森和韦尔登就孟德尔理论的正确性进行了"最后"的争论。虽然韦尔登言辞激烈,话语雄辩,但那天贝特森还是赢了。他的实验数据精确而充分,为他的获胜奠定了基础。他的论点"对于一种新的理论,在反对它之前,首先要检验它",更为他赢得了不少支持。贝特森的胜利是不连续变异观点的胜利,同时也为孟德尔学说赢得了被视为一种科学的遗传学观点而广泛传播的权利。贝特森还从希腊字中创造了"遗传学"(genetics)一词来代替"传下去"(descent),以此象征遗传学新纪元的到来。

26.3 果蝇——"上帝的赠礼"

早在20世纪初期,科学家们已经知道正常的精子和卵细胞中含有相等数目的染色体,均为体细胞的一半。由于19世纪发现了细胞的有丝分裂和减数分裂现象,人们对染色体在细胞分裂过程中的行为有了一定程度的了解。当时的大多数生物学家相信,所有的染色体都是等价的(形态和功能都相同)。1903年,萨顿(Walter Sutton,1877~1916年)发表了划时代的著作《遗传中的染色体》,认为染色体之间并不等价,阐明了遗传因子具体位于染色体上的概念,开启了细胞遗传学研究的时代。博维里(Theodor Boreri,1862~1915年)在胚胎学和细胞学研究的基础上,证明了染色体并不是彼此等价的

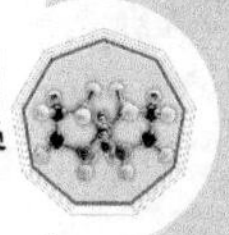

物质小片，而是互不相同的一组染色体。此观点也被称为“萨顿—博维里假设”。这个假设有助于解释性状分离与染色体行为之间的关系，并暗示孟德尔因子的数目多于染色体的数目，单位性状的遗传基础只是染色体上的一部分而非整条染色体。为遗传的染色体基础提供了实验证据，并最终将孟德尔的理论确立为遗传学普适理论的关键人物，是1933年的诺贝尔医学奖得主摩尔根(Thomas Hunt Morgen，1866～1945年)，而他的实验能够取得成功的关键因素之一，便是十分有效地使用了“上帝专门为他创造”的实验材料——黑腹果蝇(*Drosophila melancgaster*)。这个神奇的小精灵具有生活周期短、单次繁殖量大并易于在实验室中保存等优点。更为重要的是，它的每个体细胞只含四对染色体，每对之间的形状和大小明显不同，容易区分。此外，果蝇还具有好几十对容易识别的遗传相对性状。

摩尔根生于美国弗尼吉亚州的列克星敦，曾在肯塔基州立学院和约翰·霍普金斯大学学习，后又在哥伦比亚大学、加州理工学院任教。起初他爱好的是实验胚胎学，但在访问了德弗里斯的实验园后，却对“变异”现象尤其是不连续的变异产生了浓厚的兴趣。摩尔根早先是反对孟德尔主义的，他的观点在当时还颇具代表性。可是世事难料，仅仅过了几年，摩尔根竟转变了立场，成为美国最热情的孟德尔理论的支持者，而造成这个180度大转变的主要原因，就是源自他对黑腹果蝇的研究。

摩尔根从1908年开始进行黑腹果蝇的研究，他通过试验发现的第一个遗传现象是伴性遗传。1910年，摩尔根在培养瓶中发现了一只与野生型不同的奇特的白眼雄性果蝇。他将这种突变型的白眼雄性果蝇与野生型的红眼雌性果蝇交配，产生的F1代全是红眼果蝇。再将F1代互相交配，在F2代果蝇中又出现了白眼果蝇，并且白眼果蝇几乎全是雄性，很少甚至没有出现在雌性中。摩尔根又用这些白眼雄果蝇和F1代的雌果蝇交配，后代中有一半的雄性和一半的雌性果蝇是白眼。他由此设想，孟德尔式的决定果蝇眼睛颜色的因子是与决定性别的因子连在一起的，也即控制眼睛颜色的因子连锁在性染色体上。这个发现将孟德尔的理论与染色体理论联系起来,推动了遗传学的发展。

摩尔根还发现孟德尔独立分配定律与事实的偏差是源于连锁现象,即决定两种及两种以上性状的遗传因子由同一条染色体携带。1905 年,贝特森和庞内特(Reginald Crundall Punnett,1875 ~ 1967 年)已经证明了甜豌豆的某些性状始终在一起传递。基于果蝇"白眼"和"残翅"的性状与性别遗传相关联的现象,摩尔根更加确信连锁现象的存在。"白眼"和"残翅"突变几乎仅仅出现在雄果蝇上,并且是同时出现。摩尔根用这两种果蝇突变体进行杂交(双突变杂交),以检验这两种突变基因能否发生重组。试验结果表明,两种突变体之间的杂交产生了一部分重组型后代。因为在 X 染色体上决定这两种性状的基因相距很远,因而"交换"频繁发生。这个研究结果有力地支持了詹森斯(Frans Alfons Janssens,1863 ~ 1924 年)于 1909 年提出的染色体"交叉型"假设。后来,摩尔根又研究了一些发生频率非常低的重组现象(两对基因在染色体上的位置非常接近),为"交换"提供了更为有力的证据。

摩尔根逐渐认识到,实验测定"交换"发生的频率,可以用来标识同一条染色体上各基因间的相对距离。1911 年,他提出了"染色体遗传理论",指出同一染色体上基因间的重组程度(交换频率)可作为它们空间距离的量度,由此引入了"染色体图"的概念。摩尔根和他的助手发展了孟德尔的"因子"概念,认为它们是物质单位,位于染色体的一定位置或位点上;每一个因子都可视为一个独立的单位,与其他相邻的因子可以通过染色体断裂和重组过程而分离。染色体理论或者摩尔根所谓的"基因理论"刚开始并不为所有的生物学家接受,但却引发了大批的实验,推动了该领域的研究。贝特森在 1922 年访问了摩尔根的实验室后,放弃了先前(坚持了多年的)对染色体理论的怀疑,并写信表示他对"已在西方升起的星星"的敬意。

26.4 DNA 的"黑暗时代"

摩尔根等人对果蝇的遗传学研究对进一步探索遗传的奥秘具有不可估量的推动作用。人们对遗传机制分析研究得越详细,就

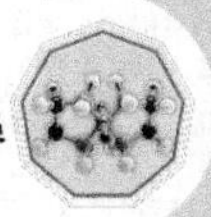

越需要了解基因的实际物理性质。然而在那个时候，揭开基因之谜的关键分子——脱氧核糖核酸(DNA)，还处在其漫长的"黑暗时代"。

1869年，瑞士青年科学家米歇尔(Johann Friedrich Miescher, 1844～1895年)在脓细胞的细胞核中提取出一种含磷量很高的酸性化合物，根据此种化合物对胃蛋白酶的耐受性及其溶解度性质，米歇尔判断它是一种新的细胞成分，将其命名为"核素"(nuclein)。1889年，米歇尔的学生奥特曼(Richard Altmann, 1852～1900年)发现，构成细胞核的物质是一种富含磷的酸性物质，故将核素改名为核酸(nucleic acid)。1895年，遗传学家威尔逊(Edmund Beecher Wilson, 1856～1939年)推测，染色质与核素是同一种物质，可作为遗传的物质基础。现在看来，这个推测为遗传物质的研究指明了正确的方向。遗憾的是，后来的核酸研究却由于种种原因误入歧途。

20世纪初，德国著名科学家科赛尔(Albrecht Kossel, 1853～1927年)对核酸的化学组分进行了进一步的研究。他先是将与核酸结合的蛋白用特异性强的蛋白酶去除，获得高纯度的核酸。再将其小心水解，得到了一些含氮的小分子化合物。这是两种碱基，他把它们分别称为嘌呤和嘧啶。科赛尔在研究来自胸腺和酵母的核酸时，还证明有两种不同的核酸存在，分别叫做"胸腺核酸"和"酵母核酸"(即现在的脱氧核糖核酸和核糖核酸)。1911年，科赛尔的学生，俄裔美国化学家列文(Phoebus Aaron Levene, 1869～1940年)从核酸样品中提取出一种D-五碳糖，将其称为"核糖"(ribose)。后来证明D-核糖是构成核糖核酸的基本成分。由于此发现，我们至今通常把含有核糖的核酸称为"核糖核酸"，即RNA。1929年，列文又发现2-脱氧-D-核糖，它也是D-五碳糖，只是在糖环的2位上比核糖少了1个氧，其他方面则与核糖完全相同。由它作为基本成分的核酸称为脱氧核糖核酸，也就是今天人所共知的DNA。

1934年，列文已经对核酸的化学组成形成了较全面的认识。通过多年的核酸分解实验，他得出结论：1分子碱基(嘌呤或嘧啶)加上1分子核糖组成1个核苷(nucleoside)，再加上1分子磷酸，组成一个核苷酸(nucleotide)，连接顺序为碱基、核糖、磷酸。列文对核酸化学组成的研究作出了卓越的贡献,他关于核酸化学组成的基本观点和我们今天的认识是一致的。但列文所处的时代化学分析方法的精度不高,他的实验数据使他误认为核酸分子中四种碱基的含量是相等的,因此错误地提出了一个假说,即核酸分子是由四种核苷酸(所含碱基不同)相互连接构成的一个"四核苷酸"。后来由于证实了核酸是分子量很大的分子,此假说便简单地修正为:构成核酸的基本单位不是单个的核苷酸,而是按某种固定顺序(如 ATCG 或 AGCU)排列好的四个一组的所谓四核苷酸。这便是后来深刻影响核酸研究的"四核苷酸假说"。

四核苷酸假说在今天看来十分可笑,但由于列文在当时核酸化学研究领域的权威地位,再加上当时实验方法的局限性,它实实在在地统治了核酸研究 10 余年,严重阻碍了人们对 DNA 生物学功能认识的进步。由于人们长期将"四核苷酸假说"作为研究规范,以致很难设想出具有如此简单的重复结构的 DNA 如何能够储存千变万化的遗传信息,如何体现基因的多样性。因此,当时的遗传学家为了探讨遗传信息在传递过程中如何自我复制和储存,理所当然地将注意力转向染色质中的另一种主要组分,即与生命现象密切相关的蛋白质。相比之下,人们对 DNA 的研究则进入了相对停滞的"黑暗时代"。

26.5 非常"3 +1"

20 世纪上半叶,有关 DNA 最具代表性的研究是"3 个实验" 和"1 个规则"。3 个实验分别是格里菲斯(Fred Griffith,1877 ~1941 年)的经典转化实验、艾弗里(Oswald T. Avery,1877 ~1955 年)的转化实验和赫尔希(Alfred Day Hershey,1908 ~ 1997 年)与蔡斯(Martha Cowles Chase,1927 ~2003 年)的噬菌体侵染实验,1 个规则是著名的查伽夫(Erwin Chargaff,1905 ~2002 年)规则。这些重要的发现使人们逐步认识到四核苷酸假说的错误和 DNA 分子结构的复杂性,从而将探索遗传物质的步履从蛋白质移回到 DNA 的正确道路上。

1928 年,英国细菌学家格里菲斯发表了肺炎球菌转化现象的实验结果。肺炎球菌可大致分为粗糙型(R 型)和光滑型(S 型)两种。

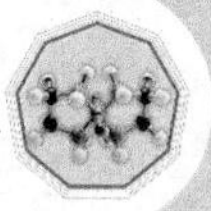

R 型细菌外部无荚膜包被,菌落粗糙,致病能力很弱,一般不引起感染;S 型细菌有荚膜,菌落光滑,不易被生物体自身的防御系统识别,因而致病力很强。根据其荚膜中多糖的种类,又可分为若干亚型:S_{I},S_{II},S_{III}等。各种 S 型菌可以突变成为没有致病能力的 R 型菌,突变得到的 R 型菌也可以变回相应亚型的 S 型菌。对 S 型菌进行加热,可以使其死亡从而丧失致病能力。格里菲斯首先将 S_{II}型肺炎双球菌进行离体培养,有少量 S_{II} 型突变成为 R_{II} 型。他分离出了 R_{II}型菌,与大量已被加热致死的 S_{III} 型菌混合注射到小鼠体内。通常认为这两种状态的肺炎双球菌都不具备感染致病能力,混合在一起也不会令小鼠致病。但奇怪的事情发生了,小鼠居然被感染。经过解剖发现,被感染小鼠的血液中含有大量 S_{III} 型菌。格里菲斯认为,R 型菌从已被杀死的 S_{III} 菌中获得了产生荚膜的能力,故产生了致病性。格里菲斯的实验被称为“经典转化实验”,它开辟了遗传研究的一条新途径。令人遗憾的是,格里菲斯虽然发现了遗传转化现象,却没有关注造成此现象的物质基础,也就失去了深入研究遗传物质本质的机会。

1931 年,美国著名生化学家艾弗里所在的纽约洛克菲勒研究所的研究小组通过实验发现,将加热致死的 S 型肺炎球菌进行细胞破碎,用离心机除去细胞碎片后提取出细胞内部的物质,再加入体外培养的 R 型肺炎双球菌,仍然能够促使转化现象发生。这种引起转化发生的物质究竟为何物,当时还不清楚。为了便于后续研究,他们暂时将其称为“转化因子”(transforming principle)。从 1935 年起,艾弗里等人开始致力于寻找“转化因子”的研究。艾弗里的研究组一开始便采用排除法来寻找转化因子,通过加入特定的试剂去除或破坏某类物质,观察转化现象能否正常发生,进而推测该物质为转化因子的可能性。经过一系列的排除性试验,他们作出判断:转化因子不是蛋白质、多糖或脂肪。这样的结果强烈地暗示了转化因子是核酸的可能性。艾弗里等人又进一步提纯转化物质,对其成分进行化学分析,果然发现其含有磷。然而,再用核糖核酸酶对其进行处理,转化能力仍然未受影响。最后,他们惊奇地发现,加入脱氧核糖核酸酶后,转化物质的活性几乎完全消失了。如此鲜明的实验结果不能不让人联想到转化因子就是DNA。可是由于当时四核苷酸假说盛行,绝大多数研究人员都认为DNA不可能是遗传物质,甚至连艾弗里本人对实验结果也感到难以置信。1944年,艾弗里、麦克劳德(Colin Munro Macleod,1909～1972年)和麦卡蒂(Maclyn McCarty,1911～2005年)在《实验医学杂志》上发表了题为《DNA是引起肺炎球菌发生转化的物质》的论文,郑重宣布了他们通过多年实验得到的结论:促使肺炎球菌发生遗传转化的物质是DNA。

然而科学的发展历程往往是曲折的,转变人们形成已久的观念绝非易事。当时学界的主流观点仍然认为蛋白质最可能是遗传物质,核酸的简单重复结构难以承担储存和传递遗传信息的重任。艾弗里等人的论文刚一发表,就引来很多学者的质疑,认为他们提纯的样品中不光含有DNA,还很可能混有微量蛋白质在发挥转化作用。当时甚至出现了这样一种观点:即使转化因子是DNA,也未必能说明它是遗传信息的载体,而可能只是因为它对荚膜的形成有某种直接的化学效应。这一切因素的综合作用,导致艾弗里等人的工作没有得到应有的认同。另一方面,艾弗里对自己研究组的提纯技术也没有十足的把握(当时的化学分析技术还不能完全达到提纯DNA的要求),以至于他本人也认为不排除遗传物质是附着在DNA上的其他微量物质的可能性。因此,他在给细菌学家罗伊·艾弗里(Roy Crowdy Avery,1885～1971年)(他的兄弟)的书信中只是说DNA“很可能”是遗传物质。此外,他也不主张把DNA推广为唯一的遗传物质,而是认为它可能只在部分种类的生物体中充当遗传物质。

第二次世界大战期间发明的紫外分光光度技术、纸层析和离子交换层析等新技术为核酸分析提供了更精确的研究手段。美籍生物化学家查伽夫应用了这些新技术,借鉴了当时的蛋白质分析技术来研究DNA。他对多种不同来源的DNA分子进行了仔细的对比分析,结果显示它们的碱基组成比例各不相同,这与“四核苷酸假说”明显相悖。与此同时,他还发现来自同一物种DNA的碱基组成比例是基本相同的,能够反映出种的特异性。1950年,查伽夫发表了总结性论文,揭示了一个现代生物学上简单而又重要的规律:在DNA

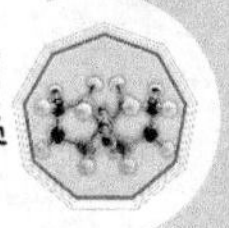

分子中，嘌呤的总数(G+A)与嘧啶的总数(C+T)总是近似相等的；并且腺嘌呤(A)与胸腺嘧啶(T)数量相等，鸟嘌呤(G)与胞嘧啶(C)数量相等。这就是著名的查伽夫规则，也称为碱基配对规律。这个规律的发现，是对多年来主宰核酸研究的“四核苷酸假说”的极大挑战，由此可推断出核酸是与蛋白质同样具有复杂性和多样性的一类物质，从而使人们重新思考核酸作为遗传物质的可能性。

受到艾弗里等人发现的影响，美国冷泉港的噬菌体研究小组对遗传物质的化学本质进行了更加深入的研究。噬菌体研究小组的成员赫尔希和蔡斯设计了著名的噬菌体侵染实验，以放射性同位素标记的 T_4 噬菌体为实验材料，通过同位素示踪技术对其侵染宿主细菌的过程进行了研究。他们使用同位素 ^{35}S 和 ^{32}P 分别标记蛋白质和DNA，通过检测放射性标记，很快发现噬菌体的头部壳为蛋白质而内容物为DNA。当噬菌体侵染细菌后，他们使用物理振荡加离心的方法将被侵染细菌表面的噬菌体残余物与细胞内部活性成分分离，最终意外发现被侵染的细菌细胞内含有放射性标记的DNA，而细菌表面的噬菌体残余物中含有放射性标记的蛋白质。这表明，进入细菌内部发生作用的是DNA而非蛋白质。1952年，赫尔希和蔡斯公布了噬菌体侵染实验的结果，在学术界引起了轩然大波。这个实验无可争议地证明了遗传物质的化学本质是DNA而非蛋白质。当时几乎所有生化学家和遗传学家都承认了这个事实，放弃了蛋白质是遗传物质的想法，四核苷酸假说也被彻底推翻了。这个实验对DNA空间结构的研究具有奠基意义。

26.6 划时代的里程碑

20世纪上半叶，在用物理化学方法研究生命本质的过程中形成了三大学派：一个是结构学派，主要关注生物大分子的结构；一个是信息学派，主要研究基因所决定的遗传信息如何表现出来的过程；一个是生化学派，主要重视生物分子在细胞代谢和遗传中的相互作用。这些学派在相当长的时间内很少往来。但是，在涉及生命遗传物质本质的问题上，它们不期而遇了。

结构学派起源于用X射线研究分子的空间结构。刚开始人们主要是利用X射线衍射技术探讨蛋白质分子的空间结构。到了20世纪50年代初，几乎所有结构学派的成员都在注视着DNA的X射线研究的成果。结构学派代表人物威尔金斯（Maurice Wilkins，1916～2004年）受著名物理学家薛定谔的著作《生命是什么？》的影响，投身于基因本质的研究。他在伦敦国王学院成立了一个研究小组，采用X射线衍射技术研究DNA的空间结构。1951年，威尔金斯已经认识到DNA具有螺旋结构，但对其具体构型不得而知。就在此时，年轻的女物理学家弗兰克林（Rosalind Franklin，1920～1958年）加入了这个小组。弗兰克林是剑桥大学毕业的一流高材生，是一位多才多艺的女科学家，在X射线结晶学上有特殊的才能。1951年弗兰克林曾拍摄出一张非常出色的DNA分子衍射照片，但遗憾的是她没有从中得出正确的结论。

威尔金斯与剑桥大学卡文迪什实验室的一位研究生克里克（Francis Crick，1916～2004年）有着非常密切的关系。克里克因为第二次世界大战耽误了学业，战后也因受到薛定谔著作的影响转向了生物学，开始从事生物大分子的结晶学研究。沃森（James D. Watson，1929～）出生于美国芝加哥，自幼敏而好学，15岁时便进入芝加哥大学学习动物学。大学毕业后，他几经周折来到著名的噬菌体小组，跟随信息学派代表人物卢里亚（Salvador Luria，1912～1991年）从事研究工作。沃森的工作非常出色，22岁时就获得了博士学位，并且在这个小组中已经小有名气。1951年他到欧洲的那不勒斯开会，听到了威尔金斯有关DNA的X射线结晶学研究成果报告，受到了极大的吸引，决定立即到英国工作。没过多久，他就来到了克里克所在的实验室，正好与克里克在同一办公室工作。由于学术思想上共同受到薛定谔的影响，两人都对生命遗传本质的问题有着浓厚的兴趣，他们一见如故，由此上演了一段遗传学史上的“传奇”。

1952年初，赫尔希和蔡斯研究成果的公布，使DNA作为遗传信息的载体成为毋庸置疑的事实，DNA空间结构的研究进入了紧锣密鼓的竞争阶段。当时主要有三路人马在从事这方面的工作：一路是英国科学家威尔金斯和弗兰克林等人，另一路是美国化学家鲍林

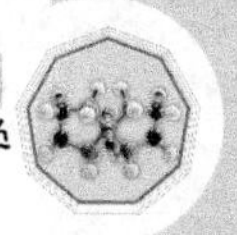

(Linus Pauling,1901 ~ 1994 年)等人,还有一路就是沃森和克里克。竞争的结果是起步较晚的沃森和克里克取得了最终胜利。

1951 年,沃森和克里克与剑桥年轻的数学家约翰·格里菲思(John Griffith)偶遇。他们请格里菲斯为他们计算在一个 DNA 分子内相同碱基之间的吸引力。格里菲斯的计算结果表明,不是相同的碱基,而是不同的碱基相互吸引。沃森和克里克由此认识到,DNA 中的碱基有可能是互补配对的。1952 年 6 月,经人介绍,沃森和克里克与到剑桥访问的生物化学家查伽夫相识。沃森和克里克从他那里得到了 DNA 中嘌呤碱基和嘧啶碱基 1∶1 的比例、腺嘌呤和胸腺嘧啶的摩尔数相等以及鸟嘌呤和胞嘧啶的摩尔数相等的结论。他们恍然大悟,原来查伽夫谈到的碱基比例和格里菲斯所说的配对完全是一回事。他们也因此认识到,不同碱基的互补配对可能是形成 DNA 分子空间结构的基本形式。

沃森和克里克还吸收了鲍林关于蛋白质 α-螺旋研究的方法,即先通过理论建立模型,然后用 X 射线衍射实验来检验模型,再对模型进行调整。这种方法非常有效,沃森和克里克通过构建嘌呤碱基和嘧啶碱基的比例模型,来决定什么样的空间组合才能既符合氢键的理论要求,又符合查伽夫规则的要求,从而大大提高了工作效率。

1953 年 2 月 6 日,沃森造访了威尔金斯和弗兰克林的实验室。访问中,威尔金斯第一次向沃森展示了弗兰克林在一年半前拍摄的那张极好的 DNA 分子 X 射线衍射照片,这使沃森很受震动,因为他从来没有看到过如此清晰的 DNA 照片。他立刻领悟到 DNA 肯定具有螺旋结构,并且极可能是双链的。在建立 DNA 结构模型最后的关键时刻,沃森和克里克请教了在同一办公室工作的美国化学家多纳休(Jerry Donohue,1920 ~ 1985 年)。在此之前,由于缺乏晶体学和结构化学的知识,他们曾构建过两个错误百出的模型。由于模型中的错误大多是初学晶体学、不谙化学键理论的新手易犯的错误,他们的模型被人戏称为 W. C. 结构。但屡遭失败和嘲讽并没有动摇沃森和克里克的信念和追求。因此,当多纳休指出他们的错误,并提出可能的正确形式时,他们两人豁然开朗,终于认识到 DNA 分子是双螺旋状的立体结构。

1953 年 4 月 25 日，著名的《自然》杂志刊登了沃森和克里克在剑桥大学卡文迪什实验室合作的研究成果：DNA 分子的双螺旋结构模型。沃森和克里克在这篇 900 余字的论文中对 DNA 的双螺旋结构模型作了以下描述："DNA 分子是由两条反向平行的多核苷酸链相互环绕形成的右手螺旋结构；脱氧核糖与磷酸交替连接形成的骨架位于整个分子的外部，与脱氧核糖相连的碱基位于分子内部；同一条多核苷酸链上的碱基沿着螺旋上升方向相互堆积；两条多核苷酸上的碱基之间通过氢键相连，G 只能与 C 形成氢键，A 只能与 T 形成氢键（互补配对），糖—磷酸骨架与碱基平面垂直；两条链相互缠绕形成的双螺旋表面有大沟和小沟。"

沃森和克里克发现 DNA 双螺旋结构使他们荣获 1962 年的诺贝尔生理学或医学奖。双螺旋结构模型的建立是在前人工作的基础上完成的，受到了人们对 DNA 新认识的推动，又为人们深入了解 DNA 的生物学功能和遗传的作用机制提供了新工具。它的建立为遗传物质化学本质之争画上了完满的句号，统一了分子遗传学的研究对象。正因如此，DNA 双螺旋结构模型的建立被公认为分子生物学诞生的标志，并被誉为 20 世纪自然科学的三大发现之一，成为生命科学史上划时代的历史事件，具有里程碑式的重大意义。

26.7 步入基因时代

DNA 双螺旋结构模型告诉人们，遗传信息写在 DNA 这本"生命天书"里。然而，人们尚不清楚这本书是如何书写或印刷而成的，使用了何种文字。1954 年，曾提出大爆炸宇宙起源假说的俄裔美国天体物理学家伽莫夫提出 3 个碱基编码 1 个氨基酸的假设，为后来遗传密码的破译指明了方向。1956 年，美国生化学家科恩伯格（Arthur Kornberg，1918 ~ 2007 年）发现 DNA 分子如何复制，并在试管中合成了 DNA。次年，美国分子生物学家梅塞尔森（Matthew Meselson，1930 ~ ）和斯塔尔（Franklin Stahl，1929 ~ ）用实验证实：当亲代 DNA 的两条链分解开时，新核苷酸根据碱基配对规律附着在每条链上。因此，每个子代 DNA 分子由一条亲代链和一条

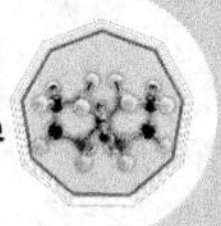

新链组成，即DNA的复制方式是半保留复制。克里克总结了当时分子遗传学的研究成果，于1958年提出分子生物学著名的“中心法则”，即DNA一方面以自身为模板进行复制，另一方面还以自身为模板合成RNA，并通过RNA将遗传信息翻译为蛋白质。后来的逆转录现象（遗传信息从RNA传到DNA）以及朊病毒的发现丰富和完善了中心法则。到了20世纪60年代，科学的发展使遗传密码的破译成为可能。在破解遗传密码的攻坚战中，美国生物学家尼伦伯格（Marshall Nirenberg，1927～）首当其冲。1961年，他使用人工合成的RNA模板进行无细胞蛋白质合成，以破译人们设想的遗传密码。他合成了一种只含尿嘧啶的多聚核苷酸，以它为模板合成蛋白质，结果产生了一种只含有苯丙氨酸的蛋白质，这表明UUU就是苯丙氨酸的遗传密码。这一成功非常令人振奋，许多生物学家受此影响，投入到破译遗传密码的工作。到1966年，64个遗传密码全部得到破译。

1961年，法国生物化学家雅各布（Francois Jacob，1920～）和莫诺（Jacques Monod，1910～1976年）提出并证实了操纵子（operon）调节细菌细胞代谢的分子机制。1965年，他们又发现信使核糖核酸（mRNA），它将遗传信息传递给核糖体，而核糖体是合成蛋白质的场所。1983年，美国女遗传学家麦克林托克（Barbara McClintock，1902～1992年）由于在20世纪40年代提出并发现了可移动遗传因子（jumping gene或称mobile element）而获得诺贝尔奖。1993年，美国科学家夏普（Philip Sharp，1944～）和英国科学家罗伯兹（Richard Roberts，1948～）因发现断裂基因（introns）而获得诺贝尔奖。这些新发现深化了人们对基因概念的认识。

20世纪70年代，美国分子生物学家伯格（Paul Berg，1926～）首先实现了两种DNA分子的体外重组。1973年，美国生物化学家科恩（Stanley Cohen，1922～）和博耶（Herbert Boyer，1936～）发明了重组DNA技术。利用它，可以把DNA链从一个物种剪切下来，然后将其插入到另一个物种的DNA中，基因工程由此诞生。到了20世纪80年代，应用DNA重组技术，人们不仅能够在体外培养细胞，而且能够在哺乳动物、植物和昆虫体内实现外源基因的转移和表达。基因工程打破了天然物种之间的界限，人工实现了基因在不同物种之间的转移，人类从而大步迈向了充满梦想的基因时代。

伴随着基因工程的出现，动物克隆技术在经历了胚胎细胞克隆的初级阶段后，进入了高级阶段——体细胞克隆。1996年，英国罗斯林研究所威尔玛特（Ian Wilmut，1944～）等将绵羊乳腺上皮细胞的细胞核移植到另一只绵羊的去核卵母细胞质，再将融合后的细胞发育成的早期胚胎转移到第三只绵羊的子宫内，培育出了世界上第一只体细胞克隆动物——克隆羊"多利（Dolly）"。次年，罗斯林研究所向全世界宣布了这个振奋人心的消息。多利的诞生宣告了人类数十年来一直探索用无性繁殖技术培育哺乳动物的梦想成为现实。从1996到2000年，这20世纪的最后5年中，人们又先后成功利用体细胞克隆了鼠、山羊、牛、猪和猴子等动物。体细胞克隆技术的成功，翻开了生物克隆史上崭新的一页，突破了利用胚胎细胞进行动物克隆的传统模式，标志着人工制造一模一样的动物"复制品"时代的到来。它与重组DNA技术并称为20世纪末生命科学研究领域最璀璨的两颗明珠。

疾病是遗传与环境两大因素共同作用的结果，其中，遗传是内因，起主导作用。人类的遗传信息就包含在DNA中，如果能够破解这些遗传信息，那么许多疾病就可以被提前诊断，并及时得到治疗。1984年，美国加州大学的辛山默（Robert Sinsheimer）提议对全部人类基因进行绘图。1986年，著名生物学家、诺贝尔奖获得者杜尔贝科（Renato Dulbecco，1914～）提出了"人类基因组计划"（Human Genomic Project，HGP）。其主要目标是，用15年时间完成对人类基因组全部约30亿个脱氧核苷酸碱基对序列的测定，从而完成对人类基因组中全部的基因定位，并开展模式生物的基因研究，将这些信息储存到数据库中，供分析使用。

经过数年的可行性研究，1990年美国能源部和国立卫生研究院正式制定和开始实施人类基因组计划。由于天文数字般的工作量，这一计划很快扩展为国际合作项目。它由美、英、日、法、德、中6个国家的16个基因组中心参与，这些国家分别承担着不同的基因测序任务，其中美国承担54%、英国33%、日本7%、法国2.8%、德国

2.2% 、中国1%。1999年12月,英国的《自然》杂志刊登了216位科学家联合署名的人类22号染色体DNA序列的学术论文。这是人类首次公布自身体内一条完整的染色体上的全部遗传信息,在科学界引起了极大的反响。2000年6月26日,在英国首都伦敦和美国首都华盛顿,从事人类基因组计划研究的科学家们郑重宣布:人类基因组的第一份草图已绘制完毕。2003年4月14日,国际人类基因组测序组隆重宣布:美、英、日、法、德和中国科学家历经13年的共同努力,将人类基因组序列图(亦称完成图)提前绘制成功。该图在2003年4月24日出版的《科学》杂志上公布,以此纪念DNA双螺旋结构发现50周年。

后　记

本书原计划半年写完,但却拖拖拉拉用了一年多的时间。1989 年硕士毕业后,我就在中国科学技术大学开设“西方科学史”课程。近 20 年的教学生涯中,我先后遭受了两次大的教案损失。第一次是在我 2001 至 2003 年出国访问学习期间,国内的办公室搬家,积累了 10 多年的手写讲稿在搬迁过程中全部丢失;第二次是 2007 年从德国回国后,2004 年以来积累的电子版讲义又在计算机升级时与大量文件一起不慎被毁。所以,当接受首都经济贸易大学出版社约稿时,我的任务实际上是要从头开始编写一部讲义,而且其目标受众也从专业研究生变成了选修通识教育课的大专院校的学生。在篇幅上,也要按照不超过 40 学时的标准加以安排。这样,编写的难度就超出了我原来的预期,因为我不想把讲义编成一部简单的史实编年,而是想达到一定的理论深度,并且尽量反映西方科学史研究中的一些新成果和新思潮,同时还要兼顾全书的故事性和可读性。作为试验,我在 2008 年上半年特地面对本科学生开设了西方科学史课程,同年下半年又把讲义交给科学史专业的研究生阅读,请学生们提建议。在此基础上,我又对全书的内容进行了调整。尽管如此,我对现在这个版本还是有诸多不满意。其中所包含的讹误与不足,还恳望相关专家和读者批评指教,以利今后进一步改进。

本书第 21,23,24 章以及第 25 章第 3,4 两节由胡化凯教授执笔,第 26 章由本系研究生张翩先生执笔,特此对二位的支持表示感谢。对于首都经济贸易大学出版社的耐心和帮助,本人也表示衷心的谢忱。

石云里

2009 年 5 月 18 日